用TLA⁺定义系统

TLA⁺语言与工具在软硬件设计中的应用

[美] 莱斯利·兰伯特（Leslie Lamport）著
董路明 贺志平 译

Specifying Systems

The TLA⁺ Language and Tools for Hardware and Software Engineers

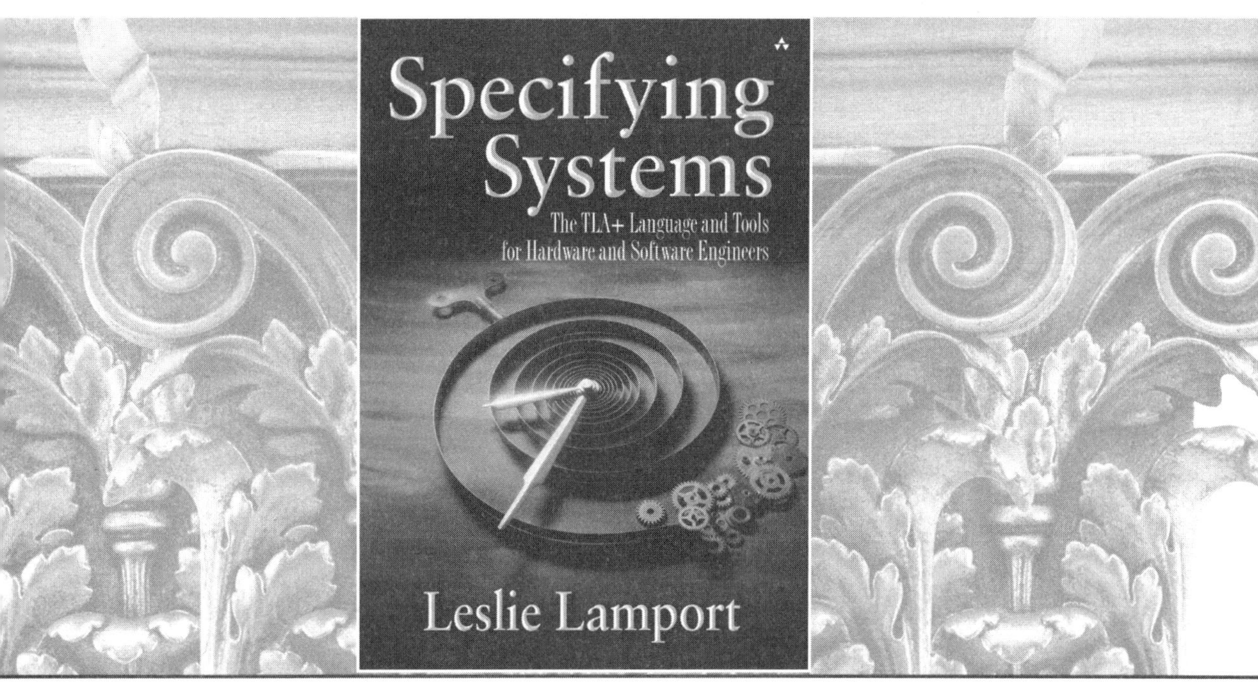

机械工业出版社
China Machine Press

图书在版编目（CIP）数据

用 TLA⁺ 定义系统：TLA⁺ 语言与工具在软硬件设计中的应用 /（美）莱斯利·兰伯特（Leslie Lamport）著；董路明，贺志平译．-- 北京：机械工业出版社，2021.3
（计算机科学丛书）
书名原文：Specifying Systems: The TLA⁺ Language and Tools for Hardware and Software Engineers
ISBN 978-7-111-67822-9

I. ① 用… II. ① 莱… ② 董… ③ 贺… III. ① 并发程序设计 IV. ① TP311.11

中国版本图书馆 CIP 数据核字（2021）第 052633 号

本书版权登记号：图字 01-2020-6447

本书系统介绍了形式化建模语言 TLA⁺ 以及模型检查工具 TLC，并结合若干案例，深入浅出地描述了从数学原理到系统建模的哲学思想，以及从建模语言的工程实践到模型验证工具的运用技巧等内容。本书分为五个部分。第一部分包含大多数程序员和工程师需要了解的有关编写系统规约（即建立模型）的所有信息；第二部分包含更高级的示例与材料，供需要进阶的读者使用；第三部分和第四部分为 TLA⁺ 的参考手册，包括语言本身的数学定义及工具的原理与使用；第五部分介绍在基础 TLA⁺ 上所演进出的 TLA⁺ 版本 2 的新特性和少许变更。

本书适合高级软硬件开发设计人员、测试人员、架构师以及相关学术研究人员阅读。

出版发行：机械工业出版社（北京市西城区百万庄大街 22 号 邮政编码：100037）
责任编辑：王春华 孙榕舒　　责任校对：殷 虹
印　刷：三河市宏图印务有限公司　　版　次：2021 年 4 月第 1 版第 1 次印刷
开　本：185mm × 260mm 1/16　　印　张：20.5
书　号：ISBN 978-7-111-67822-9　　定　价：139.00 元

客服电话：（010）88361066 88379833 68326294　　投稿热线：（010）88379604
华章网站：www.hzbook.com　　读者信箱：hzjsj@hzbook.com

出版者的话

文艺复兴以来，源远流长的科学精神和逐步形成的学术规范，使西方国家在自然科学的各个领域取得了垄断性的优势；也正是这样的优势，使美国在信息技术发展的六十多年间名家辈出、独领风骚。在商业化的进程中，美国的产业界与教育界越来越紧密地结合，计算机学科中的许多泰山北斗同时身处科研和教学的最前线，由此而产生的经典科学著作，不仅擘划了研究的范畴，还揭示了学术的源变，既遵循学术规范，又自有学者个性，其价值并不会因年月的流逝而减退。

近年，在全球信息化大潮的推动下，我国的计算机产业发展迅猛，对专业人才的需求日益迫切。这对计算机教育界和出版界都既是机遇，也是挑战；而专业教材的建设在教育战略上显得举足轻重。在我国信息技术发展时间较短的现状下，美国等发达国家在其计算机科学发展的几十年间积淀和发展的经典教材仍有许多值得借鉴之处。因此，引进一批国外优秀计算机教材将对我国计算机教育事业的发展起到积极的推动作用，也是与世界接轨、建设真正的世界一流大学的必由之路。

机械工业出版社华章公司较早意识到“出版要为教育服务”。自 1998 年开始，我们就将工作重点放在了遴选、移译国外优秀教材上。经过多年的不懈努力，我们与 Pearson、McGraw-Hill、Elsevier、MIT、John Wiley & Sons、Cengage 等世界著名出版公司建立了良好的合作关系，从它们现有的数百种教材中甄选出 Andrew S. Tanenbaum、Bjarne Stroustrup、Brian W. Kernighan、Dennis Ritchie、Jim Gray、Afred V. Aho、John E. Hopcroft、Jeffrey D. Ullman、Abraham Silberschatz、William Stallings、Donald E. Knuth、John L. Hennessy、Larry L. Peterson 等大师名家的一批经典作品，以“计算机科学丛书”为总称出版，供读者学习、研究及珍藏。大理石纹理的封面，也正体现了这套丛书的品位和格调。

“计算机科学丛书”的出版工作得到了国内外学者的鼎力相助，国内的专家不仅提供了中肯的选题指导，还不辞劳苦地担任了翻译和审校的工作；而原书的作者也相当关注其作品在中国的传播，有的还专门为其书的中译本作序。迄今，“计算机科学丛书”已经出版了近 500 个品种，这些书籍在读者中树立了良好的口碑，并被许多高校采用为正式教材和参考书籍。其影印版“经典原版书库”作为姊妹篇也被越来越多实施双语教学的学校所采用。

权威的作者、经典的教材、一流的译者、严格的审校、精细的编辑，这些因素使我们的图书有了质量的保证。随着计算机科学与技术专业学科建设的不断完善和教材改革的逐渐深化，教育界对国外计算机教材的需求和应用都将步入一个新的阶段，我们的目标是尽善尽美，而反馈的意见正是我们达到这一终极目标的重要帮助。华章公司欢迎老师和读者对我们的工作提出建议或给予指正，我们的联系方法如下：

华章网站：www.hzbook.com
电子邮件：hzjsj@hzbook.com
联系电话：(010)88379604
联系地址：北京市西城区百万庄南街 1 号
邮政编码：100037

华章教育

华章科技图书出版中心

译 者 序

最初接触到 TLA+，缘起于网络安全相关的工作。业界对于如何保证信息系统行为的完备性和正确性以及如何避免设计阶段的逻辑缺陷所导致的安全漏洞，一般都采用所谓的形式化验证技术。形式化验证技术一直应用于操作系统内核、交通控制系统、航空航天系统、大型分布式数据库、区块链等具有高安全性、高可靠性要求的关键信息系统的开发设计中。但随着时代的发展，人们对小到智能终端、大到政府机构服务网站等各种信息系统的依赖越来越强，而这些系统也不再像传统信息系统那样封闭，它们面临的挑战和威胁与日俱增。为此，对于所谓的“非关键”信息系统而言，通过形式化技术提高设计质量、保证安全性与可靠性的需求也变得越来越迫切。

TLA+ 就是一种非常优秀的形式化建模语言。它的优点首先在于通用性，它可以描述大多数离散事件系统的行为逻辑，并且不与具体的行业应用紧耦合。其次，它的难度适中，仅涉及 CS 专业大学本科阶段的数学和计算机科学知识，能够被广大开发与设计人员所掌握。而且由于作者的精心设计，它在验证高并发、分布式等复杂逻辑方面具有独特的优势。

译者所就职的中兴通讯是一家通信设备研发制造企业，针对 5G 无线通信系统的开发与设计，要满足 99.999%的可靠性指标，即系统在连续 1 年的运行过程中，最多允许有 5 分钟时间不能正常提供服务，其他时间必须保证安全、可靠地持续提供服务。为此，我们所在的团队使用 TLA+ 对其中的部分关键模块实施了验证，并取得了良好的效果。在学习和实践 TLA+ 的过程中，我们也遇到了一些困难和障碍，其中之一就是中文资料匮乏，只能参考作者官网主页上的英文资料和帮助文档，以及向公司内一些有经验的同事请教。由于 TLA+ 本质上是一种数学建模语言，它本身存在一定的学习门槛，所以分析人员必须要具备对 TLA+ 原理的深入理解才能有效开展对工程复杂问题的分析和验证。而花时间仔细研读原版资料固然可以掌握其精髓，但却无法解决知识域的快速传播与扩散的问题。为了使业界更多的开发和设计人员能够快速掌握 TLA+ 这个利器，并解决“知其然不知其所以然”的困惑，我们便萌生了翻译本书的想法，希望能为该技术在国内的推广使用尽一份绵薄之力。

本书是作者 25 年研究成果的总结，它包含了 TLA+ 语言和验证工具原理与实践的介绍，并结合具体的实践案例提供了循序渐进的使用指导，既适合初级读者入门，也适合进阶读者研究参考。在中文版中，译者应作者本人的要求，添加了当前英文版中未包含的关于 TLA+ 版本 2 新特性的描述，并修订了英文版自出版以来的所有勘误内容。

翻译过程是漫长而艰苦的，自开始翻译到定稿，中间断断续续持续了约半年时间，曾有好几次因工作冲突而暂停，但我们最终还是坚持了下来。这项工作的最终完成，离不开公司相关领导和同事的大力支持，在这里首先要感谢中兴通讯学院的闫林院长，是他为我们联系了机械工业出版社，同时也要感谢无线产品经营部的龚明部长、王碧波部长、刘志华科长与范璟玮总监，是他们为我们的翻译工作提供了各种便利与帮助。最后，还要感谢作者，是他在得知我们的翻译意向后，热心协调，为我们解决了版权授权的问题，并为我们提供了原始手稿的 tex 源文件，极大地提高了我们的翻译效率。

本书的翻译由贺志平、董路明完成，其中贺志平翻译了第 1 ~ 9 章、第 14 章以及第 10 章与第 19 章的部分内容，董路明翻译了第 11 ~ 18 章（第 14 章除外）以及第 10 章与第 19 章的剩余内容。由于我们也是 TLA$^+$ 技术的新手，翻译过程中难免会有一些错误和问题，还希望各位读者批评和指正。如果你觉得翻译中有任何错误和问题，请务必反馈给我们，以便及时进行修正。

最后，针对 TLA$^+$ 相关的问题和疑惑，读者也可以在作者的个人主页（http://lamport.azurewebsites.net/tla/tla.html）与 Google 社区上的 TLA$^+$ 论坛（https://groups.google.com/g/tlaplus）上寻求帮助。这里要特别强调一下 Google 社区上的 TLA$^+$ 论坛，该论坛活跃度很高，有大量高水平的成员参与，且对于具体技术问题的回帖响应非常及时，有志于研究 TLA$^+$ 技术的读者一定要善于使用该资源。

董路明　贺志平

2020 年 10 月 20 日

本书将指导你如何使用 TLA+ 语言编写计算机系统规约。全书篇幅比较长，但大多数人只需要阅读第一部分的内容就够了，这部分包含了大多数工程师需要了解的与编写规约有关的知识，至于学习它所需要的背景知识，只要求具备工程学或计算机科学的本科生所应掌握的数学和计算机知识即可。第二部分将为需要进阶的读者提供更深入的内容。本书的其余部分是参考手册——第三部分介绍 TLA+ 工具，第四部分介绍 TLA+ 语言本身[⊖]。

TLA 官网 http://lamport.org 有可供下载的配套资源，包括 TLA+ 工具、练习、参考资料和勘误清单。你也可以在搜索引擎上输入 uidlamporttlahomepage 来找到上述页面，但请不要把这个字符串放到互联网上共享。

何为规约

写作是发现你的想法有多么草率的根本方法。

——Guindon

规约是“系统应该做什么”的书面定义。定义一个系统有助于我们更好地理解它。在构建系统之前最好先理解该系统，因此在实现之前先编写系统规约是个好主意。

本书讲述了系统的行为属性，也可称之为*功能属性*或*逻辑属性*。这些属性定义系统应该做什么。当然系统还有其他我们这里不考虑的重要属性，比如性能属性。最差情况下的性能通常可以表示为行为属性，在第 9 章我们讲述了如何定义系统在一定时间内的行为，不过，本书暂时不考虑如何定义平均性能。

我们编写规约的基本工具是数学。数学是一门严谨的语言，比自然语言（例如英语或中文）更为精准。在工程实践中，不精准就很容易出错，因此科学和工程学通常采用数学作为基本语言。

本书用到的数学语言会比你一直使用的数学语言更形式化一些。相对于形式化数学，大多数数学家和科学家在写作中使用的数学表达方式并不十分精准，应用于小范围还勉强可以，应用于大范围则不佳。在非形式化数学语言中，每个方程都是一个精确的断言，但你必须阅读方程前后的解释性文字才能理解方程之间的关系以及定理的确切含义。逻辑学家已经研究出了消除这些解释性文字并使数学更形式化、更精准完备的方法。

大多数数学家和科学家可能认为形式化数学又长又乏味，这是不对的，普通数学也可以用一种精准完备的形式化语言来简洁表达。例如在第 11 章关于微分方程的 *DifferentialEquations* 模块中，只需要用 20 多行就可以定义任意微分方程的解。不过很少有规约需要用到如此深奥的数学知识，大多数时候只需要简单应用一些基础数学概念即可。

⊖ 应作者要求，本书中文版增加了本书英文版出版后 TLA+ 的改进内容，这些内容作为第五部分呈现。——译者注

为何是 TLA$^+$

我们通过描述在执行过程中可能会发生的行为来定义系统。1977 年，Amir Pnueli 引入了时态逻辑[㊀]（temporal logic）来描述系统行为。从理论上讲，系统可以用单个时态逻辑公式表示，但在实际运用上却有些问题：它虽然能很理想地描述系统的某些属性，但在描述其他属性上却不太方便。因此，我们通常将它与更传统的系统表示方式结合在一起来定义系统。

在 20 世纪 80 年代后期，我发明了 TLA，即基于*动作*（Action）的时态逻辑——这是 Pnueli 初始逻辑的简单变体。TLA 使得用单个公式表示系统变得切实可行。TLA 规约的大部分由普通的、非时态逻辑的数学公式组成，时态逻辑仅在其擅长描述的属性中引入并发挥作用。TLA 还给出了一种很友好的系统推理模式，这种模式被称为*断言式推理*（assertional reasoning），其在实践中被证明是最有效的。不过，本书仅涉及规约本身，较少引入数学证明[㊁]。

时态逻辑使用了一套基本逻辑来表示普通数学，还有许多其他方法也可以使普通数学形式化。大多数计算机科学家都喜欢使用与他们熟悉的编程语言近似的语言，相反，我选择了大多数数学家更喜欢的方法，逻辑学家将其称为一阶逻辑和集合论。

TLA 为描述系统提供了数学基础。要编写规约，我们需要在此基础上构建完整的语言体系。我最初认为该语言应该是某种抽象的编程语言，其语义将基于 TLA。一开始我不知道用哪种编程语言结构最好，于是决定直接用 TLA 编写规约，计划在需要时再引入编程语言。令我惊讶的是，到后来我发现不需要了，我所需的就是一种编写数学公式的健壮语言。

尽管数学家已经发展了编写公式的科学，但他们还没有将其转化为工程学科，他们为小规模的数学模型开发了符号语言，但对于大型应用还没有好的方法，因为真实系统的规约可能长达数十页甚至数百页。数学家知道如何编写 20 行的公式，但对长达 20 页的公式却束手无策。因此，我不得不在语言中引入书写长公式的符号方法，这些方法的形成得益于我从编程语言中学到的将大型规约模块化的思路。

我将这种语言称为 TLA$^+$。在编写不同离散系统的规约时，我不断对 TLA$^+$ 进行提炼和改进，直到后来 TLA$^+$ 趋于稳定。我发现 TLA$^+$ 可以很好地定义从应用程序接口（API）到分布式系统的各种系统。它可以用来为几乎任何类型的离散系统编写精准的形式化定义，尤其适合描述异步系统，即组件运行不严格遵循锁步操作（lock-step）的系统。

关于本书

本书的第一部分包括第 1 ~ 7 章，是本书的核心，需要从头到尾阅读。它描述了如何定义称为*安全属性*的一类属性，这也是大多数工程师在编写规约时需要熟知的，定义这些属性几乎不需要用到时态逻辑。

㊀ 也可称为时序逻辑或时间逻辑，在本书中为了术语统一，均译为时态逻辑。——译者注

㊁ TLA$^+$ 版本 2 对证明做了大量改进，参见 19.7 节。——译者注

阅读完第一部分后，你可以根据自己的需要阅读第二部分，它的每一章都是独立的：第 8 章详细介绍时态逻辑，时态逻辑被用来定义活性属性；第 9 章介绍如何定义实时属性；第 10 章介绍如何编写组合规约；第 11 章包含更多高级示例。

第三部分包含了三种 TLA$^+$ 工具的参考手册：语法分析器、TLATEX 排版程序和 TLC 模型检查器。使用 TLA$^+$ 需要用到这些工具，你可从 TLA 官网下载它们。三个工具中 TLC 是最复杂的，Web 上的示例可以帮助你入门，但要深入学习如何有效运用 TLC，必须阅读第 14 章。

第四部分是 TLA$^+$ 语言的参考手册。第一部分已经为 TLA$^+$ 的大多数用途提供了足够实用的语言知识，因此仅在对语法和语义的关键点有疑问时才需要阅读第四部分。第 15 章介绍 TLA$^+$ 的语法。第 16 章介绍 TLA$^+$ 所有内置运算符的确切定义和一般形式。第 17 章介绍所有更高级别的 TLA$^+$ 语言构成（例如定义）的确切含义。第 16 章和第 17 章共同描述 TLA$^+$ 的语义。第 18 章介绍标准模块（不包括第 9 章介绍的 *RealTime* 模块和第 14 章介绍的 *TLC* 模块），如果你对如何用 TLA$^+$ 语言将标准的基础数学形式化有兴趣，不妨参阅本章。

第四部分有一些你可能需要经常翻阅的内容：一份迷你手册，简要介绍了许多有用的信息。该部分的开篇列出了所有 TLA$^+$ 运算符、用户可自定义的符号、运算符的优先级、标准模块定义的所有运算符，以及诸如 $\otimes$ 等符号的 ASCII 表示。

第五部分介绍 TLA$^+$ 版本 2。其中新加入的大部分特性都与定理及证明有关，这些定理可以由TLA$^+$ 定理系统 TLAPS 验证。与规约有关的最大变化是递归运算符定义和 LAMBDA 表达式的引入。另外，第 19 章还有一节重点说明了如何为子表达式命名。

致 谢

我花了 25 年多的时间研究如何定义并推导并发计算机系统理论，在此之前，我也用了很多年学习如何严谨地运用数学知识。很抱歉我不能对在这段时间帮助我的每个人一一致谢。这里让我先感谢对这本书影响最大的两个人：Richard Palais 让我明白即使最复杂的数学也可以严谨雅致；Martín Abadi 影响了 TLA 的发展，第 9 章和第 10 章背后的思想是我们一起合作探讨而来的。

在如何应用 TLA 数学建模解决复杂系统的工程问题上，我的思路主要来自与 Mark Tuttle 和 Yuan Yu 的合作。Yuan Yu 还编写了 TLC 模型检查器（打消了之前我担心其无法实现的忧虑），使得 TLA+ 能够成为工程师的实用工具。在我编写第一版语法分析器时，Jean-Charles Grégoire 帮我微调了 TLA+ 语言。

接下来要感谢很多朋友，他们都为本书的早期版本提出了很好的建议：Dominique Couturier、Douglas Frank、Vinod Grover、David Jefferson、Sara Kalvala 和 Wolfgang Schreiner 指出了不少错误，Kazuhiro Ogata 非常细致地阅读了手稿并发现了不少缺陷，Kapila Pahalawatta 发现了 *ProtoReals* 模块的一个问题，Paddy Krishnan 也发现了 *ProtoReals* 模块的问题并提出了改进呈现的方法。我还要特别感谢 Martin Rudalics，他非常细致地阅读了手稿，并发现了很多错误。

Leslie Lamport

加利福尼亚州帕罗奥多

2002 年 3 月 4 日

目　录

Specifying Systems: The TLA+ Language and Tools for Hardware and Software Engineers

第三部分 工具

入 门

系统规约是由大量普通数学公式和极少量时态逻辑公式组成的，这也是大部分 TLA$^+$ 结构被用来表示普通数学的原因，你必须熟悉普通数学才能写好规约。不幸的是，很多大学的计算机学院似乎认为让学生熟练掌握 C++ 比拥有坚实的数学基础更重要。因此，很多读者可能不太熟悉编写系统规约所需要的数学基础。不过幸运的是，这些数学知识都比较简单。只要学习 C++ 没有摧毁你的逻辑思维能力，学习这些知识就不会有任何障碍。假定你在接触 C++ 之前已经学会了算术，掌握了数和基于数的四则运算 ⊖，接下来我会试着讲解其他所需的数学概念，第 1 章是对所需基础数学知识的复习，我希望大部分读者在读下来后会发现这一章完全不必要。

在第 1 章对普通数学的简单回顾之后，第 2 ～ 5 章是一系列运用 TLA$^+$ 的简单例子，第 6 章是编写规约所需的更深一点的数学知识，第 7 章是对之前知识的回顾，并提供了一些编写规约的建议。学完这一章之后，你应该已经掌握了在一般工程实践中编写规约可能遇到的大部分问题的解决办法。

⊖ 部分读者可能需要回顾一下，数不是 bit 串，$2^{33} \times 2^{33}$ 等于 2^{66}，且不会溢出。

第 1 章

Specifying Systems: The TLA+ Language and Tools for Hardware and Software Engineers

简单数学基础

1.1 命题逻辑

初等代数是研究实数及 +、−、∗（乘）和 /（除）四则运算的数学。命题逻辑是研究两个布尔值TRUE 和FALSE 及其 5 种运算的数学分支，这 5 种运算分别是：

$\land$	合取（and）	$\Rightarrow$	蕴涵（implies）
$\lor$	析取（or）	$\equiv$	等价（is equivalent to）
$\lnot$	否定（not）		

为了学习如何算数，你必须记住加法和乘法表以及多位数运算法则。命题逻辑要简单得多，因为其只有两个值：TRUE 和 FALSE。要学习如何计算布尔值，你只需要知道以下 5 个布尔运算符的定义：

$\land$：$F \land G$ 为 TRUE 当且仅当 F 和 G 都为 TRUE。

$\lor$：$F \lor G$ 为 TRUE 当且仅当 F 或 G 为 TRUE（或均为 TRUE）。

$\lnot$：$\lnot F$ 为 TRUE 当且仅当 F 为 FALSE。

$\Rightarrow$：$F \Rightarrow G$ 为 TRUE 当且仅当 F 为 FALSE 或 G 为 TRUE（或均为 TRUE）。

$\equiv$：$F \equiv G$ 为 TRUE 当且仅当 F 和 G 都为 TRUE 或都为 FALSE。

> 和大多数数学家一样，我使用或时意味着和/或。

我们也可以用 *真值表*来表示这些运算符。下面这个真值表给出了 $F \Rightarrow G$ 对于 F 和 G 的所有四种真值组合的值：

F	G	$F \Rightarrow G$
TRUE	TRUE	TRUE
TRUE	FALSE	FALSE
FALSE	TRUE	TRUE
FALSE	FALSE	TRUE

公式 $F \Rightarrow G$ 断言了 F 蕴涵 G，也就是说，$F \Rightarrow G$ 为真当且仅当语句"F 蕴涵 G"为真。人们常常对 $\Rightarrow$ 运算符感到困惑，不明白为什么 FALSE $\Rightarrow$ TRUE 和 FALSE $\Rightarrow$ FALSE 都为 TRUE。要解释这一点其实很简单，在我们的认知中，因为如果 n 大于 3，那么它必然大于 1，所以 $n > 3$ 就意味着（蕴涵）$n > 1$，因此，公式 $(n > 3) \Rightarrow (n > 1)$ 为 TRUE。在这

个公式中将 4、2、0 分别代入 n，就可以解释为什么 $F \Rightarrow G$ 意味着F 蕴涵 G，或者等价地，如果 F 为真，那么 G 为真。

等价运算符 $\equiv$ 只用于布尔等式中。我们可以用 $=$ 代替 $\equiv$，但不能反过来（例如，我们可以写 FALSE $= \neg$TRUE，但不能写 $2+2 \equiv 4$）。在布尔表达式中用 $\equiv$ 代替 $=$，表述会比较清晰[⊖]。

就像代数公式一样，命题逻辑公式是由数值、运算符和变量（如x）组成的。不过，命题逻辑公式只能使用TRUE和FALSE这两个值，以及5个布尔运算符（$\wedge$、$\vee$、$\neg$、$\Rightarrow$和$\equiv$）。在代数公式中，$*$与$+$相比具有更高的优先级（结合更紧密），因此$x+y*z$表示$x+(y*z)$。类似地，在命题逻辑公式中，$\neg$的优先级比$\wedge$和$\vee$高，而$\wedge$和$\vee$的优先级又比$\Rightarrow$和$\equiv$高，因此$\neg F \wedge G \Rightarrow H$表示$((\neg F) \wedge G) \Rightarrow H$。其他数学运算符（如$+$和$>$）的优先级高于命题逻辑运算符，因此$n>0 \Rightarrow n-1 \geqslant 0$表示$(n>0) \Rightarrow (n-1 \geqslant 0)$。多余的括号不会影响阅读，反而会更有助于阅读和理解公式，如果你对是否需要括号有一点怀疑，就使用它们。

运算符 $\wedge$ 和 $\vee$ 是满足结合率的，就像 $+$ 和 $*$ 一样。$+$ 满足结合率意味着 $x+(y+z)$ 等于 $(x+y)+z$，因此我们可以不用括号来表示 $x+y+z$。类似地，$\wedge$ 和 $\vee$ 的结合律让我们可以直接写 $F \wedge G \wedge H$ 或 $F \vee G \vee H$。类似 $+$ 和 $*$，运算符 $\wedge$ 和 $\vee$ 也是满足交换律的，因此 $F \wedge G$ 等价于 $G \wedge F$，$F \vee G$ 等价于 $G \vee F$。

为了判定公式 $(x=2) \Rightarrow (x+1=3)$ 是否为真，我们必须了解算术的一些基本性质。然而，我们可以说 $(x=2) \Rightarrow (x=2) \vee (y>7)$ 为真，即使我们对 x 和 y 的取值一无所知。这个公式为真，是因为 $F \Rightarrow F \vee G$ 为真，不论 F 和 G 是什么公式。换句话说，$F \Rightarrow F \vee G$ 对于 F 和 G 的所有可能取值都为真。这种公式称为重言式（tautology）。

一般来说，命题逻辑重言式是一个对于其变量的任何可能取值都为真的命题逻辑公式。像这样简单的重言式和基于数的简单代数性质一样明显。$F \Rightarrow F \vee G$ 为重言式与“对于所有非负数 x 和 y，$x \leqslant x+y$ 为真”是一样显而易见的。我们可以通过计算从简单的重言式推导出复杂的重言式，正像可以从简单的四则运算推导出复杂的数学性质一样。但是，这些都需要练习。你可能花了数年的时间学习如何计算数值表达式，例如，推导 $x \leqslant -x+y$ 与 $2*x \leqslant y$ 等价，但你可能还没开始学习如何推导 $\neg F \vee G$ 与 $F \Rightarrow G$ 等价。

如果你还没学会如何计算布尔表达式，可能就得靠类似数手指的方式来计算了，例如，通过遍历布尔变量的所有可能取值对公式进行求值，来检查该公式是否是重言式。上述操作最好通过构造一个真值表来完成，该真值表列出变量可能的取值并给出所有子公式的对应值。例如，下面的真值表表示 $(F \Rightarrow G) \equiv (\neg F \vee G)$ 是重言式：

F	G	$F \Rightarrow G$	$\neg F$	$\neg F \vee G$	$(F \Rightarrow G) \equiv \neg F \vee G$
TRUE	TRUE	TRUE	FALSE	TRUE	TRUE
TRUE	FALSE	FALSE	FALSE	FALSE	TRUE
FALSE	TRUE	TRUE	TRUE	TRUE	TRUE
FALSE	FALSE	TRUE	TRUE	TRUE	TRUE

⊖ 16.1.3 节解释了使用 $\equiv$ 代替 $=$ 表示布尔值相等的更微妙的原因。

编写真值表是加强对命题逻辑理解的好方法。但是，在进行这种计算时，计算机要比人类做得更好。在 15.6.3 节的最后将说明如何使用 TLC 模型检查器来验证命题逻辑重言式和执行其他 TLA$^+$ 计算。

1.2 集合

集合论是普通数学的基础。集合通常被描述为元素的“聚合”（collection），但是说集合是聚合也不是特别准确，集合的概念如此基础以至于我们不会试图去定义它。我们先把集合和关系 $\in$ 作为未定义的概念，其中 $x \in S$ 表示 x 是 S 的一个元素，我们常说“在集合 S 中”（is in），而不是“是 S 的一个元素”（is an element of）。

一个集合可以有有限数量的元素，也可以有无限数量的元素。所有自然数（0、1、2 等）的集合是一个无限的集合。比 3 小的自然数组成的集合是有限集，包含了 0、1 和 2 这三个元素，我们可以将之记作集合 $\{0,1,2\}$。

一个集合完全取决于它的元素。两个集合相等当且仅当它们拥有相同的元素。因此，$\{0,1,2\}$、$\{2,1,0\}$ 和$\{0,0,1,2,2\}$ 是相同的集合，即拥有三个元素 0、1、2 的集合。空集，记作 $\{\}$，是唯一一个拥有 0 个元素的集合。

常用的集合操作如下：

$\cap$ 交集　　$\cup$ 并集　　$\subseteq$ 子集　　$\setminus$ 差集

下面是定义和运用示例：

$S \cap T$：S 和 T 中都包含的元素的集合。

$$\{1, -1/2, 3\} \cap \{1, 2, 3, 5, 7\} = \{1, 3\}$$

$S \cup T$：S 或 T 中包含（也可以都包含）的元素的集合。

$$\{1, -1/2\} \cup \{1, 5, 7\} = \{1, -1/2, 5, 7\}$$

$S \subseteq T$：值为真当且仅当 S 中的元素也都是 T 中的元素。

$$\{1, 3\} \subseteq \{3, 2, 1\}$$

$S \setminus T$：在 S 中但不在 T 中的元素的集合。

$$\{1,-1/2,3\} \setminus \{1,5,7\} = \{-1/2,3\}$$

这就是在开始学习如何定义系统之前，我们需要了解的关于集合的所有信息了，我们将在 6.1 节中继续讨论集合论。

1.3 谓词逻辑

一旦有了集合，我们就可以很自然地说某个公式对于集合的所有元素或者部分元素为真。谓词逻辑在命题逻辑的基础上引入了两个*量词*（quantifier）：

$\forall$：　全称量词（for all），用于全称量化。

$\exists$：　存在量词（there exists），用于存在量化。

公式 $\forall x \in S : F$ 断言 F 对集合 S 中的每个元素 x 都为真，以 $\forall n \in Nat : n+1 > n$ 为例，它断言 $n+1>n$ 对自然数集 Nat 的所有元素 n 都为真，这个公式恰好是正确的。

公式 $\exists x \in S : F$ 断言 F 对集合 S 中至少一个元素 x 为真，以 $\exists n \in Nat : n^2 = 2$ 为例，它断言存在一个自然数 n，其平方为 2，这个公式显然是错的。

公式 F 对 S 中的某个 x 成立当且仅当 F 不是对 S 中的所有 x 都不成立。也就是说，当且仅当 $\neg F$ 不是对 S 中的所有 x 都成立。因此，公式

$$(\exists x \in S : F) \;\equiv\; \neg(\forall x \in S : \neg F) \tag{1.1}$$

是谓词逻辑重言式，这意味着该式对集合 S 和公式 F 的所有取值都成立[⊖]。

由于空集中不存在元素，所以公式 $\exists x \in \{\} : F$ 对于任意公式 F 都为假。根据式（1.1），这意味着 $\forall x \in \{\} : F$ 对于任意 F 都为真。

公式 $\forall x \in S : F$ 和 $\exists x \in S : F$ 中的量化是*有界的*，因为这两个公式只对集合 S 中的元素生效。还有*无界*量化，如公式 $\forall x : F$，它表示对任意值 x，F 都为真，$\exists x : F$ 表示至少有一个不受限于任何特定集合的值 x，使得 F 为真。有界量化和无界量化通过如下重言式相互关联：

$$(\forall x \in S : F) \;\equiv\; (\forall x : (x \in S) \Rightarrow F)$$
$$(\exists x \in S : F) \;\equiv\; (\exists x : (x \in S) \wedge F)$$

式（1.1）类推到无界量词也是一个重言式：

$$(\exists x : F) \;\equiv\; \neg(\forall x : \neg F)$$

在可能的情况下，在规约中使用有界量化比使用无界量化要好，这会使得规约更容易被人和工具理解。

全称量化是对合取的泛化，即如果 S 是一个有限集，则 $\forall x \in S : F$ 是通过将集合 S 中的每个元素分别代入公式 F 后得到的合取式。例如：

$$(\forall x \in \{2,3,7\} : x < y^x) \;\equiv\; (2 < y^2) \wedge (3 < y^3) \wedge (7 < y^7)$$

当我们无意识地提到无数个公式的合取时，其实真正想说的是一个全称量化公式。例如，对于任意自然数 x，公式 $x < y^x$ 的合取式就是公式 $\forall x \in Nat : x < y^x$。相应地，存在量化则是对析取的泛化。

逻辑学家有办法证明诸如式（1.1）这样的谓词逻辑重言式，但只要你足够熟悉谓词逻辑，那些简单的重言式就是显而易见的，将 $\forall$ 当作合取，$\exists$ 视为析取差不多就够了。例如，对任意集合 S 以及公式 F 和 G，将结合律和分配率应用于合取和析取就可以得到重言式：

$$(\forall x \in S : F) \wedge (\forall x \in S : G) \equiv (\forall x \in S : F \wedge G)$$
$$(\exists x \in S : F) \vee (\exists x \in S : G) \equiv (\exists x \in S : F \vee G)$$

数学上有一套简化方法来表示嵌套量词。例如：

⊖ 严格来说 $\in$ 不是谓词逻辑的运算符，因此本式也不是真正的命题逻辑重言式。

$$\forall x \in S, y \in T : F \quad \text{表示} \quad \forall x \in S : (\forall y \in T : F)$$
$$\exists w, x, y, z \in S : F \quad \text{表示} \quad \exists w \in S : (\exists x \in S : (\exists y \in S : (\exists z \in S : F)))$$

对于表达式 $\exists x \in S : F$，逻辑学上将 x 称为约束变量（bound variable），x 在 F 中的出现是受限的（bound）。例如，n 是公式 $\exists n \in Nat : n+1 > n$ 中的一个约束变量，n 在子表达式 $n+1>n$ 中的两次出现都是受限（经过量化）的。一个未受限的变量 x 称为自由变量，不受限的变量 x 的出现称为自由出现。这个术语其实是相当有误导性的[⊖]。一个真正的约束变量不会出现在公式中，因为用新变量替换它不会改变公式。如下两个公式是等价的：

$$\exists n \in Nat : n+1 > n \qquad \exists x \in Nat : x+1 > x$$

将第一个公式中的 n 当作变量有点像将 Nat 中的字符 a 当作公式中的一个变量。尽管如此，谈论约束变量在一个公式中的出现还是很方便的。

1.4　公式与陈述句

在我们刚开始学习数学的时候，公式是陈述句。公式 $2*x > x$ 只是陈述句“2 乘 x 比 x 大”的简写形式。在本书中，我们将进入逻辑的领域，这里公式是一个名词。公式 $2*x > x$ 只是一个公式，它可以为真或假，取决于 x 的取值。如果我们想要断言公式为真，也就是 $2*x$ 的值确实比 x 大，我们就应该显式地写成“$2*x > x$ 为真”。

用公式代替陈述句会导致混淆，另一方面，公式比文字描述更紧凑，更易阅读。阅读“ $2*x>x$”比“2 乘以 x 的值比 x 大”要容易些，但“$2*x > x$ 为真”可能看起来有点啰唆。所以，像大多数数学家一样，我经常会写这样的句子：

我们知道 x 是正数，所以 $2*x > x$。

如果对于一个公式，看不出来它是一个公式还是一个表示公式为真的陈述句，那么这里有一个简单的方法来判断。用一个名字代替这个公式，然后读这个句子。如果这个句子在语法上是正确的，那么即使是荒谬的，这个公式也是一个公式；否则，它只是一个陈述句。上面句子中的公式 $2*x > x$ 是一个陈述句，因为

我们知道 x 是正数，所以张三。

这句话是不符合语法的，下面这句话中的 $2*x > x$ 是个公式：

为了证明 $2*x > x$，我们必须证明 x 是正数。

因为下面这个“愚蠢”的句子在语法上是正确的：

为了证明李四，我们必须证明 x 是正数。

⊖ 自由变量和约束变量都是符号，都可以用其他符号代替而不影响公式的含义，只是约束变量是被量化过的，有取值范围。作者认为有误导性是指约束变量 x 也是可以被替换的，而不是被“约束”住了，一定得写成 x。——译者注

定义一个简单时钟

2.1 行为

在尝试定义一个系统之前，让我们先看看科学家是如何做的：几个世纪以来，他们一直在用方程表示系统，这些方程描述了系统的状态随时间演变的过程，其中状态是由一些变量的值表示的。例如，由地球和月球组成的地月系统的状态可以用 4 个变量 e_pos、m_pos、e_vel 和 m_vel 的值来表示，这 4 个值表示了这两个天体的位置和速度，是三维空间中的元素。地月系统的方程组可以将这些状态变量表示为时间和某些确定常数的函数，这些常量包括质量、初始位置和速度等。

地月系统的行为由一个从时域映射到状态域的函数 F 表示，$F(t)$ 表示系统在 t 时刻的状态。与传统科学家研究的系统不同，在计算机系统中我们可以假设其状态是在离散的步骤中变化的，这些步骤可以表示为由状态组成的序列。正式地，我们将行为（behavior）定义为*状态序列*，其中*状态*是一组为变量赋值的操作。我们将系统定义为一组可能出现的*行为*的集合，每一个*行为*都表示系统一次正确的*执行步骤*。

2.2 时钟

让我们从一个非常简单的系统开始——一个只显示小时读数的数字时钟，它是一个循环显示 1 到 12 读数的设备（为了简化系统，我们忽略显示和实际时间之间的关系）。令变量 hr 表示小时读数，则时钟的典型行为是下面这样的状态序列：

$$[hr = 11] \rightarrow [hr = 12] \rightarrow [hr = 1] \rightarrow [hr = 2] \rightarrow \cdots \tag{2.1}$$

其中 $[hr = 11]$ 是变量 hr 的值为 11 时的状态。一对连续的状态，如$[hr = 1] \rightarrow [hr = 2]$，称为*步骤*（step）。

为了定义时钟，我们需要描述它所有可能的行为。我们先写一个*初始谓词*（initial predicate），它表示 hr 可能的初始值，同时写一个*后继状态关系*（next-state relation），它表示在任意步骤中 hr 的值如何变化。

我们不希望明确指定时钟最初的读数，希望 hr 在初始状态可以是从 1 到 12 的任意值，我们这样定义初始谓词 $HCini$：

$$HCini \triangleq hr \in \{1, \ldots, 12\}$$

之后我们会学到正式的定义，即不带“...”这样表示等等的非正式描述。

符号 $\triangleq$ 表示被定义为相等。

后继状态关系 $HCnxt$ 是表示某一步骤新旧状态下 hr 值之间关系的公式。我们让 hr 表示 hr 在旧状态下的值，hr' 表示 hr 在新状态下的值（hr' 中的 $'$ 读作“piě”）。我们希望“后继状态关系”表示 hr' 等于 $hr+1$（除非 hr 等于 12，在这种情况下 hr' 应该等于 1）。用常用的 IF/THEN/ELSE 结构，我们可以这样定义 $HCnxt$:

$$HCnxt \ \triangleq \ hr' = \text{IF } hr \neq 12 \text{ THEN } hr+1 \text{ ELSE } 1$$

这个公式除了既包括含 $'$ 的变量也包括不含 $'$ 的变量外，其他和普通数学公式一样。这样的公式称为动作（action）。*动作*表示步骤的值为真或假。满足*动作* $HCnxt$ 的*步骤*，我们称为 $HCnxt$步骤。

当某个 $HCnxt$ 步骤出现时，我们有时会说 $HCnxt$ 被执行了。不过，严格地说这是错误的表述。动作是公式，而公式不能被执行。

我们希望规约是一个单独的公式，而不是一个公式对（$HCini, HCnxt$）。这个单独的公式应该断言一个这样的行为：(i) 它的初始状态满足 $HCini$, 且 (ii) 每一步都满足 $HCnxt$。我们将（i）表示为公式 $HCini$, 将其解读为行为的一个说明，即初始状态满足 $HCini$；为了表示（ii），我们要用到时态逻辑运算符$\Box$（读作*方块*（box））。时态公式 $\Box F$ 表示公式 F 恒为真。特别地，$\Box HCnxt$ 表示 $HCnxt$ 对行为的每一个步骤均为真。因此，公式 $HCini \wedge \Box HCnxt$ 对一个行为为真当且仅当其初始状态满足 $HCini$ 且其每一个步骤都满足 $HCnxt$。这条公式可以表示所有满足如式（2.1）的行为，这可能就是我们正在寻求的规约。

如果我们只考虑时钟，而不需要将它与其他系统关联起来，那么这将是一个很好的规约。但是，假设这个时钟是一个更大系统的一部分——比如显示当前时间和温度的气象站，这个公式可能就不够用了。假设气象站的状态由两个变量描述，即表示小时读数的 hr 和表示温度读数的 tmp，考虑一下气象站的这种行为：

$$\begin{bmatrix} hr & = & 11 \\ tmp & = & 23.5 \end{bmatrix} \rightarrow \begin{bmatrix} hr & = & 12 \\ tmp & = & 23.5 \end{bmatrix} \rightarrow \begin{bmatrix} hr & = & 12 \\ tmp & = & 23.4 \end{bmatrix} \rightarrow \begin{bmatrix} hr & = & 12 \\ tmp & = & 23.3 \end{bmatrix} \rightarrow \begin{bmatrix} hr & = & 1 \\ tmp & = & 23.3 \end{bmatrix} \rightarrow \cdots$$

在第二步和第三步中，tmp 有变化而 hr 保持不变，这在 $\Box HCnxt$ 中是不允许的，因为其断言在每一步中 hr 都会递增。因此，公式 $HCini \wedge \Box HCnxt$ 不能用来描述气象站的时钟读数显示。

任何描述时钟读数的公式都必须允许出现 hr 保持不变的步骤，即 $hr' = hr$ 步骤，这被称为时钟的*重叠步骤*（stuttering step）。时钟的规约应该允许 $HCnxt$ 步骤和重叠步骤。因此，一个步骤是被允许的当且仅当这个步骤是 $HCnxt$ 步骤或重叠步骤，即满足公式 $HCnxt \vee (hr' = hr)$ 的步骤。这表明，可以采用 $HCini \wedge \Box(HCnxt \vee (hr' = hr))$ 作为我们的规约。在 TLA 中，我们用 $[HCnxt]_{hr}$ 代替 $HCnxt \vee (hr' = hr)$，这样之前的公式可以简写成 $HCini \wedge \Box[HCnxt]_{hr}$。

> 我将 $[HCnxt]_{hr}$ 读作 方块 $HCnxt$ 下标 hr。

公式 $HCini \wedge \Box[HCnxt]_{hr}$ 确实允许出现重叠步骤，事实上，如下以无限个重叠步骤结尾的行为均在允许之列：

$$[hr = 10] \rightarrow [hr = 11] \rightarrow [hr = 11] \rightarrow [hr = 11] \rightarrow \cdots$$

上述行为描述了一个最后读数为 11 且保持不变（即在 11 点停止）的时钟。类似地，我们可以用一种无限的行为来表示任何系统的终止执行，这种行为只以一组重叠步骤表示终止，这样我们就没有必要分析有限行为（有限状态序列）了，可以考虑只分析无限行为。

要求时钟永不停止是很自然的约束，所以我们的规约应该断言有无限多个非重叠步骤。第 8 章将描述如何表示这一约束。现在，让我们先满足于这个可能停止的时钟吧，其规约 HC 定义如下：

$$HC \triangleq HCini \wedge \Box[HCnxt]_{hr}$$

2.3 解读规约

状态是为所有变量赋值的操作。在式（2.1）表示的行为中，$[hr = 1]$ 表示将 hr 置为 1 的某些特定状态，这种状态也可能会将变量 tmp 置为 23，将 m_pos 置为 $\sqrt{-17}$。我们可以认为一个状态表征的是整个宇宙的一种可能状态，将 hr 置为 1 和将 m_pos 置为三维空间中某个特定点的状态表征的是宇宙的这种状态：时针指向 1，月亮在一个特定的位置。将 hr 置为 $\sqrt{-2}$ 状态与我们所知宇宙的任何状态都不对应，因为我们的时钟不会显示 $\sqrt{-2}$ 的值，它可能表征了炸弹落在钟上爆炸，使得钟的显示完全凭想象的状态。

行为是无限状态序列，例如：

$$[hr = 11] \rightarrow [hr = 77.2] \rightarrow [hr = 78.2] \rightarrow [hr = \sqrt{-2}] \rightarrow \cdots \tag{2.2}$$

一个行为描述了一种可能的宇宙历史，如式（2.2）这样的行为描述的历史在真实的历史中不存在，我们的时钟不会突然从 11 变为 77.2。它所表征的任何历史都不符合我们对时钟行为的期望。

公式 HC 是一个时态公式，时态公式是关于行为的断言。我们说一个行为满足HC 当且仅当 HC 对行为是一个值为真的断言。式（2.1）表示的行为是满足公式 HC 的，而式（2.2）表示的行为不是，式（2.2）的第一步和第三步不满足公式 HC（不过第二步 $[hr = 77.2] \rightarrow [hr = 78.2]$ 是满足的），而 HC 断言行为的每一步都应该满足 $HCnxt$ 或保持 hr 不变。我们视公式 HC 为时钟规约，是因为那些时钟正常工作的宇宙的历史行为正好满足公式 HC。

如果时钟工作正常，那么它的读数应该是从 1 到 12 的整数，因此在任何满足时钟规约 HC 的行为中，在所有状态下，hr 的取值都应该是一个从 1 到 12 的整数。公式 $HCini$

断言 hr 是从 1 到 12 的整数，$\Box HCini$ 断言 $HCini$ 永远为真，因此对所有满足 HC 的行为，$\Box HCini$ 都为真。另一种说法是对于所有行为，HC 都蕴涵 $\Box HCini$。这样，每一个行为都应该满足 $HC \Rightarrow \Box HCini$。一个被所有行为满足的时态公式称为定理（theorem），所以 $HC \Rightarrow \Box HCini$ 是一个定理⊖。很容易得出：HC 为真，意味着 $HCini$ 初始时为真（$HCini$ 是行为的第一个状态），而 $\Box[HCnxt]_{hr}$ 为真则意味着每一步 hr 要么合法取值，要么保持 hr 不变。我们可以用 TLA 的证明规则来形式化这个推理，不过这里我们不打算深入研究证明和证明规则⊜。

2.4　TLA$^+$ 规约

图 2.1 显示了如何使用 TLA$^+$ 编写时钟规约，这里有两个版本：下面的ASCII 版本是用键盘输入的真正的 TLA$^+$ 规约版本；上面的排版版本是第 13 章中描述的 TLATEX 程序可能生成的排版版本。在理解规约之前，我们先观察这两种语法之间的关系：

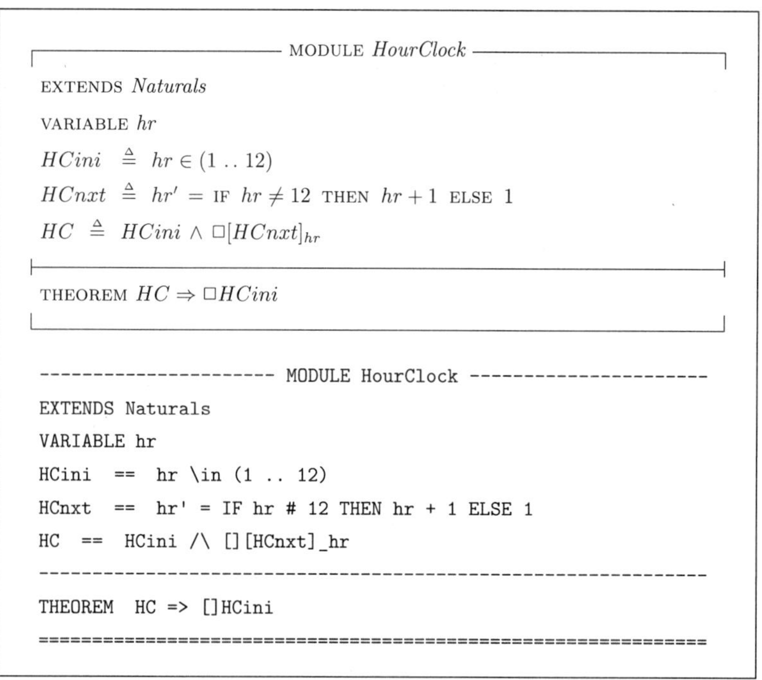

图 2.1　时钟规约——排版版本与 ASCII 版本

- 需要以小号大写字母（如 EXTENDS）呈现的保留字以普通 ASCII 大写字母书写。
- 在不能与 ASCII 字符一一对应的情况下，符号尽可能以象形 ASCII 字符方式呈现，如 $\Box$ 的键入符号为 [ ]，$\neq$ 的键入符号为 #（你也可以输入 /= 代替 $\neq$）。

⊖　逻辑学上，如果一个公式被所有行为满足，则称它是有效的（valid），术语定理被定义为可被证明为有效的公式。

⊜　证明和证明规则参见 19.7 节。——译者注

- 如果没有其他更好的 ASCII 表示，则使用TEX 表示法[⊖]，例如 $\in$ 的键入符号是 `\in`，最主要的例外是 $\triangleq$，它的键入符号是 `==`。

完整的 TLA$^+$ 符号和其 ASCII 等价列表可以在第四部分开篇的表 8 中找到。本书所有规约的 ASCII 版本都可以在 TLA 官网找到。

现在让我们看一下规约的内容，它开始于：

MODULE *HourClock*

名为 *HourClock* 的模块是以这个标识开始的。TLA$^+$ 规约一般可划分为不同的模块（module)，不过这里时钟规约只包含这个单独的模块。

像 $+$ 这样的算术运算符并未内置在 TLA$^+$ 中，而是直接在模块中定义。(因为你可能想写一个规约，其中 $+$ 表示矩阵加法而不是数字加法。）自然数的常规运算符在 *Naturals* 模块中定义，可通过以下语句将它们的定义引入模块 *HourClock* 中：

EXTENDS *Naturals*

公式中出现的每个符号都必须是 TLA$^+$ 的内置运算符、声明或定义，例如，

VARIABLE *hr*

声明 hr 为一个变量。

为了定义 *HCini*，我们要正式表示集合 $\{1, \cdots, 12\}$，不能用省略号“ $\cdots$”，我们也可以直接书写完整的集合：

$$\{1,2,3,4,5,6,7,8,9,10,11,12\}$$

但这不实用。这里我们引入定义在 *Naturals* 模块中的运算符“ ..”，将集合记为 $1 \,..\, 12$。推广开来，$i \,..\, j$ 表示对任意的 i、j，从 i 到 j 的所有整数。(如果 $j < i$，则集合是空集。）现在书写 *HCini* 定义的方式就很明显了，而 *HCnxt* 和 *HC* 的定义还是如前所述。(普通数学中逻辑和集合论的运算符，如 $\land$ 和 $\in$，也是 TLA$^+$ 的内置运算符。）

下面这条线

可以出现在语句间的任意位置，它没有其他意义，只是单纯的修饰。接下来的语句

THEOREM $HC \Rightarrow \Box HCini$

是之前讨论过的定理，它断言在语句上下文中，$HC \Rightarrow \Box HCini$ 为真，更确切地说，它断言公式从逻辑上遵循本模块中的定义、*Naturals* 模块中的定义和 TLA$^+$ 的规则。如果公式不为真，则模块 *HC* 也不为真。

下面这条线是模块的终止符号：

⊖ TEX 排版系统由 Donald E. Knuth 在 *The TEXbook* 一书中引入，该书由 Addison-Wesley 于 1986 年出版。

时钟规约即 HC 的定义，包括 $HCnxt$ 和 $HCini$ 公式的定义以及 HC 定义中出现的运算符 .. 和 + 的定义。形式上，模块中没有任何内容告诉我们，HC 而非 $HCini$ 才是时钟规约。TLA$^+$ 是一种用来书写数学的语言，特别是用于书写数学定义和定理。这些定义表示什么，以及我们赋予这些定理的重要性都在数学范围之外，也在 TLA$^+$ 范围之外。工程师不仅需要有使用数学工具的能力，还需要有理解数学模型的能力。

2.5 规约的另一种写法

模块 $Naturals$ 还定义了一个取模运算符 %。公式 $i \% n$，数学上写作 $i \bmod n$，是 i 除以 n 所得的余数，更正式一点来说，$i \% n$ 是一个小于 n 的自然数，且存在一个自然数 q，使得 $i = q * n + (i \% n)$。接下来我们用更数学化的语言表示：模块 $Naturals$ 定义 Nat 为自然数集，q 是其中一个元素且满足公式 F，记作 $\exists q \in Nat : F$，这样，如果 i 和 n 都是自然数集的元素，且 $n > 0$，则 $i \% n$ 是唯一满足

$$(i \% n \in 0 \mathrel{..} (n-1)) \land (\exists\, q \in Nat : i = q * n + (i \% n))$$

的自然数。

我们可以用 % 稍微简化一下之前的时钟规约。注意到 $(11 \% 12) + 1$ 等于 12 且 $(12 \% 12) + 1$ 等于 1，我们可以定义一个新的后继状态动作 $HCnxt2$ 和新公式 $HC2$，新规约定义为

$$HCnxt2 \triangleq hr' = (hr \% 12) + 1 \qquad HC2 \triangleq HCini \land \Box[HCnxt2]_{hr}$$

不过动作 $HCnxt$ 和 $HCnxt2$ 不是等价的，步骤 $[hr = 24] \to [hr = 25]$ 满足 $HCnxt$ 但不满足 $HCnxt2$，而步骤 $[hr = 24] \to [hr = 1]$ 满足 $HCnxt2$ 但不满足 $HCnxt$。尽管如此，还是不难推导出：对任意一个以满足 $HCini$ 的状态开始的行为，其满足 $\Box[HCnxt]_{hr}$ 当且仅当其满足 $\Box[HCnxt2]_{hr}$。因此，公式 HC 和 $HC2$ 是等价的。换句话说，$HC \equiv HC2$ 是一个定理。选哪一个作为时钟规约都没关系。

数学上有无数种方法来表示同一个东西，例如表达式 $6+6$、$3*4$ 和 $141-129$ 都只是数字 12 的不同表示方式，我们可以在模块 $HourClock$ 中用上述任一表达式代替 12 的任一实例而不改变公式的具体含义。

在编写规约时，我们通常会面临同一事物的多种表达方式的选择，遇到这种情况时，首先应确保这些规约都是等价的，如果是，则选择一种最容易理解的，如果不是，则需要确认哪一种才是对的。

第 3 章 异步接口示例

现在，让我们定义一个用于在异步设备之间传输数据的接口，发送方（sender）和接收方（receiver）之间的连接关系如下所示：

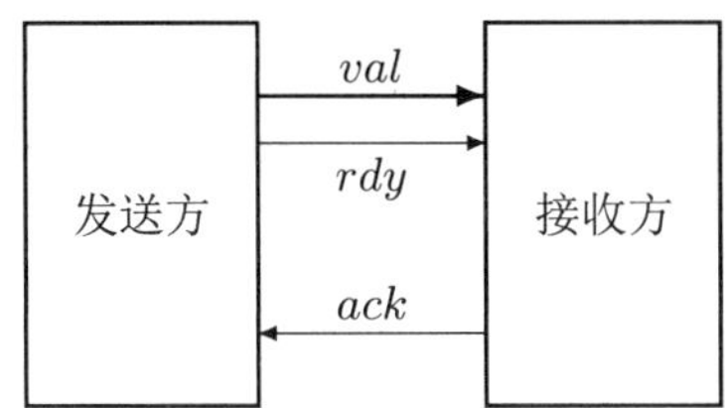

数据在 val 上发送，rdy 和 ack 用于同步。发送方必须等待接收方的确认（Ack），才能继续发送下一个数据。该接口使用标准的两阶段握手协议（two-phase handshake protocol），如下行为示例描述了这个过程：

$$
\begin{bmatrix} val = 26 \\ rdy = 0 \\ ack = 0 \end{bmatrix} \xrightarrow{Send\ 37} \begin{bmatrix} val = 37 \\ rdy = 1 \\ ack = 0 \end{bmatrix} \xrightarrow{Ack} \begin{bmatrix} val = 37 \\ rdy = 1 \\ ack = 1 \end{bmatrix} \xrightarrow{Send\ 4}
$$

$$
\begin{bmatrix} val = 4 \\ rdy = 0 \\ ack = 1 \end{bmatrix} \xrightarrow{Ack} \begin{bmatrix} val = 4 \\ rdy = 0 \\ ack = 0 \end{bmatrix} \xrightarrow{Send\ 19} \begin{bmatrix} val = 19 \\ rdy = 1 \\ ack = 0 \end{bmatrix} \xrightarrow{Ack} \cdots
$$

（val 在初始状态下取任意值都没有关系。）

从这个行为示例可以很容易地看出，一旦确定了待发的数据，所有可能的行为也就确定了。但是，在编写描述这些行为的 TLA$^+$ 规约之前，让我们回顾一下刚刚做了什么。

在编写此行为时，我们首先要确定 val 和 rdy 的值是否应该在同一个步骤中改变。变量 val 和 rdy 的值表示物理设备中的某些线路上的电压，实际上不同线路上的电压不会在同一瞬间发生变化，但我决定忽略物理系统的这个差异，假定 val 和 rdy 表示的电压值会同时变化。这能简化规约，但可能会忽略系统的某些重要细节，实际上，直到 val 线路上的电压稳定后，rdy 线路上的电压才会发生改变。你将不会从这个规约中看到这一点，如果我希望规约表达这个需求，我会另写一个行为，其中 val 的值和 rdy 的值在不同的步骤中改变。

规约是一种抽象。它描述了系统的某些方面，忽略了系统的其他方面。我们希望规约尽可能简单，因此必然会忽略尽可能多的细节。每当在规约中忽略系统的某些方面时，我们要意识到这会带来潜在的问题。在本示例中，我们的规约可以验证使用此接口的系统的正确性，但实际系统仍然可能会失败，因为实现者并不清楚在改变 rdy 线路电压之前 val 线路电压必须保持稳定。

编写规约最困难的部分是选择合理的抽象。我可以教给你有关 TLA$^+$ 的知识，因此将系统的抽象视图表示为 TLA$^+$ 规约会成为一项简单的工作，但我不知道如何教你抽象，优秀的工程师知道如何抽象系统的本质，并在定义和设计系统时删减不重要的细节，抽象的能力只能从实践中得来。

编写规约时，首先必须选择抽象。在 TLA$^+$ 规约中，这意味着选择表示系统状态的变量、改变这些状态变量的步骤以及步骤的粒度。rdy 和 ack 线路应该表示为独立的变量还是同一变量？val 和 rdy 应该在一步、两步或其他多少步中更改？为了帮助做出这些选择，建议你首先编写一两个示例行为的前几个步骤，正如我在本节开始时所做的一样。第 7 章对如何做这些选择还有更多建议。

3.1　第一个规约

现在让我们在模块 $AsynchInterface$ 中定义异步接口，因为规约中会用到自然数减法，所以通过 EXTENDS 引入 $Naturals$ 模块，以包含减法运算符“$-$”的定义。接下来，我们来确定 val 的可能取值，即什么数值才允许被发送。我们当然也可以编写没有任何取值限制的规约，如发送方先发送 37，接着发送 $\sqrt{-15}$，然后发送 Nat（完整的自然数集）。但是，任何真实的设备都只能发送一组受限制的值，我们可以选择一些特定的集合，例如 32 位整数集，不过，无论是用于发送 32 位整数还是 128 位整数，该协议都是相同的。因此，我们在允许发送任何内容和只允许发送 32 位整数这两个极端之间进行折中，设定只有数据集 $Data$ 中的数据才可以被发送，常量 $Data$ 是规约的一个参数。由下列语句声明：

$$\text{CONSTANT } Data$$

三个变量声明如下：

$$\text{VARIABLES } val, rdy, ack$$

关键字 VARIABLE 和 VARIABLES 含义相同，区别只在于定义的变量数量，CONSTANT 和 CONSTANTS 也是如此。

变量 rdy 可以取任意值，例如 $-1/2$，即存在将 rdy 置为 $-1/2$ 的状态。在讨论规约时，我们通常会说 rdy 只能取值 0 或 1，正式一点的说法是，在满足规约的任意行为的每个状态下，rdy 的值都只能等于 0 或 1，不必理解完整的规约也可以理解上述说法。通过说明变量在满足规约的行为中可以取哪些值，可以使规约更易于理解，当然用注释也可以做到这一点，不过我更喜欢使用这样的定义：

$$TypeInvariant \triangleq (val \in Data) \land (rdy \in \{0,1\}) \land (ack \in \{0,1\})$$

我称集合 $\{0,1\}$ 为 rdy 的类型（type），称 $TypeInvariant$ 为类型不变式（type invariant）。让我们更精确地定义类型和其他一些术语：

- 状态函数（state function）：普通表达式（没有 $'$ 或 $\Box$ 的表达式），可以包含变量和常量。
- 状态谓词（state predicate）：取值为布尔值的状态函数。
- 不变式（invariant）：规约 $Spec$ 的不变式 Inv 是状态谓词，使得 $Spec \Rightarrow Inv$ 成为一个定理。
- 类型：变量 v 在规约 $Spec$ 中具有类型 T 当且仅当 $v \in T$ 是 $Spec$ 的不变式。

如下书写方式可以使 $TypeInvariant$ 的定义更易于阅读：

$$\begin{aligned} TypeInvariant \;\triangleq\; & \land\; val \in Data \\ & \land\; rdy \in \{0,1\} \\ & \land\; ack \in \{0,1\} \end{aligned}$$

上式中每个合取式都以一个 $\land$ 开头，且都必须完全处于 $\land$ 的右边。（该合取式可能占据多行。）对于析取式，我们也使用相同的表示法。在使用此编号列表（bulleted-list）表示法时，所有的 $\land$ 或 $\lor$ 都必须精确对齐（即使在 ASCII 版本中也是如此），上式中这种缩进很重要，我们可以因此不用括号，这种书写方式在合取式和析取式嵌套的时候特别有用。

公式 $TypeInvariant$ 不会出现在规约中，因为规约会蕴涵 $TypeInvariant$ 为不变式。因此不必显式定义它。实际上，它的不变性将被断言为一个定理。

初始谓词直截了当，在初始状态，val 可以等于 $Data$ 的任一元素，rdy 和 ack 也可以要么均为 0，要么均为 1：

$$\begin{aligned} Init \;\triangleq\; & \land\; val \in Data \\ & \land\; rdy \in \{0,1\} \\ & \land\; ack = rdy \end{aligned}$$

现在开始定义后继状态动作 $Next$。协议的可选步骤要么是发送值，要么是接收值，我们定义 $Send$ 和 Rcv 两个动作来分别表示它们。$Next$ 步骤（满足 $Next$ 动作的步骤）要么是 $Send$ 步骤，要么是 Rcv 步骤，因此它是 $Send \lor Rcv$ 步骤。这样，我们将 $Next$ 定义为 $Send \lor Rcv$。下面让我们分别定义 $Send$ 和 Rcv。

我们说在某个状态下，动作 $Send$ 被使能（enabled），就意味着此时可以执行一个 $Send$ 步骤了。由上述示例行为也可以看出这一点：$Send$ 被使能当且仅当 rdy 等于ack。通常，我们关于动作的第一个问题是它何时被使能。因此，动作的定义通常从其使能条件开始。因此，$Send$ 定义中的第一个合取式是 $rdy = ack$，下一个合取式告诉我们变量 val、rdy 和 ack 的新值是什么。val 的新值 val' 可以是 $Data$ 的任意元素，即任意满足 $val' \in Data$ 的值。rdy 的值从 0 变为 1 或从 1 变为 0，因此 rdy' 等于 $1 - rdy$（因为 $1 = 1 - 0$ 和 $0 = 1 - 1$），ack 的值保持不变。

TLA$^+$ 定义 UNCHANGED v 来表示 v 在新旧状态下都具有相同的值。更准确地说，UNCHANGED v 等价于 $v' = v$，其中 v' 是通过给 v 的所有变量加 $'$ 得到的表达式。因此，我们可以这样定义 $Send$：

$$
\begin{aligned}
Send \triangleq\ & \land\ rdy = ack \\
& \land\ val' \in Data \\
& \land\ rdy' = 1 - rdy \\
& \land\ \text{UNCHANGED}\ ack
\end{aligned}
$$

（可以用 $ack' = ack$ 代替 UNCHANGED ack，我个人更喜欢后者。）

一个 Rcv 步骤被使能当且仅当 rdy 与 ack 的值不相等，这个步骤会改变 ack 的值，但 val 和 rdy 保持不变，即 (val，rdy) 对保持不变。TLA$^+$ 使用 $\langle$ 和 $\rangle$ 包裹元组，所以 Rcv 断言 $\langle val, rdy\rangle$ 保持不变。（在 ASCII 版本中，这对括号被记作 << 和 >>。）因此 Rcv 定义如下：

$$
\begin{aligned}
Rcv \triangleq\ & \land\ rdy \neq ack \\
& \land\ ack' = 1 - ack \\
& \land\ \text{UNCHANGED}\ \langle val, rdy\rangle
\end{aligned}
$$

就像在时钟示例中一样，完整的规约 $Spec$ 应该允许重叠步骤——这种场景下，三个变量均保持不变，即 $Spec$ 允许元组 $\langle val, rdy, ack\rangle$ 保持不变，则 $Spec$ 的定义为

$$Spec \triangleq Init \land \Box[Next]_{\langle val, rdy, ack\rangle}$$

模块 $AsynchInterface$ 还声明了 $TypeInvariant$ 不变式，完整的规约如图 3.1 所示。

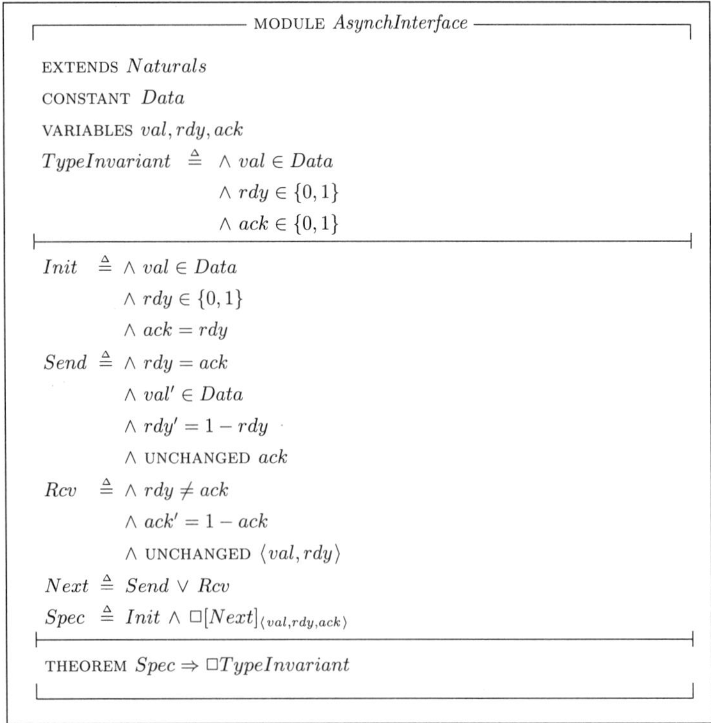

MODULE *AsynchInterface*

EXTENDS *Naturals*

CONSTANT *Data*

VARIABLES val, rdy, ack

$$
\begin{aligned}
TypeInvariant \triangleq\ & \land\ val \in Data \\
& \land\ rdy \in \{0, 1\} \\
& \land\ ack \in \{0, 1\}
\end{aligned}
$$

$$
\begin{aligned}
Init \triangleq\ & \land\ val \in Data \\
& \land\ rdy \in \{0, 1\} \\
& \land\ ack = rdy \\
Send \triangleq\ & \land\ rdy = ack \\
& \land\ val' \in Data \\
& \land\ rdy' = 1 - rdy \\
& \land\ \text{UNCHANGED}\ ack \\
Rcv \triangleq\ & \land\ rdy \neq ack \\
& \land\ ack' = 1 - ack \\
& \land\ \text{UNCHANGED}\ \langle val, rdy\rangle \\
Next \triangleq\ & Send \lor Rcv \\
Spec \triangleq\ & Init \land \Box[Next]_{\langle val, rdy, ack\rangle}
\end{aligned}
$$

THEOREM $Spec \Rightarrow \Box TypeInvariant$

图 3.1　异步接口的第一个规约

3.2 另一个规约

模块 $AsynchInterface$ 详细描述了异步接口及其握手协议，不过，目前它对调用该接口的其他系统还不大友好，让我们重写这个接口规约，以方便将其用作更大的规约的一部分。

初始版本规约的第一个问题是它使用三个变量来描述单个接口。其他系统可能调用接口的多个不同实例。为避免变量激增，我们用单个变量 $chan$（channel（通道）的缩写）代替三个变量 val、rdy 和 ack。数学上可以通过将 $chan$ 的值设为有序三元组（例如用 $[chan = \langle -1/2, 0, 1\rangle]$ 代替 $val = -1/2$、$rdy = 0$ 和 $ack = 1$）。不过程序员在编码中发现，使用这样的元组经常出错，因为很容易忘记 ack 是由第二个还是第三个元素表示。因此，TLA$^+$ 在常规的数学符号之外，还引入了记录（record）。

我们用携带 val、rdy 和 ack 字段的记录来表示通道的状态。如果 r 是记录，则 $r.val$ 是其 val 字段。我们可以定义类型不变式，声明 $chan$ 的值是所有此类记录 r 的集合中的元素：其中 $r.val$ 是集合 $Data$ 的元素，$r.rdy$ 和 $r.ack$ 是集合 $\{0,1\}$ 的元素，该集合记作：

$$[val : Data,\ rdy : \{0,1\},\ ack : \{0,1\}]$$

记录的字段是不保序的，我们以何种顺序书写它们都无关紧要。同一组记录也可以记为

$$[ack : \{0,1\},\ val : Data,\ rdy : \{0,1\}]$$

在初始状态，$chan$ 可以等于该集合中 ack 和 rdy 字段相等的任意元素，因此初始谓词是类型不变式和条件 $chan.ack = chan.rdy$ 的合取。

调用该接口的系统可能执行以下操作：发送数 d 并执行其他一些依赖于 d 的变更操作。我们想将这种操作表示为一个动作，该动作是两个独立动作的合取：一个表示 d 的发送，另一个表示其他变更。因此，我们定义发送数 d 的动作为 $Send(d)$，而不是定义为发送一些不确定的数的动作 $Send$。后继状态动作被 $Send(d)$ 步骤（对于 $Data$ 集中的某个 d）或 Rcv 步骤满足。（Rcv 步骤收到的值等于 $chan.val$。）我们说对 $Data$ 中的某个 d，某个步骤是一个 $Send(d)$ 步骤，则意味着 $Data$ 中存在一个 d 使得该步骤满足 $Send(d)$——换句话说，是一个 $\exists\, d \in Data : Send(d)$ 步骤，因此我们定义

$$Next \ \triangleq\ (\exists\, d \in Data : Send(d)) \lor Rcv$$

$Send(d)$ 动作断言 $chan'$ 等于记录 r，使得

$$r.val = d \qquad r.rdy = 1 - chan.rdy \qquad r.ack = chan.ack$$

该记录在 TLA$^+$ 中记作：

$$[val \mapsto d,\ rdy \mapsto 1 - chan.rdy,\ ack \mapsto chan.ack]$$

（符号 $\mapsto$ 在 ASCII 版本中记作 `|->`。）由于记录的字段是无序的，因此也可以将该记录记作：

$$[ack \mapsto chan.ack,\ val \mapsto d,\ rdy \mapsto 1 - chan.rdy]$$

$Send(d)$ 的使能条件是 rdy 和 ack 值相等，因此我们可以这样定义：

$$\begin{aligned} & Send(d) \triangleq \\ & \quad \land chan.rdy = chan.ack \\ & \quad \land chan' = [val \mapsto d, rdy \mapsto 1 - chan.rdy, ack \mapsto chan.ack] \end{aligned}$$

这样定义 $Send(d)$ 就很完美了，不过我更喜欢下面这个写法，我们可以说 $chan'$ 的值和 $chan$ 的值相等，除了 val 等于 d 且 rdy 等于 $1 - chan.rdy$ 之外。在 TLA$^+$ 中，我们将之记作

$$[chan \text{ EXCEPT } !.val = d, !.rdy = 1 - chan.rdy]$$

用！表示新记录，用 EXCEPT 表达式描述对 $chan$ 的修改，则该表达式读作“新记录！与 $chan$ 相等，除了 $!.val$ 等于 d，且 $!.rdy$ 等于 $1-chan.rdy$”，在表达式 $!.rdy = 1-chan.rdy$ 中，用符号 @ 表示 $chan.rdy$，我们可以将之改写为：

$$[chan \text{ EXCEPT } !.val = d, !.rdy = 1 - @]$$

通常，对于任意记录 r，表达式

$$[r \text{ EXCEPT } !.c_1 = e_1, \ldots, !.c_n = e_n]$$

是通过对 $i \in 1 \,..\, n$ 中的每个 i 用 e_i 代换 $r.c_i$ 而得到的记录。在表达式 e_i 中用 @ 代替 $r.c_i$，我们得到定义

$$\begin{aligned} Send(d) \triangleq\ & \land chan.rdy = chan.ack \\ & \land chan' = [chan \text{ EXCEPT } !.val = d, !.rdy = 1 - @] \end{aligned}$$

Rcv 的定义也很直接，当 $chan.rdy$ 不等于 $chan.ack$ 时，可以接收一个数，且收到该数后要设置 $chan.ack$ 为其补码：

$$\begin{aligned} Rcv \triangleq\ & \land chan.rdy \neq chan.ack \\ & \land chan' = [chan \text{ EXCEPT } !.ack = 1 - @] \end{aligned}$$

完整的规约如图 3.2 所示。

3.3　类型回顾

如 3.1 节中所定义的，变量 v 在规约 $Spec$ 中的类型为 T，当且仅当 $v \in T$ 是 $Spec$ 的不变式。因此，hr 在时钟规约 HC 中具有类型 $1 \,..\, 12$。此断言并不意味着变量 hr 只能在 $1 \,..\, 12$ 的范围内取值，因为状态是对一组变量随机赋值的操作，所以也存在 hr 值为 $\sqrt{-2}$ 的状态，故上述断言只是说在每一个满足公式 HC 的行为中，hr 的值都是 $1 \,..\, 12$ 中的元素。

$$
\begin{array}{l}
\text{———— MODULE } \mathit{Channel} \text{ ————}\\
\text{EXTENDS } \mathit{Naturals}\\
\text{CONSTANT } \mathit{Data}\\
\text{VARIABLE } \mathit{chan}\\
\mathit{TypeInvariant} \triangleq \mathit{chan} \in [\mathit{val}: \mathit{Data},\ \mathit{rdy}: \{0,1\},\ \mathit{ack}: \{0,1\}]\\
\text{————————————}\\
\mathit{Init} \triangleq \land \mathit{TypeInvariant}\\
\qquad\quad \land \mathit{chan.ack} = \mathit{chan.rdy}\\
\mathit{Send}(d) \triangleq \land \mathit{chan.rdy} = \mathit{chan.ack}\\
\qquad\qquad\quad \land \mathit{chan}' = [\mathit{chan} \text{ EXCEPT } !.\mathit{val} = d,\ !.\mathit{rdy} = 1 - @]\\
\mathit{Rcv} \quad\;\; \triangleq \land \mathit{chan.rdy} \neq \mathit{chan.ack}\\
\qquad\qquad\quad \land \mathit{chan}' = [\mathit{chan} \text{ EXCEPT } !.\mathit{ack} = 1 - @]\\
\mathit{Next} \triangleq (\exists d \in \mathit{Data} : \mathit{Send}(d)) \lor \mathit{Rcv}\\
\mathit{Spec} \triangleq \mathit{Init} \land \Box[\mathit{Next}]_{\mathit{chan}}\\
\text{————————————}\\
\text{THEOREM } \mathit{Spec} \Rightarrow \Box \mathit{TypeInvariant}\\
\text{————————————}
\end{array}
$$

图 3.2　异步接口的第二个规约

如果你对编程语言中的类型很熟悉，那么 TLA$^+$ 允许变量取任意值的特性看起来就很奇怪了。为什么不将状态限制为变量只能取合适类型的值呢？换句话说，为什么不在 TLA$^+$ 中引入类型系统？这个问题就说来话长了，我们在 6.2 节会进一步阐述这个问题。现在，请记住 TLA$^+$ 是一种*类型无关* (untype) 语言，类型正确性只是在特指不变式属性时的说法，给公式取名 *TypeInvariant* 也不会赋予其特殊性。

3.4　定义

让我们研究一下定义的含义。如果 *Id* 是像 *Init* 或 *Spec* 这样的简单标识符，则表达式 $Id \triangleq exp$ 定义 *Id* 与表达式 *exp* 含义相同，在任意表达式中用 *exp* 代替 *Id* 或者反过来，都不会改变该表达式的含义。此类代换必须在表达式解析之后执行，而不是在原始信息输入阶段执行。例如，定义 $x \triangleq a + b$ 使得 $x * c$ 等于 $(a+b) * c$，而不是 $a + b * c$（即 $a + (b * c)$）。

Send 的定义形如 $Id(p) \triangleq exp$，其中 *Id* 和 *p* 都是标识符。对于任意表达式 *e*，$Id(e)$ 可以通过将 *exp* 中的 *p* 代换为 *e* 得到。例如，*Channel* 模块中 *Send* 定义 $Send(-5)$ 等于

$$
\begin{array}{l}
\land\ \mathit{chan.rdy} = \mathit{chan.ack}\\
\land\ \mathit{chan}' = [\mathit{chan} \text{ EXCEPT } !.\mathit{val} = -5,\ !.\mathit{rdy} = 1 - @]
\end{array}
$$

对于任意表达式 *e*，$Send(e)$ 也是一个表达式。因此，我们可以编写公式 $Send(-5) \land (chan.ack = 1)$。标识符 *Send* 本身不是表达式，$Send \land (chan.ack = 1)$ 也不是完全符合语法的字符串，只是像 $a + * b +$ 这样的无语义表达式。

Send 是一个带有单个参数的运算符（operator）。我们接下来定义带多个参数的运算

符，其一般形式为

$$Id(p_1, \cdots, p_n) \triangleq exp \tag{3.1}$$

其中 p_i 是彼此各异的标识符，而 exp 是表达式。我们可以将已定义的诸如 $Init$ 和 $Spec$ 之类的标识符也视为不带任何参数的运算符，但这里我们通常使用“标识符”来表示带一个或多个参数的运算符。

我将使用符号（symbol）一词来表示诸如 $Send$ 之类的标识符或诸如 $+$ 之类的运算符。规约中使用的每个符号都必须是 TLA$^+$ 的内置运算符（如 $\in$），或者必须被声明或定义。每个被声明或定义的符号都有其使用范围（scope），VARIABLE 或 CONSTANT 表示的声明或定义，其使用范围是其后的整个模块。因此，在模块 $Channel$ 中，$Init$ 定义语句之后，其他表达式都可以使用 $Init$。EXTENDS $Naturals$ 语句会将在 $Naturals$ 模块中定义的符号（如 $+$）的使用范围扩展（引入）到 $Channel$ 模块。

式（3.1）的运算符定义隐式包含了 $p_1, \cdots, p_n$ 这样的标识符的使用范围只在表达式 exp 内。下面这种形式的表达式

$$\exists v \in S : exp$$

中声明的标识符 v，其作用域也只在表达式 exp 内。因此，标识符 v 在表达式 exp 中有意义（但在表达式 S 中没有意义）。

如果符号已经具有意义，则不能再重复声明或定义它，不过像这种表达式没关系：

$$(\exists v \in S : exp1) \land (\exists v \in T : exp2)$$

因为两个 v 的声明范围不重合，同样，$Channel$ 模块中符号 d 的两个声明（一个在 $Send$ 的定义中，一个在 $Next$ 的定义 $\exists d$ 中）具有不相交的范围。不过，下面的表达式是非法的：

$$(\exists v \in S : (exp1 \land \exists v \in T : exp2))$$

因为第二个 $\exists v$ 中的 v 的声明位于第一个 $\exists v$ 的声明范围之内。尽管常规的数学和编程语言允许进行此类重复定义或声明，但在 TLA$^+$ 中是禁止的，因为它们可能导致混淆和错误。

3.5 注释

即使是如模块 $AsynchInterface$ 和 $Channel$ 这样的简单规约，仅从纯数学角度理解也非常困难，这也是我直接从接口开始讲解的原因，这种方式可以使你更容易理解模块中的规约公式 $Spec$。每个规约都应附有非正式的行文说明，该解释可以位于随附的文档中，也可以作为注释包含在规约内。

图 3.3 展示了如何通过注释帮助理解 *HourClock* 模块中的时钟规约。在 TLATEX 排版版本中，注释通过使用其他字体与规约本身区分开。如图所示，在 ASCII 版本中，TLA+ 给出了两种注释方法：行间注释可以出现在 (* 和 *) 之间的任何地方，行尾注释以 * 开头。注释可以是嵌套的，因此你可以通过将规约的一部分包含在 (* 和 *) 之内，来将其注释掉，即使该部分已包含注释[⊖]。

```
———————————— MODULE HourClock ————————————
  这个模块定义了一个显示当前小时数的数字时钟，它不是实时的，不确定何
  时会改变显示数值
EXTENDS Naturals
VARIABLE hr   变量 hr 表示读数
HCini ≜ hr ∈ (1 .. 12)   初始状态, hr可以取从1到12的任意值
HCnxt 对于注释来说，这是一个奇怪的位置  ≜
  hr从1到12循环取值
  hr' = IF hr ≠ 12 THEN hr + 1 ELSE 1
HC ≜ HCini ∧ □[HCnxt]_hr
  完整的规约，允许时钟停止
├──────────────────────────────────────────┤
THEOREM HC ⇒ □HCini   规约的类型正确性
└──────────────────────────────────────────┘
```

```
---------------------- MODULE HourClock ----------------------
  (**********************************************************)
  (* 这个模块定义了一个显示当前小时数的数字时钟，它不是实时*)
  (* 的,不确定何时会改变显示数值                              *)
  (**********************************************************)
EXTENDS Naturals
VARIABLE hr      \* 变量 hr 表示读数
HCini  == hr \in (1 .. 12)   \* 初始状态, hr 可以取从1到12的任意值
HCnxt  (* 对于注释来说，这是一个奇怪的位置 *)  ==
  (***********************************************)
  (*               hr 从1到12循环取值            *)
  (***********************************************)
  hr' = IF hr # 12 THEN hr + 1 ELSE 1
HC  ==  HCini /\ [][HCnxt]_hr
  (* 完整的规约，允许时钟停止 *)
--------------------------------------------------------------
THEOREM  HC => []HCini  \* 规约的类型正确性
==============================================================
```

图 3.3　带有注释的时钟规约

注释几乎总是单独出现在一行的上方或一行的末尾。我在 *HCnxt* 和 ≜ 之间添加了一条注释，只是表明可以这么做。

为了节省篇幅，我只在示例规约中添加少量注释，但是实际规约中应该包含更多注释，

⊖ 不过，如有定义字符串常量 “a*)b”，则规约的该部分不能包含 (* 和 *)。

即使有随附的系统描述文档，也需要注释以帮助读者理解规约是如何组织的。

注释可以帮助解决由规约的逻辑结构引起的阅读困难。例如我们约定在使用之前必须先声明或定义符号。在 *Channel* 模块中，*Spec* 的定义必须在 *Next* 的定义之后，而后者又必须在 *Send* 和 *Rcv* 的定义之后。通常最容易理解的方式是自上而下的描述系统。我们阅读规约的时候，比较舒服的顺序是先阅读 *Data* 和 *chan* 的声明，然后是 *Spec* 的定义，接着是 *Init* 和 *Next* 的定义，最后才是 *Send* 和 *Rcv* 的定义。换句话说，我们希望或多或少自下而上地阅读规约。对于如 *Channel* 这样篇幅较短的模块来说，这很容易完成；但对于较长的规约就不那么方便了。我们可以使用注释来指导读者阅读更长的规约。例如，我们可以在 *Channel* 模块中的 *Send* 定义之前加上注释：

接下来的动作 *Send* 和 *Rcv* 是后继状态动作 *Next* 的两个析取式

模块结构也允许我们选择合适的阅读规约的顺序。例如，我们可以通过将 *HourClock* 模块拆分为三个单独的模块来重写时钟规约：

HCVar　模块中声明变量 *hr*。

HCActions 模块引入 *Naturals* 和 *HCVar* 模块，并定义 *HCini* 和 *HCnxt*。

HCSpec　模块引入 *HCActions* 模块，定义公式 *HC* 并声明类型正确性定理。

EXTENDS 关系隐含了模块的逻辑顺序：*HCVar* 在 *HCActions* 之前，*HCActions* 在 *HCSpec* 之前。但是不必严格按此顺序阅读模块。可以告知读者首先阅读 *HCVar*，然后阅读 *HCSpec*，最后阅读 *HCActions*。第 4 章引入的 INSTANCE 构造给出了另一种用于模块化规约的工具。

以这种方式拆分像 *HourClock* 这样的小规约看起来很可笑，但是适当地拆分模块可以使大型规约更易于阅读。在编写规约时，你应该先决定按什么顺序阅读最舒服，再设计模块组织结构，以方便读者按设定的顺序阅读模块，同时也方便将单个模块从头读到尾。最后，你应该确保在以适当的顺序阅读不同的模块时，其中的注释能提升阅读体验。

FIFO 接口示例

下一个例子是 FIFO 缓冲区，简称 FIFO，它是一个装置，发送方进程使用它向接收方传输一系列值。发送方和接收方使用 *in* 和 *out* 两个通道与缓冲区通信，如图 4.1 所示。

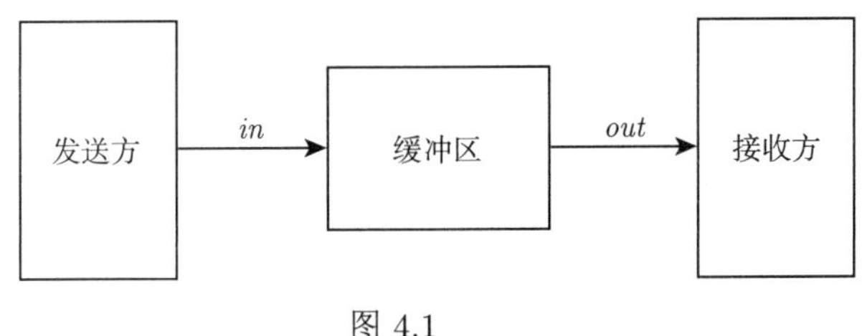

图 4.1

值的发送将遵循图 3.2 中 *Channel* 模块内的异步协议。该系统规约将允许下列行为：其步骤中具有四种非重叠步骤，即分别在 *in* 通道和 *out* 通道上的 *Send* 和 *Rcv* 步骤。

4.1 内部规约

FIFO 规约首先通过 EXTENDS 声明语句引入了模块 *Naturals* 和 *Sequences*。*Sequences* 模块中定义了有限序列上的运算。我们把一个有限序列表示成一个元组，所以三个数 3、2、1 的序列是三元组 $\langle 3,2,1\rangle$。*Sequences* 模块定义的序列操作运算符如下所示：

$Seq(S)$　由集合 S 中任意元素生成的序列组成的集合，如 $\langle 3,7\rangle$ 是 $Seq(Nat)$ 的一个元素。

$Head(s)$　序列 s 的第一个元素，如 $Head(\langle 3,7\rangle)=3$。

$Tail(s)$　序列 s 的尾部，即去掉首元素的序列 s，如 $Tail(\langle 3,7\rangle)=\langle 7\rangle$。

$Append(s,e)$　将元素 e 追加到序列 s 的尾部得到的序列，如 $Append(\langle 3,7\rangle,3)=\langle 3,7,3\rangle$。

$s\circ t$　将序列 s 和 t 串联起来得到的序列，例如 $\langle 3,7\rangle\circ\langle 3\rangle=\langle 3,7,3\rangle$。（在 ASCII 中，$\circ$ 的键入符号为 \o。）

$Len(s)$　序列 s 的长度，如 $Len(\langle 3,7\rangle)=2$。

接下来声明常量 *Message*，其表示所有可发送消息的集合[⊖]，之后声明三个变量：*in* 和 *out* 表示通道，q 表示发送方已发送但接收方尚未接收的缓冲消息序列（4.3 节对变量 q 有更多说明）。

⊖ 我喜欢将一个集合命名为单数名词如 *Message* 而不是复数 *Messages*，这样，表达式 $m\in Message$ 中的 $\in$ 可以读作是一个，表示 *Message* 中的一个 m。这也是大多数程序员常用的命名类型的方式。

我们希望使用 $Channel$ 模块中的定义来表示 in 和 out 通道上的操作。这需要定义 $Channel$ 模块的两个实例——一个实例的变量 $chan$ 被代换为当前模块的变量 in，另一个实例的 $chan$ 被代换为 out，两者的常量 $Data$ 都被代换为 $Message$。下列语句表示第一个实例：

$$InChan \triangleq \text{INSTANCE } Channel \text{ WITH } Data \leftarrow Message,\ chan \leftarrow in$$

上述语句表示定义在模块 $Channel$ 中的任意符号 σ 与定义在当前模块中的 $InChan!\sigma$ 有相同的含义，不过用 $Message$ 代换的 $Data$ 和 in 代换的 $chan$ 除外。例如，下列语句定义与 $InChan!TypeInvariant$ 等价：

$$in \in [val : Message,\ rdy : \{0,1\},\ ack : \{0,1\}]$$

（该语句没有定义 $InChan!Data$，因为 $Data$ 只是在 $Channel$ 模块中声明而不是定义。）我们用类似的语句引入 $Channle$ 模块的第二个实例：

$$OutChan \triangleq \text{INSTANCE } Channel \text{ WITH } Data \leftarrow Message,\ chan \leftarrow out$$

in 和 out 通道的初始状态由 $InChan!Init$ 和 $OutChan!Init$ 表示。在初始状态时，没有消息被发送或接收，因此 q 等于空序列——0 元组（只有一个，记作 $\langle\rangle$），我们可以将初始谓词定义为

$$\begin{aligned} Init \triangleq\ & \land InChan!Init \\ & \land OutChan!Init \\ & \land q = \langle\rangle \end{aligned}$$

接下来定义类型不变式。in 和 out 的类型不变式来自 $Channle$ 模块，而 q 的类型是消息的有限序列的集合。因此，FIFO 规约的类型不变式可定义为

$$\begin{aligned} TypeInvariant \triangleq\ & \land InChan!TypeInvariant \\ & \land OutChan!TypeInvariant \\ & \land q \in Seq(Message) \end{aligned}$$

后继状态动作所允许的四种非重叠步骤由下列四个动作表示：

$SSend(msg)$	发送方在 in 通道上发送消息。
$BufRcv$	缓冲区从 in 通道上接收消息，并将之放入 q 的尾部。
$BufSend$	缓冲区在 out 通道发送 q 的队首元素并将之从 q 删除。
$RRcv$	接收方从 out 通道接收消息。

这些动作的定义，以及规约的其余部分，可参见图 4.2，引入 $Inner$ 的原因可参见 4.3 节。

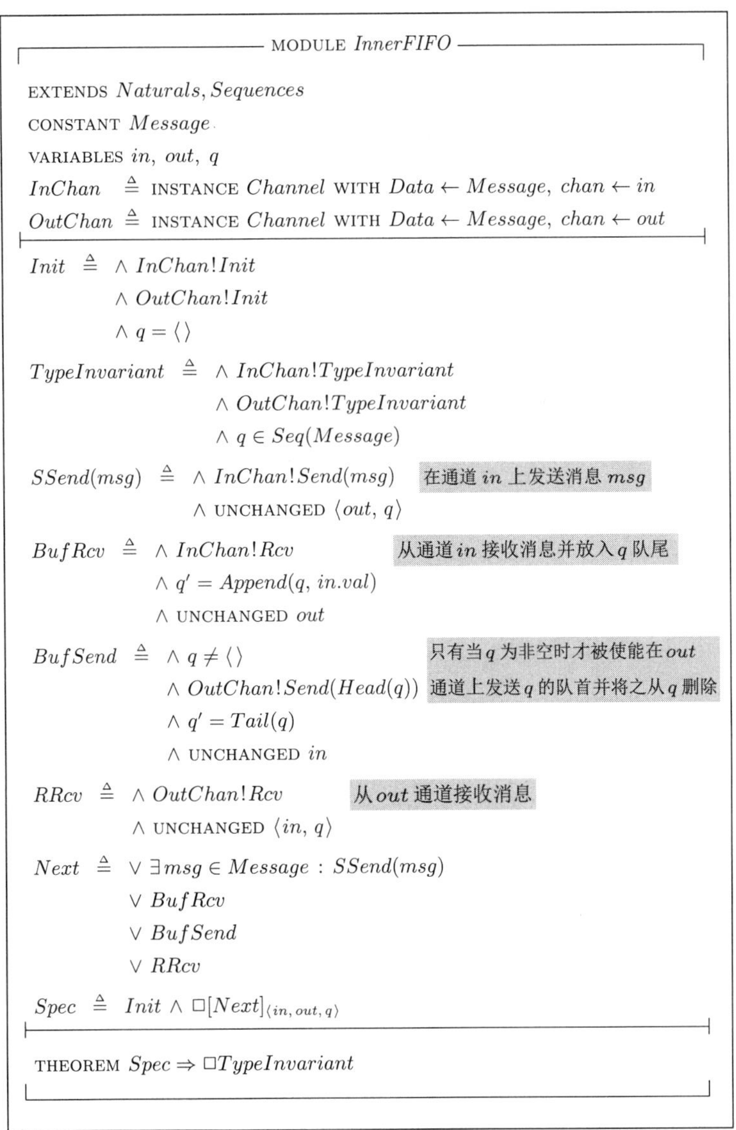

图 4.2 FIFO 规约：内部变量 q 可见

4.2 剖析实例化

在实际中，除了用于隐藏变量这种习惯用法外，其实很少用到 INSTANCE 语句。因此，大多数读者可以跳过这一节，直接学习 4.3 节。

4.2.1 实例化是一种代换

回顾下 *Channel* 模块中的 *Next* 的定义，我们可以将定义中的符号用该符号的定义来代替。例如，我们可以通过展开 *Send* 的定义来消除表达式 $Send(d)$，这个过程可以不断重复。表达式 $1 - @$ 中出现的“$-$”（通过展开 *Send* 的定义获得）可以代入 *Naturals* 模块中的“$-$”定义来消除，重复这个操作，我们最终得到 $Next$ 的定义，它只包含 TLA$^+$ 的内置运算符和 $Channel$ 模块的参数 $Data$ 和 $chan$。我们认为这是 $Channel$ 模块中 $Next$ 的“真正”定义。

$$InChan \triangleq \text{INSTANCE } Channel \text{ WITH } Data \leftarrow Message,\ chan \leftarrow in$$

上述 $InnerFIFO$ 模块中定义的 $InChan!Next$ 是在 $Next$ 的“真正”定义中用 $Message$ 代换 $Data$，in 代换 $chan$ 之后得到的公式。这样定义的 $InChan!Next$ 内只有 TLA$^+$ 的内置运算符和模块 $InnerFIFO$ 的参数 $Message$ 和 in。

让我们推广到任意的 INSTANCE 语句：

$$IM \triangleq \text{INSTANCE } M \text{ WITH } p_1 \leftarrow e_1,\ \cdots,\ p_n \leftarrow e_n$$

设 Σ 为模块 M 中定义的符号，d 为其“真实”定义。INSTANCE 语句定义 $IM!\Sigma$ 是通过对任意 i，将 d 中的 p_i 用 e_i 代换得到的表达式。$IM!\Sigma$ 的定义必须只包含当前模块的参数（已声明的常量和变量），而不包含模块 M 的参数。因此，p_i 必须包含模块 M 的所有参数，e_i 必须是在当前模块中有意义的表达式。

4.2.2 参数化的实例化

FIFO 规约使用了 $Channel$ 模块的两个实例，一个用 in 代换 $chan$，另一个用 out 代换 $chan$。我们也可以在 $InnerFIFO$ 模块中用单一的参数化实例代替，如：

$$Chan(ch) \triangleq \text{INSTANCE } Channel \text{ WITH } Data \leftarrow Message, chan \leftarrow ch$$

对于定义在 $Channel$ 模块中的任意符号 Σ 和任意表达式 exp，$Chan(exp)!\Sigma$ 等价于在公式 Σ 中用 $Message$ 代换 $Data$，用 exp 代换 $chan$。在通道 in 上的动作可以被记作 $Chan(in)!Rcv$，$Send(msg)$ 在 out 通道上也可以记作 $Chan(out)!Send(msg)$。

上述的实例化操作定义 $Chan!Send$ 为有两个入参的运算符。用 $Chan(out)!Send(msg)$ 而不是 $Chan!Send(out, msg)$ 只是语法的一种特性，它并不比中缀运算符的语法更奇怪。（中缀运算符约定格式为 $a+b$ 而不是 $+(a,b)$。）

参数化的实例化仅在 TLA$^+$ 语言中用于变量隐藏，在 4.3 节中有描述。你可以在不熟悉它的情况下使用它，不了解任何有关参数化的实例化的知识也没关系。

4.2.3 隐式代换

因为之前我们已在异步 $Channel$ 规约中将传输数值集命名为 $Data$，所以在 FIFO 规约中又将其命名为 $Message$ 就有点奇怪了，假设我们使用 $Data$ 代替 $Message$ 作为 $InnerFIFO$ 模块的常量参数，第一条实例化语句应该是：

$$InChan \triangleq \text{INSTANCE } Channel \text{ WITH } Data \leftarrow Data, chan \leftarrow in$$

$Data \leftarrow Data$ 代换表示用当前模块的表达式 $Data$ 代换被实例化模块 $Channel$ 的常量参数 $Data$。TLA$^+$ 允许我们略去任何形如 $\Sigma \leftarrow \Sigma$ 的代换。因此，上面的表述可以改写成

$$InChan \triangleq \text{INSTANCE } Channel \text{ WITH } chan \leftarrow in$$

我们知道上式中存在一个隐含的 $Data \leftarrow Data$ 代换是因为 INSTANCE 语句必须对被实例化模块的每个参数都进行代换。如果有些参数 p 没有显式的代换，那么必然有一个隐式的代换 $p \leftarrow p$。这意味着 INSTANCE 声明必须在符号 p 的声明或者定义的范围内。

用隐式代换进行实例化操作是比较常见的。在实例化时，我们经常遇到每个参数都有一个隐式代换，这时，显式代换列表就是空的，WITH 语句可以被省略。

4.2.4 不需重命名的实例化

到目前为止，我们用到的所有实例化都与重命名有关，如 $Channel$ 模块的第一条实例化语句将 $Send$ 重命名为 $InChan!Send$。如果要引入模块的多个实例或单个参数化实例，就需要使用这种重命名方式。模块 $InnerFIFO$ 中的 $InChan!Init$ 和 $OutChan!Init$ 是不同的公式，它们需要不同的命名。

有时我们只需要模块的一个实例。例如，假设我们要定义的系统只有一个异步通道，则我们只需要一个 $Channel$ 实例，因此不必重命名。在这种情况下，我们可以这样写：

$$\text{INSTANCE } Channel \text{ WITH } Data \leftarrow D, chan \leftarrow x$$

上述 $Channel$ 的实例化语句没用重命名，但是使用了代换，它将 Rcv 定义为 $Channel$ 模块中的同名公式，只是其中用 D 代换了 $Data$，用 x 代换了 $chan$。在使用表达式代换实例化模块的参数之前必须先定义它，所以这个 INSTANCE 语句必须在 D 和 x 的定义或声明的范围之内。

4.3 隐藏内部变量

图 4.2 中 $InnerFIFO$ 模块定义 $Spec$ 为 $Init \wedge \Box[Next] \cdots$，我们已经习惯将其视为系统规约公式。公式 $Spec$ 描述了变量 q 以及 in 和 out 的变化关系。在 FIFO 系统框图（图 4.1）中我们只对外暴露 in 和 out 通道，盒框中的信息都是隐藏的，FIFO 规约也应该只说明在通道上有值在发送和接收就可以了。然而，在公式 $Spec$ 中我们还引入了变量 q，它是一个内部（internal）变量，用于表示发送和接收了哪些值，暴露了标识为缓冲区的方块区域内的实现细节，在最终的规约中我们应该隐藏它。

在 TLA 中，我们使用时态逻辑的*存在量词*（existential quantification）$\exists\!\!\exists$ 来隐藏一个变量。对某个行为，公式 $\exists\!\!\exists\, x : F$ 为真当且仅当存在一个值序列——在行为的每个状态中都有一个值——可以赋给变量 x 且使得公式 F 为真。（$\exists\!\!\exists$ 的含义在 8.8 节中有更精确的说明。）

要编写一个隐藏了 q 的 FIFO 规约，最显然的办法是使用公式 $\exists\!\!\exists\, q : Spec$。但是，我们不能将这个定义放在 $InnerFIFO$ 模块中，因为其已经声明了一个 q，公式 $\exists\!\!\exists\, q : \cdots$ 会覆

盖它。这里我们定义一个新模块，在其中引入一个带参数的 $InnerFIFO$ 模块的实例（见4.2.2节）。

$$
\begin{array}{l}
\text{———— MODULE } FIFO \text{ ————} \\
\text{CONSTANT } Message \\
\text{VARIABLES } in, out \\
Inner(q) \triangleq \text{INSTANCE } InnerFIFO \\
Spec \triangleq \exists\, q : Inner(q)!Spec \\
\text{————————————}
\end{array}
$$

注意上述 INSTANCE 语句是下列语句的缩写形式：

$$
\begin{array}{l}
Inner(q) \triangleq \text{INSTANCE } InnerFIFO \\
\qquad\qquad\qquad \text{WITH } q \leftarrow q,\ in \leftarrow in,\ out \leftarrow out,\ Message \leftarrow Message
\end{array}
$$

上述语句中，$InnerFIFO$ 模块的参数变量 q 会使用 $Inner$ 模块中的变量 q 进行实例化，其他参数会使用 $FIFO$ 模块中的参数进行实例化。

如果这看起来令人困惑，请不用担心，我们只需知道用于隐藏变量的 TLA$^+$ 语法，并了解其直观的含义就可以了。实际上，对于大多数应用程序，不需要在规约中隐藏变量，我们可以只编写内部规约，并在注释中指出哪些变量应该视为可见的，哪些应该视为内部的（隐藏的）。

4.4　有界 FIFO

我们已经定义了一个无界的 FIFO 缓冲区，它可以容纳无限条消息，但任何真正的系统都只能拥有有限数量的资源，因此它只能包含有限条在传输中的消息。在某些情况下，我们希望无视资源限制，使用无界 FIFO 来描述系统，在其他情况下，我们可能要关心这个限制。这时我们可以在无界 FIFO 的基础上添加一个消息数量门限 N 来加强我们的规约。

有界 FIFO 规约与无界 FIFO 规约的唯一区别在于：只有在缓冲区中的消息数少于 N，即 $Len(q)$ 小于 N 时，才可以使能动作 $BufRcv$。通过复制 $InnerFIFO$ 模块并在 $BufRcv$ 的定义中添加合取式 $Len(q) < N$，可以很容易地编写一个完整的有界 FIFO 新规约，但从消除重复的角度，让我们直接引用 $InnerFIFO$ 模块，而不是简单地复制粘贴。

有界 FIFO 的后继状态动作 $BNext$ 和无界 FIFO 的后继状态动作一样，除了有界 FIFO 只有在 $Len(q)$ 大于等于 N 的情况下才允许执行 $BufRcv$ 步骤之外。换句话说，$BNext$ 允许一个步骤，当且仅当这个步骤满足下列条件：这是一个 $Next$ 步骤；如果这是一个 $BufRcv$ 步骤，则在它的第一个状态中，$Len(q) < N$ 必须为真。换句话说，$BNext$ 应该等于

$$Next \land (BufRcv \Rightarrow (Len(q) < N))$$

图 4.3 中的 *BoundedFIFO* 模块包含了新规约，它引入了新的常量参数 N 还有 ASSUME 语句：

$$\text{ASSUME } (N \in Nat) \land (N > 0)$$

也就是说，在这个模块中，我们假设 N 是一个正整数，这种假设对模块中的其他任何定义都没有影响。不过，在证明模块中声明的定理时，可以将其作为假设。换句话说，可以在模块中声明，能够从这个假设推导出定理成立。对常量进行这种简单的假设比较有用。

```
———————————————— MODULE BoundedFIFO ————————————————
EXTENDS Naturals, Sequences
VARIABLES in, out
CONSTANT Message, N
ASSUME (N ∈ Nat) ∧ (N > 0)
Inner(q)  ≜ INSTANCE InnerFIFO
BNext(q)  ≜ ∧ Inner(q)!Next
             ∧ Inner(q)!BufRcv ⇒ (Len(q) < N)
Spec  ≜  ∃q : Inner(q)!Init ∧ □[BNext(q)]_⟨in,out,q⟩
————————————————————————————————————————————————————
```

图 4.3 FIFO 规约——缓冲区长度限制为 N

ASSUME 语句最好只用于对常量的假设，对公式使用假设时不应包含任何变量。将类型声明写成假设的形式可能很有吸引力，例如，在 *InnerFIFO* 模块中加入假设 $q \in Seq$ $(Messsage)$，然而，这可能是错误的。因为它断言，在任何状态下，q 都是消息序列。正如我们在 3.3节中了解到的，状态是对变量的完全随意的赋值，因此在某些状态中 q 的值可以为 $\sqrt{-17}$。假定这种状态不存在，会导致逻辑上的矛盾。

你可能想知道为什么在模块 *BoundedFIFO* 中，只假设 N 是一个正整数，而不假设 *Message* 是一个集合。同样，为什么不假设异步接口规约中的常量参数 *Data* 是一个集合呢？答案是，在 TLA$^+$ 中，每个值都是一个集合[⊖]。像数字 3 这样的值，我们一般不认为它是一个集合，而实际上它是。我们只是不知道它的元素是什么。公式 $2 \in 3$ 在语法上是完全合理的，只是 TLA$^+$ 并没有明确它为真还是假。我们不需要假设 *Message* 是一个集合，因为它就是一个集合。

虽然 *Message* 自动是一个集合，但它不一定是一个有限集。例如，*Message* 可以实例化为自然数集 *Nat*。如果你要声明一个常量参数是一个有限集，就需要把它表述为一个假设。（你可以使用 *FiniteSet* 模块中的 *IsFiniteSet* 运算符来实现这一点，如 6.1 节所述。）但是，对消息数和进程数不设限制对大多数规约来说都是完全合理的，因此不需要假定这些集合是有限的。

⊖ TLA$^+$ 基于形式化数学中的 Zermelo-Fränkelis 集合论，也称 ZF。

4.5 我们在定义什么

我在这一章的开头说过，我们将定义一个 FIFO 缓冲区。*FIFO* 模块的公式 *Spec* 实际上定义了一组行为，每个行为都代表了一组在 *in* 和 *out* 通道上发送和接收的操作。发送方执行对 *in* 通道的发送操作，接收方执行对 *out* 通道的接收操作。发送方和接收方不是 FIFO 缓冲区的一部分，它们形成了系统的环境（environment）。

我们的规约描述了一个由 FIFO 缓冲区及其环境组成的系统。满足模块 *FIFO* 规约公式的行为，表征了系统及其环境正确运行的过程。在理解规约时，明确指出哪些步骤是系统步骤，哪些是环境步骤通常是很有帮助的。我们可以通过定义后继状态动作来说明：

$$Next \triangleq SysNext \lor EnvNext$$

这里 *SysNext* 表示系统步骤，*EnvNext* 表示环境步骤。对于 FIFO，我们有如下定义：

$$SysNext \triangleq BufRcv \lor BufSend$$
$$EnvNext \triangleq (\exists msg \in Message : SSend(msg)) \lor RRcv$$

虽然这种定义后继状态动作的方法可以提示读者阅读规约，但却没有什么形式上的意义，该 *Spec* 规约实际上还是等价于 $Init \land \Box[Next] \cdots$，改变我们组织 *Next* 的方式并不会改变它的含义。如果一个行为不满足 *Spec*，就没有任何方式可以告诉我们到底是系统还是它的环境才是根因。

像 *Spec* 这样描述了系统及其环境的正确行为的公式，我们称为*封闭系统*（closed-system）规约或*完备系统*（complete-system）规约。*开放系统*（open-system）规约只描述系统的正确行为。如果行为能够表征系统正确运行的过程，或者只是它的环境出了问题才导致不能正确地运行，则该行为满足开放系统规约。10.7 节将解释如何编写开放系统规约。

开放系统规约在理论上更令人满意，不过封闭式系统规约更容易编写，并且它背后的数学更简单，所以我们更习惯于书写封闭系统规约。通常很容易将封闭系统规约转换为开放系统规约，不过在实践中，很少有理由这样做。

缓存示例

内存系统由一组处理器、连接到内存的抽象接口（我们称之为 *memInt*）及内存本身组成。

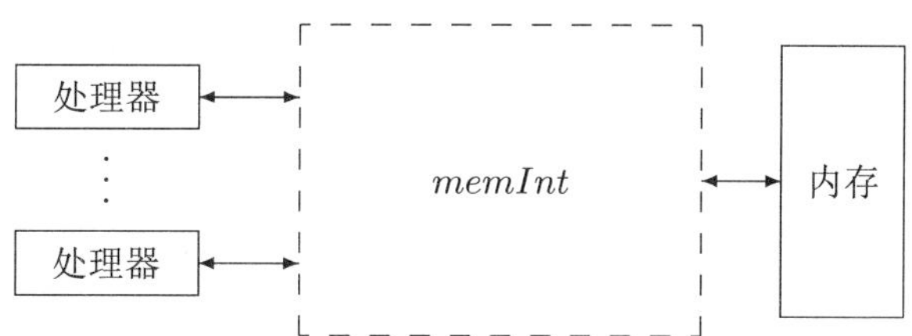

在本章中，我们先引入内存抽象接口 *memInt* 作为通用接口，接着定义内存应该做什么，最后给出一种内存缓存系统的特定实现方式。

5.1 内存接口

在第 3 章描述的异步接口中我们使用了握手协议，在发送下一个数据之前必须确认原先的数据已被接收。在本节的内存接口中，我们将这种细节抽象出来，并将数据的发送和接收归入单个步骤。处理器将数据发送到内存中，我们称之为 *Send* 步骤；内存发送数据给处理器，我们称之为 *Reply* 步骤。处理器之间不互相发送数据，内存一次只给一个处理器发送数据。

我们用变量 *memInt* 的值表示内存接口的状态。*Send* 步骤用某种方式改变了 *memInt*，但是我们不想描述实现细节，这种情况下，我们将其设为规约的常量参数，就如在 4.4 节的有界 FIFO 中，我们将缓冲区大小设为常量参数 N 一样。因此，我们希望声明一个参数 *Send*，使得表达式 $Send(p, d)$ 描述处理器 p 向内存发送数据 d 的步骤是如何改变 *memInt* 的。但是，TLA+ 只提供了 CONSTANT 和 VARIABLE 参数，没有提供动作参数[⊖]。因此，我们将 *Send* 声明为常规运算符，并记作 $Send(p, d, memInt, memInt')$ 而不是 $Send(p, d)$。

在 TLA+ 中，我们将 *Send* 声明为一个常规运算符，携带四个入参：

$$\text{CONSTANT } Send(\_, \_, \_, \_)$$

这意味着对于任意表达式 p、d、$miOld$ 和 $miNew$，$Send(p, d, miOld, miNew)$ 也是一个表达式，不过到这里还没有说明表达式的值是什么，我们希望它是一个布尔值，其值为真

⊖ 即使 TLA+ 允许我们定义一个动作参数，我们也没办法表示 $Send(p, d)$ 只限制 *memInt*，而不限制其他变量。

当且仅当它是一个表示处理器 p 将值 d 发送到内存的步骤㊀，其中 $memInt$ 在第一个状态中等于 $miOld$，在第二个状态中等于 $miNew$。我们可以通过下面这个假设来断言这个值是布尔值。

$$\text{ASSUME } \forall\, p,\, d,\, miOld,\, miNew : \quad Send(p, d, miOld, miNew) \in \text{BOOLEAN}$$

上述语句表明对任意的 p、d、$miOld$、$miNew$ 值，都有

$$Send(p, d, miOld, miNew) \in \text{BOOLEAN}$$

为真，内置符号BOOLEAN 表示集合 {TRUE, FALSE}，它的元素是两个布尔值 TRUE 和 FALSE。

这个 ASSUME 语句在形式上断言

$$Send(p,\, d,\, miOld,\, miNew)$$

的值是一个布尔值。不过，正式断言该值的唯一方法是说明它真正等于什么——也就是说，给出 $Send$ 的定义而不是将其作为参数。这里我们只是简单说明了它的含义，作为数学抽象与物理内存系统之间关系本质的非正式描述的一部分。

为了让读者理解规约，我们必须先简单介绍 $Send$ 的含义。用 ASSUME 语句断言 $Send(\ldots)$ 是一个布尔值作为解释有点多余，但无论如何，把它包含进来是个不错的用法。

使用内存接口的规约可以用 $Send$ 和 $Reply$ 运算符来描述变量 $memInt$ 的变化过程。此规约还必须给出 $memInt$ 的初始值，这里我们声明一个常量参数 $InitMemInt$，作为 $memInt$ 可能的初始值的集合。

我们还需要引入三个常量参数来定义此接口：

$Proc$ 处理器标识符集合。（在提及 $Proc$ 集合的元素时，我们通常将处理器标识符（processor identifier）简称为处理器。）

Adr　内存地址集。

Val　某个内存地址的合理取值集合。

最后，我们定义处理器和内存通过接口互相发送的取值的集合。处理器向内存发送一个请求（request），在 TLA⁺ 中我们将其表示成一条记录，其中 op 字段指定请求的类型，其他字段指定请求的参数。本节定义的简单内存只允许读写请求。一条读请求的 op 字段为“Rd”，其 adr 字段指定要读的地址。因此，所有读请求的集合就是：

$$[op : \{\text{“Rd”}\},\ adr : Adr]$$

该集合所有元素的 op 字段等于“Rd”（它是集合 {“Rd”} 的一个元素，这个集合的唯一元素就是字符串“Rd”），adr 字段是 Adr 集合的一个元素。写请求必须指定要写的地址和要写的值，也由一条记录表示，其 op 字段等于“Wr”，adr 和 val 字段分别指定地址和取值。

㊀ 我们希望 $Send(p, d, miOld, miNew)$ 有这样的含义：只有当 p 表示处理器，而 d 表示取值时才允许发送，但这里稍微简化了一下规约，对任意的 p 和 d 值，$Send$ 是一个布尔值就可以了。

我们定义 $MReq$ 为所有请求的集合，是读写请求两个集合的并集。(集合操作（包括并集）参见 1.2 节。)

内存通过返回读取的内存值来响应（response）读请求，那如何定义写请求的响应值呢？我们认为与读请求不同的话会比较容易阅读，这里设返回值为 $NoVal$，$NoVal$ 被声明为常量参数并假设$NoVal \notin Val$（$\notin$ 符号在 ASCII 版本的键入符号为`\notin`）。不过最好尽可能避免引入参数，我们还可以这样定义 $NoVal$:

$$NoVal \triangleq \text{CHOOSE } v : v \notin Val$$

表达式 CHOOSE $x : F$ 等于满足公式 F 的任意值 x（如果不存在这样的值 x，则该表达式是一个完全随机的值）。这个语句没有定义 $NoVal$ 是什么，只定义了它不是 Val 中的一个元素。关于 CHOOSE 运算符可参见 6.6 节。

完整的内存接口规约可参见图 5.1。

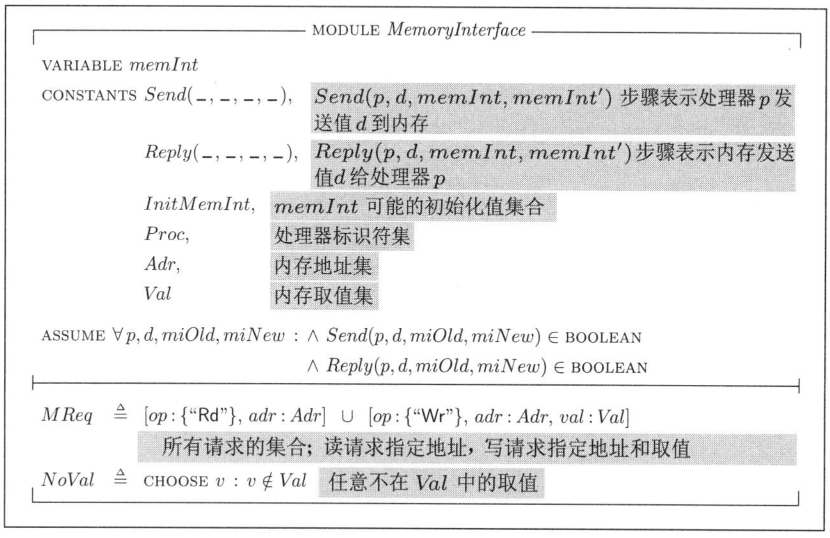

MODULE *MemoryInterface*

VARIABLE $memInt$

CONSTANTS $Send(\_, \_, \_, \_)$, $Send(p, d, memInt, memInt')$ 步骤表示处理器 p 发送值 d 到内存

$Reply(\_, \_, \_, \_)$, $Reply(p, d, memInt, memInt')$ 步骤表示内存发送值 d 给处理器 p

$InitMemInt$, $memInt$ 可能的初始化值集合

$Proc$,   处理器标识符集

Adr,   内存地址集

Val 内存取值集

ASSUME $\forall p, d, miOld, miNew : \land Send(p, d, miOld, miNew) \in \text{BOOLEAN}$
$\land Reply(p, d, miOld, miNew) \in \text{BOOLEAN}$

$MReq \triangleq [op : \{\text{"Rd"}\}, adr : Adr] \cup [op : \{\text{"Wr"}\}, adr : Adr, val : Val]$

所有请求的集合；读请求指定地址，写请求指定地址和取值

$NoVal \triangleq \text{CHOOSE } v : v \notin Val$ 任意不在 Val 中的取值

图 5.1 内存接口规约

5.2 函数

内存可为地址赋值，在 TLA$^+$ 中我们将内存的状态表示为将 Adr 元素（内存地址）置为 Val 元素（内存值）的操作。在编程语言中，这种对应关系可称为以 Adr 为索引的 Val 类型的数组；在数学中，其称为由 Adr 映射到 Val 的函数。在编写内存规约之前，让我们看一下函数的数学原理，以及其在 TLA$^+$ 中是如何定义的。

函数 f 有一个定义域（domain），记为 DOMAIN f，f 将定义域的每个元素 x 置为 $f[x]$。(数学家将其记为 $f(x)$，但是 TLA$^+$ 使用编程语言的带有方括号的数组表示法。) 两个函数 f 和 g 相等，当且仅当它们具有相同的定义域，且对于定义域中的任一 x，都有 $f[x] = g[x]$。

函数 f 的值域（range）是形如 $f[x]$ 的值的集合，其中 x 是定义域 DOMAIN f 的元素。对于任意集合 S 和 T，定义在 S 上且值域是 T 的子集的所有函数的集合记作 $[S \to T]$。

普通数学中没有一种方便的符号来表示值为函数的表达式。TLA$^+$ 将 f 定义为表达式 $[x \in S \mapsto e]$，其定义域为 S，使得对所有 $x \in S$，$f[x] = e$[⊖]。例如，表达式

$$succ \triangleq [n \in Nat \mapsto n+1]$$

定义 $succ$ 为自然数域上的递增函数——该函数定义在 Nat 域上且对任意的 $n \in Nat$，都有 $succ[n] = n+1$。

记录（record）是一个函数，其定义域是一个有限字符串集。例如，包含 val、ack 和 rdy 这三个字段的记录是一个函数，其定义域是由三个字符串 “val”、“ack” 和 “rdy” 组成的集合 {“val”, “ack”, “rdy”}。记录 r 的 ack 字段的值，记作 $r.ack$，是 r[“ack”] 的缩写。记录

$$[val \mapsto 42,\ ack \mapsto 1,\ rdy \mapsto 0]$$

可以写成

$$[i \in \{\text{“val”}, \text{“ack”}, \text{“rdy”}\} \mapsto \\ \quad \text{IF } i = \text{“val”} \text{ THEN } 42 \text{ ELSE IF } i = \text{“ack”} \text{ THEN } 1 \text{ ELSE } 0]$$

使用 EXCEPT 构造生成记录的方式（在 3.2 节中有说明），是由 EXCEPT 构造生成函数的一个特例，这里 $!.c$ 是 $!$[“c”] 的简写形式。

对任意函数 f，表达式 $[f \text{ EXCEPT } ![c] = e]$ 即 $\hat{f}$，除了 $\hat{f}[c] = e$ 之外，该函数与 f 相似，这个函数也可以记作：

$$[x \in \text{DOMAIN } f \mapsto \text{IF } x = c \text{ THEN } e \text{ ELSE } f[x]]$$

假设符号 x 没有出现在表达式 f、c 和 e 中，则像 $[succ \text{ EXCEPT } ![42] = 86]$ 这样的函数 g 就与 $succ$ 一样，区别只在 $g[42]$ 等于 86 而不是 43。

就如可以用 EXCEPT 构造生成记录一样，表达式

$$[f \text{ EXCEPT } ![c] = e]$$

的 e 中也可以包含符号 @（表示 $f[c]$）：

$$[succ \text{ EXCEPT } ![42] = 2 * @] \quad = \quad [succ \text{ EXCEPT } ![42] = 2 * succ[42]]$$

通常

$$[f \text{ EXCEPT } ![c_1] = e_1, \cdots, ![c_n] = e_n]$$

是与函数 f 相似的函数 $\hat{f}$，只是除了对任意的 i，$\hat{f}[c_i] = e_i$。更确切地说，该表达式等价于

$$[\cdots[[f \text{ EXCEPT } ![c_1] = e_1] \text{ EXCEPT } ![c_2] = e_2] \cdots \text{ EXCEPT } ![c_n] = e_n]$$

⊖ 表达式 $[x \in S \mapsto e]$ 中的 $\in$ 符号是语法的组成部分，TLA$^+$ 用它来强调 x 的取值范围（即定义域），计算机科学中用 $\lambda x : S.e$ 表征类似的概念，不过 λ 表达式与 TLA$^+$ 用到的普通数学中的概念有点不一样。

函数对应于编程语言中的数组。函数的定义域对应于数组的索引集。函数 $[f \text{ EXCEPT } ![c] = e]$ 对应于在 f 中将 $f[c]$ 置为 e 值后得到的数组。定义域为一组函数的函数对应于其元素为一维数组的数组。TLA$^+$ 定义函数 $[f \text{ EXCEPT } ![c][d] = e]$ 对应于将 $f[c][d]$ 置为 e 得到的数组，也可以记作：

$$[f \text{ EXCEPT } ![c] = [@ \text{ EXCEPT } ![d] = e]]$$

对任意的 n，上式可以很容易地推广到 $[f \text{ EXCEPT } ![c_1]\cdots[c_n] = e]$。因为记录也是函数，上述表示法也可以用到记录上来。TLA$^+$ 统一将 $\sigma.c$ 视为 $\sigma[\text{“c”}]$ 的缩写：

$$\begin{aligned}[f \text{ EXCEPT } ![c].d = e] &= [f \text{ EXCEPT } ![c][\text{“d”}] = e]\\ &= [f \text{ EXCEPT } ![c] = [@ \text{ EXCEPT } !.d = e]]\end{aligned}$$

TLA$^+$ 将记录定义为函数，就可以用一些编程语言中所没有的方式来定义运算符。例如，我们可以定义一个运算符 R，使得 $R(r, s)$ 等于将 r 的字段 c 的值替换为具有相同字段 c 的记录 s 对应的值 $s.c$——换句话说，对于 r 的定义域中任意字段 c，如果 c 也是 s 中的字段，则 $R(r, s).c = s.c$，否则 $R(r, s).c = r.c$，其正式定义如下：

$$R(r, s) \;\triangleq\; [c \in \text{DOMAIN}\, r \mapsto \text{IF } \; c \in \text{DOMAIN}\, s \;\text{ THEN }\; s[c] \;\text{ ELSE }\; r[c]\,]$$

到目前为止，我们只看到具有单个入参的函数，近似于编程语言中的一维数组。数学家还使用具有多入参的函数，类似于多维数组。在 TLA$^+$ 中，如普通数学中一样，一个多入参的函数，它的定义域是一个元组集合。例如，$f[5, 3, 1]$ 是函数 $f[\langle 5, 3, 1\rangle]$ 的缩写形式，其值是 f 对元组 $\langle 5, 3, 1\rangle$ 的映射值。

TLA$^+$ 的函数构造对多入参的函数进行了扩展，例如，$[g \text{ EXCEPT } ![a, b] = e]$ 是与 g 类似的函数 $\widehat{g}$，除了 $\widehat{g}[a, b]$ 等于 e 之外。表达式

$$[n \in Nat,\ r \in Real\,|- > \ n * r] \tag{5.1}$$

等价于函数 f，对任意的 $n \in Nat$，$r \in Real$，$f[n, r]$ 等于 $n{*}r$。正如 $\forall\, i \in S : \forall\, j \in S : P$ 可以简写成 $\forall\, i, j \in S : P$，我们可以将函数 $[i \in S,\ j \in S \mapsto e]$ 写成 $[i, j \in S \mapsto e]$。

16.1.7 节将描述 TLA$^+$ 多入参函数的构造方式的通用版本，不过，其实单入参函数就够用了。我们可以将多入参函数改造成一个值为函数的单入参函数——例如，用 $f[a][b]$ 取代 $f[a, b]$。

5.3 可线性化内存系统

我们现在定义一个非常简单的内存系统：处理器 p 发出一个内存请求，在等到响应之后才发出下一个请求。在规约中，我们通过访问（读取或修改）一个变量 mem 来执行请求，该变量表示内存当前的状态。因为在响应处理器 p 的请求之前，内存还可以接收到来自其他处理器的请求，所以访问 mem 的时机很重要。我们允许在请求和响应之间的任意

时间访问 mem，这就是所谓的“可线性化内存”。更少限制、更实用的内存规约，可以在 11.2 节中找到。

除了 mem 之外，此规约还有内部变量 ctl 和 buf，其中 $ctl[p]$ 表示处理器 p 的请求状态，$buf[p]$ 表示请求或响应。考虑请求：

$$[op \mapsto \text{“Wr”},\ adr \mapsto a,\ val \mapsto v]$$

这是一个向内存地址 a 写入 v 的请求，完成后生成 $NoVal$ 响应。处理这个请求的过程参见如下三个步骤：

$$\begin{bmatrix} ctl[p] & = & \text{“rdy”} \\ buf[p] & = & \cdots \\ mem[a] & = & \cdots \end{bmatrix} \xrightarrow{Req(p)} \begin{bmatrix} ctl[p] & = & \text{“busy”} \\ buf[p] & = & req \\ mem[a] & = & \cdots \end{bmatrix}$$

$$\xrightarrow{Do(p)} \begin{bmatrix} ctl[p] & = & \text{“done”} \\ buf[p] & = & NoVal \\ mem[a] & = & v \end{bmatrix} \xrightarrow{Rsp(p)} \begin{bmatrix} ctl[p] & = & \text{“rdy”} \\ buf[p] & = & NoVal \\ mem[a] & = & v \end{bmatrix}$$

$Req(p)$ 步骤表示处理器 p 发出一个请求，当 $ctl[p] = \text{“rdy”}$ 时，它将被使能，这个步骤将 $ctl[p]$ 设置为“busy”，将 $buf[p]$ 设置为 req。$Do(p)$ 步骤表示内存访问，它在 $ctl[p] = \text{“busy”}$ 时被使能，并将 $ctl[p]$ 设置为“done”，将 $buf[p]$ 设置为响应 $NoVal$。$Rsp(p)$ 步骤表示内存对 p 的响应，它在 $ctl[p] = \text{“done”}$ 时被使能，并设置 $ctl[p] = \text{“rdy”}$。

编写规约是一种最直接的练习，可以用 TLA$^+$ 的符号表示对这些变量的变更。在图 5.2 中的模块 $InternalMemory$ 中，可以看到内部规约（其中 mem、ctl 和 buf 可见（自由变量））的编写过程，而隐藏了三个内部变量的内存规约 $Memory$ 模块，可参见图 5.3。

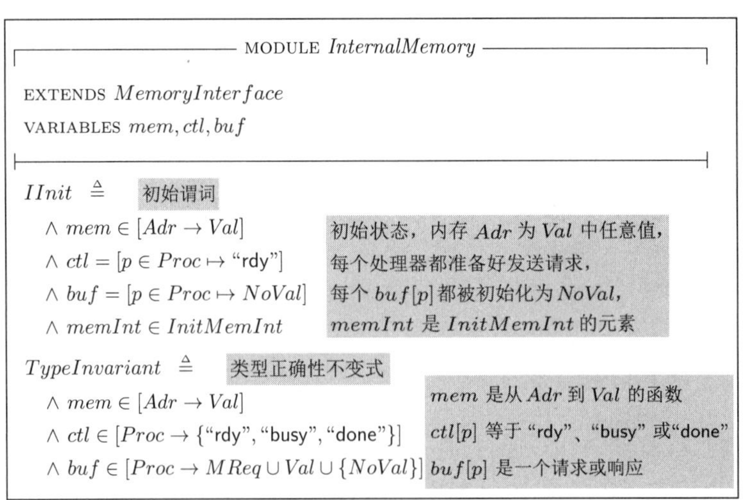

MODULE $InternalMemory$

EXTENDS $MemoryInterface$

VARIABLES mem, ctl, buf

$IInit \triangleq$ 初始谓词

$\land\ mem \in [Adr \to Val]$
$\land\ ctl = [p \in Proc \mapsto \text{“rdy”}]$
$\land\ buf = [p \in Proc \mapsto NoVal]$
$\land\ memInt \in InitMemInt$

初始状态，内存 Adr 为 Val 中任意值，每个处理器都准备好发送请求，每个 $buf[p]$ 都被初始化为 $NoVal$，$memInt$ 是 $InitMemInt$ 的元素

$TypeInvariant \triangleq$ 类型正确性不变式

$\land\ mem \in [Adr \to Val]$　　mem 是从 Adr 到 Val 的函数
$\land\ ctl \in [Proc \to \{\text{“rdy”}, \text{“busy”}, \text{“done”}\}]$　　$ctl[p]$ 等于“rdy”、“busy”或“done”
$\land\ buf \in [Proc \to MReq \cup Val \cup \{NoVal\}]$　　$buf[p]$ 是一个请求或响应

图 5.2　内部内存规约

```
Req(p) ≜                                          处理器 p 发送一个请求
  ∧ ctl[p] = "rdy"                                被使能当且仅当 p 已经准备好
  ∧ ∃req ∈ MReq :                                 存在一个请求 req
       ∧ Send(p, req, memInt, memInt')            在接口上发送 req
       ∧ buf' = [buf EXCEPT ![p] = req]           将 buf[p] 设为 req
       ∧ ctl' = [ctl EXCEPT ![p] = "busy"]        将 ctl[p] 设为 "busy"
  ∧ UNCHANGED mem

Do(p) ≜                                           执行处理器 p 的内存请求
  ∧ ctl[p] = "busy"                               使能当且仅当 p 的请求被挂起
  ∧ mem' = IF buf[p].op = "Wr"
              THEN [mem EXCEPT                    "Wr" 请求写内存
                      ![buf[p].adr] = buf[p].val]
              ELSE mem                            在一个 "Rd" 请求中保持 mem 不变
  ∧ buf' = [buf EXCEPT
              ![p] = IF buf[p].op = "Wr"          写请求
                        THEN NoVal                  buf[p] 设为 NoVal
                        ELSE mem[buf[p].adr]]     读请求设为内存值
  ∧ ctl' = [ctl EXCEPT ![p] = "done"]             ctl[p] 设为 "done"
  ∧ UNCHANGED memInt
Rsp(p) ≜                                          响应 p 请求
  ∧ ctl[p] = "done"                               使能当且仅当请求被处理完成但响
  ∧ Reply(p, buf[p], memInt, memInt')             应还未发送 在接口上发送请求
  ∧ ctl' = [ctl EXCEPT ![p] = "rdy"]              将 ctl[p] 设为 "rdy"
  ∧ UNCHANGED ⟨mem, buf⟩

INext ≜ ∃p ∈ Proc : Req(p) ∨ Do(p) ∨ Rsp(p)       后继状态动作

ISpec ≜ IInit ∧ □[INext]_⟨memInt, mem, ctl, buf⟩  规约
────────────────────────────────────────────────
THEOREM ISpec ⇒ □TypeInvariant
════════════════════════════════════════════════
```

图 5.2 （续）

```
──────────────── MODULE Memory ────────────────
EXTENDS MemoryInterface
Inner(mem, ctl, buf) ≜ INSTANCE InternalMemory
Spec ≜ ∃ mem, ctl, buf : Inner(mem, ctl, buf)!ISpec
════════════════════════════════════════════════
```

图 5.3 内存规约

5.4 元组也是函数

在编写缓存规约之前，让我们先回顾一下元组：$\langle a, b, c\rangle$ 是 TLA$^+$ 中包含元素 a、b、c 的三元组。这个三元组实际上是定义域为 $\{1, 2, 3\}$ 的函数，它将 1 映射到 a，2 映射到 b，3 映射到 c。因此，$\langle a, b, c\rangle[2]$ 等于 b。

TLA⁺ 提供普通数学的笛卡儿积算子 $\times$，这里 $A \times B \times C$ 是包含所有三元组 $\langle a, b, c \rangle$ 的集合，使得 $a \in A$，$b \in B$ 且 $c \in C$。注意 $A \times B \times C$ 不同于 $A \times (B \times C)$：后者是 $\langle a, p \rangle$ 的集合，其中 $a \in A$，$p \in B \times C$。

模块 *Sequences* 定义了有限序列为元组，因此，长度为 n 的序列就是一个定义域为 $1..n$ 的函数。事实上，s 是一个序列当且仅当 $[i \in 1 \, .. \, Len(s) \mapsto s[i]]$。接下来是一些在模块 *Sequences* 中定义的运算符（关于运算符定义的描述可参见 4.1节）：

$$\begin{aligned}
Head(s) &\triangleq s[1] \\
Tail(s) &\triangleq [i \in 1 \, .. \, (Len(s) - 1) \mapsto s[i+1]] \\
s \circ t &\triangleq [i \in 1 \, .. \, (Len(s) + Len(t)) \mapsto \\
&\qquad \text{IF } i \leqslant Len(s) \text{ THEN } s[i] \text{ ELSE } t[i - Len(s)]]
\end{aligned}$$

5.5 递归函数定义

我们还需要一个工具来编写缓存规约，它就是递归函数定义。程序员应该很熟悉递归函数了，经典的例子是阶乘（factorial）函数，我简写成 $fact$，对任意的 $n \in Nat$，$fact$ 定义如下：

$$fact[n] \;=\; \text{IF } n = 0 \text{ THEN } 1 \text{ ELSE } n * fact[n-1]$$

按照 TLA⁺ 的函数表示法，推荐的定义格式如下：

$$fact \triangleq [n \in Nat \mapsto \text{IF } n = 0 \text{ THEN } 1 \text{ ELSE } n * fact[n-1]]$$

但上述定义是不合法的，因为出现在 $\triangleq$ 符号右边的 $fact$ 未定义——$fact$ 只有在定义之后才能被使用。

基于此，TLA⁺ 允许直接循环定义递归函数，如下方式是合法的：

$$fact[n \in Nat] \triangleq \text{IF } n = 0 \text{ THEN } 1 \text{ ELSE } n * fact[n-1]$$

通常，像 $f[x \in S] \triangleq e$ 这样的方式可以用来递归定义定义域为 S 的函数 f。

函数定义表示法有一个可直接用于定义多入参的函数的推广形式。例如：

$$\begin{aligned}
&Acker[m, n \in Nat] \triangleq \\
&\quad \text{IF } m = 0 \text{ THEN } n + 1 \\
&\qquad\quad \text{ELSE IF } n = 0 \text{ THEN } Acker[m-1, 1] \\
&\qquad\qquad\qquad\qquad\; \text{ELSE } Acker[m-1, Acker[m, n-1]]
\end{aligned}$$

上式对任意自然数 m 和 n，定义了一个 $Acker[m, n]$ 函数。

6.3 节将明确阐述递归定义的含义。现在我们只需要会写递归定义即可，不必细究其理论背景。

5.6 直写式缓存

现在我们来定义一个简单的直写式（write-through）缓存[㊀]，它实现内存规约，其系统架构图参见图 5.4：每个处理器 p 与一个本地控制器通信，控制器维护三个状态组件：$buf[p]$、$ctl[p]$ 和 $cache[p]$。$cache[p]$ 的值表示处理器的缓存；$buf[p]$ 和 $ctl[p]$ 与内部内存规约（$InternalMemory$ 模块）中同名变量起相同的作用。（不过，正如我们将在后面看到的，$ctl[p]$ 会引入一个新的状态 “waiting”。）这些本地控制器通过总线与主存 $wmem$ 彼此通信[㊁]。从处理器到主存的请求都进入长度为 $QLen$ 的队列 $memQ$。

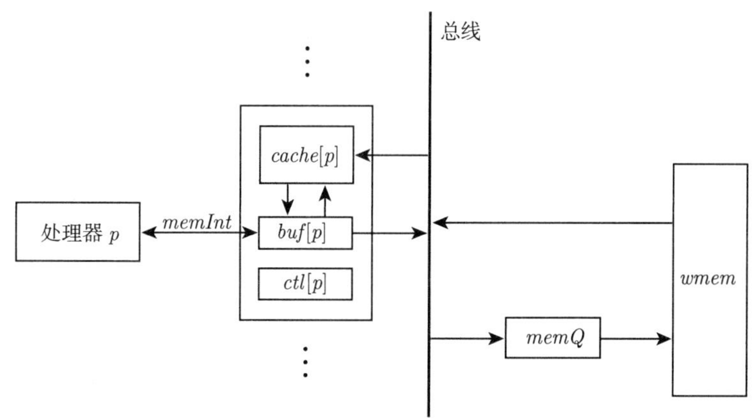

图 5.4 直写式缓存

处理器 p 的写请求是通过动作 $DoWr(p)$ 来执行的。这是一个直写式缓存，意味着每个写请求都会更新主存。因此，$DoWr(p)$ 操作将取值写入 $cache[p]$ 并将写请求添加到 $memQ$ 的尾部。当写请求到达 $memQ$ 的头部时，动作 $MemQWr$ 将取值存储到 $wmem$ 中。$DoWr(p)$ 操作还会为其他在其缓存中有相同地址副本的处理器 q 更新 $cache[q]$。

处理器 p 的读请求由动作 $DoRd(p)$ 执行，它先从缓存中获取值。如果该值不在缓存中，那么动作 $RdMiss(p)$ 将该读请求添加到 $memQ$ 的尾部，并将 $ctl[p]$ 的值设置为 “waiting”，当排队中的请求到达 $memQ$ 的头部时，动作 $MemQRd$ 读取该值并将其放入 $cache[p]$，同时使能 $DoRd(p)$ 操作。

我们可能期望 $MemQRd$ 操作直接从 $wmem$ 中读取值。但是，如果读请求后面的 $memQ$ 队列中有对该地址的写操作，则可能会出问题。在这种情况下，该操作可能导致两个处理器在其缓存中对同一地址有不同的值：一个是读请求的处理器获取到的内存值，另一个是其后发出写请求的处理器写入的值。因此，如果 $memQ$ 队列中存在对该地址的写入请求，则 $MemQRd$ 从中读取最后一个写入的值，否则从 $wmem$ 中读取值。

㊀ write-through 也称为透写模式，即 CPU 在向缓存写入数据的同时，也把数据写入主存以保证缓存和主存中相应单元数据的一致性。其优点是简单可靠，但由于 CPU 每次更新时都要对主存执行写入操作，因此性能必然受影响。——译者注

㊁ 这里为了避免混淆，我们命名 $wmem$，以和 $InternalMemory$ 模块的 mem 进行区分，其实这不是很有必要，因为在 $Memory$ 模块实际的内存规约中，mem 并不是一个自由（可见）的变量。

从处理器 p 的缓存中清除某个地址的操作是由一个独立的动作 $Evict(p)$ 表示的。由于所有缓存的值已写入内存，清除操作只要从缓存中删除地址就够了。在空间受限之前，没有理由删除一个地址，因此在实现中，只有当从处理器 p 处接收到对未缓存地址的请求且 p 的缓存已满时，才会执行此操作。不过这只是一个性能优化，它不影响算法的正确性，所以它没有出现在规约中。在规约中，我们允许 p 在任意时候清除一个缓存的地址——除非这个地址是为一个读请求 $MemQRd$ 操作而放入缓存的，而读请求的 $DoRd(p)$ 操作还没有被执行。这是当 $ctl[p]$ 等于 "waiting"，而 $buf[p].adr$ 等于缓存地址时的情况。

动作 $Req(p)$ 和 $Rsp(p)$ 分别代表处理器 p 发出一个请求和内存返回给处理器 p 一个应答的操作，与内存规约的相应动作相同，只除了它们还保留了新的变量 $cache$ 和 $memQ$ 不变，以及保持变量 $wmem$ 而非 mem 不变。

要定义所有这些动作，我们必须确定处理器缓存和内存请求队列是如何由变量 $memQ$ 和 $cache$ 表示的。我们令 $memQ$ 为 $\langle p, req \rangle$，其中，reg 是一个请求，p 是发出请求的处理器。对于任意内存地址 a，我们让 $cache[p][a]$ 为地址 a 在 p 的 $cache$ 中的值（a 在 p 的 $cache$ 中的副本）。如果 p 的缓存中没有 a 的副本，则令缓存 $cache[p][a]$ 等于 $NoVal$。

我们将实际的规约放在图 5.5 所示的 $WriteThroughCache$ 模块中，现在我介绍一下这个规约，解释一些细节和我们以前没有遇到过的符号。

EXTENDS、声明语句和 ASSUME 大家都很熟悉了，我们这里重用了来自 $InternalMernory$ 模块的一些定义，通过一个 INSTANCE 语句实例化了该模块的一个副本，除了用 $wmem$ 代替 mem 之外，$InternalMemnory$ 模块的其他参数都是由 $WriteThroughCache$ 模块中的同名参数实例化得到的。

初始谓词 $Init$ 包含合取式 $M!IInit$，它断言 ctl 和 buf 具有与内部内存规约相同的初始值，而 $wmem$ 具有与 mem 在该规约中相同的初始值。直写式缓存允许 $ctl[p]$ 拥有内部内存规约中没有的值 "waiting"，因此我们不能重用内部内存的类型不变式 $M!TypeInvariant$。因此，公式 $TypeInvariant$ 显式地定义了 $wmem$、ctl 和 buf 的类型。$memQ$ 的类型是 $\langle$processor, request$\rangle$ 键值对序列的集合。

接下来该模块定义了谓词 $Coherence$，声明了直写式缓存基本的一致性属性：对于任意处理器 p 和 q 以及任意地址 a，如果 p 和 q 的缓存中都有地址 a 的副本，那么这些副本是相等的。注意这个技巧：我们使用 $x \notin \{y, z\}$ 而不是等价但更长的公式 $(x \neq y) \wedge (x \neq z)$。

动作 $Req(p)$ 和 $Rsp(p)$ 表示处理器发送了一个请求和接收到一个应答，它们本质上与 $InternalMemory$ 模块中定义的相应动作相同。但是，它们还必须指明在 $InternalMemory$ 模块中不存在的变量 $cache$ 和 $memQ$ 保持不变。

在 $RdMiss$ 的定义中，表达式 $Append(memQ, \langle p, buf[p] \rangle)$ 是通过将元素 $\langle p, buf[p] \rangle$ 追加至 $memQ$ 队尾而获得的序列。

动作 $DoRd(p)$ 表示从 p 的缓存中读的操作。如果 $ctl[p] =$ "busy"，则该地址源于缓存；如果 $ctl[p] =$ "waiting"，则该地址刚从内存中读入缓存。

动作 $DoWr(p)$ 将值写入 p 的缓存中，并在其他具有相同副本的处理器缓存中更新该值。它还将写请求放入 $memQ$ 队列。在实现中，请求被放到总线上，总线将它传送到其他缓存和 $memQ$ 队列。从系统建模的高层抽象视角来看，我们可将所有这些表示为一个步骤。

```
──────────────── MODULE WriteThroughCache ────────────────
EXTENDS Naturals, Sequences, MemoryInterface
VARIABLES wmem, ctl, buf, cache, memQ
CONSTANT QLen
ASSUME (QLen ∈ Nat) ∧ (QLen > 0)
M ≜ INSTANCE InternalMemory WITH mem ← wmem
──────────────────────────────────────────────────────────
Init ≜                                          初始谓词
  ∧ M!IInit                                     将wmem、buf 和 ctl 如在内部内存规约中一样初始化
  ∧ cache =                                     将所有缓存初始化为空（对所有的 p、a，有 cache[p][a] = NoVal）
      [p ∈ Proc ↦ [a ∈ Adr ↦ NoVal]]
  ∧ memQ = ⟨⟩                                   将memQ 队列初始化为空

TypeInvariant ≜                                 类型不变式
  ∧ wmem ∈ [Adr → Val]
  ∧ ctl   ∈ [Proc → {"rdy", "busy", "waiting", "done"}]
  ∧ buf   ∈ [Proc → MReq ∪ Val ∪ {NoVal}]
  ∧ cache ∈ [Proc → [Adr → Val ∪ {NoVal}]]
  ∧ memQ ∈ Seq(Proc × MReq)                     memQ 是由⟨proc., request⟩对组成的序列

Coherence ≜                                     断言如果两个处理器的缓存中都有该地址的副本，
  ∀ p, q ∈ Proc, a ∈ Adr :                      则它们的值必须相等
    (NoVal ∉ {cache[p][a], cache[q][a]}) ⇒ (cache[p][a] = cache[q][a])
──────────────────────────────────────────────────────────
Req(p) ≜                                        处理器 p 发送一个请求
  M!Req(p) ∧ UNCHANGED ⟨cache, memQ⟩

Rsp(p) ≜                                        系统发送一个响应给处理器 p
  M!Rsp(p) ∧ UNCHANGED ⟨cache, memQ⟩

RdMiss(p) ≜                                     将从内存写入p 的缓存的操作入队
  ∧ (ctl[p] = "busy") ∧ (buf[p].op = "Rd")      在读请求的地址不在 p的缓存中且memQ
  ∧ cache[p][buf[p].adr] = NoVal                未满时使能
  ∧ Len(memQ) < QLen
  ∧ memQ' = Append(memQ, ⟨p, buf[p]⟩)           将⟨p, request⟩放入memQ 队尾
  ∧ ctl' = [ctl EXCEPT ![p] = "waiting"]        将 ctl[p] 设为 "waiting"
  ∧ UNCHANGED ⟨memInt, wmem, buf, cache⟩

DoRd(p) ≜                                       通过p 读取其缓存中的值
  ∧ ctl[p] ∈ {"busy", "waiting"}                当读请求被挂起且地址已在
  ∧ buf[p].op = "Rd"                            缓存中时使能
  ∧ cache[p][buf[p].adr] ≠ NoVal
  ∧ buf' = [buf EXCEPT ![p] = cache[p][buf[p].adr]]   从缓存中获取地址
  ∧ ctl'  = [ctl EXCEPT ![p] = "done"]          将 ctl[p] 设为 "done"
  ∧ UNCHANGED ⟨memInt, wmem, cache, memQ⟩
```

图 5.5　直写式缓存规约

```
DoWr(p) ≜ 写入p的缓存，更新其他缓存，并排队执行内存更新
  LET r ≜ buf[p]   处理器p的请求
  IN  ∧ (ctl[p] = "busy") ∧ (r.op = "Wr")  如果写请求挂起且memQ未满，则使能
      ∧ Len(memQ) < QLen
      ∧ cache' =  更新p的缓存和其他所有具有相同副本的缓存
          [q ∈ Proc ↦ IF (p = q) ∨ (cache[q][r.adr] ≠ NoVal)
                         THEN [cache[q] EXCEPT ![r.adr] = r.val]
                         ELSE cache[q]]
      ∧ memQ' = Append(memQ, ⟨p, r⟩)       写请求排队入memQ队尾
      ∧ buf' = [buf EXCEPT ![p] = NoVal]   生成响应
      ∧ ctl' = [ctl EXCEPT ![p] = "done"]  将ctl设为请求被执行状态
      ∧ UNCHANGED ⟨memInt, wmem⟩

vmem ≜ 执行memQ中的所有写操作后的wmem值
  LET f[i ∈ 0 .. Len(memQ)] ≜  对memQ的第一个i执行写入操作之后的
        IF i = 0 THEN wmem     wmem取值
                 ELSE IF memQ[i][2].op = "Rd"
                        THEN f[i − 1]
                        ELSE [f[i − 1] EXCEPT ![memQ[i][2].adr] =
                                                 memQ[i][2].val]
  IN  f[Len(memQ)]

MemQWr ≜ 执行将memQ的队首写入内存的操作
  LET r ≜ Head(memQ)[2]   请求位于memQ队首
  IN  ∧ (memQ ≠ ⟨⟩) ∧ (r.op = "Wr")   当Head (memQ)是写请求时使能
      ∧ wmem' =                         执行写入内存的操作
          [wmem EXCEPT ![r.adr] = r.val]
      ∧ memQ' = Tail(memQ)              将写请求从memQ队列中移除
      ∧ UNCHANGED ⟨memInt, buf, ctl, cache⟩

MemQRd ≜ 执行排队读取到内存的操作
  LET p ≜ Head(memQ)[1]   发送请求的处理器.
      r ≜ Head(memQ)[2]   请求位于memQ队首
  IN  ∧ (memQ ≠ ⟨⟩) ∧ (r.op = "Rd")   当Head (memQ)为读请求时使能
      ∧ memQ' = Tail(memQ)              移除memQ的队首
      ∧ cache' =  将来自内存或memQ的值放入p的缓存中
          [cache EXCEPT ![p][r.adr] = vmem[r.adr]]
      ∧ UNCHANGED ⟨memInt, wmem, buf, ctl⟩

Evict(p, a) ≜ 从p的缓存中移除地址a
  ∧ (ctl[p] = "waiting") ⇒ (buf[p].adr ≠ a)  如果刚从内存读入缓存，则不能移除地址a
  ∧ cache' = [cache EXCEPT ![p][a] = NoVal]
  ∧ UNCHANGED ⟨memInt, wmem, buf, ctl, memQ⟩
```

图 5.5 （续）

$$
\begin{aligned}
Next \triangleq\ & \vee \exists p \in Proc : \vee Req(p) \vee Rsp(p) \\
& \qquad\qquad\qquad \vee RdMiss(p) \vee DoRd(p) \vee DoWr(p) \\
& \qquad\qquad\qquad \vee \exists a \in Adr : Evict(p, a) \\
& \vee MemQWr \vee MemQRd
\end{aligned}
$$

$$Spec \triangleq Init \wedge \Box[Next]_{\langle memInt, wmem, buf, ctl, cache, memQ \rangle}$$

THEOREM $Spec \Rightarrow \Box(TypeInvariant \wedge Coherence)$

$LM \triangleq$ INSTANCE $Memory$ 隐藏了内部变量的内存规约

THEOREM $Spec \Rightarrow LM!Spec$ 公式 $Spec$ 实现了内存规约

图 5.5 （续）

$DoWr$ 的定义引入了 TLA$^+$ 的 LET/IN 构造。LET 子句由一系列定义组成，其定义域一直延伸到 IN 子句的末尾。在 $DoWr$ 的定义中，LET 子句在 IN 子句的范围内定义了 $r = buf[p]$。由于注意到 r 的定义包含了在 $DoWr$ 中定义的参数 p，因此我们不能把 r 的定义移到 $DoWr$ 的定义之外。

LET 中的定义与模块中的普通定义一样，特别是，它可以有参数。这些局部定义可以通过使用运算符替代常见的子表达式来缩短表达式。在 $DoWr$ 的定义中，我用一个符号 r 代换了缓冲区的五个实例，这是一个愚蠢的做法，因为它几乎没有缩短定义的长度，还要求读者记住新的符号 r 的定义。但使用 LET 子句消除子表达式通常可以大大缩短和简化表达式。

LET 子句还可以使表达式更容易阅读，即使它定义的运算符只在 IN 表达式中出现一次。我们使用一系列定义来编写规约，而不是仅仅定义一个单体公式，因为以小块形式呈现公式更容易让人理解。LET 构造使得将一个公式分解成更小的部分的过程更有层次性。LET 可以作为 IN 表达式的子表达式出现，嵌套的 LET 在复杂的大型规约中很常见。

接下来是状态函数 $vmem$ 的定义，在其后的动作 $MemQRd$ 的定义中会用到它。它等于执行了当前 $memQ$ 中所有写操作之后，主存 $wmem$ 的取值。回顾一下，动作 $MemQRd$ 读取的值必须为最近一次的写入该地址的值——一个可能仍在 $memQ$ 中的值，该值也是 $vmem$ 中的对应取值。函数 $vmem$ 是由递归定义的函数 f 定义的，其中 $f[i]$ 是执行完 $memQ$ 中的第一个 i 操作后 $wmem$ 的值。注意，$memQ[i][2]$ 是序列 $memQ$ 中的第 i 个元素 $memQ[i]$（序列 $memQ$ 的第 i 个元素）的第二个组件（请求）。

接下来的两个动作 $MenQWr$ 和 $MemQRd$ 表示在 $memQ$ 队列头部处理请求的操作：$MemQWr$ 用于写请求，$MemQRd$ 用于读请求。这些动作还使用 LET 来进行局部定义。在这里，p 和 r 的定义可以挪到 $MemQWr$ 的定义之前。事实上，我们可以通过用一个全局定义（在模块内）替换 r 的两个局部定义来节省空间。但是，以这种方式将 r 定义为全局变量的话会有点让人分心，因为 r 只用于 $MemQWr$ 和 $MemQRd$ 的定义。相反，将这两个动作合并为一个可能更好。是将定义放入 LET 中还是将其作为全局变量，应该取决于怎样才能使规约更易于阅读。

动作 $Evict(p, a)$ 表示从处理器 p 的缓存中移除地址 a 的操作。如上所述，我们允许在任意时候删除一个地址，除非这个地址只是为了满足一个挂起的读请求而写入的，即 $ctl[p] =$ “waiting” 和 $buf[p].adr = a$ 的场景。注意在动作的第二个合取式的 EXCEPT 表达式中使用了“双下标”，这个合取式是“将 $cache[p][a]$ 置为 $NoVal$”。如果地址 a 不在 p 的缓存中，那么 $cache[p][a]$ 已经等于 $NoVal$，这个 $Evict(p, a)$ 步骤就是一个重叠步骤。

后继状态动作 $Next$ 和完整规约 $Spec$ 的定义是一目了然的。该模块将以后面讨论的两个定理结束。

5.7 不变式

$WriteThroughCache$ 模块包含定理：

$$\text{THEOREM } Spec \Rightarrow \Box(TypeInvariant \land Coherence)$$

该定理断言 $TypeInvariant \land Coherence$ 是 $Spec$ 的不变式。状态谓词 $P \land Q$ 恒为真当且仅当 P 和 Q 恒为真，因此 $\Box(P \land Q)$ 等价于 $\Box P \land \Box Q$。这意味着上述定理等价于下面两个定理：

$$\text{THEOREM } Spec \Rightarrow \Box TypeInvariant$$

$$\text{THEOREM } Spec \Rightarrow \Box Coherence$$

第一个定理是常用的类型不变性断言，第二个定理断言 $Coherence$ 是 $Spec$ 的不变式，它表达了关于算法的一个重要属性。

尽管 $TypeInvariant$ 和 $Coherence$ 都是时态公式 $Spec$ 的不变式，但本质上它们是不同的。如果 s 是满足 $TypeInvariant$ 的任一状态，则任一使得 $s \rightarrow t$ 成为 $Next$ 步骤的状态 t 也满足 $TypeInvariant$。这种属性可以用下式表示：

$$\text{THEOREM } TypeInvariant \land Next \Rightarrow TypeInvariant'$$

（回顾 $TypeInvariant'$ 定义，它是由将 $TypeInvariant$ 公式所有变量加 $'$ 操作得到的。）一般来说，如果 $P \land N \Rightarrow P'$ 成立，我们说谓词 P 是动作 N 的不变式。谓词 $TypeInvariant$ 是 $Spec$ 的不变式，是因为它既是 $Next$ 的不变式，也是初始谓词 $Init$ 的不变式。

> 规约 S 的不变式也是它的后继状态动作的不变式，我们有时称之为 S 的归纳（inductive）不变式。

谓词 $Coherence$ 不是后继状态动作 $Next$ 的不变式，例如，假设对于两个不同的处理器 $p1$、$p2$ 和地址 a，s 是满足下列条件的一个状态：

- $cache[p1][a] = 1$
- $cache[q][b] = NoVal$，对于所有与 $\langle p1, a\rangle$ 不同的 $\langle q, b\rangle$
- $wmem[a] = 2$
- $memQ$ 包含元素 $\langle p2, [op \mapsto \text{“Rd”}, adr \mapsto a]\rangle$

这样的状态 s（给变量赋值的操作）是存在的，假设有至少 2 个处理器以及至少 1 个地址，使得 $Coherence$ 对状态 s 为真，令 t 为 s 经过一个 $MemQRd$ 步骤之后的状态，则在状态 t，我们有 $cache[p2][a] = 2$ 和 $cache[p1][a] = 1$，此时 $Coherence$ 为假。因此，$Coherence$ 不是后继状态动作的不变式。

$Coherence$ 是公式 $Spec$ 的不变式，因为类似 s 这样的状态不会出现在满足 $Spec$ 的行为中。证明它的不变性不是很容易。我们必须先找到一个谓词 Inv，它是 $Next$ 的不变式，使得 $Inv \Rightarrow Coherence$ 且 $Init \Rightarrow Inv$ 都成立。

规约的重要属性通常由不变式表示。证明一个状态谓词 P 是规约的不变式通常意味着要证明如下形式的公式：

$$Init \land \Box[Next]_v \Rightarrow \Box P$$

一般我们通过找到一个合适的状态谓词 Inv，并且满足

$$Init \Rightarrow Inv, \qquad Inv \land [Next]_v \Rightarrow Inv', \qquad Inv \Rightarrow P$$

来证明这个定理。因为本书是关于规约的而不是关于证明的，所以这里我们不讨论如何找到这个 Inv。

5.8 证明实现

$WriteThroughCache$ 模块的最后是一个定理：

$$\text{THEOREM } Spec \Rightarrow LM!Spec$$

这里 $LM!Spec$ 是 $Memory$ 模块的规约公式 $Spec$。这个定理断言每个满足 $WriteThrough\text{-}Cache$ 规约 $Spec$ 的行为也满足可线性化内存规约 $LM!Spec$。换句话说，其断言直写式缓存实现了一个可线性化内存。在 TLA 中，实现就是蕴涵。一个由公式 Sys 表示的系统实现了规约 $Spec$ 当且仅当 $Sys \Rightarrow Spec$，即当且仅当 $Sys \Rightarrow Spec$ 是一个定理。在 TLA 中，系统描述和规约没有区别，它们都只是公式。

根据 $Memory$ 模块（图 5.3）中公式 $Spec$ 的定义，我们可以重定义该定理为：

$$\text{THEOREM } Spec \Rightarrow \exists\!\!\exists\ mem, ctl, buf : LM!Inner(mem, ctl, buf)!ISpec$$

这里 $LM!Inner(mem, ctl, buf)!ISpec$ 是 $InternalMemory$ 模块的公式 $ISpec$。逻辑规则告诉我们要证明这样一个定理，我们必须找到"证据"（witnesses），即可量化的 mem、ctl 和 buf，它们都是状态函数（普通表达式，不带 $'$），我将它们重命名为 $omem$、$octl$ 和 $obuf$，它们满足：

$$Spec \;=>\; LM!Inner(omem, octl, obuf)!ISpec \tag{5.2}$$

公式 $LM!Inner(omem, octl, obuf)!ISpec$ 是公式 $ISpec$ 通过代换

$$mem \leftarrow omem, \quad ctl \leftarrow octl, \quad buf \leftarrow obuf$$

得到的。“证据”函数的元组 $\langle omem, octl, obuf \rangle$ 称为 **转化映射**（refinement mapping），我们将式（5.2）描述为 *Spec* 在这种转化映射下实现了公式 *ISpec*。更直观地说，这意味着 *Spec* 蕴涵了状态函数的元组 $\langle memInt, omem, octl, obuf \rangle$ 改变了 *ISpec* 断言的变量元组 $\langle memInt, mem, ctl, buf \rangle$ 应该改变的方式。

这里我大致介绍一下怎么证明式（5.2），具体细节参见 TLA 的技术文档，可以从TLA 的官网得到。我先引入一些非 TLA$^+$ 的表示法。对于 *InternalMemory* 模块的公式 F，令 $\overline{F}$ 等于 $LM!Inner(omem, octl, obuf)!F$，其中 *omem*、*octl* 和 *obuf* 分别代换了 *mem*、*ctl* 和 *buf*。特别地，$\overline{mem}$、$\overline{ctl}$ 和 $\overline{buf}$ 也相应等于 *omem*、*octl* 和 *obuf*。

有了这个表示法，我们可以将式（5.2）记作 $Spec \Rightarrow \overline{ISpec}$，用 *Spec* 和 *ISpec* 的定义代换它们后，公式变成了这个样子：

$$
\begin{aligned}
&Init \land \Box[Next]_{\langle memInt,\, wmem,\, buf,\, ctl,\, cache,\, memQ \rangle} \\
&\quad \Rightarrow \overline{IInit} \land \Box[\overline{INext}]_{\langle memInt,\, \overline{mem},\, \overline{ctl},\, \overline{buf} \rangle}
\end{aligned}
\tag{5.3}
$$

$\overline{memInt}$ 等于 *memInt*，而 *memInt* 是与 *mem*、*ctl* 和 *buf* 不同的变量。

式（5.3）可以被这样证明：找到一个 *Spec* 的不变式 *Inv*，使得

$$
\begin{aligned}
&\land\ Init \Rightarrow \overline{IInit} \\
&\land\ Inv \land Next \ \Rightarrow\ \lor\ \overline{INext} \\
&\qquad\qquad\qquad\qquad\quad \lor\ \text{UNCHANGED}\ \langle memInt, \overline{mem}, \overline{ctl}, \overline{buf} \rangle
\end{aligned}
$$

第二个合取称为**步骤仿真**（step simulation），它断言以一个满足不变式 *Inv* 的状态开始的 *Next* 步骤也是一个 $\overline{INext}$ 步骤（一个改变四元组 $\langle memInt, omem, octl, obuf \rangle$ 的步骤，其方式与 *INext* 步骤改变四元组 $\langle memInt, mem, ctl, buf \rangle$ 的方式相同）或保持四元组不变。对我们的内存规约来说，状态函数 *omem*、*octl* 和 *obuf* 被定义为：

$$
\begin{aligned}
omem &\triangleq vmem \\
octl &\triangleq [p \in Proc \mapsto \text{IF } ctl[p] = \text{“waiting” THEN “busy” ELSE } ctl[p]] \\
obuf &\triangleq buf
\end{aligned}
$$

实现证明的数学原理很简单，因此证明也很简单（从理论上讲），但对于真实系统的规约，其证明是非常困难的。从理论到实践需要将数学证明转化为一门工程学科。这是一个值得写一本书的课题。这里就不详细展开了。

你可能从来没有证明过一个规约如何实现另一个规约。不过，你应该了解转化映射和步骤仿真。之后你会学到如何用 TLC 检查一个规约是否实现了另一个规约，第 14 章会深入介绍 TLC 的使用。

数学基础拓展

我们用来编写规约所需要的数学基础，是建立在一个小而精的概念集合上的。你可能已经了解了编写规约所需的大多数数学形式，现在需要掌握的只是 6.1 节中将描述的少数几个集合运算符。了解它们之后，你将能够定义规约中出现的所有数据结构和运算符。

虽然我们用到的数学知识很简单，但是其基础并不浅显，例如，递归函数定义和 CHOOSE 运算符都有值得注意的地方，本节将讨论其中一些基础，理解它们将帮助你更有效地使用 TLA+。

6.1 集合

1.2 节中描述的简单集合运算，对编写大多数系统规约来说已经足够了，不过有时可能需要用到更复杂的运算符，尤其是在需要定义除元组、记录和简单函数之外的数据结构的时候。

集合论的两个关键运算符是一元运算符并集（UNION）和子集（SUBSET），定义如下：

UNION S　集合 S 中所有元素的并集，换句话说，e 是集合 UNION S 的一个元素当且仅当它是 S 的一个元素中的一个元素，例如：

$$\text{UNION } \{\{1,2\},\{2,3\},\{3,4\}\} = \{1,2,3,4\}$$

数学上将 UNION S 记作 $\bigcup S$。

SUBSET S　S 所有子集的集合。换句话说，$T \in$ SUBSET S 当且仅当 $T \subseteq S$。例如：

$$\text{SUBSET } \{1,2\} = \{\{\},\{1\},\{2\},\{1,2\}\}$$

数学上称 SUBSET S 为 S 的幂集（power set），记作 $\mathcal{P}(S)$ 或 2^S。

数学家经常用如下术语描述集合：“所有 …… 的集合，使得 ……”。TLA+ 有两种方式将上述语言形式化：

$\{x \in S : p\}$　S 的一个子集，其中的每个元素都满足条件 p。例如，所有奇数的集合可以记作 $\{n \in Nat : n \% 2 = 1\}$。标识符 x 只出现在表达式 p 中，不会出现在 S 中。

取模运算符 % 参见 2.5 节。

$\{e : x \in S\}$ 由集合 S 中的每个元素按照公式 e 计算生成的元素的集合。例如，$\{2*n+1 : n \in Nat\}$ 也是所有奇数的集合，其中标识符 x 出现在 e 中，不会出现在 S 中。

$\{e : x \in S\}$ 与 $\exists x \in S : F$ 有相同的构造生成方式。例如，$\{e : x \in S, y \in T\}$ 是所有满足公式 e 的集合，其中 x 属于集合 S，y 属于集合 T。在集合 $\{x \in S : P\}$中，我们可以令 x 为一个元组，如 $\{\langle y, z\rangle \in S : P\}$ 就是 S 中满足条件 P 的所有元素对 $\langle y, z\rangle$ 的集合。第 15 章中的 TLA$^+$ 语法会更精确地说明集合表达式的写法。

到目前为止，所有这些用到的集合运算符都是 TLA$^+$ 的内置运算符，另外，标准模块 *FiniteSets* 还定义了如下两个集合运算符：

$Cardinality(S)$ 集合的基数运算，即集合 S 中元素的个数（S 是一个有限集）。

$IsFiniteSet(S)$ 当且仅当 S 为有限集时为真。

FiniteSets 模块参见 18.2 节，$Cardinality(S)$ 的定义参见 6.4 节。

不严谨的集合推理可能会出问题，经典的例子是罗素悖论：

令 $\mathcal{R}$ 为所有满足 $S \notin S$ 的集合 S 的集合，则由 $\mathcal{R}$ 的定义可以推导出：$\mathcal{R} \in \mathcal{R}$ 为真当且仅当 $\mathcal{R} \notin \mathcal{R}$。

$\mathcal{R} \in \mathcal{R}$ 与 $\mathcal{R} \notin \mathcal{R}$ 两个结论明显相悖，这个悖论产生的原因是 $\mathcal{R}$ 不是一个集合。如果一个“组合” $\mathcal{C}$ 是所有集合的合集，那么它因为太大而不成为一个集合——因为如果它是一个集合，我们就可以将 $\mathcal{C}$ 中的一个不同元素赋给每一个集合，生成一个不属于 $\mathcal{C}$ 的元素的集合，从而产生悖论。通俗来说，如果我们定义一个操作 $SMap$，使得：

- 对所有集合 S，$SMap(S)$ 是 $\mathcal{C}$ 的一个元素。
- 如果 S 和 T 是不同的集合，则 $SMap(S) \neq SMap(T)$。

那么 $\mathcal{C}$ 不能是一个集合。例如，所有长度为 2 的序列的组合不是一个集合，因为我们可以定义操作 $SMap$ 如下：

$$SMap(S) \triangleq \langle 1, S\rangle$$

这个操作针对每一个集合 S 生成了与之前所有序列都不同的长度为 2 的序列。

6.2　“笨表达式”

大多数现代编程语言都会引入某种形式的类型检查，以防止你编写像 3/“abc” 这样的“笨表达式”。TLA$^+$ 基于数学家常用的类型无关的形式化语言，在类型无关的语言中，每个语法格式正确的表达式都有自己的含义，在数学上，表达式 3/“abc” 不比表达式 3/0 更“笨”，并且数学家一直不自觉地书写那些“笨表达式”。例如，考虑公式

$$\forall x \in Real : (x \neq 0) \Rightarrow (x * (3/x) = 3)$$

这里 *Real* 是实数集，这个公式断言 $(x \neq 0) \Rightarrow (x * (3/x) = 3)$ 对任意实数 x 都成立。将 $x = 0$ 代入公式，将得到 $(0 \neq 0) \Rightarrow (0 * (3/0) = 3)$，这里包含“笨表达式” 3/0。这个表

达式为真，因为 $0 \neq 0$ 为假，$\text{FALSE} \Rightarrow P$ 对任意表达式 P 都成立（根据蕴涵运算符 $\Rightarrow$ 的定义）。

一个正确的公式可以包含"笨表达式"，例如，$3/0 = 3/0$ 是一个正确的公式，因为所有值都等于自身。不过，一个正确公式的真值不能取决于"笨表达式"的含义。如果一个表达式是"笨"的，那么它的值可能并不明确。标准模块 $Real$ 中的 / 和 $*$ 的定义不包含 $0*(3/0)$，所以也没法知道它的值是否等于 3。

你可以编写 3/0，也可以编写完全合理的表达式，没有任何合适的语法规则能阻止你。在普通数学中，不存在像编程语言那样既复杂又有局限性的书写规则。在设计良好的编程语言中，会考虑类型检查成本与收益的平衡：引入类型，允许编译器生成更有效的代码，而类型检查则可以捕获错误。对于编程语言，收益似乎超过成本。在编写 TLA$^+$ 规约时，我发现成本超过了收益。

如果你习惯了编程语言的束缚，则可能要过一会儿才能开始享受数学赋予的自由。一开始你可能想不到像在 5.2 节中定义运算符 R 那样定义别的东西，因为这种定义方式在有类型的编程语言中不会出现。

6.3　递归回顾

5.5 节引入了递归函数定义。我们现在介绍这些定义的数学含义。数学家将阶乘函数定义如下：

$$fact[n] \;=\; \text{IF } n = 0 \text{ THEN } 1 \text{ ELSE } n * fact[n-1], \; \forall n \in Nat$$

可以通过证明其唯一定义了 Nat 域上的函数 $fact$ 来证明该定义，换句话说，$fact$ 是唯一满足

$$fact = [n \in Nat \mapsto \text{IF } n = 0 \text{ THEN } 1 \text{ ELSE } n * fact[n-1]] \tag{6.1}$$

公式的值。

5.1 节引入了 CHOOSE 运算符，让我们可以用 $\text{CHOOSE } x : p$ 表达"选择满足条件 p 的 x"的需求。因此，我们定义 $fact$ 如下：

$$\begin{aligned} fact \;\triangleq\; & \text{CHOOSE } fact : \\ & \quad fact = [n \in Nat \mapsto \text{IF } n = 0 \text{ THEN } 1 \\ & \qquad\qquad\qquad\qquad\qquad \text{ELSE } n * fact[n-1]] \end{aligned} \tag{6.2}$$

（因为符号 $fact$ 在引入（"$\triangleq$"右侧）之前尚未在表达式中有定义，所以我们只能在 CHOOSE 表达式中将它用作界标识符。）TLA$^+$ 的定义

$$fact[n \in Nat] \;\triangleq\; \text{IF } n = 0 \text{ THEN } 1 \text{ ELSE } n * fact[n-1]$$

只是式（6.2）的缩写形式。再推广一下，$f[x \in S] \triangleq e$ 是

$$f \;\triangleq\; \text{CHOOSE } f : f = [x \in S \mapsto e] \tag{6.3}$$

的缩写形式。

TLA$^+$ 允许我们写“笨定义”，例如，我们可以写

$$circ[n \in Nat] \triangleq \text{CHOOSE } y : y \neq circ[n] \tag{6.4}$$

意思是对任意自然数 n，定义一个函数 $circ$，使得 $circ[n] \neq circ[n]$。很显然没有这样的函数，所以 $circ$ 不可能被定义出来。在一个递归函数定义中不是很有必要再定义一个函数。如果没有函数 f 等于 $[x \in S \mapsto e]$，则式（6.3）定义 f 为一个不确定的值，这样，式（6.4）也将 $circ$ 定义为一个未知数。

虽然 TLA$^+$ 允许递归函数定义具有明显的循环性，但它不允许循环定义（在循环定义中，两个或多个函数是相互定义的）。数学家偶尔会写这样的循环定义。例如，他们会这样定义自然数域上的函数 f 和 g：

$$\begin{aligned} f[n \in Nat] &\triangleq \text{IF } n = 0 \text{ THEN } 17 \text{ ELSE } f[n-1] * g[n] \\ g[n \in Nat] &\triangleq \text{IF } n = 0 \text{ THEN } 42 \text{ ELSE } f[n-1] + g[n-1] \end{aligned}$$

这对定义在 TLA$^+$ 中是不合法的。

TLA$^+$ 不允许交互递归定义。不过，我们可以按 TLA$^+$ 允许的方式定义函数 f 和 g。先定义一个函数 mr 使得 $mr[n]$ 是一个记录，它的 f 和 g 字段分别为 $f[n]$ 和 $g[n]$：

$$\begin{aligned} & mr[n \in Nat] \triangleq \\ & \quad [f \mapsto \text{IF } n = 0 \text{ THEN } 17 \text{ ELSE } mr[n-1].f * mr[n].g, \\ & \quad\ \ g \mapsto \text{IF } n = 0 \text{ THEN } 42 \text{ ELSE } mr[n-1].f + mr[n-1].g] \end{aligned}$$

之后，我们可以根据 mr 将 f 和 g 定义为：

$$\begin{aligned} f[n \in Nat] &\triangleq mr[n].f \\ g[n \in Nat] &\triangleq mr[n].g \end{aligned}$$

这个小技巧可以将任何相互递归函数定义转换为定义一个独立的取值为记录的（record-valued）循环定义函数，其中记录的字段即为想要相互递归定义的函数。

如果我们想推导出由 $f[x \in S] \triangleq e$ 定义的函数 f，就需要证明存在一个 f 等于 $[x \in S \mapsto e]$。如果 f 没有出现在 e 中，那么 f 的存在性是很明显的。如果它出现了，那么这就是一个递归定义，然后就需要得到证明。不过本书不讨论如何证明它。直观上，就像在阶乘函数的情况下，你必须检查一下这个定义唯一地确定了 S 中每一个 x 对应的 $f[x]$ 的值。

递归是一种常见的编程技术，因为程序必须使用简单且基本的操作来计算数值。它在数学定义中不常用，在数学定义中我们不必担心如何计算数值，因为可以使用强大的工具（如逻辑运算符和集合论）来计算。例如，5.4 节定义了运算符 $Head$、$Tail$ 和 $\circ$，但没有使用递归（尽管计算机科学家通常使用递归的方式来定义它们）。尽管如此，对于某些事物的归纳定义，使用递归函数定义还是最优的解决方案。

6.4 函数与运算符

考虑我们之前遇到的两个定义：

$$Tail(s) \triangleq [i \in 1 \mathrel{..} (Len(s)-1) \mapsto s[i+1]]$$
$$fact[n \in Nat] \triangleq \text{IF } n = 0 \text{ THEN } 1 \text{ ELSE } n * fact[n-1]$$

上面定义了两种截然不同的对象：$fact$ 是一个函数，$Tail$ 是一个运算符。函数和运算符在几个基本方面有所不同。它们最明显的区别在于，像 $fact$ 这样的函数本身是一个表示值的完整表达式，而像 $Tail$ 这样的运算符则不是。表达式 $fact[n] \in S$ 和 $fact \in S$ 在语法上都是正确的，而 $Tail(n) \in S$ 在语法上正确，$Tail \in S$ 则不然。就像 $x+ > 0$ 一样，没有任何意义。

不同于运算符，函数需要有一个定义域，它是一个集合。我们不能定义一个 $Tail$ 函数，使得 $Tail[s]$ 是所有非空序列的尾，因为这样一个函数的定义域必须包含所有的非空序列，所有这样的非空序列的"组合"因为太大而不能成为一个集合（在 6.1 节介绍集合的时候我们提到过，一个"组合" $\mathcal{C}$ 因为太大而能不成为一个集合——如果我们可以将 $\mathcal{C}$ 中的一个不同元素赋给每一个集合。这里，通过 $SMap(S) \triangleq \langle S \rangle$ 定义的运算符 $SMap(S)$ 可以为每一个集合赋予一个不同的非空序列)。因此，我们不能将 $Tail$ 定义为一个函数。

与函数不同，运算符不能在 TLA$^+$ 中递归定义，不过，我们通常可以定义一个递归函数，将非法的递归运算符转换为非递归运算符定义。例如，我们尝试在有限集上定义 $Cardinality$ 运算符（回忆一下，有限集 S 的基数是 S 中元素的个数)，所有有限集的"组合"太大，无法成为一个集合（运算符 $SMap(S) \triangleq \{S\}$ 可以为每一个集合赋予一个基数为 1 的集合）。$Cardinality$ 运算符有一个简单直接的定义：

- $Cardinality(\{\}) = 0$。
- 如果 S 是一个非空有限集，x 是 S 一个随机元素，则

  $$Cardinality(S) = 1 + Cardinality(S \setminus \{x\})$$

  这里 x 是 S 的任意元素。

$S \setminus \{x\}$ 是 S 中去掉 x 的其他元素组成的集合。

使用 CHOOSE 运算符来指代 S 的任一元素，我们可以将上式写得更正式一点，不过仍然是不合规则的：

$$\begin{array}{l} Cardinality(S) \triangleq \qquad \text{这不是一个合法的 TLA}^+\text{ 定义} \\ \quad \text{IF } S = \{\} \text{ THEN } 0 \\ \qquad\qquad \text{ELSE } 1 + Cardinality(S \setminus \{\text{CHOOSE } x : x \in S\}) \end{array}$$

上式仍然不合规的原因是里面包含递归——只有递归函数才可以在表达式 $\triangleq$ 的右值中出现待定义的符号。鉴于此，为了将上式转换为一个合法的定义，对一个给定的有限集

S，我们定义一个函数 CS，使得对 S 的每个子集 T，$CS[T]$ 等于 T 的基数，新定义如下：

$$
\begin{array}{l}
CS[T \in \text{SUBSET } S] \;\triangleq \\
\quad \text{IF } T = \{\} \text{ THEN } 0 \\
\quad\quad\quad\quad\quad\quad \text{ELSE } 1 + CS[T \setminus \{\text{CHOOSE } x : x \in T\}]
\end{array}
$$

因为 S 是自己的子集，所以如果 S 是一个有限集，则 $CS[S] = Cardinality(S)$（这里我们不关心如果 S 非有限，$CS[T]$ 的值是什么）。因此，我们现在可以定义 $Cardinality$ 运算符了：

$$
\begin{array}{l}
Cardinality(S) \;\triangleq \\
\quad \text{LET } CS[T \in \text{SUBSET } S] \;\triangleq \\
\quad\quad\quad\quad \text{IF } T = \{\} \text{ THEN } 0 \\
\quad\quad\quad\quad\quad\quad\quad\quad \text{ELSE } 1 + CS[T \setminus \{\text{CHOOSE } x : x \in T\}] \\
\quad \text{IN } \; CS[S]
\end{array}
$$

还有一个不同的地方是一个运算符可以将运算符作为入参，例如，我们定义运算符 $IsPartialOrder$ 使得 $IsPartialOrder(R, S)$ 为真当且仅当运算符 R 对 S 定义了一个偏序关系：

$$
\begin{array}{l}
IsPartialOrder(R(\_,\_), S) \;\triangleq \\
\quad \land \forall x, y, z \in S : R(x, y) \land R(y, z) \Rightarrow R(x, z) \\
\quad \land \forall x \in S : \neg R(x, x)
\end{array}
$$

如果你不知道什么是偏序关系，参见 $IsPartialOrder$ 的定义。

我们也可以使用一个类似 $\prec$ 这样的中缀运算符代替 R 作为入参，记作：

$$
\begin{array}{l}
IsPartialOrder(\_\prec\_, S) \;\triangleq \\
\quad \land \forall x, y, z \in S : (x \prec y) \land (y \prec z) \Rightarrow (x \prec z) \\
\quad \land \forall x \in S : \neg(x \prec x)
\end{array}
$$

$IsPartialOrder$ 的第一个入参是一个有两个参数的运算符，第二个入参是一个表达式。因为 $>$ 是一个有两个参数的运算符，所以表达式 $IsPartialOrder(>, Nat)$ 在语法上是正确的。事实上，如果 $>$ 是定义在自然数上的通用的大于运算符，则其值为真。表达式 $IsPartialOrder(+, 3)$ 同样在语法上没有问题，不过它是个“笨表达式”，我们不清楚它是否为真。

函数和运算符还有一点微小的不同，不是很重要，但是考虑到完整性我还是提一下。举个例子，根据前述对于任意值 s 的运算符 $Tail(s)$ 的定义，$Tail(1/2)$ 等于：

$$
[i \in 1 \,..\, (Len(1/2) - 1) \mapsto (1/2)[i + 1]] \tag{6.5}
$$

我们不知道这个表达式是什么意思，不清楚 $(Len(1/2)$ 或 $(1/2)[i + 1]$ 是什么东西。但是，不管式（6.5）的含义如何，它等于 $Tail(1/2)$。函数 $fact$ 定义的 $fact[n]$ 只对 $n \in Nat$ 有效，$fact[1/2]$ 没有任何意义。不过它在语法形式上是没问题的，因此它也表示某个值，只不过 $fact$ 的定义不能告诉我们这是什么值。

运算符和函数之间的最后一点区别与数学无关，只是 TLA$^+$ 的特质：它不允许我们定义中缀函数。数学家通常将 / 定义为两个参数的函数，但是我们在 TLA$^+$ 中无法做到这一点。如果要定义 /，那么别无选择只能将其设为运算符。

可以使用函数或运算符来编写同样不知所谓的表达式。但是，无论你使用的是函数还是运算符，都可以确定所写的“废话”是句法错误的胡言乱语，还是语法上正确但在语义上愚蠢的表达式。字符串 2(“a”) 在语法上不是正确的公式，因为 2 不是运算符。但是，2(“a”) 也可以写为 $2.a$，这在语法上是正确的。不过因为 2 不是一个函数[⊖]，所以这么写也没什么意义。

我们不知道 2(“a”) 是什么意思。同样，$Tail(s, t)$ 在语法上也是错误的，因为 $Tail$ 是仅具有一个入参的运算符。但是，如 16.1.7 节所述，$fact[m, n]$ 是 $fact[\langle m, n\rangle]$ 的句法糖，因此它也是一个语法正确，但语义上“愚蠢”的公式。错误是语法错误还是语义错误决定了哪种工具可以捕获它。特别是，第 12 章中描述的解析器捕获语法错误，但不捕获语义上的愚蠢。如第 14 章所述，TLC 模型检查器在计算语义上愚蠢的表达式时会报错。

函数和运算符之间的区别似乎使某些人感到困惑。一个原因是，尽管这种区别存在于普通数学中，但数学家通常不会注意到。如果你问数学家，SUBSET 是否是一个函数，他可能会说是。但是，如果你向他指出，因为 SUBSET 的定义域不能是集合，所以 SUBSET 不能成为函数，那么他可能会第一次意识到，数学家会使用像 SUBSET 和 $\in$ 这样的运算符，而不会注意到它们构成了一类与函数不同的对象。逻辑学家将注意到，由于 TLA$^+$ 是一阶逻辑而不是高阶逻辑，因此出现了运算符与值（包括函数）之间的区别。

在定义对象 V 时，你可能必须决定是使 V 成为接受入参的运算符还是成为一个函数，运算符和函数之间的差异通常会决定决策。例如，如果变量的值可能为 V，则 V 必须是一个函数。因此，在 5.3 节关于内存的规约中，我们必须用函数而不是运算符来表示内存的状态，因为变量 mem 不能等于运算符。如果这些差异不能帮助你确定是使用运算符还是使用函数，那么如何选择就取决于你的习惯。我通常更喜欢运算符。

6.5 函数使用

考虑如下两个公式：

$$f' = [i \in Nat \mapsto i + 1] \tag{6.6}$$

$$\forall i \in Nat : f'[i] = i + 1 \tag{6.7}$$

两者对于每一个自然数 i，都有 $f'[i] = i + 1$，但它们是不等价的。式（6.6）唯一确定了 f'，声明了它是一个定义域为 Nat 的函数，但对于式（6.7），则有很多不同的 f' 满足

⊖ 确切地说，我们不知道 2 是不是一个函数。

条件，例如下面这个函数：

$$[i \in Real \mapsto \text{IF } i \in Nat \text{ THEN } i+1 \text{ ELSE } i^2]$$

事实上，从式（6.7），我们甚至不能推导出 f' 是一个函数。式（6.6）蕴涵式（6.7），反之则不然。

写规约时，我们通常喜欢给变量 f 简单赋值一次，而不是对集合的所有元素 i 都赋一遍 $f[i]$ 的值。因此，我们通常推荐写式（6.6）而不是式（6.7）。

6.6 CHOOSE

5.1 节的内存接口中通过 CHOOSE $v : v \notin S$ 引入了 CHOOSE 运算符，这是一个表达式，取值为一个不在 S 中的元素。在 6.3 节中，我们看到它是一个功能强大的工具，可以精细化地使用它。

> CHOOSE 运算符被逻辑学家称为 Hilbert 运算符 ε。

CHOOSE 运算符最常见的用途是“命名”单独指定的值。例如，如果 a 和 b 是实数且 $b \neq 0$，则 a/b 是满足公式 $a = b*(a/b)$ 的唯一实数。因此，标准模块 *Reals* 在实数集 *Real* 上将除法定义如下：

$$a/b \triangleq \text{CHOOSE } c \in Real : a = b * c$$

（表达式 CHOOSE $x \in S : p$ 表示 CHOOSE $x : (x \in S) \wedge p$。）如果 a 为非零实数，则不存在实数 c，使得 $a = 0 * c$。因此，$a/0$ 具有不确定的值。我们不知道实数乘以字符串等于什么，所以我们不能说是否存在一个实数 c 使得 a 等于 “xyz” $* c$。因此，我们也不知道 $a/$“xyz” 是什么。

用到的数学知识比较少的程序员常常认为 CHOOSE 是一个不确定的运算符。在数学中，没有诸如不确定性运算符或不确定性函数之类的东西。如果某个表达式今天等于 42，则明天等于 42，从明天起的一百万年后仍等于 42。对于规约

$$(x = \text{CHOOSE } n : n \in Nat) \wedge \Box[x' = \text{CHOOSE } n : n \in Nat]_x$$

只有一个行为满足它，在这个行为中，x 的值永远等于 CHOOSE $n : n \in Nat$，这是一个特定的不定自然数，这与下列规约有很大不同：

$$(x \in Nat) \wedge \Box[x' \in Nat]_x$$

所有状态下 x 始终是自然数的行为（x 可以在每个状态中不同）都满足上述规约，该规约是高度不确定的，满足它的行为有很多。

编写规约：一些建议

现在你已经学到了编写 TLA+ 规约需要的所有知识，在你开始编写自己的规约之前，这里有一些建议。

7.1 为什么要编写规约

编写规约需要耗费时间和精力，需要平衡收益和付出。编写规约的主要目的是防止出错，下面是引入 TLA+ 规约的重要性：

- 编写 TLA+ 规约可以帮助你厘顺设计过程，精准描述设计的规约常常能帮助发现一些问题——比如不经意的交互和一些容易被忽略的“角落场景”。在设计之初发现这些问题比在实现阶段更容易纠正它们。
- TLA+ 规约可以提供一种清晰简洁的方式来传达设计，它有助于确保设计人员就他们的设计达成一致，并为实现和测试系统的工程师提供有效的指导，还可以帮助用户了解系统。
- TLA+ 规约是一种正式说明，可以引入检查工具以帮助发现设计中的错误并帮助测试系统。到目前为止，最有用的工具是 TLC 模型检查器，在第 14 章中有介绍。

对于编写规约，付出与收益是否平衡取决于项目的性质，规约本身不是目的，它只是工程师在适当时候能够用到的工具。

7.2 我们要定义什么

尽管这里我们讨论的是如何定义系统，但这不是我们要做的全部。规约是关于系统某个部分特定视角的数学模型。编写规约时，你首先必须选择要建模的是系统的哪一部分。有时候这种选择很容易，但通常不是。例如在实际中，多处理器计算机的缓存一致性（cache-coherence）协议可能与处理器如何执行指令紧密相关，在精简指令执行细节的同时，找到描述一致性协议的抽象可能很困难，可行的做法有：引入实际系统设计中不存在的接口，定义处理器和内存之间的交互。

规约的主要目的是防止出错，你应该定义系统中最有可能出现错误的那部分，TLA+ 在暴露并发性错误方面特别有效，而这些错误多在异步组件交互时引入。因此，在编写 TLA+ 规约时，需要将精力集中在最有可能出现此类错误的系统组成部分上，如果需要编写的不是这部分系统的规约，那么你可能不应该使用 TLA+。

7.3 原子粒度

选择要定义的系统部分之后，还要选择规约的抽象级别。抽象级别最重要的方面是原子粒度，即选择什么样的变化粒度来表示系统行为的单个步骤。在实际系统中发送消息这个步骤涉及多个子操作，但是我们通常将其表示为单个步骤。另一方面，在定义分布式系统时，消息的发送和接收通常表示为单独的步骤。

相同的系统操作序列通常用更短、较粗粒度的步骤来表示，而不是更长、较细粒度的步骤表示，粗粒度的规约比细粒度的规约要简单一些，不过更细粒度的规约能更准确地描述真实系统的行为。一个粗粒度的规约可能无法揭示系统的重要细节。

没有简单的规则来决定原子粒度。但是，有一种选择粒度的方法可以考虑，为了描述它，我需要引入TLA$^+$ 动作组合（action-composition）运算符“·”。如果 A 和 B 都表示动作，则 $A \cdot B$ 表示在一个步骤中先执行 A 再执行 B 的动作，更确切地说，$A \cdot B$ 动作被定义为：使得 $s \to t$ 成为一个 $A \cdot B$ 的步骤当且仅当存在一个状态 u 使得 $s \to u$ 是一个 A 步骤且 $u \to t$ 是一个 B 步骤。

在确定原子粒度时，我们必须决定将操作的执行表示为一个步骤还是一系列步骤，每个步骤都对应于一个子操作的执行。让我们考虑一个简单操作的场景，该操作由顺序执行的两个子操作 R 和 L 组成（执行 R 使能 L 并禁用 R）。当操作的执行由两个步骤表示时，每个步骤都是一个 R 步骤或 L 步骤，动作由 $R \lor L$ 表示；当执行由一个步骤表示时，该操作用动作 $R \cdot L$ 表示 ⊖。假设 $S2$ 是分两步执行操作的更细粒度的规约，而 $S1$ 是将其作为单个 $R \cdot L$ 步骤执行的更粗粒度的规约。要选择原子粒度，我们必须选择采用 $S1$ 还是 $S2$ 作为规约。让我们研究一下两个规约之间的关系。

我们可以将满足 $S1$ 的行为 σ 转换为满足 $S2$ 的行为 $\widehat{\sigma}$，只需要将每一步 $s \stackrel{R \cdot L}{\to} t$ 代换为步骤对 $s \stackrel{R}{\to} u \stackrel{L}{\to} t$，其中 u 为状态。如果我们将 σ 视为与 $\widehat{\sigma}$ 等价的行为，则可将 $S1$ 视为 $S2$ 的允许更少步骤的增强版本。规约 $S1$ 约定每个 R 步骤后紧跟一个 L 步骤，而规约 $S2$ 允许在 R 和 L 步骤中插入其他步骤的行为。为了确定原子粒度，你必须确定 $S2$ 中这种额外步骤是不是很必要的。

如果真实系统执行中，$S1$ 也允许这些额外步骤，那么 $S2$ 中的这些就不重要，因此，我们需要问自己是否每个满足 $S2$ 的行为 τ 也有一个对应的行为 $\widetilde{\tau}$ 满足 $S1$，也就是在某种意义上，$\widetilde{\tau}$ 等价于 τ。从 τ 构造出 $\widetilde{\tau}$ 一个可能的方法是将步骤序列

$$s \stackrel{R}{\to} u_1 \stackrel{A_1}{\to} u_2 \stackrel{A_2}{\to} u_3 \ \cdots \ u_n \stackrel{A_n}{\to} u_{n+1} \stackrel{L}{\to} t \tag{7.1}$$

转换成序列

$$s \stackrel{A_1}{\to} v_1 \ \cdots \ v_{k-2} \stackrel{A_k}{\to} v_{k-1} \stackrel{R}{\to} v_k \stackrel{L}{\to} v_{k+1} \stackrel{A_{k+1}}{\to} v_{k+2} \ \cdots \ v_{n+1} \stackrel{A_n}{\to} t \tag{7.2}$$

这里 A_i 是可以在 R 和 L 中间执行的其他系统动作。两种序列都开始于状态 s，结束于状态 t，但中间状态不同。

⊖ 实际上，我们用一个普通的动作来描述该操作，就像我们一直在编写的那样，它等效于 $R \cdot L$。运算符“·”很少出现在真实规约中，如果你曾经想找到一种书写规约的更好方式，那么这个就是。

什么时候可以进行这种转换？可以根据交换律得出答案。我们说 A 和 B 动作是可交换的，如果以任何顺序执行都会产生相同的结果。正式地，A 和 B 可交换当且仅当 $A \cdot B$ 等价于 $B \cdot A$。可交换性的一个简单的充分条件是：两个动作中能被另一个动作改变的变量值都保持不变；两个动作既不使能也不禁用另一个动作。不难看出在下面两种场景下，我们可以将式（7.1）转换为式（7.2）：

- R 与每个 A_i 进行交换（此时 $k = n$）。
- L 与每个 A_i 进行交换（此时 $k = 0$）。

一般来说，如果一个操作由序列 m 中的子操作组成，那么我们需要决定是否选择更细粒度的表示（$O_1 \vee O_2 \vee \cdots \vee O_m$）还是更粗粒度的表示（$O_1 \cdot O_2 \cdots O_m$）。从式（7.1）到式（7.2）的转换的泛化是将满足更细粒度规约的任意行为转换为 $O_1, O_2, \cdots, O_m$ 步骤连续出现的行为，如果这个行为满足"除了一个动作 O_i 外，其他所有动作都可交换"的条件，则这种转换是可行的。可交换性可以由较弱的条件代替，最常见的还是上述方式。

通过交换动作并将序列 $s \xrightarrow{O_1} \cdots \xrightarrow{O_m} t$ 中的步骤替换为单个动作 $O_1 \cdots O_m$，可以将满足细粒度规约的任何行为转换为满足粗粒度规约的相应行为。但这并不意味着粗粒度规约与细粒度规约一样好。序列（7.1）和序列（7.2）不相同，O_i 步骤的序列与单个 $O_1 \cdots O_m$ 步骤也不相同。是否可以将转换后的行为视为与原始行为等价，是否使用粗粒度规约，取决于你所要定义的特定系统以及编写规约的目的。了解细粒度和粗粒度规约之间的关系可以帮助你在它们之间进行选择，但不能为你做出选择。

7.4 数据结构

规约的抽象级别需要注意的另一方面是用它描述的系统数据结构的准确性。例如，对于程序接口的规约，是应该详细描述内存中过程参数的实际布局，还是应该更抽象地表示参数？

要回答这样的问题，你必须记住规约的目的是帮助捕获错误。对过程参数布局的精确描述，会有助于防止因对该布局的误解而导致的错误，但却以程序接口规约的复杂化为代价。仅当此类错误很可能是一个真正的问题，并且 TLA$^+$ 规约给出了避免这些错误的最佳方法时，才可以证明这个成本是合理的。

如果规约的目的是捕获并发执行的组件间异步交互导致的错误，则关于数据结构细节的复杂描述是不必要的，因此，你可能希望在规约中，使用对系统数据结构的更高层次、更抽象的描述。例如，要定义程序接口，你可以引入常量参数来表示函数的调用和返回动作，这些参数类似于 5.1 节的内存接口中的 *Send* 和 *Reply* 动作。

7.5 编写规约的步骤

选择了要定义的系统部分和抽象级别之后，就可以开始编写 TLA$^+$ 规约了。让我们回顾一下编写步骤：

首先，选择变量并定义类型不变式和初始谓词。在此过程中，需要确定所需的常量参数和假设，可能还必须定义一些其他常量。

接下来，编写后继状态动作，该动作构成了规约的主体。（勾勒出一些示例行为在起步阶段会有帮助。）最开始要决定如何拆分后继状态动作，先分解为表征各种系统动作的析取式，再定义这些动作，使动作定义尽可能紧凑和易于阅读，这需要小心地构造它们。减少规约大小的一种方法是多定义状态谓词和状态函数，在不同动作定义中复用。在写动作定义时，确定所需的标准模块，并通过 EXTENDS 语句引入进来，可能还要为所应用的数据结构定义一些常规运算符。

然后，编写规约的时态部分。如果要引入活性属性，则必须选定公平性条件，如第 8 章所述。之后，将初始谓词、后继状态动作以及公平性条件组合到作为规约的单个时态公式的定义中。

最后，声明有关规约的定理。如果没有其他约束，就添加类型正确性定理。

7.6 进一步提示

这里有一些其他建议帮助你更好地编写规约：

不要自作聪明。自作聪明可能会让规约更难以阅读甚至出错，如 $q = \langle h' \rangle \circ q'$ 看起来可能是一个比下式更舒服且更短的写法:

$$(h' = Head(q)) \land (q' = Tail(q)) \tag{7.3}$$

但这个写法是有问题的：我们不知道当 a 和 b 不全是序列时，$a \circ b$ 等于什么，因此也不知道 $h' = Head(q)$ 和 $q' = Tail(q)$ 是否是唯一满足 $q = \langle h' \rangle \circ q'$ 的 h' 和 q' 值，也可能有其他不是序列的 h' 和 q' 满足该式。

一般来说，给 v 赋新值的最好的方式是采用形如 $v' = exp$ 或 $v' \in exp$ 的连词块，其中 exp 是一个状态函数（不带 $'$ 的表达式）。

类型不变式不是假设。类型不变性是规约的属性，而不是假设。在编写规约时，我们通常会定义类型不变式，但这仅是一个定义，定义不是假设。假设先定义一个类型不变式，声明变量 n 的类型为 Nat，接下来，你可能会以为一个动作中的合取式 $n' > 7$ 断言 n' 是一个大于 7 的自然数，但事实并非如此，公式 $n' > 7$ 仅表示 $n' > 7$，而 $n' = \sqrt{96}$ 和 $n' = 8$ 都是满足 $n' > 7$ 的，由于我们不知道 "abc" > 7 是否为真，因此可能 "abc" > 7 也是满足 $n' > 7$ 的。公式的含义不会因为你定义了一个 $n \in Nat$ 类型不变式而改变。

通常，你可能需要通过断定变量 x' 的某些属性来描述 x 的新取值。不过，后继状态动作也应该表示 x' 是某个特定集合中的元素。例如，规约可以这样定义[⊖]：

$$Action1 \triangleq (n' > 7) \land \cdots$$
$$Action2 \triangleq (n' \leqslant 6) \land \cdots$$

⊖ 另一种可选方式是将 $Next$ 定义为等于 $Action1 \lor Action2$，然后定义规约为 $Init \land \Box[Next]_{\cdots} \land \Box(n \in Nat)$，简写为 $Init \land \Box[Next]_{\cdots}$。

$$Next \triangleq (n' \in Nat) \land (Action1 \lor Action2)$$

不要太抽象。 假设用户通过键盘输入与系统进行交互。我们可以用变量 typ 和运算符参数 $KeyStroke$ 抽象地描述交互过程，其中动作 $KeyStroke(\text{“a”}, typ, typ')$ 表示用户键入了“a”，这是我们在 $MemoryInterface$ 模块（图 5.1）中描述处理器与内存之间的通信时所采用的方法。

更具体的做法是让 kbd 表示键盘的状态，让 $kbd = \{\}$ 表示没有按下任何键，而 $kbd = \{\text{“a”}\}$ 则表示 a 键被按下。a 的键入由两个状态表示，$[kbd = \{\}] \rightarrow [kbd = \{\text{“a”}\}]$ 步骤表示按下 a 键，而 $[kbd = \{\text{“a”}\}] \rightarrow [kbd = \{\}]$ 步骤表示键入 a 被删除。这是我们在第 3 章的异步接口规约中采用的方法。

抽象接口看起来更简单一些：键入 a 由单个 $KeyStroke(\text{“a”}, typ, typ')$ 步骤而不是一对步骤表示。但是，使用具体表示方式会很自然引起我们的联想：如果用户按下 a 键，而在释放键之前按下 b 键会怎样？用具体表示法，按下两个键之后的状态为 $kbd = \{\text{“a”}, \text{“b”}\}$。按下和释放仅由两个动作表示：

$$Press(k) \triangleq kbd' = kbd \cup \{k\} \qquad Release(k) \triangleq kbd' = kbd \setminus \{k\}$$

单步的抽象接口无法表示按下两个键的可能性。为了抽象地表示它，我们必须用两个参数 $PressKey$ 和 $ReleaseKey$ 替换参数 $KeyStroke$，并且必须明确表示以下特性：在按下该键之前不能释放该键，并且反之亦然。因此，相对来说，具体表示法要更简单直接一些。

有时候我们不想考虑按下两个键的可能性，更喜欢抽象表示，这不是一个明智的想法，抽象不应使我们对实际系统中可能发生的事情视而不见。如有疑问，使用更准确地描述实际系统的具体表示法会更安全，更不可能忽略实际问题。

不要假设看起来不同的取值不相等。 TLA$^+$ 规则中没有明确说明 $1 \neq \text{“a”}$。如果系统要发送一条消息，其内容可能是字符串或者数字，那么用包含 $type$ 和 $value$ 字段的记录来表示它：

$$[type \mapsto \text{“String”}, value \mapsto \text{“a”}] \quad \text{或} \quad [type \mapsto \text{“Nat”}, value \mapsto 1]$$

这样就可以明确：$type$ 字段不同两者就不相等。

将量化放在外面。 将 $\exists$ 放到析取动作外面，将 $\forall$ 放到合取动作外面，规约将更易读一些。比如：

$$\begin{aligned} Up &\triangleq \exists e \in Elevator : \cdots \\ Down &\triangleq \exists e \in Elevator : \cdots \\ Move &\triangleq Up \lor Down \end{aligned}$$

就没有下式看起来清晰：

$$\begin{array}{lcl} Up(e) & \triangleq & \cdots \\ Down(e) & \triangleq & \cdots \\ Move & \triangleq & \exists e \in Elevator : Up(e) \lor Down(e) \end{array}$$

别把 ′ 用错地方。 当定义一个动作时，小心 ′ 运算符的位置。表达式 $f[e]'$ 等于 $f'[e']$；只有当 $e' = e$ 时，$f[e]'$ 才等于 $f'[e]$，也就是如果表达式 e 中有变量的话，可能它们就不相等了。在给一个定义中含有变量的运算符后加 ′ 的时候，要特别小心。例如，假设 x 是一个变量，op 定义为

$$op(a) \triangleq x + a$$

则 $op(y)'$ 等于 $(x+y)'$，也就是 $x' + y'$，而 $op(y')$ 等于 $x + y'$，这里没有办法用 op 和 ′ 表示 $x' + y$。（实际上不能写为 $op'(y)$ 的原因是它不合法，你只能对一个表达式实施 ′ 操作，而不能针对一个运算符实施 ′ 操作。）

让注释发挥作用。 不要把可以用注释描述的内容放到规约本身中，我看到有人这样写动作定义：

$$\begin{array}{lcl} A & \triangleq & \lor \land x \geqslant 0 \\ & & \quad \land \cdots \\ & & \lor \land x < 0 \\ & & \quad \land \text{FALSE} \end{array}$$

关于第二个析取式，作者的本意是只有当 $x < 0$ 时，A 才不会被使能，但该析取式完全是多余的，因为对任意公式 F，有 $F \land \text{FALSE}$ 等于 FALSE，且 $F \lor \text{FALSE}$ 等于 F。上式可以改写为：

$$\begin{array}{lcl} A & \triangleq & \land x \geqslant 0 \quad \text{\small $x<0$ 时，A 不被使能} \\ & & \land \cdots \end{array}$$

7.7 定义系统的时机和方法

规约的编写常常滞后于其应该实施的阶段。工程师通常受限于项目的严格时间计划，他们可能觉得编写规约会拖慢进度，因此只有当设计变得越来越复杂以至于他们需要规约来帮助理解之后，大多数工程师才会考虑编写精准的规约。

在设计过程中，厘清思路是件困难的事情，我们可能要使用各种方式帮助做到这一点。将编写规约作为设计过程的一部分可以改善设计。

之前我已经描述了如何在已有系统设计的情况下编写规约，但是，最好在系统开始设计时就编写规约。一开始规约可能不完整、不正确。例如，5.6 节中直写式缓存最早的规约包含如下定义：

$RdMiss(p) \triangleq$ 将从内存写入 p 的缓存的操作入队

某些使能条件必须放入此处

$\land\ memQ' = Append(memQ, buf[p])$ 将请求放入 $memQ$ 队尾

$\land\ ctl' = [ctl\ \text{EXCEPT}\ ![p] = \text{"?"}]$ 将 $ctl[p]$ 设为待定值

$\land\ \text{UNCHANGED}\ \langle memInt, wmem, buf, cache \rangle$

在最开始，部分系统功能可能被忽略了，不过没关系，我们可以逐步迭代，利用工具检查规约，发现错误；在后继状态动作中逐渐添加新的析取式，将忽略的功能一步步包含进来。

第二部分

更多高级主题

第 8 章

Specifying Systems: The TLA$^+$ Language and Tools for Hardware and Software Engineers

活性和公平性

到目前为止，我们编写的规约都只说明了系统不能做什么：时钟不得从 11 跳到 9；如果 FIFO 为空，则接收方不能收到消息。它们不需要系统实际执行任何操作：时钟可以永远不嘀嗒，发送方也可以不发出任何消息。这样的规约描述了所谓的*安全属性*（safety property）。如果违反了安全属性，那么必然可以在行为中找到这个出错点——或者是时钟从 11 跳到 9 的步骤，或者是从内存中读到错误值的步骤。因此，当我们提到某个有限行为满足安全属性时，意味着行为中的任何步骤都没有违反安全属性。

现在，我们来学习如何定义*需要*发生的事情——时钟需要一直嘀嗒，或者最终需要从内存中读到一个值。我们定义*活性属性*（liveness property）为在任何特定时刻都不能违反的属性。只有检查了整个无限行为，我们才能知道是否违反了活性属性，即时钟是否已经停止嘀嗒，或者从未发送过消息。

我们将活性属性表示为时态公式，这说明，要为规约添加活性条件，我们必须了解时态逻辑，即时态公式的逻辑。8.1 节会详细介绍时态公式的含义；要了解逻辑，需了解真值公式，8.2 节涉及时态重言式，即时态逻辑的真值公式；8.4~8.7 节介绍如何使用时态公式来定义活性属性；8.8 节通过剖析时态存在量词 $\exists\!\!\!\exists$ 结束我们对时态逻辑的学习；最后，8.9 节回顾我们所做的工作，并解释为什么无原则地使用时态逻辑是危险的事情。

本章是本书中唯一包含证明的一章，如果通过本章你学会了自己给出类似的证明，那就太好了，如果没学会，也没关系。这里的证明是为了帮助你加深对时态公式的理解，便于以后能更熟练地应用到规约中去，希望学习本章之后，对你来说，简单时态重言式（如 $\Box\Box F \equiv \Box F$）结果为真与关于自然数的定理（如 $\forall n \in Nat : 2 * n \geqslant n$）为真一样显而易见。

许多读者会发现本章对他们的数学能力是个考验，如果你在理解时遇到困难，请不要担心，可以将本章视为头脑体操，让你准备好将活性属性加入你的规约中。请记住，活性属性可能是规约中最不重要的部分，就算忽略它也不会带给你多少损失。

8.1 时态公式

回顾一下，状态是为变量赋值的操作，行为是由状态组成的无限序列，而时态公式则是表征行为是真或假的表达式。正式一点来说，时态公式 F 是表征行为 σ 的值为布尔值的表达式，记作 $\sigma \models F$。我们说 F 对 σ 为真，或者说 σ 满足 F 当且仅当 $\sigma \models F$ 为真。为了明确时态公式 F 的含义，接下来我们解释怎么对任意行为 σ 计算 $\sigma \models F$ 的值。目前我们仅考虑不含时态存在量词 $\exists\!\!\!\exists$ 的时态公式。

我们可以很容易地由各个时态公式的含义，定义由它们联合组成的时态公式的含义。举例来说，公式 $F \wedge G$ 对 σ 为真当且仅当 F 和 G 对 σ 都为真，$\neg F$ 对 σ 为真当且仅当 F 对 σ 为假。上述这些定义记作：

$$\sigma \models (F \wedge G) \ \triangleq\ (\sigma \models F) \wedge (\sigma \models G) \qquad \sigma \models \neg F \ \triangleq\ \neg(\sigma \models F)$$

上述定义是 $\wedge$ 和 $\neg$ 作为运算符在时态公式中的含义，其他布尔运算符也是被类似定义的，一阶谓词逻辑量词 $\forall$ 和 $\exists$ 作为时态公式运算符也可以这样定义：

$$\sigma \models (\exists r : F) \ \triangleq\ \exists r : (\sigma \models F)$$

常量集合的一阶量词也是如此，例如，如果 S 是一个普通常量集（不包含任何变量），则有

$$\sigma \models (\forall r \in S : F) \ \triangleq\ \forall r \in S : (\sigma \models F)$$

其他量词在 8.8 节会有更深入的阐述。

所有不能量化的时态公式都可以由下述 3 种简单公式联合表示，含义如下：

- 状态谓词：被视为时态公式，对行为为真当且仅当它对行为的初始状态为真。
- 公式 $\Box P$：其中 P 是一个状态谓词，对行为为真当且仅当对行为的每一状态都为真。
- 公式 $\Box[N]_v$：其中 N 是一个动作且 v 是一个状态函数，对行为为真当且仅当行为中每一对相邻的状态都是 $[N]_v$ 步骤。

状态函数和状态谓词在 3.1 节中定义。

既然状态谓词是一个不含 $'$ 的变量的动作，我们可以将上述 3 种时态公式提炼成 A 和 $\Box A$，其中 A 是一个动作。我将先解释这两种公式的含义，接着定义运算符 $\Box$ 的通用含义。方便起见，对任意自然数 i，我用符号 σ_i 表示行为 σ 的第 $(i+1)$ 个状态，所以行为 σ 可以表示成 $\sigma_0 \rightarrow \sigma_1 \rightarrow \sigma_2 \rightarrow \cdots$。

命题 $\sigma \models A$ 为真，当且仅当 σ 行为的前两个状态是一个 A 步骤，换言之，我们定义 $\sigma \models A$ 为真当且仅当 $\sigma_0 \rightarrow \sigma_1$ 是一个 A 步骤。通过上述方式，我们可以将任意动作 A 表示为一个时态公式。在特殊情况下，如果 A 是一个状态谓词，则 $\sigma_0 \rightarrow \sigma_1$ 是一个 A 步骤当且仅当 A 在状态 σ_0 为真，因此定义 $\sigma \models A$ 可以将状态谓词泛化表示为时态公式。

我们已经知道：对一个行为，$\Box[N]_v$ 为真当且仅当该行为的每一个步骤都是一个 $[N]_v$ 步骤，即 $\sigma \models \Box A$ 为真，当且仅当对任意的自然数 n，$\sigma_n \rightarrow \sigma_{n+1}$ 是一个 A 步骤。

我们现在开始从“对一个动作 A 定义 $\sigma \models \Box A$”类推至“对任意时态公式 F 定义 $\sigma \models \Box F$”。之前我们定义 $\sigma \models \Box A$ 为真当且仅当对任意的 n，$\sigma_n \rightarrow \sigma_{n+1}$ 都是一个 A 步骤，那么对第一个步骤是 $\sigma_n \rightarrow \sigma_{n+1}$（对所有 n）成立的行为来说，A（表示为时态公式）也为真。我们定义 σ^{+n} 为 σ 去掉了前 n 个状态之后形成的新行为：

$$\sigma^{+n} \ \triangleq\ \sigma_n \rightarrow \sigma_{n+1} \rightarrow \sigma_{n+2} \rightarrow \cdots$$

这样 $\sigma_n \to \sigma_{n+1}$ 就是 σ^{+n} 的第一个步骤，所以 $\sigma \models \Box A$ 为真当且仅当对所有 n，$\sigma^{+n} \models A$ 为真，换句话说，就是

$$\sigma \models \Box A \;\equiv\; \forall n \in Nat : \sigma^{+n} \models A$$

很容易类推为：

$$\sigma \models \Box F \;\triangleq\; \forall n \in Nat : \sigma^{+n} \models F$$

对任意的时态公式 F 成立。换句话说，σ 满足 $\Box F$ 当且仅当 σ 每一个后继行为 σ^{+n} 满足 F。这就是时态运算符 $\Box$ 的含义。

到目前为止，我们已经定义了由动作（包括状态谓词）、布尔运算符和运算符 $\Box$ 组成的时态公式。举例如下：

$$\begin{aligned}
&\sigma \models \Box((x = 1) \Rightarrow \Box(y > 0)) \\
&\quad \equiv \forall n \in Nat : \sigma^{+n} \models ((x = 1) \Rightarrow \Box(y > 0)) && \text{由 } \Box \text{ 的含义} \\
&\quad \equiv \forall n \in Nat : (\sigma^{+n} \models (x = 1)) \Rightarrow (\sigma^{+n} \models \Box(y > 0)) && \text{由 } \Rightarrow \text{ 的含义} \\
&\quad \equiv \forall n \in Nat : (\sigma^{+n} \models (x = 1)) \Rightarrow && \text{由 } \Box \text{ 的含义} \\
&\qquad\qquad (\forall m \in Nat : (\sigma^{+n})^{+m} \models (y > 0))
\end{aligned}$$

这样，$\sigma \models \Box((x = 1) \Rightarrow \Box(y > 0))$ 为真当且仅当对所有 $n \in Nat$，如果对状态 σ_n，$x = 1$ 为真，则对 $m \geqslant 0$ 的所有状态 σ_{n+m}，$y > 0$ 为真。

要直观地理解时态公式，可以将 σ_n 理解成行为 σ 在时刻 n 的状态[㊀]。对任意的状态谓词 P，表达式 $\sigma^{+n} \models P$ 断言在时刻 n，P 为真。因此，$\Box((x = 1) \Rightarrow \Box(y > 0))$ 断言，在任意时刻 $x = 1$ 为真，则从此之后 $y > 0$ 也为真。对任意的时态公式 F，我们同样可以断言 $\sigma^{+n} \models F$ 在时刻 n 为真。时态公式 $\Box F$ 断言 F 在任何时刻都为真，因此我们将 $\Box$ 读作*总是*（always）或*从今以后*（henceforth）或*从此以后*（from then on）。

在 2.2 节我们说过一个规约可以允许重叠步骤，在这些步骤的前后两个状态中，变量保持不变。一个重叠步骤可表征在系统的其他部分发生了一些变化，但是没有被当前公式描述出来。将这些步骤加入行为不会改变公式的取值。我们说公式 F 是*重叠不变式*(invariant under stuttering)[㊁]当且仅当增加或删除一个重叠步骤也不会影响行为 σ 是否满足 F，TLA 只允许你书写那些是重叠不变式的时态公式。(不是重叠不变式的公式没有意义。)

一个状态谓词(被视为时态公式)是重叠不变式，因为它只由行为的第一个状态决定，加入一个重叠的步骤并不会改变这个状态。一个任意的动作不是重叠不变式。举例来说，对于动作 $[x' = x+1]_x$，行为 σ 在第一个步骤中保持 x 不变，在第二个步骤中使 x 加 2 也是满足的，但它不被去掉第一个重叠步骤之后生成的新行为 σ' 满足。不过，公式 $\Box[x' = x+1]_x$ 是重叠不变式，因为它被一个行为满足当且仅当“每一个改变 x 值的步骤”都是一个 $x' = x + 1$ 步骤，这个条件不会被增加或删除重叠步骤改变。

㊀　这是因为我们将 σ_n 视为时刻 n 的状态，通常我们认为时间从 0 开始，所以行为的开始时刻我选 0 而不是 1。

㊁　这是 invariant 一词的全新含义，它与已经讨论过的不变性概念无关。

通常来说，公式 $\Box[A]_v$ 在存在重叠步骤的情况下，对任意动作 A 和状态函数 v 都是重叠不变式。不过，对任意的动作 A，$\Box A$ 不是重叠不变式，举例来说，在加入一个不改变 x 的步骤之后，$\Box(x' = x+1)$ 会为假。所以，尽管我们赋予了 $\Box(x' = x+1)$ 一个意义，但它实际上不是一个合法的 TLA 公式。

重叠不变性能被 $\Box$ 运算符和布尔运算符保持下来，也就是说，如果 F 和 G 是重叠不变式，那么 $\Box F$、$\neg F$、$F \land G$ 和 $\forall x \in S : F$ 等均是重叠不变式，因此，状态谓词、类似 $\Box[N]_v$ 这样的公式，还有其他应用 $\Box$ 和布尔运算符得到的公式也是重叠不变式。

我们接下来考察 5 类特别重要的公式，这些公式由任意时态公式 F 和 G 组合而成。我们在前三个公式中引入新的运算符。

$\Diamond F$ 与 $\neg\Box\neg F$ 等价，它断言 F 并不总为假，这意味着总有一次为真，下面是相关公式推导：

$$
\begin{aligned}
&\sigma \models \Diamond F \\
&\quad \equiv \sigma \models \neg\Box\neg F && \text{由 } \Diamond \text{ 的定义} \\
&\quad \equiv \neg(\sigma \models \Box\neg F) && \text{由 } \neg \text{ 的含义} \\
&\quad \equiv \neg(\forall n \in Nat : \sigma^{+n} \models \neg F) && \text{由 } \Box \text{ 的含义} \\
&\quad \equiv \neg(\forall n \in Nat : \neg(\sigma^{+n} \models F)) && \text{由 } \neg \text{ 的含义} \\
&\quad \equiv \exists n \in Nat : \sigma^{+n} \models F && \text{因为 } \neg\forall\neg \text{ 与 } \exists \text{ 等价}
\end{aligned}
$$

我们通常将 $\Diamond$ 读作最终（eventually），表示从现在起（包括当前时刻），总有一个时刻会出现。

$F \leadsto G$ 与 $\Box(F \Rightarrow \Diamond G)$ 等价，利用上述公式 $\sigma \models \Diamond F$ 推导得出：

$$
\begin{aligned}
&\sigma \models (F \leadsto G) \;\equiv \\
&\quad \forall n \in Nat : (\sigma^{+n} \models F) \Rightarrow (\exists m \in Nat : (\sigma^{+(n+m)} \models G))
\end{aligned}
$$

公式 $F \leadsto G$ 表示无论何时 F 为真，G 最终会为真——在 F 为真之后，G 立刻或在随后的某个时刻为真。我们将 $\leadsto$ 读作 导向（lead to）。

$\Diamond\langle A\rangle_v$ 与 $\neg\Box[\neg A]_v$ 等价，其中 A 是一个动作，v 是一个状态函数。它断言并不是每一个步骤都是一个 $(\neg A) \lor (v' = v)$ 步骤，也就是有些步骤是一个 $\neg((\neg A) \lor (v' = v))$ 步骤。因为对任意的 P 和 Q，$\neg(P \lor Q)$ 与 $(\neg P) \land (\neg Q)$ 等价，所以动作 $\neg((\neg A) \lor (v' = v))$ 与 $A \land (v' \neq v)$ 等价。这样，$\Diamond\langle A\rangle_v$ 断言某些步骤是一个 $A \land (v' \neq v)$ 步骤，即一个改变了 v 的 A 步骤。我们这样定义动作 $\langle A\rangle_v$：

$$\langle A\rangle_v \;\triangleq\; A \land (v' \neq v)$$

> 我将 $\langle A\rangle_v$ 读作 角 A 下标 v。

这样 $\Diamond\langle A\rangle_v$ 断言最终总有一个 $\langle A\rangle_v$ 步骤出现。我们认为 $\Diamond\langle A\rangle_v$ 是一个对 $\langle A\rangle_v$ 施加了 $\Diamond$ 运算符的公式，尽管从技术上来说不是，因为 $\langle A\rangle_v$ 不是一个时态公式。

$\Box\Diamond F$ 表示对任意时刻都有 F 立刻或者稍后为真。对时刻 0，意味着 F 会在某个时刻 $n_0 \geqslant 0$ 为真；对时刻 n_0+1，意味着 F 会在某个时刻 $n_1 \geqslant n_0+1$ 为真；对时刻 n_1+1，意味着 F 会在某个时刻 $n_2 \geqslant n_1+1$ 为真。重复这个操作，我们可以看出 F 在一个无穷时间序列 $n_0, n_1, n_2, \cdots$ 处为真，意味着 F 有无穷个时刻为真。反过来，如果有无穷个时刻为真，那么在任意时刻 F 都会在其后的某个时刻为真，所以 $\Box\Diamond F$ 为真。因此，$\Box\Diamond F$ 断言 F 是无限次经常（infinitely often）为真。特别地，$\Box\Diamond\langle A\rangle_v$ 断言有无穷个 $\langle A\rangle_v$ 步骤会出现。

$\Diamond\Box F$ 表示最终在某个时刻，F 为真之后就一直为真。换句话说，$\Diamond\Box F$ 断言，F最终总是（eventually always）为真。特别地，$\Diamond\Box[N]_v$ 断言，最终在某个时刻之后，每个步骤都是 $[N]_v$ 步骤。

运算符 $\Box$ 和 $\Diamond$ 与逻辑运算符相比，拥有更高的优先级，所以 $\Diamond F \vee \Box G$ 等价于 $(\Diamond F) \vee (\Box G)$，运算符 $\leadsto$ 比逻辑运算符 $\wedge$ 和 $\vee$ 的优先级低。

8.2 时态重言式

时态定理是被所有行为满足的时态公式。换句话说，F 是一个定理当且仅当对所有行为 σ，$\sigma \models F$ 为真。举例来说，*HourClock* 模块断言 $HC \Rightarrow \Box HCini$ 是一个定理，这里 HC 和 $HCini$ 都是模块内定义的公式。这个定理描述了时钟的属性。

公式 $\Box HCini \Rightarrow HCini$ 也是一个定理，尽管它对时钟没什么实际意义，因为无论如何取值，这个定理都永远成立。例如，用 $x>7$ 代替 $HCini$，定理 $\Box(x>7) \Rightarrow (x>7)$ 也是成立的。类似于 $\Box HCini \Rightarrow HCini$ 这样无论变量如何取值都为真的公式，我们将其称为重言式（tautology）。有别于一般逻辑中的重言式，包含时态运算符的公式一般称为时态重言式。

我们来证明 $\Box HCini \Rightarrow HCini$ 是一个时态重言式。为了防止混淆，我们用 F 代替 $HCini$，重言式变成了 $\Box F \Rightarrow F$。时态逻辑有公理和推理规则，可以用来证明任何不包含量词的时态重言式，比如 $\Box F \Rightarrow F$。然而，直接从运算符的含义来证明它们通常更容易，也更有启发性。我们要证明 $\Box F \Rightarrow F$ 是一个重言式，可以通过证明对任意行为 σ 和公式 F，$\sigma \models (\Box F \Rightarrow F)$ 为真，这个证明很简单：

$$
\begin{aligned}
\sigma \models (\Box F \Rightarrow F) &\equiv (\sigma \models \Box F) \Rightarrow (\sigma \models F) && \text{由 } \Rightarrow \text{ 的含义} \\
&\equiv (\forall n \in Nat : \sigma^{+n} \models F) \Rightarrow (\sigma \models F) && \text{由 } \Box \text{ 的定义} \\
&\equiv (\forall n \in Nat : \sigma^{+n} \models F) \Rightarrow (\sigma^{+0} \models F) && \text{由 } \sigma^{+0} \text{ 的定义} \\
&\equiv \text{TRUE} && \text{由谓词逻辑}
\end{aligned}
$$

重言式 $\Box F \Rightarrow F$ 说明了一个很显然的事实：如果 F 在任何时刻都为真，那么它在时刻 0 也为真。一旦你习惯从时态公式的角度思考，这样一个简单的重言式就很容易理解了。从文字表述来看，下面 3 条也是很简单的重言式：

$\neg\Box F \equiv \Diamond\neg F$

F 并不总是为真当且仅当它最终为假。

$\Box(F \land G) \equiv (\Box F) \land (\Box G)$

$F \land G$ 永远为真当且仅当 F 永远为真，且 G 也永远为真，换句话说 $\Box$ 操作对于运算符 $\land$ 满足分配率。

$\Diamond(F \lor G) \equiv (\Diamond F) \lor (\Diamond G)$

$F \lor G$ 最终为真当且仅当 F 最终为真，或 G 最终为真。换句话说 $\Diamond$ 操作对于运算符 $\lor$ 满足分配率。

上面每条重言式的证明的核心都是谓词逻辑重言式。举例来讲，运算符 $\Box$ 对 $\land$ 满足分配率，是因为 $\forall$ 对 $\land$ 满足分配率：

$$
\begin{aligned}
& \sigma \models (\Box(F \land G) \equiv (\Box F) \land (\Box G)) \\
& \quad \equiv \; (\sigma \models \Box(F \land G)) \equiv (\sigma \models (\Box F) \land (\Box G)) && \text{由 } \equiv \text{ 的含义} \\
& \quad \equiv \; (\sigma \models \Box(F \land G)) \equiv (\sigma \models \Box F) \land (\sigma \models \Box G) && \text{由 } \land \text{ 的含义} \\
& \quad \equiv \; (\forall n \in Nat : \sigma^{+n} \models (F \land G)) \equiv && \text{由 } \Box \text{ 的定义} \\
& \qquad\quad (\forall n \in Nat : \sigma^{+n} \models F) \land (\forall n \in Nat : \sigma^{+n} \models G) \\
& \quad \equiv \; \text{TRUE} \quad \text{由谓词逻辑重言式 } (\forall x \in S : P \land Q) \equiv (\forall x \in S : P) \land (\forall x \in S : Q)
\end{aligned}
$$

运算符 $\Box$ 对 $\lor$ 不满足分配率，同样，运算符 $\Diamond$ 对 $\land$ 也不满足分配率。例如，$\Box((n \geqslant 0) \lor (n < 0))$ 与 $(\Box(n \geqslant 0) \lor \Box(n < 0))$ 不等价：第一个公式对所有满足 n 为整数的行为都为真，第二个公式对 n 为正负整数的所有行为都为假。不过，下面两个公式都为重言式：

$$
(\Box F) \lor (\Box G) \Rightarrow \Box(F \lor G) \qquad \Diamond(F \land G) \Rightarrow (\Diamond F) \land (\Diamond G)
$$

上面这些重言式可以互相证明，我们用 $\neg F$ 代替 F，$\neg G$ 代替 G，代入上述第二个式子得到：

$$
\begin{aligned}
\text{TRUE} \; & \equiv \; \Diamond((\neg F) \land (\neg G)) \Rightarrow (\Diamond\neg F) \land (\Diamond\neg G) && \text{由第二个重言式代换} \\
& \equiv \; \Diamond\neg(F \lor G) \Rightarrow (\Diamond\neg F) \land (\Diamond\neg G) && \text{由 } (\neg P \land \neg Q) \equiv \neg(P \lor Q) \\
& \equiv \; \neg\Box(F \lor G) \Rightarrow (\neg\Box F) \land (\neg\Box G) && \text{由 } \Diamond\neg H \equiv \neg\Box H \\
& \equiv \; \neg\Box(F \lor G) \Rightarrow \neg((\Box F) \lor (\Box G)) && \text{由 } (\neg P \land \neg Q) \equiv \neg(P \lor Q) \\
& \equiv \; (\Box F) \lor (\Box G) \Rightarrow \Box(F \lor G) && \text{由 } (\neg P \Rightarrow \neg Q) \equiv (Q \Rightarrow P)
\end{aligned}
$$

上述重言式对描述了一条通用的规则，即从任何时态重言式，我们都可以通过下述代换

$$
\Box \leftarrow \Diamond \qquad \Diamond \leftarrow \Box \qquad \land \leftarrow \lor \qquad \lor \leftarrow \land
$$

生成一个对偶（dual）重言式且保持所有蕴涵式方向不变。（$\equiv$ 或 $\neg$ 也保持不变。）如上述例子，通过对标识符取反、应用（对偶）重言式 $\Diamond\neg F \equiv \neg\Box F$ 和 $\neg\Diamond F \equiv \Box\neg F$ 且使用命题逻辑推理方式，我们可以用初始的重言式推导证明它的对偶重言式。

另一对对偶重言式断言 $\Box\Diamond$ 对 $\lor$ 满足分配率，$\Diamond\Box$ 对 $\land$ 也满足分配率：

$$
\Box\Diamond(F \lor G) \equiv (\Box\Diamond F) \lor (\Box\Diamond G) \qquad \Diamond\Box(F \land G) \equiv (\Diamond\Box F) \land (\Diamond\Box G) \tag{8.1}
$$

第一个重言式断言 F 或 G 会无限次为真当且仅当 F 无限次为真或者 G 无限次为真。这个事实看起来比较明显，让我们试着证明它。为了推导 $\Box\Diamond$，我们引入符号 $\exists_\infty$，它的含义为*存在无限多个*（there exist infinitely many）。特别地，$\exists_\infty i \in Nat : P(i)$ 的含义是存在无限多个自然数 i，使得 $P(i)$ 为真。如前所述，$\Box\Diamond F$ 断言 F 无限次经常为真。引入 $\exists_\infty$ 后，我们可以将之表示成：

$$(\sigma \models \Box\Diamond F) \;\equiv\; (\exists_\infty i \in Nat : \sigma^{+i} \models F) \tag{8.2}$$

假设 P 为任意运算符，通过相似的推理过程可以证明下面更通用的结果：

$$(\forall n \in Nat : \exists m \in Nat : P(n+m)) \;\equiv\; \exists_\infty i \in Nat : P(i) \tag{8.3}$$

这里还有另一个有用的关于 $\exists_\infty$ 的重言式，其中 P 和 Q 是任意运算符而 S 是任意集合：

$$(\exists_\infty i \in S : P(i) \lor Q(i)) \equiv (\exists_\infty i \in S : P(i)) \lor (\exists_\infty i \in S : Q(i)) \tag{8.4}$$

使用上述结论，现在可以很容易地推导出 $\Box\Diamond$ 对 $\lor$ 的分配率：

$$\begin{aligned}
&\sigma \models \Box\Diamond(F \lor G) \\
&\quad\equiv\; \exists_\infty i \in Nat : \sigma^{+i} \models (F \lor G) && \text{由式（8.2）} \\
&\quad\equiv\; (\exists_\infty i \in Nat : \sigma^{+i} \models F) \lor (\exists_\infty i \in Nat : \sigma^{+i} \models G) && \text{由式（8.4）} \\
&\quad\equiv\; (\sigma \models \Box\Diamond F) \lor (\sigma \models \Box\Diamond G) && \text{由式（8.2）}
\end{aligned}$$

从上面的公式，我们也可以推导出它的对偶重言式，即 $\Diamond\Box$ 对 $\land$ 满足分配率。

在任何 TLA 重言式中，用动作代换时态公式都会产生一个重言式——也是对所有行为都为真的公式——即使该公式不是合法的 TLA 公式（之前我们定义过类似 $\Box(x' = x + 1)$ 这样的非 TLA 公式）。我们可以将同样的逻辑规则应用于非 TLA 重言式到 TLA 重言式的转化中。这些规则也包含下述对偶恒等式，很容易校验：

$$[A \land B]_v \equiv [A]_v \land [B]_v \qquad \langle A \lor B\rangle_v \equiv \langle A\rangle_v \lor \langle B\rangle_v$$

（第二个恒等式断言一个改变了 v 的步骤 $A \lor B$ 是一个改变了 v 的 A 步骤或改变了 v 的 B 步骤。）

在 TLA 重言式中用动作代换时态公式，举个例子，我们用 $\langle A\rangle_v$ 和 $\langle B\rangle_v$ 代换 F 和 G，应用到式（8.1）中会得到：

$$\Box\Diamond(\langle A\rangle_v \lor \langle B\rangle_v) \;\equiv\; (\Box\Diamond\langle A\rangle_v) \lor (\Box\Diamond\langle B\rangle_v) \tag{8.5}$$

这不是一个 TLA 重言式，因为 $\Box\Diamond(\langle A\rangle_v \lor \langle B\rangle_v)$ 不是 TLA 公式。尽管如此，一个通用的逻辑规则可以告诉我们，在一个公式中，对某个子公式用其等价子公式代换，可以生成一个等价的公式，例如在式（8.5）中，用 $\langle A \lor B\rangle_v$ 代换 $\langle A\rangle_v \lor \langle B\rangle_v$，我们可以得到下述 TLA 重言式：

$$\Box\Diamond\langle A \lor B\rangle_v \;\equiv\; (\Box\Diamond\langle A\rangle_v) \lor (\Box\Diamond\langle B\rangle_v)$$

8.3 时态证明规则

证明规则是从其他真公式中推导真公式的规则，如 Modus Ponens[⊖] 命题逻辑规则告诉我们，对于任意公式 F 和 G，如果我们证明了 F 和 $F \Rightarrow G$ 都为真，则可以推导出 G 为真。由于命题逻辑定律也适用于时态逻辑，因此在对时态公式进行推理时，我们也可以应用 Modus Ponens 规则。时态逻辑也有自己的证明规则，比如下面这条规则：

通用规则 对任意的时态公式 F，从 F 可以推导出 $\Box F$。

这条规则断言，如果 F 对所有行为为真，则 $\Box F$ 也为真。为了证明它，我们必须证明：如果对任意行为 σ，$\sigma \models F$ 为真，则对任意行为 τ，$\tau \models \Box F$ 也为真。证明过程很简单：

$$
\begin{aligned}
\tau \models \Box F &\equiv \forall n \in Nat : \tau^{+n} \models F && \text{由 } \Box \text{ 的定义} \\
&\equiv \forall n \in Nat : \text{TRUE} && \text{由假设对所有的 } \sigma \text{ 都有 } \sigma \models F \text{ 为 TRUE} \\
&\equiv \text{TRUE} && \text{由谓词逻辑}
\end{aligned}
$$

另一条时态证明规则是：

蕴涵通用规则 对任意时态公式 F 和 G，从 $F \Rightarrow G$ 可以推导出 $\Box F \Rightarrow \Box G$。

可以通过蕴涵通用规则和重言式 $\text{TRUE} = \Box\text{TRUE}$ 推导出通用规则，方法是用 TRUE 代换 F，用 F 代换 G。

时态证明规则和时态重言式之间的区别可能会令人困惑。在命题逻辑中，每条证明规则都有对应的重言式。Modus Ponens 规则说明我们可以通过证明 F 和 $F \Rightarrow G$ 来推导 G，这意味着重言式 $F \wedge (F \Rightarrow G) \Rightarrow G$。但是在时态逻辑中，一条证明规则不必蕴涵一个重言式，如通用规则指出，我们可以通过证明 F 来推导 $\Box F$，但这并不意味着 $F \Rightarrow \Box F$ 是重言式。通用规则的含义是，如果 $\sigma \models F$ 对所有 σ 为真，则 $\sigma \models \Box F$ 对所有 σ 为真。这与（假）断言 $F \Rightarrow \Box F$ 是重言式是有区别的，$F \Rightarrow \Box F$ 是重言式意味着 $\sigma \models F \Rightarrow \Box F$ 对于所有行为 σ 都是正确的，这是个错误表述。例如，如果 F 是一个状态谓词，该状态谓词在 σ 的第一个状态为真，则 $\sigma \models F$ 为真（由定义），而如果 F 在 σ 的某些状态为假，则 $\sigma \models \Box F$ 为假，故 $\sigma \models (F \Rightarrow \Box F)$ 的值为假。使用时态逻辑时，忘记证明规则和重言式之间的区别是犯错的常见原因。

8.4 弱公平性

用时态逻辑运算符 $\Box$ 和 $\Diamond$ 来定义活性属性会比较容易。例如，在图 2.1 中，我们定义了 *HourClock* 模块的时钟规约，其中我们通过断言有无限多个 $HCnxt$ 步骤来表征时钟永不停止，最明显地表示这个断言的是公式 $\Box\Diamond HCnxt$，但它不是一个合法的 TLA 公式，因为 $HCnxt$ 是一个动作，而不是一个时态公式。（时态公式表征的是行为，动作表征的是步骤。）不过 $HCnxt$ 步骤通过将时钟的 hr 变量递增而改变了 hr 变量的值。因此，如果一个 $HCnxt$ 步骤也是一个改变了 hr 值的 $HCnxt$ 步骤，即 $\langle HCnxt \rangle_{hr}$ 步骤，我们就可

⊖ 在经典逻辑学中，Modus Ponens 常被译为“肯定前件”或“三段论”。——译者注

以用 $\Box\Diamond\langle HCnxt\rangle_{hr}$（这是一个合法的时态逻辑公式）来表征永不停止的时钟的活性属性，得到新的时钟规约：$HC \land \Box\Diamond\langle HCnxt\rangle_{hr}$。

在继续之前，我要说一些关于下标的题外话。前述的可以用 $\Box\Diamond\langle HCnxt\rangle_{hr}$ 代替 $\Box\Diamond HCnxt$ 其实不大准确，并不是每一个 $HCnxt$ 步骤都会改变 hr 的值。考虑在某个状态，hr 的值不是一个数字，比如说是 ∞，一个 $HCnxt$ 步骤设置新的 hr 的值为 $\infty+1$，我们不知道 $\infty+1$ 等于多少，也许等于或者不等于 ∞。如果等于，那么在 $HCnxt$ 步骤中，hr 值未改变，所以它不是一个 $\langle HCnxt\rangle_{hr}$ 步骤。幸运的是，我们可以不关心 hr 的值是不是一个数字，因为我们是将活性条件注入安全规约 HC 中，所以只要关心满足 HC 的这类行为就够了，在这些行为中，hr 永远是一个数字，而每个 $HCnxt$ 步骤也是一个 $\langle HCnxt\rangle_{hr}$ 步骤。因此，$HC \land \Box\Diamond\langle HCnxt\rangle_{hr}$ 与非 TLA 公式 $HC \land \Box\Diamond HCnxt$ 就是等价的了[㊀]。

在我们编写活性属性时，TLA 语法经常限制我们：对任意的动作 A，必须用 $\langle A\rangle_v$ 代替 A。就如在 $HCnxt$ 例子中，安全规约经常表明某些 A 步骤会改变变量的值。为了避免考虑哪些变量在 A 步骤中被实际更改，我们通常将下标 v 视为包含所有变量的元组，这样只要 v 值变了就意味着有变量被改变。但是如果 A 确实允许重叠步骤呢？断言一个重叠步骤最终会出现是愚蠢的，因为这个断言并不是重叠不变式。因此，如果 A 确实允许重叠步骤的话，我们实际需要的就是一个非重叠的 A 步骤（也就是 $\langle A\rangle_v$ 步骤，这里 v 是规约中所有变量组成的元组）最终会出现，而不是重叠的 A 步骤最终会出现。TLA 的语法迫使我们讲清楚自己的真实意图。

在讨论公式时，我通常会忽略尖括号和下标。例如，我习惯将 $\Box\Diamond\langle HCnxt\rangle_{hr}$ 描述为存在无限个 $HCnxt$ 步骤而不是无限个 $\langle HCnxt\rangle_{hr}$ 的断言，到这里我们就可以结束题外话了。

现在让我们回到如何定义活性条件中来，修改 $Channel$ 模块的规约 $Spec$（参见图 3.2）使其满足要求：发送的每个值最终都会被接收到。这里我们通过将活性条件注入 $Spec$ 规约来实现它，通道的活性条件先表示为 $\Box\Diamond\langle Rcv\rangle_{chan}$，断言有无限多个 Rcv 步骤。不过，因为只有被发送出去的值才能被接收，所以还必须加上需要有无限个发送步骤这样的约束，我们可能不想做这样严格的约束，希望允许出现"因一值未发而一值未收"这样的行为，我们只要求发送出来的任意值最终都被收到。

为确保所有应收到的值最终都被收到，只要要求下一个应该被收到的值最终被收到即可（当这个值被收到以后，在它之后应该被收到的值就成了下一个要接收的值，也必须最终被收到，以此类推）。更确切地说，我们只需要满足这样的情况，即如果有值需要被接收，那么下一个需要被接收的值最终将被收到。这个值是在某个 Rcv 步骤中被接收的，因此可以将需求定义为[㊁]

$$\Box(\text{存在未被接收的值} \ \Rightarrow \ \Diamond\langle Rcv\rangle_{chan})$$

㊀ 尽管 $HC \land \Box\Diamond HCnxt$ 不是一个 TLA 公式，但其含义还是确定的，因此我们可以确定它是否与某个 TLA 公式等价。

㊁ $\Box(F \Rightarrow \Diamond G)$ 等价于 $F \leadsto G$，不过，使用 $\Box(F \Rightarrow \Diamond G)$ 形式更方便一些。

存在未被接收的值当且仅当一个 Rcv 动作被使能（即触发条件被满足），也就是说可能会出现一个 Rcv 步骤。TLA$^+$ 定义 ENABLED A 为一个谓词，其值为真当且仅当动作 A 被使能。则上述活性条件可以被记作：

$$\Box(\text{ENABLED}\ \langle Rcv\rangle_{chan}\ \Rightarrow\ \Diamond\langle Rcv\rangle_{chan}) \tag{8.6}$$

在这个 ENABLED 公式中，我们写 Rcv 或者 $\langle Rcv\rangle_{chan}$ 都没有关系。加入尖括号可以使得两个动作在公式中保持一致。

任何满足安全规约 HC 的行为，都会有改变 hr 值的 $HCnxt$ 步骤。动作 $\langle HCnxt\rangle_{hr}$ 总是被使能，所以 ENABLED $\langle HCnxt\rangle_{hr}$ 对这个行为总是为真。因为 TRUE $\Rightarrow \Diamond\langle HCnxt\rangle_{hr}$ 与 $\Diamond\langle HCnxt\rangle_{hr}$ 等价，所以我们可以将时钟的活性公式 $\Box\Diamond\langle HCnxt\rangle_{hr}$ 替换成下列形式：

$$\Box(\text{ENABLED}\ \langle HCnxt\rangle_{hr} \Rightarrow \Diamond\langle HCnxt\rangle_{hr})$$

类推而得，动作 A 的通用活性公式如下：

$$\Box(\text{ENABLED}\ \langle A\rangle_v \Rightarrow \Diamond\langle A\rangle_v)$$

上述条件断言，如果 A 曾经被使能，那么一个 A 步骤最终会出现。哪怕 A 使能的时间仅出现几纳秒，且之后不再被使能。从实现难度的角度来讲这个条件确实太强了。因此，我们定义一个弱一点的公式 $\text{WF}_v(A)$ 来代替它，$\text{WF}_v(A)$ 等于：

$$\Box(\Box\text{ENABLED}\ \langle A\rangle_v \Rightarrow \Diamond\langle A\rangle_v) \tag{8.7}$$

上述公式断言，如果 A 曾经被永久使能，则 A 最终会出现。WF 表示*弱公平性*（Weak Fairness），条件 $\text{WF}_v(A)$ 称为 *A 上的弱公平性*（weak fairness on A）条件，之后我们会引入 WF 公式表示我们的时钟和通道的活性条件，这里我们先观察一下式（8.7）及下面这两个等价公式：

$$\Box\Diamond(\neg\text{ENABLED}\ \langle A\rangle_v)\ \lor\ \Box\Diamond\langle A\rangle_v \tag{8.8}$$

$$\Diamond\Box(\text{ENABLED}\ \langle A\rangle_v)\ \Rightarrow\ \Box\Diamond\langle A\rangle_v \tag{8.9}$$

上述三条公式解释如下：

式（8.7） 如果 A 被永久使能，那么一个 A 步骤最终会出现。

式（8.8） 要么 A 被无限次去使能，要么有无限个 A 步骤会出现。

式（8.9） 如果 A 最终被永久使能，那么无限个 A 步骤会出现。

上述三个公式的等价性看起来不是很明显，尝试从上述说明推导它们的等价性经常会使问题更加复杂，厘清思路的最好方式是使用数学工具。我们可以通过下面的方式证明这三个公式的等价性：首先证明式（8.7）与式（8.8）等价，接着证明式（8.8）与式（8.9）等价。这次我们不像之前那样引入某个行为来间接证明公式，而是直接用时态重言式证明它们等价。下式是式（8.7）与式（8.8）的等价性证明，可以帮助你学习如何编写活性条件：

$$
\begin{aligned}
&\Box(\Box\text{ENABLED}\,\langle A\rangle_v \Rightarrow \Diamond\langle A\rangle_v)\\
&\quad\equiv\ \Box(\neg\Box\text{ENABLED}\,\langle A\rangle_v \vee \Diamond\langle A\rangle_v) && \text{由 } (F\Rightarrow G)\equiv(\neg F\vee G)\\
&\quad\equiv\ \Box(\Diamond\neg\text{ENABLED}\,\langle A\rangle_v \vee \Diamond\langle A\rangle_v) && \text{由 } \neg\Box F\equiv\Diamond\neg F\\
&\quad\equiv\ \Box\Diamond(\neg\text{ENABLED}\,\langle A\rangle_v \vee \langle A\rangle_v) && \text{由 } \Diamond F\vee\Diamond G\equiv\Diamond(F\vee G).\\
&\quad\equiv\ \Box\Diamond(\neg\text{ENABLED}\,\langle A\rangle_v)\vee\Box\Diamond\langle A\rangle_v && \text{由 } \Box\Diamond(F\vee G)\equiv\Box\Diamond F\vee\Box\Diamond G.
\end{aligned}
$$

式（8.8）与式（8.9）的等价性证明如下：

$$
\begin{aligned}
&\Box\Diamond(\neg\text{ENABLED}\,\langle A\rangle_v)\vee\Box\Diamond\langle A\rangle_v\\
&\quad\equiv\ \neg\Diamond\Box(\text{ENABLED}\,\langle A\rangle_v)\vee\Box\Diamond\langle A\rangle_v && \text{由 } \Box\Diamond\neg F\equiv\Box\neg\Box F\equiv\neg\Diamond\Box F\\
&\quad\equiv\ \Diamond\Box(\text{ENABLED}\,\langle A\rangle_v)\Rightarrow\Box\Diamond\langle A\rangle_v && \text{由 } (F\Rightarrow G)\equiv(\neg F\vee G)
\end{aligned}
$$

接下来我们展示如何使用弱公平性条件书写时钟和通道的活性条件。

首先是时钟，在满足 HC 的任意行为中，$\langle HCnxt\rangle_{hr}$ 步骤是永远使能的，所以 $\Diamond\Box$ $(\text{ENABLED}\,\langle HCnxt\rangle_{hr})$ 为真。因此，$HC\Rightarrow \text{WF}_{hr}(HCnxt)$，与式（8.9）等价，也与我们的活性条件 $\Box\Diamond\langle HCnxt\rangle_{hr}$ 等价。

接下来考虑通道，我说过活性条件（8.6）可代换为 $\text{WF}_{chan}(Rcv)$，更确切地说，$Spec$ 蕴涵着两个公式是等价的，将两个公式分别注入 $Spec$ 会得到等价的规约。其证明基于我们观察到的事实：在任意满足 $Spec$ 的行为中，一旦 Rcv 被使能（有值被发送出来），只有 Rcv 步骤可以使它去使能（Rcv 步骤接收了该值）。换句话说，如果 Rcv 被使能，那么总会出现如下两种情况：要么其被永久使能（Rcv 步骤一直没出现以使其去使能），要么一个 Rcv 步骤最终出现。正式地说，上述现象断言 $Spec$ 蕴涵着

$$\Box(\text{ENABLED}\,\langle Rcv\rangle_{chan}\ \Rightarrow\ \Box(\text{ENABLED}\,\langle Rcv\rangle_{chan})\vee\Diamond\langle Rcv\rangle_{chan}) \tag{8.10}$$

一旦证明式（8.10）蕴涵了通道的活性条件（8.6）与 $\text{WF}_{chan}(Rcv)$ 的等价性，我们就可以将 $\text{WF}_{chan}(Rcv)$ 当作通道的活性条件。

该证明可以由纯时态逻辑推理得到，不需要其他关于通道规约的事实，为了简化公式和增强我们推理的通用性，这里我们用 E 代换 $\text{ENABLED}\,\langle Rcv\rangle_{chan}$，用 A 代换 $\langle Rcv\rangle_{chan}$。使用式（8.7）的 WF 定义，我们需要证明：

$$\Box(E\Rightarrow\Box E\vee\Diamond A)\ \Rightarrow\ (\Box(E\Rightarrow\Diamond A)\ \equiv\ \Box(\Box E\Rightarrow\Diamond A)) \tag{8.11}$$

到目前为止，我们所有的证明都是通过推算得出的，也就是说，要证明两个公式是等价的，或者一个公式恒为真，需要通过证明一系列的等价关系最终得出结论。这是证明简单事实的好方法，但通常最好通过将证明分解为多个部分来证明如式（8.11）这样复杂的公式。这里我们要证明一个公式蕴涵着另两个公式的等价性，而两个公式的等价关系可以通过证明两个公式互相蕴涵来证明。更确切地说，为了证明 $P\Rightarrow Q\equiv R$，我们要证明 $P\wedge Q\Rightarrow R$ 且 $P\wedge R\Rightarrow Q$。这样，我们可以通过证明

$$\Box(E\Rightarrow\Box E\vee\Diamond A)\wedge\Box(E\Rightarrow\Diamond A)\ \Rightarrow\ \Box(\Box E\Rightarrow\Diamond A) \tag{8.12}$$

$$\square(E \Rightarrow \square E \vee \Diamond A) \wedge \square(\square E \Rightarrow \Diamond A) \ \Rightarrow \ \square(E \Rightarrow \Diamond A) \tag{8.13}$$

来证明式（8.11）。式（8.12）和式（8.13）都有 $\square F \wedge \square G \Rightarrow \square H$ 的形式。我们首先证明，对任意公式 F、G 和 H，可以通过证明 $F \wedge G \Rightarrow H$ 推导出 $\square F \wedge \square G \Rightarrow \square H$。我们先假设 $F \wedge G \Rightarrow H$，接下来这样证明 $\square F \wedge \square G \Rightarrow \square H$：

1. $\square(F \wedge G) \Rightarrow \square H$

证明：通过假设 $F \wedge G \Rightarrow H$ 和蕴涵通用规则（参见 8.3 节），在规则中将 $F \wedge G$ 代换为 F，H 代换为 G。

2. $\square F \wedge \square G \Rightarrow \square H$

证明：通过步骤 1 和重言式 $\square(F \wedge G) \equiv \square F \wedge \square G$ 证明。

上述证明说明对任意公式 F、G 和 H，我们可以通过证明 $F \wedge G \Rightarrow H$ 来推导出 $\square F \wedge \square G \Rightarrow \square H$。然后我们可以通过证明

$$(E \Rightarrow \square E \vee \Diamond A) \wedge (E \Rightarrow \Diamond A) \ \Rightarrow \ (\square E \Rightarrow \Diamond A) \tag{8.14}$$

$$(E \Rightarrow \square E \vee \Diamond A) \wedge (\square E \Rightarrow \Diamond A) \ \Rightarrow \ (E \Rightarrow \Diamond A) \tag{8.15}$$

来证明式（8.12）和式（8.13）。式（8.14）的证明非常简单，事实上，我们甚至不需要第一个合取式，就可以证明 $(E \Rightarrow \Diamond A) \Rightarrow (\square E \Rightarrow \Diamond A)$：

$$\begin{aligned}
&(E \Rightarrow \Diamond A) \\
&\quad \equiv \ (\square E \Rightarrow E) \wedge (E \Rightarrow \Diamond A) && \text{因为 } \square E \Rightarrow E \text{ 是一个重言式} \\
&\quad \Rightarrow \ (\square E \Rightarrow \Diamond A) && \text{通过重言式 } (P \Rightarrow Q) \wedge (Q \Rightarrow R) \Rightarrow (P \Rightarrow R)
\end{aligned}$$

式（8.15）的证明只用到了命题逻辑。我们可以在命题逻辑重言式

$$(P \Rightarrow Q \vee R) \wedge (Q \Rightarrow R) \ \Rightarrow \ (P \Rightarrow R)$$

中用 E 代换 P，用 $\square E$ 代换 Q，用 $\Diamond A$ 代换 R，推导出式（8.15）。稍微思考一下，这个重言式为真就显而易见了。你还可以通过构造真值表得到结论。

上述关于式（8.14）和式（8.15）的证明，完成了使用 $\mathrm{WF}_{chan}(Rcv)$ 代替式（8.6）作为关于通道的活性条件的可行性论证。

8.5　内存规约

8.5.1　活性要求

让我们加强之前的可线性化内存规约（参见 5.3 节），在其中加入活性要求，即每次请求都必须收到响应。（这里没有要求必须发送一次请求。）从实现考虑，活性要求被注入 $InternalMemory$ 模块的内部内存规约 $ISpec$ 中（参见图 5.2）。

我们希望用弱公平性表示活性要求，参考弱公平性定义，我们先要找到动作在何时被使能：考虑到 $Rsp(p)$ 动作被使能的条件是

$$Reply(p, buf[p], memInt, memInt') \tag{8.16}$$

被使能，$Reply$ 运算符是常量参数（参见图 5.1），因此在不知道 $Reply$ 具体定义的情况下，我们也不知道式（8.16）何时被使能。

让我们假设 $Reply$ 动作处于一直被使能的状态，即对任意处理器 p、响应 r 和 $memInt$ 的旧值 $miOld$，存在一个 $memInt$ 的新值 $miNew$，使得 $Reply(p, r, miOld, miNew)$ 为真。简单来讲，我们只需要假设其对所有的 p 和 r 为真，并在 $MemoryInterface$ 模块中加入如下假设：

$$\text{ASSUME } \forall p, r, miOld : \exists miNew : Reply(p, r, miOld, miNew)$$

我们还要对 $Send$ 动作引入类似的假设，这里暂时不展开了。

在弱公平性公式内，还有一个由所有变量组成的元组的下标，方便起见，将元组命名为：

$$vars \triangleq \langle memInt, mem, ctl, buf \rangle$$

当处理器 p 发出一个请求时，$Do(p)$ 动作即被使能，且直到 $Do(p)$ 操作执行完毕之后才去使能。如果弱公平性条件 $\text{WF}_{vars}(Do(p))$ 为真，则 $Do(p)$ 步骤最终会出现。一个 $Do(p)$ 步骤使能 $Rsp(p)$ 动作，直到 $Rsp(p)$ 执行完成后才去使能。如果弱公平性条件 $\text{WF}_{vars}(Rsp(p))$ 为真，则返回所需响应的 $Rsp(p)$ 步骤最终会出现。因此

$$\text{WF}_{vars}(Do(p)) \land \text{WF}_{vars}(Rsp(p)) \tag{8.17}$$

能保证处理器 p 发出的每条请求都能收到响应，我们期望每个处理器 p 都可以达到这个条件，就如内存规约的活性条件一样，则活性条件可以表示为：

$$Liveness \triangleq \forall p \in Proc : \text{WF}_{vars}(Do(p)) \land \text{WF}_{vars}(Rsp(p)) \tag{8.18}$$

内部内存规约即为 $ISpec \land Liveness$。

8.5.2 换个表示法

上述由两个合取式组成的公平性条件 $Liveness$ 看起来比较复杂，我考虑用 $Do(p) \lor Rsp(p)$ 的弱公平性条件来代替它。这样的替换不一定可行，一般来说，公式 $\text{WF}_v(A) \land \text{WF}_v(B)$ 和 $\text{WF}_v(A \lor B)$ 是不等价的，不过在上述情况下，这样的替换没有问题。下面是我们的论证过程：如果定义

$$Liveness2 \triangleq \forall p \in Proc : \text{WF}_{vars}(Do(p) \lor Rsp(p)) \tag{8.19}$$

则需要证明 $ISpec \land Liveness2$ 等价于 $ISpec \land Liveness$。我们将看到，等式成立是因为任何满足 $ISpec$ 的行为也满足如下两个属性：

$DR1$ 不论何时 $Do(p)$ 被使能，$Rsp(p)$ 都不会被使能，除非最终有一个 $Do(p)$ 步骤出现。

$DR2$ 不论何时 $Rsp(p)$ 被使能，$Do(p)$ 都不会被使能，除非最终有一个 $Rsp(p)$ 步骤出现。

上述属性被满足是因为对 p 的请求是由 $Req(p)$ 步骤发出，由 $Do(p)$ 步骤执行，并由 $Rsp(p)$ 步骤响应的。之后，才可以通过 $Req(p)$ 步骤向 p 继续发送下一个请求，仅在上个步骤出现之后，下个步骤才被使能。

现在让我们证明 $DR1$ 和 $DR2$ 蕴涵 $Do(p)$ 与 $Rsp(p)$ 上的弱公平性的合取式等价于 $Do(p) \vee Rsp(p)$ 合取式的弱公平性。简单起见，也为了更一般化，让我们分别用 A、B 和 v 代换 $Do(p)$、$Rsp(p)$ 和 $vars$。

首先，我们必须重申 $DR1$ 和 $DR2$ 是时态公式，其基础形式是：

不论何时 F 为真，G 都一直不为真，除非 H 最终为真。

上面的说法可以表示为公式 $\Box(F \Rightarrow \Box\neg G \vee \Diamond H)$。（断言"$P$ 除非 Q"的含义是 $P \vee Q$。）加入合适的下标，我们可以用下述时态逻辑表示 $DR1$ 和 $DR2$：

$$
\begin{aligned}
DR1 &\triangleq \Box(\text{ENABLED}\,\langle A\rangle_v \Rightarrow \Box\neg\,\text{ENABLED}\,\langle B\rangle_v \vee \Diamond\langle A\rangle_v)\\
DR2 &\triangleq \Box(\text{ENABLED}\,\langle B\rangle_v \Rightarrow \Box\neg\,\text{ENABLED}\,\langle A\rangle_v \vee \Diamond\langle B\rangle_v)
\end{aligned}
$$

我们的目标是证明

$$
DR1 \wedge DR2 \Rightarrow (\text{WF}_v(A) \wedge \text{WF}_v(B) \equiv \text{WF}_v(A \vee B)) \tag{8.20}
$$

上式比较复杂，我们将证明分解一下，正如在 8.4 节对式（8.11）的证明中，我们通过证明两个蕴涵式来证明其等价性一样，这里要证明式（8.20），我们需要证明下面两个定理：

$$
\begin{aligned}
&DR1 \wedge DR2 \wedge \text{WF}_v(A) \wedge \text{WF}_v(B) \Rightarrow \text{WF}_v(A \vee B)\\
&DR1 \wedge DR2 \wedge \text{WF}_v(A \vee B) \Rightarrow \text{WF}_v(A) \wedge \text{WF}_v(B)
\end{aligned}
$$

只要证明它们对任意行为 σ 都为真，就能证明定理成立，换句话说，我们要证明：

$$
(\sigma \models DR1 \wedge DR2 \wedge \text{WF}_v(A) \wedge \text{WF}_v(B)) \Rightarrow (\sigma \models \text{WF}_v(A \vee B)) \tag{8.21}
$$

$$
(\sigma \models DR1 \wedge DR2 \wedge \text{WF}_v(A \vee B)) \Rightarrow (\sigma \models \text{WF}_v(A) \wedge \text{WF}_v(B)) \tag{8.22}
$$

这些公式令人望而生畏，你在证明某件事上遇到困难时，可以尝试用反证法进行证明，即假设结论不成立，看看会推导出什么矛盾的结果。反证法在证明时态逻辑公式时尤其有用，要用反证法证明式（8.21）和式（8.22），我们需要对动作 C 计算 $\neg(\sigma \models \text{WF}_v(C))$。根据 WF 的定义式（8.7），我们很容易得到：

$$
\begin{aligned}
&(\sigma \models \text{WF}_v(C)) \equiv \\
&\quad \forall n \in Nat : (\sigma^{+n} \models \Box\,\text{ENABLED}\,\langle C\rangle_v) \Rightarrow (\sigma^{+n} \models \Diamond\langle C\rangle_v)
\end{aligned} \tag{8.23}
$$

由上述公式和下述谓词逻辑重言式

$$\neg(\forall x \in S : P \Rightarrow Q) \equiv (\exists x \in S : P \land \neg Q)$$

可得：

$$\begin{aligned}&\neg(\sigma \models \mathrm{WF}_v(C)) \equiv \\ &\qquad \exists n \in Nat : (\sigma^{+n} \models \Box \text{ENABLED} \langle C\rangle_v) \land \neg(\sigma^{+n} \models \Diamond\langle C\rangle_v)\end{aligned} \tag{8.24}$$

我们还需要两个进一步的结论，这两个结论都可由重言式 $\langle A \lor B\rangle_v \equiv \langle A\rangle_v \lor \langle B\rangle_v$ 推导而来。联合这个重言式和时态重言式 $\Diamond(F \lor G) \equiv \Diamond F \lor \Diamond G$ 可得：

$$\Diamond\langle A \lor B\rangle_v \equiv \Diamond\langle A\rangle_v \lor \Diamond\langle B\rangle_v \tag{8.25}$$

联合上述重言式与观察到的“动作 $C \lor D$ 被使能当且仅当动作 C 或动作 D 被使能”可得：

$$\text{ENABLED} \langle A \lor B\rangle_v \equiv \text{ENABLED} \langle A\rangle_v \lor \text{ENABLED} \langle B\rangle_v \tag{8.26}$$

现在我们可以开始证明式（8.21）和式（8.22）了。为了证明式（8.21），我们先假设行为 σ 满足 *DR1*、*DR2*、$\mathrm{WF}_v(A)$ 和 $\mathrm{WF}_v(B)$, 但是不满足 $\mathrm{WF}_v(A \lor B)$。这与定理结论相反，后续我们将证明其矛盾之处。考虑式（8.24），假设 σ 不满足 $\mathrm{WF}_v(A \lor B)$，则意味着存在某些数 n 使得：

$$\sigma^{+n} \models \Box \text{ENABLED} \langle A \lor B\rangle_v \tag{8.27}$$

$$\neg(\sigma^{+n} \models \Diamond\langle A \lor B\rangle_v) \tag{8.28}$$

我们可以从式（8.27）和式（8.28）推导出矛盾的地方：

1. $\neg(\sigma^{+n} \models \Diamond\langle A\rangle_v) \land \neg(\sigma^{+n} \models \Diamond\langle B\rangle_v)$

证明：由式（8.28）和式（8.25），使用重言式 $\neg(P \lor Q) \equiv (\neg P \land \neg Q)$ 可得.

2. （a）$(\sigma^{+n} \models \text{ENABLED} \langle A\rangle_v) \Rightarrow (\sigma^{+n} \models \Box \neg\text{ENABLED} \langle B\rangle_v)$
   （b）$(\sigma^{+n} \models \text{ENABLED} \langle B\rangle_v) \Rightarrow (\sigma^{+n} \models \Box \neg \text{ENABLED} \langle A\rangle_v)$

证明：由 *DR1* 的定义，假设 $\sigma \models$ *DR1* 蕴涵

$$\begin{aligned}&(\sigma^{+n} \models \text{ENABLED} \langle A\rangle_v) \Rightarrow \\ &\qquad (\sigma^{+n} \models \Box \neg \text{ENABLED} \langle B\rangle_v) \lor (\sigma^{+n} \models \Diamond\langle A\rangle_v)\end{aligned}$$

再根据步骤 1 可得到（a），（b）的证明是一样的。

3. （a）$(\sigma^{+n} \models \text{ENABLED} \langle A\rangle_v) \Rightarrow (\sigma^{+n} \models \Box \text{ENABLED} \langle A\rangle_v)$
   （b）$(\sigma^{+n} \models \text{ENABLED} \langle B\rangle_v) \Rightarrow (\sigma^{+n} \models \Box \text{ENABLED} \langle B\rangle_v)$

证明：（a）由 2（a）、式（8.27）、式（8.26）和时态重言式

$$\Box(F \lor G) \land \Box\neg G \Rightarrow \Box F$$

得到，（b）类似。

4. （a）$(\sigma^{+n} \models \text{ENABLED}\,\langle A\rangle_v) \Rightarrow (\sigma^{+n} \models \Diamond\langle A\rangle_v)$

（b）$(\sigma^{+n} \models \text{ENABLED}\,\langle B\rangle_v) \Rightarrow (\sigma^{+n} \models \Diamond\langle B\rangle_v)$

证明：假设 $\sigma \models \text{WF}_v(A)$ 和式（8.23）蕴涵

$$(\sigma^{+n} \models \Box\text{ENABLED}\,\langle A\rangle_v) \Rightarrow (\sigma^{+n} \models \Diamond\langle A\rangle_v)$$

由上式和 3（a）可推导出（a），（b）的证明类似。

5. $(\sigma^{+n} \models \Diamond\langle A\rangle_v) \lor (\sigma^{+n} \models \Diamond\langle B\rangle_v)$

证明：因为对任意 F，$\Box F$ 蕴涵 F，所以式（8.27）和式（8.26）蕴涵

$$(\sigma^{+n} \models \text{ENABLED}\,\langle A\rangle_v) \lor (\sigma^{+n} \models \text{ENABLED}\,\langle B\rangle_v)$$

再由步骤 4 的结果，即可得出该结果。

由此可见步骤 1 和步骤 5 矛盾。

要证明式（8.22），可以先假设 σ 满足 *DR1*、*DR2* 和 $\text{WF}_v(A \lor B)$，再证明 σ 满足 $\text{WF}_v(A)$ 和 $\text{WF}_v(B)$。这里只证明其满足 $\text{WF}_v(A)$，$\text{WF}_v(B)$ 的证明与之类似。也是通过反证法，先假设 σ 不满足 $\text{WF}_v(A)$，之后再来证伪它。考虑式（8.24），假设 σ 不满足 $\text{WF}_v(A)$ 意味着存在某个数 n 使得

$$\sigma^{+n} \models \Box\,\text{ENABLED}\,\langle A\rangle_v \tag{8.29}$$

$$\neg(\sigma^{+n} \models \Diamond\langle A\rangle_v) \tag{8.30}$$

接下来给出证伪过程：

1. $\sigma^{+n} \models \Diamond\langle A \lor B\rangle_v$

证明：从式（8.29）和式（8.26）可以推导出 $\sigma^{+n} \models \Box\,\text{ENABLED}\,\langle A \lor B\rangle_v$。再由假设 $\sigma \models \text{WF}_v(A \lor B)$ 和式（8.23），可知其蕴涵 $\sigma^{+n} \models \Diamond\langle A \lor B\rangle_v$。

2. $\sigma^{+n} \models \Box\neg\,\text{ENABLED}\,\langle B\rangle_v$

证明：从式（8.29）可以推导出 $\sigma^{+n} \models \text{ENABLED}\,\langle A\rangle_v$，由假设 $\sigma \models$ *DR1* 和 *DR1* 的定义可知其蕴涵

$$(\sigma^{+n} \models \Box\neg\,\text{ENABLED}\,\langle B\rangle_v) \lor (\sigma^{+n} \models \Diamond\langle A\rangle_v)$$

因此假设（8.30）蕴涵 $\sigma^{+n} \models \Box\neg\,\text{ENABLED}\,\langle B\rangle_v$。

3. $\neg(\sigma^{+n} \models \Diamond\langle B\rangle_v)$

证明： ENABLED 的定义蕴涵 $\neg\,\text{ENABLED}\,\langle B\rangle_v \Rightarrow \neg\langle B\rangle_v$（$\langle B\rangle_v$ 步骤只有被使能才可能出现）。由这个式子，通过简单的时态推理可得

$$(\sigma^{+n} \models \Box\neg\,\text{ENABLED}\,\langle B\rangle_v) \Rightarrow \neg(\sigma^{+n} \models \Diamond\langle B\rangle_v)$$

（正式的证明使用蕴涵通用规则和重言式 $\Box\neg F \equiv \neg\Diamond F$。）我们可以从步骤 2 的结果推导出

$\neg(\sigma^{+n} \models \Diamond\langle B\rangle_v)$ 成立。

4. $\neg(\sigma^{+n} \models \Diamond\langle A \vee B\rangle_v)$

证明：由式（8.30）、步骤 3 的结果和式（8.25），再由重言式 $\neg P \wedge \neg Q \equiv \neg(P \vee Q)$ 可以得出 $\neg(\sigma^{+n} \models \Diamond\langle A \vee B\rangle_v)$。

由此可见步骤 1 和步骤 4 矛盾。至此我们完成了对式（8.22）的证明，从而也完成了对式（8.20）的证明。

8.5.3　推广

式 (8.20) 给出了将两个动作上的弱公平性条件的合取式代换为它们合取式的弱公平性条件的充分条件，我们现在将其由两个动作 A 和 B 类推到 n 个动作 $A_1, \cdots, A_n$，公式 *DR1* 和 *DR2* 的推广式如下：

$$DR(i,j) \triangleq \Box(\text{ENABLED}\langle A_i\rangle_v \Rightarrow \Box\neg\text{ENABLED}\langle A_j\rangle_v \vee \Diamond\langle A_i\rangle_v)$$

如果我们用 A_1 代换 A，用 A_2 代换 B，则 *DR1* 变为 $DR(1,2)$，*DR2* 变为 $DR(2,1)$，式 (8.20) 的推广为：

$$\begin{aligned}&(\forall i,j \in 1\,..\,n : (i \neq j) \Rightarrow DR(i,j)) \Rightarrow \\ &\quad(\text{WF}_v(A_1) \wedge \cdots \wedge \text{WF}_v(A_n) \equiv \text{WF}_v(A_1 \vee \cdots \vee A_n))\end{aligned} \tag{8.31}$$

为了判定在规约中是否可以将弱公平性条件的合取式代换成一条独立的弱公平性条件，使用式（8.31）的非正式表述可能更容易理解一些：

弱公平性合取规则　如果 $A_1, \cdots, A_n$ 是动作，使得对不同的 i 和 j，不论何时 $\langle A_i\rangle_v$ 被使能，$\langle A_j\rangle_v$ 都不能被使能，除非一个 $\langle A_i\rangle_v$ 步骤最终出现（即 $\langle A_i\rangle_v$ 被使能后，除非其最终出现，否则 $\langle A_j\rangle_v$ 不能被使能）。则 $\text{WF}_v(A_1) \wedge \cdots \wedge \text{WF}_v(A_n)$ 等价于 $\text{WF}_v(A_1 \vee \cdots \vee A_n)$。

换个表述方式可能更好：对任意行为 σ，假设其对任意不同的 i 和 j，都有 $\sigma \models DR(i,j)$ 成立，则

$$\sigma \models (\text{WF}_v(A_1) \wedge \cdots \wedge \text{WF}_v(A_n) \equiv \text{WF}_v(A_1 \vee \cdots \vee A_n))$$

如果你想在规约中用 $\text{WF}_v(A_1 \vee \cdots \vee A_n)$ 代换 $\text{WF}_v(A_1) \wedge \cdots \wedge \text{WF}_v(A_n)$，则必须检查每个满足规约的行为不仅要满足安全条件，还要对任意不同的 i 和 j 满足 $DR(i,j)$。

合取和析取是量化的特殊情况：

$$\begin{aligned}F_1 \vee \cdots \vee F_n &\equiv \exists i \in 1\,..\,n : F_i \\ F_1 \wedge \cdots \wedge F_n &\equiv \forall i \in 1\,..\,n : F_i\end{aligned}$$

因此，我们可以将之前的弱公平性合取规则重新表述为：对任意有限集 S，在何时 $\forall i \in S : \text{WF}_v(A_i)$ 与 $\text{WF}_v(\exists i \in S : A_i)$ 等价。

弱公平性量词规则 如果对任意的 $i \in S$，A_i 是一个动作，使得对 S 集中任意不同的 i 和 j，不论何时 $\langle A_i\rangle_v$ 被使能，$\langle A_j\rangle_v$ 都不能被使能，除非一个 $\langle A_i\rangle_v$ 最终出现，则 $\forall i \in S : \mathrm{WF}_v(A_i)$ 与 $\mathrm{WF}_v(\exists i \in S : A_i)$ 等价。

8.6 强公平性

我们定义动作 A 上的强公平性（strong fairness）条件 $\mathrm{SF}_v(A)$ 为下述两个等价的公式：

$$\Diamond\Box(\neg \text{ENABLED}\,\langle A\rangle_v) \lor \Box\Diamond\langle A\rangle_v \tag{8.32}$$

$$\Box\Diamond\text{ENABLED}\,\langle A\rangle_v \Rightarrow \Box\Diamond\langle A\rangle_v \tag{8.33}$$

显然，这两个公式断言：

> 要么 A 最终被永久禁止，要么有无限多个 A 步骤出现 (式 (8.32))。
>
> 如果 A 被无限次使能，则也有无限多个 A 步骤出现 (式 (8.33))。

证明式（8.32）和式（8.33）等价与证明关于 $\mathrm{WF}_v(A)$ 的式（8.8）和式（8.9）等价（参见 8.4 节）的方式一样。

$\mathrm{SF}_v(A)$ 的定义（8.32）可由 $\mathrm{WF}_v(A)$ 的定义 (8.8) 通过将 $\Box\Diamond(\neg \text{ENABLED}\,\langle A\rangle_v)$ 代换为 $\Diamond\Box(\neg \text{ENABLED}\,\langle A\rangle_v)$ 得到。因为对任意公式 F，$\Diamond\Box F$（最终总是 F）条件强于（蕴涵）$\Box\Diamond F$（最终经常 F），所以强公平性强于弱公平性。关于强弱公平性有如下表述：

- A 的弱公平性断言一个 A 步骤会最终发生，如果 A 持续（continuously）被使能。
- A 的强公平性断言一个 A 步骤会最终发生，如果 A 重复（continually）被使能。

持续意味着不被中断，重复意味着可能被中断。

强公平性没有被严格限制一定要强于弱公平性。动作 A 的强弱公平性等价当且仅当如果 A 被无限次经常禁止，那么要么 A 最终被永久禁止，要么有无限多个 A 步骤出现。下述重言式是其正式表示：

$$\begin{aligned}&(\mathrm{WF}_v(A) \equiv \mathrm{SF}_v(A)) \ \equiv \\ &\quad (\Box\Diamond(\neg \text{ENABLED}\,\langle A\rangle_v) \Rightarrow \Diamond\Box(\neg \text{ENABLED}\,\langle A\rangle_v) \lor \Box\Diamond\langle A\rangle_v)\end{aligned}$$

在通道例子中，Rcv 的强弱公平性等价，因为一旦 Rcv 被使能，那么只有 Rcv 步骤出现之后其才能去使能，也就是说，如果 Rcv 被无限次禁止，那么要么 Rcv 最终被永久禁止，要么有无限多个 Rcv 步骤禁止它。

8.5.3 节关于弱公平性的合取和量词规则也适用于强公平性，例如：

强公平性合取规则 如果动作 $A_1, \cdots, A_n$ 使得对任意不同的 i 和 j，不论动作 A_i 何时被使能，除非 A_i 步骤出现，否则 A_j 不能被使能，那么 $\mathrm{SF}_v(A_1) \land \cdots \land \mathrm{SF}_v(A_n)$ 与 $\mathrm{SF}_v(A_1 \lor \cdots \lor A_n)$等价。

强公平性的实现比弱公平性的实现要困难得多，通常也不是一个必要的需求，我们只有在必需的时候才把它应用于规约中。当强弱公平性等价的时候，我们将其表示为弱公平性。

活性属性有一些要注意的地方，使用 ad hoc 时态公式经常出错，我们在必要时可以将活性定义为强/弱公平性条件的合取——通常总是必要的。用统一的方式表示活性会让规约更容易阅读。8.9.2 节更能说明这一点。

8.7　直写式缓存

现在让我们将活性条件加入直写式缓存规约（参见图 5.5）中，我们期望规约满足条件：每个发出的请求最终都收到响应，不过不要求一定有请求被发出。这个活性条件要求对组成后继状态动作 $Next$ 的所有动作都成立，如下动作除外：

- $Req(p)$ 动作——发出一个请求，这个动作不是活性条件必需的。
- $Evict(p, a)$ 动作——从缓存中清除一个地址，这个动作是可选的。
- $MemQWr$ 动作——当 $memQ$ 中只包含写请求而且队列未满（元素个数小于 $QLen$）时。（因为一个对写请求的响应比执行 $MemQWr$ 实际写入内存要早，因此，如果不执行 $MemQWr$ 操作，则要阻止其返回响应，只有阻止 $memQ$ 中的读取操作出队或因 $memQ$ 已满而阻止所有操作入队——反过来想，要满足活性条件，需要读写请求响应都顺利发送，反正写请求响应早就发出了，只要不影响读请求响应就行，即只要 $memQ$ 中全是写请求，且还有空间让读请求进来就行了。）

简单起见，我们也对 $MemQWr$ 要求其满足活性条件；不过后面我们会弱化这个要求，这样，对所有的 $p \in Proc$，我们要求下列动作满足活性：

$$MemQWr \quad MemQRd \quad Rsp(p) \quad RdMiss(p) \quad DoRd(p) \quad DoWr(p)$$

接下来我们确定是要求这些动作满足弱公平性还是强公平性条件。强弱公平性是否等价的充分条件（参见前两节的描述）是：一旦被使能，就一直被使能，直到其被执行。上述动作除了 $DoRd(p)$、$RdMiss(p)$ 和 $DoWr(p)$ 之外都能满足要求。

$DoRd(p)$ 动作可被 $Evict$ 步骤去使能，该步骤会从缓存删除数据请求。在这种情况下，其他动作的公平性可以保证最终会有值返回缓存，再使能 $DoRd(p)$，数据不能被删除直到 $DoRd(p)$ 动作执行完毕，弱公平性条件能够确保必要的 $DoRd(p)$ 步骤最终出现。

$RdMiss(p)$ 和 $DoWr(p)$ 动作追加一个请求到 $memQ$ 队列，如果队列已满，它们会被禁止执行。$RdMiss(p)$ 或 $DoWr(p)$ 可以被使能，然后因另外一个处理器 q 通过执行一个 $RdMiss(q)$ 或 $DoWr(q)$ 动作追加了一条消息到 $memQ$ 队列，并导致 $memQ$ 队列已满而被去使能。因此我们对 $RdMiss(p)$ 或 $DoWr(p)$ 要求一个强公平性条件。最后，我们所需的全部公平性条件如下：

- 弱公平性：对 $Rsp(p)$、$DoRd(p)$、$MemQWr$ 和 $MemQRd$。
- 强公平性：对 $RdMiss(p)$ 和 $DoWr(p)$。

如之前一样，我们定义 $vars$ 表示所有变量组成的元组：

$$vars \triangleq \langle memInt, wmem, buf, ctl, cache, memQ \rangle$$

则我们的活性条件是：

$$\begin{aligned} &\land \forall p \in Proc : \land \mathrm{WF}_{vars}(Rsp(p)) \land \mathrm{WF}_{vars}(DoRd(p)) \\ &\qquad\qquad\quad \land \mathrm{SF}_{vars}(RdMiss(p)) \land \mathrm{SF}_{vars}(DoWr(p)) \\ &\land \mathrm{WF}_{vars}(MemQWr) \land \mathrm{WF}_{vars}(MemQRd) \end{aligned} \tag{8.34}$$

不过我还是喜欢将公平性条件的合取式代换为一个单独的由析取式组成的公平性条件，就如我们在 8.5 节中对内存规约所做的那样。强弱公平性的合取规则使得式（8.34）可以写作：

$$\begin{aligned} &\land \forall p \in Proc : \land \mathrm{WF}_{vars}(Rsp(p) \lor DoRd(p)) \\ &\qquad\qquad\quad \land \mathrm{SF}_{vars}(RdMiss(p) \lor DoWr(p)) \\ &\land \mathrm{WF}_{vars}(MemQWr \lor MemQRd) \end{aligned} \tag{8.35}$$

接下来我们试着通过移出 WF 和 SF 内的量词来化简式（8.35）。首先，因为 $\forall$ 对 $\land$ 满足分配率，所以式（8.35）的第一个合取式可重写成

$$\begin{aligned} &\land \forall p \in Proc : \mathrm{WF}_{vars}(Rsp(p) \lor DoRd(p)) \\ &\land \forall p \in Proc : \mathrm{SF}_{vars}(RdMiss(p) \lor DoWr(p)) \end{aligned} \tag{8.36}$$

我们接着尝试将弱公平性量词规则（8.5.3 节）应用到式（8.36）的第一个合取式上，将相应的强公平性量词规则应用到第二个合取式上。不过，强公平性量词规则不能用于第一个合取式，因为可能出现两个不同的处理器 p 和 q，其 $Rsp(p) \lor DoRd(p)$ 和 $Rsp(q) \lor DoRd(q)$ 同时被使能，公式

$$\mathrm{WF}_{vars}(\exists p \in Proc : Rsp(p) \lor DoRd(p)) \tag{8.37}$$

可以被这种行为满足：行为中对某个处理器 p，有无限多的 $Rsp(p)$ 和 $DoRd(p)$ 动作出现，在这种行为中，$Rsp(q)$ 可以被其他处理器 q 使能，而 $Rsp(q)$ 步骤从来不出现，使得 $\mathrm{WF}_{vars}(Rsp(q) \lor DoRd(q))$ 为假，这也意味着第一个合取式（8.36）为假，因此，式（8.37）与式（8.36）的第一个合取式不等价。类似地，强公平性规则也不能应用到第二个合取式（8.36）上。式（8.35）就是我们所能得到的最简化的公式了。

让我们回到之前观察到的结果：如果 $memQ$ 队列未满且只包含写请求，就不需要执行 $MemQWr$。换句话说，只有当 $memQ$ 队列已满或包含一个读请求时，我们才需要执行 $MemQWr$。令

$$\begin{aligned} QCond \triangleq\ &\lor Len(memQ) = QLen \\ &\lor \exists i \in 1 \,..\, Len(memQ) : memQ[i][2].op = \text{“Rd”} \end{aligned}$$

则只有当 $MemQWr$ 被使能且 $QCond$ 为真时，我们才必须最终执行 $MemQWr$ 动作，即当且仅当动作 $QCond \wedge MemQWr$ 被使能。在这种情况下，$MemQWr$ 就是 $QCond \wedge MemQWr$ 步骤，因此我们只需要引入 $QCond \wedge MemQWr$ 的公平性条件就够了，这样，我们可以将式（8.35）的第二个合取式代换成：

$$\text{WF}_{vars}((QCond \wedge MemQWr) \vee MemQRd)$$

如果我们在实现过程中，只要求内存规约满足最弱的活性条件的话，上面的公式就可以满足要求了。不过，如果规约表示一个真实设备，则这个设备在实现过程中需要对所有的 $MemQWr$ 施加弱公平性要求，最好使用式（8.35）。

8.8 时态公式量化

8.1 节描述了普通时态公式的量化方式，对于任意时态公式 F，公式 $\forall r : F$ 的含义由

$$\sigma \models (\forall r : F) \triangleq \forall r : (\sigma \models F)$$

定义，其中 σ 是任意行为。$\exists r : F$ 中的符号 r 通常被称为约束变量。（我们曾经用变量表示过其他意思，即在模块中用 VARIABLE 语句声明的符号。）约束“变量” r 实际上在这些公式中是个常量——其值在行为的每个状态中都是相同的值[⊖]。例如，公式 $\exists r : \Box(x = r)$ 断言 x 的值在行为的每个状态中都是相同的。

定义在常量集合 S 上的有界量化如下所示：

$$\sigma \models (\forall r \in S : F) \triangleq (\forall r \in S : \sigma \models F)$$
$$\sigma \models (\exists r \in S : F) \triangleq (\exists r \in S : \sigma \models F)$$

在公式 F 中，符号 r 被声明为常量。表达式 S 位于 r 的声明的范围之外，因此符号 r 不能出现在 S 中。即使 S 不是常数，也很容易定义这些公式的含义，如 $\exists r \in S : F$ 等于 $\exists r : (r \in S) \wedge F$，不过对于非常量的 S，显式定义 $\exists r : (r \in S) \wedge F$比较好。

给出CHOOSE 作为时态运算符的定义也比较简单，令 $\sigma \models (\text{CHOOSE } r : F)$ 为任意一个使得 $\sigma \models F$ 为真的常量 r，如果这样的常量 r 存在。不过，在编写规约的时候，时态运算符 CHOOSE 不是必需的，CHOOSE $r : F$ 也不是一个合法的 TLA$^+$ 公式，即使 F 是一个时态公式。

接下来我们介绍时态存在量词 $\boldsymbol{\exists}$。在公式 $\boldsymbol{\exists} x : F$ 中，符号 x 被声明为 F 中的变量。不像公式 $\exists r : F$ 只断言存在一个简单的值 r，$\boldsymbol{\exists} x : F$ 断言行为的每个状态中都有一个这样的值 x。举例来说，如果 y 是一个变量，则公式 $\boldsymbol{\exists} x : \Box(x \in y)$ 断言 y 中总有一个这样的元素 x，所以 y 不是空集。不过，元素 x 在不同的状态下可能不同，因此 y 在不同状态下的值可能是不相交的。

⊖ 逻辑上，术语自由变量（flexible variable）表示 TLA 变量，术语 刚性变量（rigid variable）表示如 r 这样表示常量的符号。

我们之前一直将 $\exists\!\!\!\exists$ 当成隐藏运算符使用，将 $\exists\!\!\!\exists\, x : F$ 视作带有隐藏变量 x 的公式 F。$\exists\!\!\!\exists$ 的精确定义有点棘手，公式 $\exists\!\!\!\exists\, x : F$ 应该是重叠不变式，更直观一点，$\exists\!\!\!\exists\, x : F$ 被行为 σ 满足当且仅当 F 被行为 τ 满足，τ 是由在 σ 中添加和/或删除重叠步骤且改变值 x 得到的，更精确的定义参见 16.2.4 节。不过，在规约的写作过程中，你只需要简单地将 $\exists\!\!\!\exists\, x : F$ 视为隐藏了 x 的 F 即可。

TLA 还定义了一个时态全称量词 $\forall\!\!\!\forall$：

$$\forall\!\!\!\forall\, x : F \;\triangleq\; \neg \exists\!\!\!\exists\, x : \neg F$$

这个运算符更少用到，TLA$^+$ 不支持有界版本的运算符 $\exists\!\!\!\exists$ 和 $\forall\!\!\!\forall$。

8.9 时态逻辑剖析

8.9.1 回顾

让我们回顾一下到目前为止写过的各种类型的规约，最开始我们的规约非常简单：

$$Init \wedge \Box[Next]_{vars} \tag{8.38}$$

其中 $Init$ 是状态谓词，$Next$ 是后继状态动作，$vars$ 是由所有变量组成的元组。这种类型的规约大体上讲是非常简单直接的。之后我们引入了隐藏变量，使用 $\exists\!\!\!\exists$ 运算符约束变量，以使其不出现在规约之中。这些约束变量，也称为*隐藏*（hidden）变量或*内部*（internal）变量，仅用于帮助描述自由变量（也称为可见变量）是如何变化的。

隐藏变量很简单，从数学角度来看足够优雅，从哲学角度来看也让人满意。不过，实际上是否隐藏变量对规约来说区别不大，一条注释也可以告诉读者某个变量可被视为内部变量。显式隐藏使得实现意味着蕴涵，只有高层级规约的内部变量（其值是什么不重要）是被显式隐藏的，一条表示实现的低层级规约才可被视为蕴涵了这条高层级规约。否则，实现表示的是转化映射下的实现（参见 5.8 节）。不过，正如 10.8 节所述，实现通常也涉及对可见变量的转化。

引入活性条件，可将规约（8.38）扩展为下述形式：

$$Init \wedge \Box[Next]_{vars} \wedge Liveness \tag{8.39}$$

其中 $Liveness$ 是动作 A 上形如 $\mathrm{WF}_{vars}(A)$ 和/或 $\mathrm{SF}_{vars}(A)$ 公式的合取式。（我认为全称量化也是合取的一种形式。）

8.9.2 闭包

如上节所示，在目前我们所写的形如式（8.39）的规约中，公式 $Liveness$ 的公平性属性形如 $\mathrm{WF}_{vars}(A)$ 和/或 $\mathrm{SF}_{vars}(A)$，其中的动作 A 有一个共同点：它们都是后继状态动作 $Next$ 的*子动作*。动作 A 是 $Next$ 的子动作当且仅当每一个 A 步骤都是一个 $Next$ 步骤，等价地，A 为 $Next$ 的子动作当且仅当 $A \Rightarrow Next$[⊖]。在几乎所有形如式（8.39）的规约中，公式 $Liveness$ 必须是 $Next$ 的子动作的弱公平性公式和强公平性公式的合取式。接下来我将解释原因。

在我们阅读规约（8.39）时，我们期望 $Init$ 约束初始状态，$Next$ 约束可能出现的步骤，而 $Liveness$ 仅描述最终必须发生的情况。不过，考虑下述公式：

$$(x = 0) \wedge \Box[x' = x + 1]_x \wedge \mathrm{WF}_x((x > 99) \wedge (x' = x - 1)) \tag{8.40}$$

式（8.40）的前两个合取式断言 x 初始化为 0，且以后的每一步将加 1 或保持不变，由此可知，一旦 x 大于 99，以后也将永远大于 99。而弱公平性属性断言，如果 x 大于 99，则 x 必须最终减 1——这与第二个合取式矛盾。这样，式（8.40）蕴涵 x 永远不会大于 99，所以其等价式为：

$$(x = 0) \wedge \Box[(x < 99) \wedge (x' = x + 1)]_x$$

向式（8.40）的前两个合取式中注入弱公平性属性，使得当 $x = 99$ 时，禁止出现 $x' = x + 1$ 步骤。

我们称形如式（8.39）的规约为闭包当且仅当 $Liveness$ 合取式既不限制初始状态，也不限制其他 $Next$ 步骤出现。更通用的表述是：令一个有限的行为为一个有限状态序列[⊜]，我们说有限行为 σ 满足一个安全属性 S 当且仅当由在 σ 后附加无限多个重叠步骤组成的行为满足 S。令 S 为一个安全属性，我们定义公式对 (S, L) 为闭包当且仅当每个满足 S 的有限行为可以被扩展为一个满足 $S \wedge L$ 的无限行为。如果公式对 $(Init \wedge \Box[Next]_{vars}, Liveness)$ 是闭包，那么我们也称式（8.39）为闭包。

我们很少会写一个不是闭包的规约，如果真的写了一个，那么通常是出问题了。如果 $Liveness$ 是$Next$ 的子动作上弱和/或强公平性公式的合取式，就能保证规约（8.39）是闭包[⊝]。这个条件对规约（8.40）（式（8.40）不是闭包）不成立，因为 $(x > 99) \wedge (x' = x - 1)$ 不是 $x' = x + 1$ 的子动作。

活性要求在哲学上是令人满意的。只包含了一个安全属性的形如式（8.38）这样的规约允许出现系统不执行任何操作的行为，也就是，该规约被不执行任何操作的系统所满足。用公平性表示活性要求并不总令人满意，这些属性很细微，容易弄错。就如对于直写式缓存规约，需要一些思考来确定其要满足什么样的活性条件一样，式（8.35）给出了这个条件：每个请求都有响应。

在不引入公平性的情况下，能更直接地表示活性属性就更好了，如很容易为直写式缓存编写一个时态公式，断言每个请求都会收到响应。当处理器 p 发出请求时，它将 $ctl[p]$ 设置为 “rdy”。我们只需要断言，对于每个处理器 p，只要出现 $ctl[p] =$ “rdy” 为真的状态，最终就都会有 $Rsp(p)$ 步骤：

⊖ 也可以有更弱的子动作定义：A 为式（8.38）的子动作当且仅当对满足式（8.38）的任意行为的任意状态 s，如果 A 在 s 中被使能，则 $Next \wedge A$ 也在 s 中被使能。

⊜ 有限行为实际上不是一个行为，因为行为是无限状态序列，数学家经常以这种方式滥用语言。

⊝ 更确切地说，形如 $\mathrm{WF}_{vars}(A)$ 和/或 $\mathrm{SF}_{vars}(A)$ 属性的有限或可数无限合取式就是这种情况，其中每个 $\langle A \rangle_v$ 都是 $Next$ 的子动作。这个结果对脚注⊖中的更弱的子动作定义也是成立的。

$$\forall p \in Proc : \Box((ctl[p] = \text{“rdy”}) \Rightarrow \Diamond\langle Rsp(p)\rangle_{vars}) \tag{8.41}$$

尽管此类公式很有吸引力，但很危险，因为很容易就会写出一个不是闭包的规约。

除特殊情况外，你应该用后继状态动作的子动作的公平性来表示活性。即使大多数系统非常复杂，你也可以用这种方式编写规约，因为这样更简单直接也更容易理解。异常情况常出现在那些更精细、更高层次且试图更通用的系统规约中，11.2 节中有一个这样的规约的例子。

8.9.3 闭包和可能性

我们可以将闭包视为可能性条件。例如，公式对 $(S, \Box\Diamond\langle A\rangle_v)$ 的闭包断言，对每个满足 S 的有限行为 σ，将 σ 扩展成一个满足 S 的无限行为是可能的，在 S 中有无限个 σ 动作出现。我们将 S 作为系统规约，所有满足 S 的行为表示的是系统的一次可能的执行过程，我们可以将 $(S, \Box\Diamond\langle A\rangle_v)$ 对的闭包重新表述为：在系统的任意执行过程中，总是有无限个 $\langle A\rangle_v$ 动作出现的可能。

TLA 规约表示安全和活性属性，不包括可能性属性。安全属性断言什么情况不可能——例如，系统不可能出现一个不满足后继状态动作的步骤。活性属性断言什么情况最终会发生。有时候系统会非正式地要求一些情况可能出现，大多数时候，经过仔细考量，这些需求可以用活性和/或安全属性表示。（最明显的例外是统计属性，例如关于某事出现的概率的断言。）我们对于定义某些情况可能发生不感兴趣，知道系统可能得出正确答案对我们没什么用处，我们从来不定义用户可能键入一个“a”，我们需要定义他这么做会有什么后果。

闭包是一对公式的属性，而不是系统的属性。尽管可能性属性从来都不是关于系统的有用断言，但它可能是关于规约的有用断言，带有键盘输入的系统的规约 S 应该始终允许用户键入“a”。因此，每个满足 S 的有限行为都应可扩展到满足 S 的无限行为，在该行为中将键入无限多个“a”。如果动作 $\langle A\rangle_v$ 表示键入“a”，则用户应始终能够键入无限多个“a”的表述等价于称 $(S, \Box\Diamond\langle A\rangle_v)$ 对是闭包。如果 $(S, \Box\Diamond\langle A\rangle_v)$ 不是闭包，则用户永远不可能输入“a”，除非允许系统锁定键盘，而这可能意味着规约出问题了。

这种可能性是可以被证明的。例如，为了证明用户总是有可能键入无限多的“a”，我们证明在输入动作上施加适当的公平性条件的合取式蕴涵用户必须输入无限多的“a”，不过，花力气证明这种简单属性似乎不大值得。编写规约时，应确保在实际系统中允许出现的可能性在规约中也允许出现，一旦你意识到哪些情况可能出现，就应该毫不犹豫地让这种可能性在规约中体现出来，你还应确保规约的公平性条件蕴涵了系统必须做的事情，这可能更有难度。

8.9.4 转化映射和公平性

5.8 节描述了要证明直写式缓存实现了内存规约，就要证明 $Spec \Rightarrow \overline{ISpec}$，其中 $Spec$ 是直写式缓存的规约，$ISpec$ 是内存的内部规约（内部变量可见），对任意的公式 F，我们让$\overline{F}$ 表示代换后的 F，$\overline{F}$ 中用表达式 $omem$、$octl$ 和 $obuf$ 分别代换了 mem、ctl 和 buf。我们可以将这个蕴涵式改写成式（5.3)，因为这种代换对如 $\land$ 和 $\Box$ 这样的运算符满足分配率，因此我们有：

$$
\begin{aligned}
&\overline{IInit \land \Box[INext]_{\langle memInt, mem, ctl, buf\rangle}} \\
&\quad\equiv \overline{IInit} \land \overline{\Box[INext]_{\langle memInt, mem, ctl, buf\rangle}} && \text{由 }\overline{}\text{ 对 }\land\text{ 满足分配率} \\
&\quad\equiv \overline{IInit} \land \Box[\overline{INext}]_{\overline{\langle memInt, mem, ctl, buf\rangle}} && \text{由 }\overline{}\text{ 对 }\Box[\cdots]_{\cdots}\text{ 满足分配率} \\
&\quad\equiv \overline{IInit} \land \Box[\overline{INext}]_{\langle \overline{memInt}, \overline{mem}, \overline{ctl}, \overline{buf}\rangle} && \text{由 }\overline{}\text{ 对 }\langle\cdots\rangle\text{ 满足分配率} \\
&\quad\equiv \overline{IInit} \land \Box[\overline{INext}]_{\langle memInt, \overline{mem}, \overline{ctl}, \overline{buf}\rangle} && \text{由 }\overline{memInt} = memInt
\end{aligned}
$$

在规约中添加活性条件,会将合取式加入公式 $Spec$ 和 $ISpec$ 中。假设我们将公式 $Liveness2$（参见式（8.19））当作 $ISpec$ 的活性属性，则 $\overline{ISpec}$ 的新术语 $\overline{Liveness2}$ 可简写成：

$$
\begin{aligned}
&\overline{Liveness2} \\
&\quad\equiv \overline{\forall p \in Proc : \mathrm{WF}_{vars}(Do(p) \lor Rsp(p))} && \text{由 } Liveness2 \text{ 的定义} \\
&\quad\equiv \forall p \in Proc : \overline{\mathrm{WF}_{vars}(Do(p) \lor Rsp(p))} && \text{由 }\overline{}\text{ 对 }\forall\text{ 满足分配率}
\end{aligned}
$$

但我们不能自动将 $\overline{}$ 移入 WF 中，因为代换通常对 ENABLED 不满足分配率。因此，不能直接对 WF 或 SF 运算符使用分配率。对实践中出现的规约和转化映射，包括上式，在其中简单地将每个 $\overline{\mathrm{WF}_v(A)}$ 代换为 $\mathrm{WF}_{\overline{v}}(\overline{A})$ 并将每个 $\overline{\mathrm{SF}_v(A)}$ 代换为 $\mathrm{SF}_{\overline{v}}(\overline{A})$ 即可给出正确结果。不过我们不需要依赖这种方式，展开 WF 和 SF 的定义也可以得到，例如：

$$
\begin{aligned}
\overline{\mathrm{WF}_v(A)} &\equiv \overline{\Box\Diamond\neg\text{ENABLED}\,\langle A\rangle_v \lor \Box\Diamond\langle A\rangle_v} && \text{由 WF 的定义} \\
&\equiv \Box\Diamond\neg\overline{\text{ENABLED}\,\langle A\rangle_v} \lor \Box\Diamond\langle \overline{A}\rangle_{\overline{v}} && \text{由 }\overline{}\text{ 的分配率}
\end{aligned}
$$

我们可以在手动计算 ENABLED 谓词之后进行代换。在计算 ENABLED 谓词时，只考虑满足规约中的那些安全部分的状态就够了，这通常意味着 ENABLED $\langle A\rangle_v$ 等于 ENABLED A，接着可以使用下面的规则计算 ENABLED 谓词：

1. ENABLED $(A \lor B) \equiv$ (ENABLED A) $\lor$ (ENABLED B)，对任意的动作 A 和 B。

2. ENABLED $(P \land A) \equiv P \land$ (ENABLED A)，对任意的状态谓词 P 和动作 A。

3. ENABLED $(A \land B) \equiv$ (ENABLED A) $\land$ (ENABLED B)，对任意的动作 A 和 B，使得相同的变量不会在两者中同时加 $'$。

4. ENABLED $(x' = exp) \equiv$ TRUE 和 ENABLED $(x' \in exp) \equiv (exp \neq \{\})$，对任意变量 x 和状态函数 exp。

例如：

$$
\begin{aligned}
&\overline{\text{ENABLED}\,(Do(p) \lor Rsp(p))} \\
&\quad\equiv \overline{(ctl[p] = \text{“busy”}) \lor (ctl[p] = \text{“done”})} && \text{由规则 1～4} \\
&\quad\equiv (octl[p] = \text{“busy”}) \lor (octl[p] = \text{“done”}) && \text{由 }\overline{}\text{ 的含义}
\end{aligned}
$$

8.9.5　活性不重要

尽管活性属性在哲学上很重要，但实际上式（8.39）的活性部分不如安全部分 $Init \wedge \Box [Next]_{vars}$ 重要。我们编写规约的终极目的是避免错误，而经验表明，编写和使用规约的大多数收益来自安全部分。另外，因为活性属性通常很容易编写，且篇幅不到规约的 5 %，所以也可以顺便写一下活性部分。但是，在查找错误时，你应将大部分精力用于检查安全部分。

8.9.6　时态逻辑让人困惑

目前为止我们讨论的大部分规约形如：

$$\exists\!\!\!\exists\, v_1, \cdots, v_n \,:\, Init \wedge \Box[Next]_{vars} \wedge Liveness \tag{8.42}$$

其中 $Liveness$ 是 $Next$ 的子动作的公平性属性的合取式。这是一类非常受限的时态逻辑公式。时态逻辑表达能力很强，可以将其运算符以各种方式组合起来以表示各种各样的属性。这里给出编写规约的一点建议：先用时态公式表示系统必须满足的每个属性，然后将所有这些公式结合起来。例如，式（8.41）表示直写式缓存的属性，即每个请求最终都会收到响应。

这种方法在哲学上很有吸引力，它只有一个问题：仅适用于最简单的规约——即使对于它们，也很少能很好地起作用。对时态逻辑的无限制使用会产生难以理解的公式。将这些公式组合起来会产生一个无法理解的规约。

TLA 规约的基本形式是式（8.42），大多数规约都应具有此形式。我们还可以将这种规约用作“积木”。第 9 章和第 10 章将描述我们将规约写作此类公式的合取式的情况。10.7 节将引入新的时态运算符 $\overset{+}{\rhd}$，并说明为什么我们可能要编写规约 $F \overset{+}{\rhd} G$，其中 F 和 G 形如式（8.42）。但是，这样的规约在实际中很少用到。大多数工程师只需要知道如何编写形如式（8.42）的规约就够了。事实上，仅表示安全属性并且不隐藏任何变量的形如式（8.38）的规约，对工程师来说才是最友好的。

实时系统

使用活性属性，我们可以规定系统最终必须响应一个请求，但不能限定它是否必须在未来 100 年内给出响应。要明确规定何时响应，我们需要引入实时属性。

在人类生命周期内都给不出响应的系统对我们来说没有多大意义，我们可能希望实时规约更贴近现实一些。之前我们接触到的规约通常被用来描述系统做什么，而不是要花多长时间做什么。在一些场合，我们可能需要用到实时属性，在本章中我们将具体讨论怎么做。

9.1 回顾时钟规约

回顾第 2 章的时钟规约，其断言变量 hr 从 1 到 12 反复循环，现在加入一个需求：hr 读数必须准时显示。几个世纪以来，科学家引入变量 t 来表示系统的实时行为，其中 t 是一个表示时间的实数，$t = -17.51$ 的状态表示系统在时刻 -17.51 的状态，该时刻可能是从 2000 年 1 月 1 日 00:00 UT 开始的秒数。在 TLA$^+$ 规约中，我习惯用变量 now 而不是 t 表示时间。方便起见，我们还是用秒作时间单位，尽管选择其他单位也可以。

回忆一下，状态是为所有变量赋值的操作。

与物理和化学等学科不同，计算机科学用一系列离散状态，而不是随时间变化而连续变化的状态，来描述系统行为。我们认为时钟读数改变是瞬时（0 秒内）发生的，其读数从 12 直接跳到 1，物理显示的中间暂态可忽略。所以，时钟的实时规约可以容许如下的步骤：

$$\begin{bmatrix} hr & = & 12 \\ now & = & \sqrt{2.47} \end{bmatrix} \rightarrow \begin{bmatrix} hr & = & 1 \\ now & = & \sqrt{2.47} \end{bmatrix}$$

now 的值在 hr 的变化间变化。如果我们要表征 hr 从 12 到 1 的变化花了多长时间，就需要引入一个中间状态来表示这个读数的变化过程——让 hr 增加中间值（如 12.5），或者加入一个布尔值变量 chg 来表示读数是否发生变化。但只要我们假设这种变化发生在一瞬间，就可以不用这么麻烦了。

正如之前的章节中我们将连续变化的时钟抽象成离散的 hr 读数变化一样，我们也让 now 的值在离散的步骤中变化。对于我们的时钟规约来说，变量 now 以飞秒为单位递增就是对连续变化的时间的足够精确的表示。事实上，也没有必要指定任何特定的时间粒度，我们随时可以在 hr 读数变化之间让 now 以任意精度递增。（由于 hr 的值在更改 now 的步骤中没有变化，因此时钟准时显示的需求可以排除 now 在单个步骤中变化太大的行为。）

时钟需要满足什么样的实时条件呢？我们可能只要求它在特定的 ρ 秒（ρ 是一个实数）内显示正确就可以了，不过典型的真实系统的实时需求不是这么表述的，实际上我们只需要 hr 每隔差不多 1 小时变化就行了，更确切地说，我们需要的间隔区间是 1 小时 $\pm\rho$ 秒（其中 ρ 为正实数）。显然，这个需求允许时钟显示有一点时间偏差，实际上真实的时钟如果长时间不重启的话也是会有一点偏差的。

我们也可以从头开始编写实时时钟规约，但仍然要求其满足 $HourClock$ 模块的规约 HC（参见图 2.1），还需要增加一个实时需求。这里我们考虑将新规约表示为 HC 和一个公式的合取式，该公式要求时钟在 1 小时 $\pm\rho$ 秒内变化一次。此要求是两个独立条件的合取：时钟最快 $3600-\rho$ 秒改变一次，最慢 $3600+\rho$ 秒改变一次。

为了表示上述要求，我们引入一个变量 t（表示 timer）来记录从上次时钟读数变化到现在为止过去了多少秒。t 在 hr 读数变化的步骤（$HCnxt$ 步骤）中被重置为 0，任何表示时间过去了 s 秒的步骤都需要将 t 置为 $t+s$，而表示时间变化的步骤就是改变了 now 值的步骤，其表示已经过去了 $now'-now$ 秒。表示 t 变化的动作如下：

$$TNext \;\triangleq\; t' = \text{IF } HCnxt \text{ THEN } 0 \text{ ELSE } t + (now' - now)$$

我们让 t 初始化为 0，可以认为其初始状态为 hr 读数刚好发生变化的状态，因此表示 t 值变化的规约满足：t 初始值为 0，每一步都是一个 $TNext$ 步骤，或者其他相关变量 t、hr 和 now 都保持不变的步骤，即

$$Timer \;\triangleq\; (t = 0) \land \Box[TNext]_{\langle t,\, hr,\, now \rangle}$$

hr 读数最迟 $3600+\rho$ 秒改变一次的需求可表述为：距离上个 $HCnxt$ 步骤最多只能过去 $3600+\rho$ 秒，因为 t 等于从上个读数变化之后过去的时间，这个需求可以表示成

$$MaxTime \;\triangleq\; \Box(t \leqslant 3600 + \rho)$$

（因为我们不能完全精准地表示时间，所以在上述公式中用 $<$ 或 $\leqslant$ 都没有关系，为了方便类推，我们用 $\leqslant$。）

hr 读数最快 $3600-\rho$ 秒改变一次的需求可表述为：无论一个 $HCnxt$ 步骤何时出现，该步骤距离上个 $HCnxt$ 步骤最少都应该过去了 $3600-\rho$ 秒，这个需求可以表示成

$$\Box(HCnxt \Rightarrow (t \geqslant 3600 - \rho)) \tag{9.1}$$

在推广式中，$\geqslant$ 比 $>$ 更方便表示一些。

不过式（9.1）不是一个合法的 TLA 公式，因为 $HCnxt \Rightarrow \cdots$ 是一个动作（包含 $'$ 运算），一个断言一个动作永远为真的 TLA 公式需要用 $\Box[A]_v$ 这种形式。我们不需要关心 hr 不变的步骤，因此式（9.1）可以表示成 TLA 公式：

$$MinTime \;\triangleq\; \Box[HCnxt \Rightarrow (t \geqslant 3600 - \rho)]_{hr}$$

综上，我们需要的实时时钟规约可以用上述三个公式的合取来表示：

$$HCTime \triangleq Timer \land MaxTime \land MinTime$$

公式 $HCTime$ 包含了变量 t，而实时时钟规约只需要 hr（时钟读数）和 now（时间）两个变量，因此我们需要隐藏 t。变量隐藏在 TLA$^+$ 中可以用时态存在量词 $\boldsymbol{\exists}$ 表示（参见 4.3 节）。不过，就如 4.3 节所述，我们不能简单地在主模块中定义 $\boldsymbol{\exists} t : HCTime$（可能出现变量名重名），而需要在新的声明 t 的模块中定义 $HCTime$，然后在主模块中参数化实例化这个模块（参见图 9.1）。不同于在一个完全独立的模块中定义 $HCTime$，这里我在包含实时时钟规约的 $RealTimeHourClock$ 模块中定义一个子模块 $Inner$，这样主模块中的所有声明和定义都可以用于子模块。子模块 $Inner$ 可以在主模块中用下列语句初始化：

$$I(t) \triangleq \text{INSTANCE } Inner$$

$HCTime$ 中的 t 可以用 $\boldsymbol{\exists} t : I(t)!HCTime$ 隐藏。

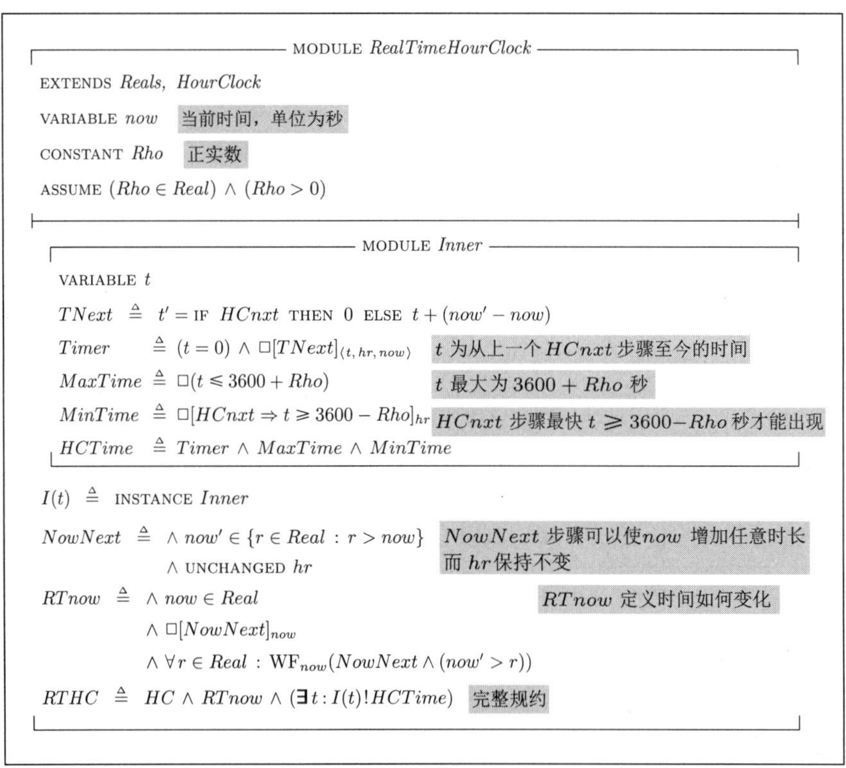

图 9.1　实时时钟规约（时钟每小时变化，误差为 ± Rho 秒）

公式 $HC \land (\boldsymbol{\exists} t : I(t)!HCTime)$ 描述 hr 可能的变化，并将这些变化关联到 now。但是上述公式并没有描述 now 是如何变化的。举个例子，下面这样的行为也是满足这个公式的：

$$\begin{bmatrix} hr & = & 11 \\ now & = & 23.5 \end{bmatrix} \rightarrow \begin{bmatrix} hr & = & 11 \\ now & = & 23.4 \end{bmatrix} \rightarrow \begin{bmatrix} hr & = & 11 \\ now & = & 23.5 \end{bmatrix} \rightarrow \begin{bmatrix} hr & = & 11 \\ now & = & 23.4 \end{bmatrix} \rightarrow \cdots$$

因为时间不能倒退，所以上述行为在现实中不可能出现。尽管大家都知道时间只能前进，但如果规约的目的只是描述时钟读数变化，就没有必要禁止这种行为。不过，一个规约还是能让我们对系统有所推断。如果 hr 读数差不多每小时改变一次，它就不会停止。但是如上述行为所示，公式 $HC \wedge (\exists t : I(t)!HCTime)$ 本身是允许时钟停止的。为了确保时钟不会停止，我们需要说明 now 是如何变化的。

这里我们引入一个新的公式 $RTnow$ 来表示 now 的可能变化。这个公式不需要指定 now 的变化单位，它允许 now 在每个步骤中增加 1 微秒或者一个世纪。如前所述，我们还是约定，在步骤中，如果 hr 变化，则 now 必须保持不变；如果 now 变化，则 hr 必须保持不变。因此，表征 now 变化的步骤可以用如下动作表示，其中 $Real$ 表示实数集合：

$$NowNext \triangleq \wedge\ now' \in \{r \in Real : r > now\} \quad \text{now' 可以等于任何 >now 的时间}$$
$$\wedge\ \text{UNCHANGED } hr$$

公式 $RTnow$ 也容许 now 保持不变，初始时 now 可以为任意值（符合系统初始的真实情况），所以 $RTnow$ 规约的安全部分为：

$$(now \in Real) \wedge \Box[NowNext]_{now}$$

我们需要的活性条件是 now 可以无上限地增长，单独的 $NowNext$ 动作的弱公平性（参见第 8 章）不完全满足要求，因为可以找到如下“Zeno”行为：

$$[now = .9] \rightarrow [now = .99] \rightarrow [now = .999] \rightarrow [now = .9999] \rightarrow \cdots$$

在上述行为中，now 的值仍然是有上限 1 的，不满足活性要求。考虑动作 $NowNext \wedge (now' > r)$，其弱公平性条件蕴涵 now 值大于 r 的 $NowNext$ 步骤最终会出现。（因为这个动作一直是使能的，所以其弱公平性条件也蕴涵有无限多个这样的动作必然出现。）而断言其对所有的实数 r 成立则蕴涵 now 可以无限制增长，满足 now 可以无上限地增长的要求，所以公平性条件可以表示成[⊖]：

$$\forall r \in Real : \text{WF}_{now}(NowNext \wedge (now' > r))$$

完整的实时时钟规约 $RTHC$ 内有公式 $RTnow$ 的定义（参见图 9.1 中的$RealTimeHourClock$ 模块），$RTHC$ 还引入了定义 $Real$ 为实数集的标准模块 $Reals$。

9.2 通用实时规约

在 8.4 节中，我们看到，时钟规约的活性要求（即时钟读数有无限次改变）的相应推广式是 clock-tick 动作的弱公平性条件。实时规约的推广式与之类似。动作 A 的弱公平性条件断言如果 A 持续使能，则一个 A 步骤最终会出现，实时性条件与之对应的表述是如果 A 被持续使能达到 ε 秒，则一个 A 步骤必然会出现。因为 $HCnxt$ 动作总是被使能，

⊖ 等价条件是 $\forall r \in Real : \Diamond(now > r)$，不过我喜欢将公平性条件表示成 WF 和 SF 公式。

且时钟读数最慢每 $3600+\rho$ 秒必须变化一次，所以时钟的实时性要求可以在上面表述中用 $HCnxt$ 代换 A，用 $3600+\rho$ 代换 ε 得到。

$HCnxt$ 动作最快每 $3600-\rho$ 秒必须变化一次的要求可以类似地由这个说法推广得出：动作 A 必须被持续使能最少达到 δ 秒，一个 A 步骤才可能出现。

第一个条件，即上限 ε 表示的是一个 A 步骤在其使能之后最长可以多长时间不出现，显然在 ε 等于 $Infinity$（$Reals$ 模块定义的比所有实数都大的数）时是满足要求的。第二个条件，即下限 δ 表示的是一个 A 步骤出现之前 A 必须被持续使能最短多长时间，显然在 δ 等于 0 时也是满足要求的。因此，将上述条件合并成一个简单的包含参数 δ 和 ε 的公式，也不会缺失任何信息。我们现在就要定义这样一个可称之为实时约束条件（real-time bound condition）的公式。

弱公平性公式 $\mathrm{WF}_v(A)$ 声明动作 $\langle A\rangle_v$ 的弱公平性条件，$\langle A\rangle_v$ 是 $A\wedge(v'\neq v)$ 的简写形式，其中下标 v 用来排除重叠步骤。因为一个有意义的公式对行为是否为真不取决于其是否有重叠步骤，所以如果 A 步骤可能是重叠步骤的话，则说 A 步骤已经出现或没有出现就没有意义了。因此，相应的实时条件也必须是动作 $\langle A\rangle_v$ 上的，而不是任意的动作 A。我们习惯用 v 表示由 A 的所有变量组成的元组，由此定义实时约束 $RTBound(A, v, \delta, \varepsilon)$ 应该满足的条件，如下所示：

- 必须在 $\langle A\rangle_v$ 持续使能最少达到 δ 个时间单位之后，一个 $\langle A\rangle_v$ 才能出现，该时间从上一个 $\langle A\rangle_v$ 出现开始算起，或者从行为起始处算起。
- $\langle A\rangle_v$ 最多被使能 ε 个时间单位，一个 $\langle A\rangle_v$ 就必须出现。

$RTBound(A, v, \delta, \varepsilon)$ 推广了时钟规约的实时公式 $\exists\, t : I(t)!HCTime$，我们也可以如之前一样引入子模块，用简练一点的方式这样定义：

$$
\begin{aligned}
RTBound(A, v, D, E) \;\triangleq\; & \text{LET } Timer(t) \;\triangleq\; \cdots \\
& \qquad\quad \cdots \\
& \text{IN } \;\; \exists\, t : Timer(t) \wedge \cdots
\end{aligned}
$$

> 在 TLA$^+$ 规约中，我习惯用 D 和 E 代替 δ 和 ε。

我们一开始定义 $Timer(t)$ 为一个时态公式，断言 t 等于从上一个 $\langle A\rangle_v$ 出现开始算起，$\langle A\rangle_v$ 被持续使能的时间。t 在一个 $\langle A\rangle_v$ 或一个禁止 $\langle A\rangle_v$ 的步骤中被置为 0。如果 $\langle A\rangle_v$ 被使能的话，那么一个使 now 增大的步骤应该使 t 增大 $now'-now$。因此 t 的变化由如下动作表示：

$$
\begin{aligned}
TNext(t) \;\triangleq\; t' = \; & \text{IF } \langle A\rangle_v \vee \neg(\text{ENABLED } \langle A\rangle_v)' \\
& \text{THEN } 0 \\
& \text{ELSE } t + (now' - now)
\end{aligned}
$$

$Timer(t)$ 中的 v 是一个由可能出现在 A 中的所有变量组成的元组，保持 v 不变的步骤不能使能或禁用 $\langle A\rangle_v$。因此，公式 $Timer(t)$ 应该允许保持 t、v 和 now 不变的步骤。令 t

初始化为 0，我们定义

$$Timer(t) \triangleq (t = 0) \wedge \Box[TNext(t)]_{\langle t, v, now \rangle}$$

根据实时时钟规约的公式 $MaxTime$ 和 $MinTime$，很容易得到如下推广式：

- $MaxTime(t)$ 断言 t 永远小于或等于 E：

  $$MaxTime(t) \triangleq \Box(t \leqslant E)$$

- $MinTime(t)$ 断言一个 $\langle A \rangle_v$ 步骤出现当且仅当 $t \geqslant D$：

  $$MinTime(t) \triangleq \Box[A \Rightarrow (t \geqslant D)]_v$$

  （$MinTime(t)$ 等价于 $\Box[\langle A \rangle_v \Rightarrow (t \geqslant D)]_v$。）

之后我们定义 $RTBound(A, v, D, E)$ 等于

$$\exists t : Timer(t) \wedge MaxTime(t) \wedge MinTime(t)$$

我们还要推广一下实时时钟规约的公式 $RTnow$。该公式描述了 now 的变化形式，并断言 now 发生变化时 hr 保持不变。其推广式是 $RTnow(v)$，它将 hr 代换为任意状态函数 v，该函数通常是由规约中出现的除 now 之外的所有变量组成的元组。有了这些定义，实时时钟规约 $RTHC$ 可以记作：

$$HC \wedge RTnow(hr) \wedge RTBound(HCnxt, hr, 3600 - Rho, 3600 + Rho)$$

上述规约参见图 9.2 的 $RealTime$ 模块，内含 $RTBound$ 和 $RTnow$ 的定义。

强公平性条件在弱公平性条件的基础上增加了如下需求：一个 A 出现不仅要求 A 被持续使能，还要重复使能，重复使能意味着其也有持续被禁止的可能性。类似地，我们可以注入强公平性公式，增强我们的实时约束条件 $SRTBound(A, v, \delta, \varepsilon)$，其断言：

- 必须在 $\langle A \rangle_v$ 使能最少达到总共 δ 个时间单位之后，一个 $\langle A \rangle_v$ 才能出现，这个时间从上一个 $\langle A \rangle_v$ 出现开始算起，或者从行为起始处算起。
- $\langle A \rangle_v$ 最多被使能总共 ε 个时间单位后，一个 $\langle A \rangle_v$ 就必须出现。

如果 $\varepsilon < Infinity$，则 $RTBound(A, v, \delta, \varepsilon)$ 蕴涵被持续使能 ε 秒后，$\langle A \rangle_v$ 必须出现。这样，如果 $\langle A \rangle_v$ 曾被永久使能，则无限多个 $\langle A \rangle_v$ 必须出现，因此 $RTBound(A, v, \delta, \varepsilon)$ 蕴涵 A 的弱公平性条件。更确切地说，$RTnow(v)$ 和 $RTBound(A, v, \delta, \varepsilon)$ 一起蕴涵 $\mathrm{WF}_v(A)$。但是 $SRTBound(A, v, \delta, \varepsilon)$ 不同，它不蕴涵 A 的强公平性条件，是允许出现 $\langle A \rangle_v$ 被无限次使能而从未被执行这样的行为的。例如，A 可以先被使能 $\varepsilon/2$ 秒，接着被使能 $\varepsilon/4$ 秒，然后是 $\varepsilon/8$ 秒，以此类推。看起来 $SRTBound$ 似乎没有多大实际用途，因此我也就不给出正式定义了。

MODULE *RealTime*

这个模块声明了表示真实时间的变量 *now*，并定义了编写实时规约的运算符 $RTnow(v)$ 和 $RTBound(A, v, \delta, \varepsilon)$。在规约中加入实时约束是通过注入 $RTnow(v)$ 和 $RTBound(A, v, \delta, \varepsilon)$ 得到的，这里 v 是由规约的所有变量组成的元组，且满足 $0 \leqslant \delta \leqslant \varepsilon \leqslant Infinity$

EXTENDS *Reals*

VARIABLE *now* 　*now* 是表示当前时间的实数，其单位未指定

$RTBound(A, v, \delta, \varepsilon)$ 断言必须在 $\langle A \rangle_v$ 持续使能最少达到 δ 个时间单位之后，一个 $\langle A \rangle_v$ 才能出现，该时间从上一个 $\langle A \rangle_v$ 出现开始算起（或者从行为起始处算起），且 $\langle A \rangle_v$ 最多被使能 ε 个时间单位后，一个 $\langle A \rangle_v$ 就必须出现，其时间计算方式如上所述

$RTBound(A, v, D, E) \triangleq$

$\quad$ LET $TNext(t) \triangleq t' = \text{IF } \langle A \rangle_v \lor \neg(\text{ENABLED } \langle A \rangle_v)' \text{ THEN } 0 \text{ ELSE } t + (now' - now)$

$\quad$ $Timer(t)$ 声明 t 是在 $\langle A \rangle_v$ 步骤出现前，$\langle A \rangle_v$ 被持续使能的时间

$\qquad Timer(t) \triangleq (t = 0) \land \Box[TNext(t)]_{\langle t, v, now \rangle}$

$\qquad MaxTime(t) \triangleq \Box(t \leqslant E)$ 　断言 t 总是小于或等于 E

$\qquad MinTime(t) \triangleq \Box[A \Rightarrow (t \geqslant D)]_v$ 　断言只有在 $t \geqslant D$ 时，$\langle A \rangle_v$ 才能出现

$\quad$ IN $\exists t : Timer(t) \land MaxTime(t) \land MinTime(t)$

$RTnow(v)$ 断言 *now* 是一个实数，在某些 v 保持不变的步骤中没有上限地增长任意个单位

$RTnow(v) \triangleq$ LET $NowNext \triangleq \land\ now' \in \{r \in Real : r > now\}$ $\land$ UNCHANGED v

$\qquad$ IN $\land\ now \in Real$

$\qquad\quad \land\ \Box[NowNext]_{now}$

$\qquad\quad \land\ \forall r \in Real : \text{WF}_{now}(NowNext \land (now' > r))$

图 9.2　编写实时规约需要引入的 *RealTime* 模块

9.3　实时缓存

现在，让我们引入 *RealTime* 模块来编写线性化内存规约（参见 5.3 节）和直写式缓存规约（参见 5.6 节）的实时版本。我们可以通过加强 *Memory* 模块中的规约（参见图 5.3）增加内存必须在 *Rho* 秒内响应处理器请求的需求，以得到实时版本。*Memory* 模块的完整规约 *Spec* 是通过在 *InternalMemory* 模块的内部规约 *ISpec* 中将变量 *mem*、*ctl* 和 *buf* 隐藏起来得到的。通常，将实时约束添加到内部规约中比较容易，在实时约束中可以引用内部（隐藏）变量。因此，我们先将实时约束添加到 *ISpec* 中，然后隐藏内部变量，最后得到我们的实时内存规约。

为了约定系统必须在 *Rho* 秒内响应处理器请求，我们为动作添加时间上限约束，其在请求发出时被使能，只在（执行完成后）处理器响应该请求后才被禁用。在规约 *ISpec* 中，响应一个请求需要两个动作——执行内部操作的 $Do(p)$ 动作和发出响应的 $Rsp(p)$ 动作。这两个动作都不是我们需要的，为了满足需求，我们需要定义一个新动作。考虑到处

理器 p 有一个挂起的请求当且仅当 $ctl[p]$ 等于 “rdy”，因此我们断言该动作被使能后不超过 Rho 秒就必须被执行：

$$Respond(p) \triangleq (ctl[p] \neq \text{“rdy”}) \land (ctl'[p] = \text{“rdy”})$$

完整的规约参见图 9.3 中 $RTMemory$ 模块的 $RTSpec$ 公式。为了隐藏变量 mem、ctl 和 buf，$RTMemory$ 模块包含了引入 $InternalMemory$ 模块的子模块 $Inner$。

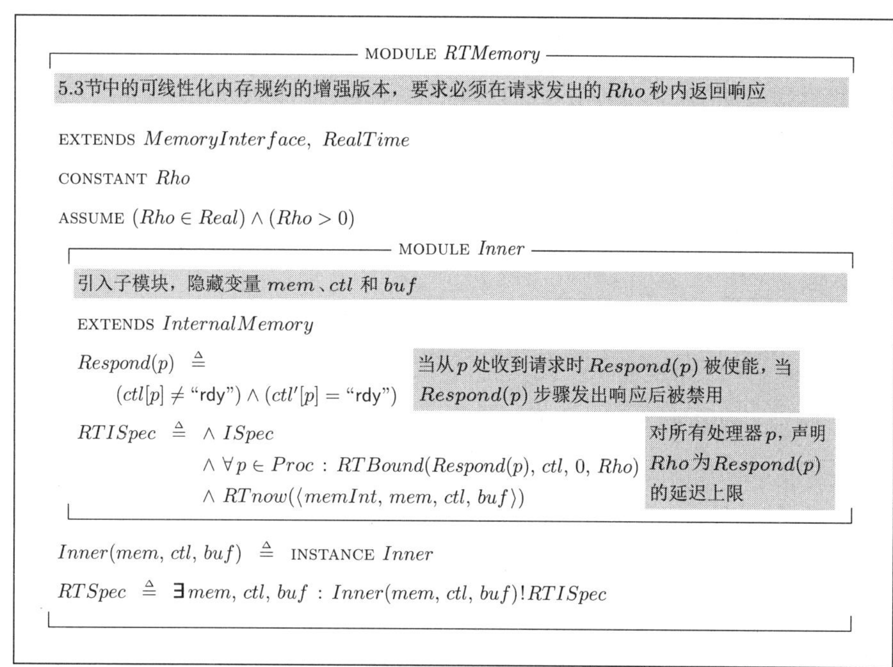

图 9.3 可线性化内存规约的实时版本

在可线性化内存的规约中添加了实时约束后，现在让我们加强直写式缓存的规约，以使其满足实时约束条件。我们的目的不仅仅是完成任务——类似于内存规约的做法，在其中添加相同的约束就可以轻松做到这一点。我们要编写的是一个有关实时算法的规约——该规约告诉实现者如何施加实时约束。一般比较通用的做法是将实时约束施加到非实时规约的已有动作上，而不是像在内存规约中那样引入新动作，再在新动作上施加实时约束。这里，响应时间的上限约束应通过在系统原有动作上施加上限约束来实现。

在我们尝试将实时约束添加到直写式缓存规约的过程中，可能会遇到以下问题：不同处理器的操作彼此“竞争”以使操作排队进入有限队列 $memQ$。例如，在处理对处理器 p 的写请求时，系统要执行 $DoWr(p)$ 动作以使该操作排队到 $memQ$ 的尾部，但如果 $memQ$ 已满，则不会使能 $DoWr(p)$，系统可以一直对其他处理器连续执行 $DoWr$ 或 $RdMiss$ 动作，使得 $memQ$ 不得空闲，从而连续禁用 $DoWr(p)$ 动作。这就是为什么要满足活性条件——每个请求最终都要收到响应——因此在 8.7 节中我们必须引入 $DoWr$ 和 $RdMiss$ 动作的强公平性条件。确保 $DoWr(p)$ 动作在一定时间内得到执行的唯一方法是对其他处理器的动作引入下限约束，以确保它们不能过于频繁地执行 $DoWr$ 或 $RdMiss$ 动作。尽管这样的规约理论上是可行的，但不是所有人都想在实践中使用它。

对共享资源访问添加实时约束的常用方法是调度不同处理器对资源的使用。因此，让我们修改直写式缓存规约，将调度规则施加到在 $memQ$ 上执行入队操作的动作上。这里我们使用轮询调度，这可能是最容易实现的调度方式了。假设处理器的编号为 $0 \sim N-1$。轮询调度意味着，处理器 p 的操作是 q 的操作的下一个要入队的操作，当且仅当没有其他处理器 $(q+1)\ \%\ N, (q+2)\ \%\ N, \cdots, (p-1)\ \%\ N$ 的操作在等待入队。

为了给出上述说法的正式表达，我们首先令处理器集合 $Proc$ 等于整数集 $0\ ..\ (N-1)$。通常的做法是直接定义 $Proc \triangleq 0\ ..\ (N-1)$，不过，因为 $WriteThroughCache$ 模块已有参数 $Proc$ 了，所以为了复用直写式缓存规约的参数和定义，我们直接引入 $WriteThroughCache$ 模块就可以了。接着我们定义新的常量参数 N，假设 $Proc = 0\ ..\ (N-1)$[⊖]。

为了实现轮询调度，我们引入一个变量 $lastP$，令其等于需要执行最后入队的操作的处理器。我们定义运算符 $position$，使得 p 是 $lastP$ 之后在轮询序列中第 $position(p)$ 个入队的处理器：

$$position(p) \triangleq \text{CHOOSE } i \in 1\ ..\ N : p = (lastP + i)\ \%\ N$$

（这里，$position(lastP)$ 等于 N。）处理器 p 的操作可以是下一个访问 $memQ$ 的操作，当且仅当没有满足 $position(q) < position(p)$ 的处理器 q 要访问它——当且仅当 $canGoNext(p)$ 为真，这里

$$\begin{aligned} canGoNext(p) \triangleq \forall q \in Proc : (position(q) < position(p)) \Rightarrow \\ \neg \text{ENABLED } (RdMiss(q) \lor DoWr(q)) \end{aligned}$$

之后我们对 $RdMiss(p)$ 和 $DoWr(p)$ 定义对应的 $RTRdMiss(p)$ 和 $RTDoWr(p)$，它们分别具有附加的使能条件 $canGoNext(p)$，并将 $lastP$ 设置为 p。后继状态动作的其他子动作与以前相同，除了还必须保持 $lastP$ 不变之外。

简单起见，我们假设单独上限 $Epsilon$ 是处理器 p 上任何动作从被使能到被执行之间可以容许的最大时间长度——$Evict(p, a)$ 动作除外，我们从不要求其出现。通常，假设 $A_1, \cdots, A_k$ 是这样的动作：其中任意两个动作都不会同时使能；任何一个动作 A_i 使能后，必须先执行它，然后才能使能另一个动作 A_j。在这种情况下，$A_1 \lor \cdots \lor A_k$ 上的单个 $RTBound$ 约束与对所有 A_i 的单独约束等价。因此，我们可以在处理器 p 的所有动作的析取上施加一个单一约束，除了 $DoRd(p)$ 和 $RTRdMiss(p)$ 之外，因为 $Evict(p, a)$ 步骤可以禁用 $DoRd(p)$ 并使能 $RTRdMiss(p)$。因此，我们对 $RTRdMiss(p)$ 使用单独的约束。

我们假设在不使操作从 $memQ$ 出队的情况下，$Delta$ 为使能 $MemQWr$ 或 $MemQRd$ 的时间上限，变量 $memQ$ 表示总线和主存之间的物理队列，并且 $Delta$ 必须足够大，以便插入空队列的操作能够在 $Delta$ 秒内到达内存并出队。

⊖　我们也可以实例化 $WriteThroughCache$ 模块，用 $0\ ..\ (N-1)$ 代换 $Proc$，但这会需要声明 $WriteThroughCache$ 模块的其他参数，包括从 $MemoryInterface$ 模块继承的那些。

我们希望实时直写式缓存实现实时内存规约，这需要一个与 *Delta*、*Epsilon* 和 *Rho* 相关的假设，以确保其满足内存规约的时间约束——内存从处理器 p 接收请求与给出响应的时间间隔最多为 *Rho*。证实此假设需要计算该时延的上限。找到上限的最小值比较困难，不过证明

$$2 * (N + 1) * Epsilon + (N + QLen) * Delta$$

是一个上限就很简单了，我们假设这就是需要的小于或等于 *Rho* 的值。

完整版的规约参见图 9.4：该模块还断言一个定理，即实时直写式缓存规约 *RTSpec* 实现（蕴涵）了实时内存规约，即 *RTMemory* 模块的公式 *RTSpec*。

```
---------------- MODULE RTWriteThroughCache ----------------
EXTENDS WriteThroughCache, RealTime
CONSTANT N                                  假设处理器集合 Proc 等于 0 .. N − 1
ASSUME (N ∈ Nat) ∧ (Proc = 0 .. N − 1)
CONSTANTS Delta, Epsilon, Rho   动作的实时约束
ASSUME ∧ (Delta ∈ Real) ∧ (Delta > 0)
       ∧ (Epsilon ∈ Real) ∧ (Epsilon > 0)
       ∧ (Rho ∈ Real) ∧ (Rho > 0)
       ∧ 2 * (N + 1) * Epsilon + (N + QLen) * Delta ≤ Rho
-------------------------------------------------------------
我们修改直写式缓存规约使其满足条件：不同处理器的操作按处理器轮询的顺序进入队列 memQ

VARIABLE lastP   最后一个执行入队操作的处理器
RTInit ≜ Init ∧ (lastP ∈ Proc)   lastP 可初始化为任意处理器

position(p) ≜   p 是轮询顺序中 lastP 之后的第 position(p) 个处理器
 CHOOSE i ∈ 1 .. N : p = (lastP + i) % N
canGoNext(p) ≜   当p可以是下一个执行入队操作的处理器时，其值为真
 ∀ q ∈ Proc : (position(q) < position(p)) ⇒ ¬ ENABLED (RdMiss(q) ∨ DoWr(q))

RTRdMiss(p) ≜ ∧ canGoNext(p)    动作 RTRdMiss(p) 和 RTDoWr(p) 与 RdMiss(p) 和
              ∧ RdMiss(p)        DoWr(p) 相同，但只有 p 是轮询顺序中下一个执行入队操
              ∧ lastP' = p       作的处理器，它们才会被使能，之后将 lastP 置为 p
RTDoWr(p) ≜ ∧ canGoNext(p)
            ∧ DoWr(p)
            ∧ lastP' = p
RTNext ≜ ∨ ∃ p ∈ Proc : RTRdMiss(p) ∨ RTDoWr(p)                      后继状态动作 RTNext 与 Next
         ∨ ∧ ∨ ∃ p ∈ Proc : ∨ Req(p) ∨ Rsp(p) ∨ DoRd(p)              相同，但前者用 RTRdMiss(p)和
                            ∨ ∃ a ∈ Adr : Evict(p, a)                 RTDoWr(p)代换了RdMiss(p)
             ∨ MemQWr ∨ MemQRd                                        和 DoWr(p)，并简单修改了其他
           ∧ UNCHANGED lastP                                          动作以使 lastP 保持不变
vars ≜ ⟨memInt, wmem, buf, ctl, cache, memQ, lastP⟩
```

图 9.4 直写式缓存的实时版本

$$\begin{array}{l} RTSpec \triangleq \\ \quad \land RTInit \land \Box[RTNext]_{vars} \\ \quad \land RTBound(MemQWr \lor MemQRd,\ vars,\ 0,\ Delta) \\ \quad \land \forall p \in Proc : \land RTBound(RTDoWr(p) \lor DoRd(p) \lor Rsp(p), \\ \qquad\qquad\qquad\qquad\qquad vars,\ 0,\ Epsilon) \\ \qquad\qquad\qquad\quad \land RTBound(RTRdMiss(p),\ vars,\ 0,\ Epsilon) \\ \quad \land RTnow(vars) \end{array}$$

我们在 $MemQWr$ 和 $MemQRd$ 动作（它们使动作从 $memQ$ 出队）上设置了 $Delta$ 延迟上限，在其他动作上设置了 $Epsilon$ 延迟上限

$RTM \triangleq$ INSTANCE $RTMemory$

THEOREM $RTSpec \Rightarrow RTM!RTSpec$

图 9.4　（续）

9.4　Zeno 规约

之前我将公式 $RTBound(HCnxt, hr, \delta, \varepsilon)$ 表述为其断言一个 $HCnxt$ 步骤必须在上一个 $HCnxt$ 步骤出现后的 ε 秒内出现。我们也可以将公式表述为其断言 now 不能在下一个 $HCnxt$ 步骤发生之前增长 ε 秒。上述说法隐含了公式中不存在的因果关系概念，公式无法告诉我们改变时钟读数或者阻止时间前进是否能满足约束条件。实际上，下述 Zeno 行为[⊖]是满足该公式的：

$$\begin{bmatrix} hr & = & 11 \\ now & = & 0 \end{bmatrix} \rightarrow \begin{bmatrix} hr & = & 11 \\ now & = & \varepsilon/2 \end{bmatrix} \rightarrow \begin{bmatrix} hr & = & 11 \\ now & = & 3\varepsilon/4 \end{bmatrix} \rightarrow \begin{bmatrix} hr & = & 11 \\ now & = & 7\varepsilon/8 \end{bmatrix} \rightarrow \cdots$$

在上述行为中，永远到不了 ε 秒。我们可以在规约中注入 $RTnow(hr)$ 公式以排除这样的 Zeno 行为，更确切地说是注入下面这样的活性合取式：

$$\forall r \in Real : \mathrm{WF}_{now}(Next \land (now' > r))$$

上式蕴涵时间增长不受限，我们称上式为 NZ（Non-Zeno 的简写形式）。

类似上述这样的 Zeno 行为本身没有问题，我们可以通过合取 NZ 来排除它们。规约只允许 Zeno 行为确实存在问题。例如，假设我们将条件 $RTBound(HCnxt, hr, \delta, \varepsilon)$ 注入非实时的时钟规约，其中 $\delta > \varepsilon$，这将断言时钟在改变读数前必须等待至少 δ 秒，但又必须在比 δ 短的时间 ε 内改变读数，换句话说，时钟永远不会改变读数。只有 Zeno 行为可以满足这种规约，因为 Zeno 行为永远到不了 ε 秒。将 NZ 条件注入此规约，将产生一个不被任何行为满足的公式，即恒为 FALSE 的公式。

这个例子是所谓的 Zeno 规约的一个极端例子。Zeno 规约是指存在一个满足规约的安全部分的有限行为 σ，但不能将其扩展为同时满足安全部分和 NZ 的无限行为的规约[⊖]。换

⊖ 希腊哲学家芝诺（Zeno）提出了一个悖论，即箭必须先行进到目标的一半距离，然后行进四分之一距离，再行进八分之一距离，依此类推，因此它应该不能在有限的时间内射中目标。

⊖ 回想一下（参见 8.9.2 节），一个有限行为 σ 被定义为满足安全属性 P 当且仅当在 σ 的末尾添加无限多的重叠步骤生成的无限行为也满足 P。

句话说，扩展了 σ 行为且唯一完全满足安全部分的行为是 Zeno 行为。不是 Zeno 规约的规约很自然地被称为非 Zeno 规约。由闭包的定义（参见 8.9.2 节），一个规约是非 Zeno 规约当且仅当它是闭包，更准确地说，当且仅当由规约的安全部分（非实时规约、实时约束条件和 $RTnow$ 公式的安全部分的合取）和 NZ 组成的属性对是闭包。

Zeno 规约是这样一种规约：由于要求时间可以不受限制地增长，因此排除了某些本来可以被允许的有限行为。由于实时约束条件可能以意想不到的方式限制系统，因此这种规约可能不正确。在这方面，Zeno 规约非常类似于其他非闭包的规约。

8.9.2 节提到后继状态动作的子动作的公平性条件的合取可以产生一个闭包规约。对于 $RTBound$ 条件和非 Zeno 规约，也有类似的结果。如果规约是如下公式的合取，那么它是一个非 Zeno 规约：形如 $Init \wedge \Box[Next]_{vars}$ 的公式；公式 $RTnow(vars)$；形如 $RTBound(A_i, vars, \delta_i, \epsilon_i)$ 的公式的有限集，其中对任意 i 有

- $0 \leqslant \delta_i \leqslant \varepsilon_i \leqslant Infinity$。
- A_i 是后继状态动作 $Next$ 的子动作。
- 对任意的 $j \neq i$，没有步骤既是 A_i 步骤又是 A_j 步骤。

子动作的定义参见 8.9.2 节。

特别地，上式蕴涵 $RTWriteThroughCache$ 模块中的实时直写式缓存规约 $RTSpec$ 是非 Zeno 规约。

这个结果不能被同样应用到 $RTMemory$ 模块的实时内存规约（参见图 9.3）上，因为 $Respond(p)$ 动作不是公式 $ISpec$ 的后继状态动作 $INext$ 的子动作。尽管如此，该规约还是非 Zeno 的，因为任何满足规约的有限行为 σ 都可以扩展为时间可无限制增长的规约。例如，我们可以首先扩展 σ，让其立即（在 0 秒内）响应所有挂起的请求，然后通过添加仅增长 now 值的步骤将其扩展为无限行为。

$INext$ 定义参见图 5.2。

很容易构造一个示例，将不是后继状态动作的子动作的 $RTBound$ 公式注入其中会生成一个 Zeno 规约。例如，考虑公式

$$HC \ \wedge \ RTBound(hr' = hr - 1, hr, 0, 3600) \ \wedge \ RTnow(hr) \tag{9.2}$$

其中 HC 是时钟规约。HC 的后继状态动作 $HCnxt$ 断言 hr 递增 1 或从 12 变为 1。$RTBound$ 公式断言 now 不能在没有 $hr' = hr - 1$ 步骤出现的情况下前进 3600 秒或更多秒。由于 HC 断言改变 hr 的每一步都是 $HCnxt$ 步骤，因此式（9.2）的安全部分只被将 now 增长了不超过 3600 秒的行为满足。由于完整的规约（9.2）包含 NZ，其断言 now 可以不受限地增长，因此其恒为 FALSE，并且是 Zeno 规约。

当规约描述了系统的实现方式时，实时约束很可能表示为后继状态动作的子动作的 $RTBound$ 公式。这些约束是与实现直接对应的公式。例如，$RTWriteThroughCache$ 模块描述了一种实现内存的算法，并且对后继状态动作的子动作施加了实时约束。另外，更

抽象的是更高层次的规约（即描述系统应该做什么而不是如何做的规约）不太可能以这种方式表示实时约束。这样，*RTMemory* 模块中的实时内存的高层级规约包含一个动作的 *RTBound* 公式，而该动作不是后继状态动作的子动作。

9.5　混合系统规约

TLA^+ 规约描述的系统是物理实体，规约的变量表示物理实体某些部分的状态——时钟的读数，或实际存储单元硅片中电荷的分布。在实时规约中，变量 *now* 与其他变量不同，因为我们没有抽象出时间的连续性。规约允许 *now* 假定任意一个连续的值。行为中的离散状态意味着我们观察到的系统状态，包括 *now* 的值，是离散时刻的一组系统快照。

除了时间，可能还有一些物理量，我们希望在规约中表示出其连续性：对于空中交通管制系统，我们可能要连续表示飞机的位置和速度；对于控制核反应堆的系统，我们可能要连续表示反应堆本身的物理参数。表示这种连续变化量的规约称为混合系统规约（hybrid system specification）。

例如，考虑一个系统，它控制一个影响某个对象的一维运动的开关。假设对象的位置 p 遵循以下规则之一，具体取决于开关是打开还是关闭：

$$\begin{aligned}&\mathrm{d}^2p/\mathrm{d}t^2 + c * \mathrm{d}p/\mathrm{d}t + f[t] = 0\\&\mathrm{d}^2p/\mathrm{d}t^2 + c * \mathrm{d}p/\mathrm{d}t + f[t] + k * p = 0\end{aligned} \tag{9.3}$$

其中 c 和 k 是常量，f 是某个函数，t 表示时间。在任何时刻，对象的未来位置都取决于对象的当前位置和速度。因此，对象的状态由两个变量表示，即位置 p 和速度 w。这两个变量通过 $w = \mathrm{d}p/\mathrm{d}t$ 联系起来。

我们用 TLA^+ 规约描述此系统，其中变量 p 和 w 只在改变 *now* 的表示时间流逝的步骤中变化。我们像以前一样定义系统离散状态的变化以及实时约束。不过，这里将 $RTnow(v)$ 替换为具有以下后继状态动作的公式，其中 *Integrate* 和 D 的解释如下，而 v 是所有离散变量组成的元组：

$$\begin{aligned}&\land\ now' \in \{r \in Real : r > now\}\\&\land\ \langle p', w'\rangle = Integrate(D, now, now', \langle p, w\rangle)\\&\land\ \text{UNCHANGED}\ v \quad \text{离散变量是瞬间改变的}\end{aligned}$$

假设对象在时刻 *now* 的位置为 p，速度为 w，那么第二个合取式表示的 p' 和 w' 的值就是对象在时刻 now' 的位置和速度，其值可通过对应微分方程求解得到，微分方程由 D 表示，而 *Integrate* 是求解任意微分方程的一般运算符。

为了确定对象满足的微分方程，我们假设 *switchOn* 是一个布尔值状态变量，它描述开关的位置。然后，我们可以将这对方程式（9.3）重写为

$$\mathrm{d}^2p/\mathrm{d}t^2 + c * \mathrm{d}p/\mathrm{d}t + f[t] + (\text{IF}\ switchOn\ \text{THEN}\ k * p\ \text{ELSE}\ 0) = 0$$

接着我们定义函数 D，因此方程可以记作：

$$D[t, p, \mathrm{d}p/\mathrm{d}t, \mathrm{d}^2p/\mathrm{d}t^2] = 0$$

使用 TLA$^+$ 中定义多入参函数的表示法（参见 16.1.7 节），定义如下：

$$D[t, p0, p1, p2 \in Real] \triangleq \\ p2 + c * p1 + f[t] + (\text{IF } switchOn \text{ THEN } k * p0 \text{ ELSE } 0)$$

如果运算符 *Integrate* 有定义,则我们可得到所需的规约,这样 $Integrate(D, t_0, t_1, \langle x_0, \cdots, x_{n-1}\rangle)$ 是 n 元组

$$\langle x, \mathrm{d}x/\mathrm{d}t, \cdots, \mathrm{d}^{n-1}/\mathrm{d}t^{n-1}\rangle$$

在时刻 t_1 的值，其中 x 是微分方程

$$D[t, x, \mathrm{d}x/\mathrm{d}t, \cdots, \mathrm{d}^n x/\mathrm{d}t^n] = 0$$

的解，在时刻 t_0，其 0 到 $(n-1)$ 阶导数是 $x_0, \cdots, x_{n-1}$。*Integrate* 的定义参见 11.1.3 节的 *DifferentialEquations* 模块。

一般来说，混合系统规约类似于实时规约，不同之处在于，前者用描述了连续变化的物理量的改变过程的公式替换了实时规约的 $RTnow(v)$ 公式。*Integrate* 运算符使得你可以为很多混合系统定制这些改变方式，针对不同系统需要定制不同的 *Integrate* 运算符。例如，要描述某些物理量的变化过程，可能需要引入一个表征偏微分方程的解的运算符。不过，如果可以用数学方式表示它，它就可以在 TLA$^+$ 中定义出来。

混合系统规约目前来看只有学术上的意义，这里我不再赘述。如果你确实有机会编写一个混合系统规约，那么希望这个简短的讨论对你有点帮助。

9.6 关于实时

实时约束通常用于为系统执行某项任务所需要的时间设置上限，基于此，它们被看作强公平性的活性条件，其不仅规定了某些事情必须最终发生，还规定了何时必须发生。在非常简单的规约（例如时钟和直写式缓存规约）中，实时约束通常会代替活性条件。更复杂的规约可能同时声明实时约束和活性属性。

目前为止我见过的实时规约并不需要非常复杂的时间约束，它们有的是简单规约（其中时间约束对正确性至关重要），有的是复杂规约（规约中仅通过使用简单超时来保证活性，这才用到实时条件）。我觉得人们不会构建具有复杂实时约束的系统，因为很难正确地实现它们。

我已经描述了通过将 *RTnow* 和 *RTBound* 公式与非实时规约结合起来编写实时规约的方法。可以证明所有的实时规约都可以用这种形式编写。实际上，仅将 *RTBound* 公式用于后继状态动作的子动作就足够了。但是，此结果仅在理论上有意义，因为最终的规约可能非常复杂。运算符 *RTnow* 和 *RTBound* 解决了我遇到的所有实时规约问题，但是我还不能保证这就是你需要的全部。不过，我有信心，无论你要定义什么样的实时属性，使用 TLA$^+$ 表示它们都很容易。

第 10 章

组合规约

对系统的建模通常是通过描述构成它的组件来展开的。在我们迄今为止所编写的规约中，组件是通过后继状态动作中若干分离的析取式来表示的。例如，对图 4.1 所示的 FIFO 系统的解释可参见图 4.2 中的 $InnerFIFO$ 模块，在该模块中，FIFO 系统的行为是通过如下三个后继状态动作的析取式来表述的：

发送方： $\exists msg \in Message : SSend(msg)$

缓冲区： $BufRcv \lor BufSend$

接收方： $RRcv$

在本章中，我们将学习如何分别定义不同组件的行为，以及如何将它们的规约组合成为单一系统规约。在大多数情况下，我们没有必要这样做。编写规约的两种方法区别甚微——对于规模动辄数百乃至数千行的规约而言，不同之处仅有寥寥数行。不过，你仍然可能遇到“通过组合的方法来定义系统为最优解”的场景。

首先，你必须理解组合规约的含义。我们常说一个 TLA 公式定义了某个系统的正确行为。然而，如 2.3 节所述，规约中一个行为实际上代表了整个宇宙的一个可能的历史，而不仅仅是单个系统本身。因此，更准确的说法是，TLA 公式指定了可使系统正确运行的宇宙。构建一个执行规约 F 的系统意味着构建一个满足 F 的宇宙。（幸运的是，系统的正确性仅取决于宇宙中极小的一部分，这正是我们必须构建的唯一部分。）将规约分别为 F 与 G 的两个系统组合起来意味着构建同时满足 F 与 G 的宇宙，即满足 $F \land G$。因此，由两个系统组合而成的规约就是将它们各自的规约进行合取运算的结果。

因此，将规约编写为组件的组合就意味着编写合取式，其中每个元素可视为一个对应组件的规约。尽管这个问题的基本理念很简单，但详情并不总是显而易见。为了使说明尽可能简单，一开始我将仅考虑安全属性，完全忽略活性，基本上忽略隐藏。关于活性与隐藏的讨论可参见 10.6 节。

10.1 双规约的组合

让我们再次回到简单时钟的案例，在该案例中并没有活性和实时性要求。在第 2 章中，我们定义了这样一个时钟，它的读数显示由变量 hr 来表示。我们可将其规约写为

$$(hr \in 1 \,..\, 12) \land \Box[HCN(hr)]_{hr}$$

其中 HCN 可由如下公式定义：

$$HCN(h) \triangleq h' = (h \% 12) + 1$$

现在，我们来编写规约 $TwoClocks$，它表述了一个由两个独立的时钟组成的系统，它们的读数显示分别由变量 x 和 y 来表示。（两个时钟并不同步，是完全独立的。）我们可将 $TwoClocks$ 定义为两个时钟各自规约的合取式，如下所示：

$$\begin{aligned} TwoClocks \triangleq\ & \land (x \in 1 \,..\, 12) \land \Box[HCN(x)]_x \\ & \land (y \in 1 \,..\, 12) \land \Box[HCN(y)]_y \end{aligned}$$

下面的算式展示了我们如何将 $TwoClocks$ 重写为具有单一后继状态动作的整体（monolithic）规约[⊖]：

$TwoClocks$

$$\begin{aligned} \equiv\ & \land (x \in 1 \,..\, 12) \land (y \in 1 \,..\, 12) \\ & \land \Box[HCN(x)]_x \land \Box[HCN(y)]_y \end{aligned}$$

$$\begin{aligned} \equiv\ & \land (x \in 1 \,..\, 12) \land (y \in 1 \,..\, 12) \\ & \land \Box(\, [HCN(x)]_x \land [HCN(y)]_y \,) \end{aligned}$$

因为 $\Box(F \land G) \equiv (\Box F) \land (\Box G)$

$$\begin{aligned} \equiv\ & \land (x \in 1 \,..\, 12) \land (y \in 1 \,..\, 12) \\ & \land \Box(\land HCN(x) \lor x' = x \\ & \qquad \land HCN(y) \lor y' = y\,) \end{aligned}$$

根据 $[\cdots]_x$ 与 $[\cdots]_y$ 的定义

$$\begin{aligned} \equiv\ & \land (x \in 1 \,..\, 12) \land (y \in 1 \,..\, 12) \\ & \land \Box(\lor HCN(x) \land HCN(y) \\ & \qquad \lor HCN(x) \land (y' = y) \\ & \qquad \lor HCN(y) \land (x' = x) \\ & \qquad \lor (x' = x) \land (y' = y)\,) \end{aligned}$$

因为：

$$\begin{pmatrix} \land \lor A_1 \\ \quad \lor A_2 \\ \land \lor B_1 \\ \quad \lor B_2 \end{pmatrix} \equiv \begin{pmatrix} \lor A_1 \land B_1 \\ \lor A_1 \land B_2 \\ \lor A_2 \land B_1 \\ \lor A_2 \land B_2 \end{pmatrix}$$

$$\begin{aligned} \equiv\ & \land (x \in 1 \,..\, 12) \land (y \in 1 \,..\, 12) \\ & \land \Box[\lor HCN(x) \land HCN(y) \\ & \qquad \lor HCN(x) \land (y' = y) \\ & \qquad \lor HCN(y) \land (x' = x)\,]_{\langle x,\, y \rangle} \end{aligned}$$

根据 $[\cdots]_{\langle x,\, y \rangle}$ 的定义

⊖ 由于此算式所包含的公式在 TLA 中并不合法，所以它只是一个非正式的表达式——若 A 为不具备语法格式 $[B]_v$ 的动作的表达式，则形式为 $\Box A$ 的公式是非法的。尽管其表达方式不正规，但它也是关于系统行为的严格说明。

由此，$TwoClocks$ 等价于 $Init \wedge \Box[TCNxt]_{\langle x,\, y\rangle}$，其中后继状态动作 $TCNxt$ 为

$$
\begin{aligned}
TCnxt \ \triangleq\ & \vee\ HCN(x) \wedge HCN(y) \\
& \vee\ HCN(x) \wedge (y' = y) \\
& \vee\ HCN(y) \wedge (x' = x)
\end{aligned}
$$

这个后继状态动作的描述与我们过去使用的编写方式的差别在于合取式 $HCN(x)\wedge HCN(y)$，它表示了两个时钟系统同时显示时间读数的动作。在我们迄今为止所编写的规约中，不同组件之间绝不存在并发动作。

到目前为止，我们一直在编写所谓的交错（interleaving）规约。在交错规约中，每个步骤仅代表单个组件的单次操作。例如，在 FIFO 系统的规约中，一个（非重叠）步骤表示了发送方、缓冲区或接收方的一个动作。由于缺乏更好的术语，因此我们将类似于 $TwoClocks$ 这样确实允许两个组件同时执行动作的规约称为非交错（noninterleaving）规约。

现在我们希望将双时钟系统的交错规约编写为两个组件规约的合取。一种方式是将两个组件的后继状态动作 $HCN(x)$ 与 $HCN(y)$ 替换为 $HCNx$ 与 $HCNy$，使得当我们进行该规约的计算时，可得出

$$
\begin{pmatrix} \wedge\ (x \in 1\ ..\ 12)\ \wedge\ \Box[HCNx]_x \\ \wedge\ (y \in 1\ ..\ 12)\ \wedge\ \Box[HCNy]_y \end{pmatrix}
\ \equiv\
\begin{pmatrix} \wedge\ (x \in 1\ ..\ 12)\ \wedge\ (y \in 1\ ..\ 12) \\ \wedge\ \Box\,[\vee\ HCNx \wedge (y' = y) \\ \qquad \vee\ HCNy \wedge (x' = x)\ ]_{\langle x,\, y\rangle} \end{pmatrix}
$$

从上面的计算我们可以看出，该等式成立要满足如下三个条件：（i）$HCNx$ 蕴涵 $HCN(x)$；（ii）$HCNy$ 蕴涵 $HCN(y)$；（iii）$HCNx \wedge HCNy$ 蕴涵 $x' = x$ 或 $y' = y$。（条件（iii）意味着后继状态动作中的合取式 $HCNx \wedge HCNy$ 被包含在合取式 $HCNx \wedge (y' = y)$ 与 $HCNy \wedge (x' = x)$ 两者之一中。）满足上述条件的最简单方法是在每个时钟系统的后继状态动作中增加断言，断定另一个时钟的显示读数没有改变。我们可通过如下定义来达到目的：

$$
HCNx \ \triangleq\ HCN(x) \wedge (y' = y) \qquad\qquad HCNy \ \triangleq\ HCN(y) \wedge (x' = x)
$$

编写交错规约的另一种简单方法是禁止两个时钟同时更新显示读数。我们可以通过如下公式描述此规约：

$$
TwoClocks \ \wedge\ \Box[(x' = x) \vee (y' = y)]_{\langle x,\, y\rangle}
$$

第二个合取式断定在任何步骤中，至少 x 和 y 之一是维持不变的。

我们针对双时钟系统所得出的一切结论都可类推至任何由两个组件组成的系统。和上面的公式一样，它表明如果

$$
(v_1{}' = v_1) \wedge (v_2{}' = v_2) \ \equiv\ (v' = v)
$$

该语句断定 v 不变的充要条件为 v_1 与 v_2 都不变

则对于任意状态谓词 I_1 和 I_2 及任意动作 N_1 和 N_2，等式

$$\begin{pmatrix} \wedge\ I_1\ \wedge\ \square[N_1]_{v_1} \\ \wedge\ I_2\ \wedge\ \square[N_2]_{v_2} \end{pmatrix} \equiv \begin{pmatrix} \wedge\ I_1\ \wedge\ I_2 \\ \wedge\ \square\,[\vee\ N_1 \wedge N_2 \\ \qquad \vee\ N_1 \wedge (v_2{}' = v_2) \\ \qquad \vee\ N_2 \wedge (v_1{}' = v_1)\,]_v \end{pmatrix} \tag{10.1}$$

均成立。等式左侧表述了两个组件规约的组合，其中对于 $k=1,2$，v_k 是第 k 个组件的变量组成的元组，v 为所有变量组成的元组。

如果在式（10.1）的右侧，后继状态动作的第一个析取式是冗余的，则该等式所表述的是一个交错规约，因此也可将此冗余语句删除。如果可由 $N_1 \wedge N_2$ 推导出 v_1 或 v_2 不变，则符合此场景。确保满足该条件的最常用方法是定义 N_k，并使其指出其他组件的变量元组取值未变。获取交错规约的另一种方法是注入如下公式：$\square[(v_1{}' = v_1) \vee (v_2{}' = v_2)]_v$。

10.2 多规约的组合

我们可将式（10.1）中的规约的组合规则类推至由任意集合 C 中所有元素（组件）组成的系统。由于全称量化泛化了合取式，因此下面的规则是式（10.1）的一个推广：

组合规则 对于任意集合 C，假设

$$(\forall k \in C : v_k{}' = v_k) \equiv (v' = v)$$ 该语句断定 v 不变的充要条件为所有的 v_k 都不变

则对于某些动作 F_{ij}，

$$\begin{aligned} &(\forall k \in C : I_k \wedge \square[N_k]_{v_k}) \equiv \\ &\quad \wedge \forall k \in C : I_k \\ &\quad \wedge \square \begin{bmatrix} \vee\ \exists k \in C : N_k \wedge (\forall i \in C \setminus \{k\} : v_i{}' = v_i) \\ \vee\ \exists i,j \in C : (i \neq j) \wedge N_i \wedge N_j \wedge F_{ij} \end{bmatrix}_v \end{aligned}$$

如果对于所有的 $j \neq i$，由每个 N_i 都可推导出 v_j 未变更，则后继状态动作中的第二个析取式是冗余的，并且这是一个交错规约。然而，为了使之成立，N_i 中必须提及组件 j 的变量集 v_j 而不是组件 i 的变量集。你可能会反对该方法——要么从哲学方法论角度反对，因为你会认为一个组件的规约定义不应该涉及其他组件的状态；要么从实现层面反对，因为你会认为在定义中增加其他组件的变量会使组件的规约变得复杂。另一种可选的方法是增加对交错行为的断言。你可以通过注入下面的公式来实现（该公式表明：对于满足 $i \neq j$ 的任何 i 与 j，任何步骤都不能同时改变 v_i 与 v_j）：

$$\square\,[\exists k \in C : \forall i \in C \setminus \{k\} : v_i{}' = v_i\,]_v$$

这个合取式可被视为全局条件，不与任何组件的规约直接绑定。

组合规则结论左侧的语句描述了不同组件的组合，对该语句而言 v_k 不需要由不同的变量组合而成。它们可包含描述不同组件的同一变量的不同组成部分。例如，假设我们的

系统包含由若干独立的时钟组成的集合 $Clock$，其中时钟 k 的显示读数可由 $hr[k]$ 的取值来表示，那么 v_k 将等于 $hr[k]$。我们可以很容易地将该时钟集合的行为通过规约组合来定义。借助 10.1 节中 HCN 的定义，我们可将此规约写为：

$$ClockArray \triangleq \forall k \in Clock : (hr[k] \in 1 \,..\, 12) \land \Box[HCN(hr[k])]_{hr[k]} \tag{10.2}$$

由于该规约允许不同时钟之间的步骤同时发生，因此它是一个非交错规约。

如果我们希望利用组合规则将 $ClockArray$ 表达为一个整体的规约，那么应该用什么代替 v？我们的第一个想法是用 hr 代替 v。然而，该规则的假设前提要求 v 不变的充要条件为：对于所有的 $k \in Clock$，$hr[k]$ 不变。但是，正如 6.5 节所述，针对所有的 $k \in Clock$，为 $hr[k]'$ 指定取值并不代表会给 hr 指定取值。这甚至也不能暗示 hr 是一个函数。我们必须用函数 $hrfcn$ 来代换 v，其中 $hrfcn$ 可由如下公式定义：

$$hrfcn \triangleq [k \in Clock \mapsto hr[k]] \tag{10.3}$$

函数 $hrfcn$ 等于 hr 的充要条件为 hr 是定义域为 $Clock$ 的函数。公式 $ClockArray$ 并不能表述 hr 总是一个函数。针对所有的 $k \in Clock$，它定义了 $hr[k]$ 可能的取值范围，但并没有指定 hr 的取值范围。即便我们修改初始化条件，使之表述 hr 被初始化为一个定义域为 $Clock$ 的函数，由公式 $ClockArray$ 也不能必然推导出 hr 总是一个函数。例如，它仍然可能允许“重叠”步骤发生，在重叠步骤中每个 $hr[k]$ 的取值不变，但 hr 却会以未知的方式改变。

在编写规约时，我们倾向于将 hr 定义为一个定义域为 $Clock$ 的函数。一种方法是将公式 $\Box IsFcnOn(hr, Clock)$ 注入规约，其中 $IsFcnOn(hr, Clock)$ 断定 hr 是定义域为 $Clock$ 的任意函数。运算符 $IsFcnOn$ 的定义为

$$IsFcnOn(f, S) \triangleq f = [x \in S \mapsto f[x]]$$

我们可将公式 $\Box IsFcnOn(hr, Clock)$ 视为一个 hr 上的全局约束，而对于每个组件 k，$hr[k]$ 的取值则由该组件的规约描述。

现在，我们希望将各独立时钟的规约组合起来，形成整个时钟集合的交错规约。一般来说，如果由每个 N_k 都可推导出 v_i 未改变，则组合规则的合取式一定是一个交错规约。因此，对于非 k 的每个时钟 i，我们希望可由时钟 k 的后继状态动作 N_k 推导出 $hr[i]$ 未改变。为此，最显而易见的方法是定义 N_k 等于

$$\begin{array}{l} \land\ hr'[k] = (hr[k] \,\%\, 12) + 1 \\ \land\ \forall i \in Clock \setminus \{k\} : hr'[i] = hr[i] \end{array}$$

我们可通过 EXCEPT 构造来更紧凑地表达该公式。由于此构造仅能应用于函数，所以我们必须抉择是否要求 hr 为函数。如果 hr 为函数，那么我们可令 N_k 等于

$$hr' = [hr \text{ EXCEPT } ![k] = (hr[k] \,\%\, 12) + 1] \tag{10.4}$$

EXCEPT 构造的说明可参见 5.2 节。

如上所述，我们可通过将公式 $\Box IsFcnOn(hr, Clock)$ 注入规约来保证 hr 是一个函数。另一种方法是借助式（10.3）来定义状态函数 $hrfcn$，并且令 N_k 等于

$$hrfcn' = [hrfcn \text{ EXCEPT } ![k] = (hr[k] \% 12) + 1]$$

一个规约仅是一个数学公式。正如我们之前所见，对于同一个公式存在很多种等价的描述方法，而具体选择哪一种常常取决于编写者的个人偏好。

10.3 FIFO

我们现在将第 4 章中所描述的 FIFO 定义为如下三个组件的组合——发送方、缓冲区与接收方。我们从内部规约开始分析，变量 q 在该规约中出现——q 不是隐藏的。首先，我们要决定状态的各组成部分和每个组件之间的关系，其中变量 in 与 out 代表数据通道。回想一下，$Channel$ 模块（图 3.2）将通道 $chan$ 定义为由 val、rdy 与 ack 组件组成的记录。$Send$ 动作的含义为发送一个取值，它可修改 val 与 rdy 组件；Rcv 动作的含义是接收一个取值，它可修改 ack 组件。因此，各组件的状态可由下面的状态函数来表述：

发送方：$\langle in.val, in.rdy \rangle$

缓冲区：$\langle in.ack, q, out.val, out.rdy \rangle$

接收方：$out.ack$

不幸的是，基于下面的原因，我们将无法复用图 4.2 所给出的 $InnerFIFO$ 模块的定义。由于隐藏在最终规约中的变量 q 是缓冲区组件内部状态的一个组成部分，所以它不应该出现在发送方或接收方的规约中。由于 $InnerFIFO$ 模块中定义的发送方和接收方的动作都提及了 q，所以我们不能使用这些动作。总之，我们不应该再费心试图复用该模块。但是，我们也不必完全从零开始建模工作，我们可以利用 $Channel$ 模块中的 $Send$ 和 Rcv 动作（参见图 3.2）来描述 in 和 out 的变化。

让我们编写一个非交错规约。各组件的后继状态动作与 $InnerFIFO$ 模块中 $Next$ 动作里对应的析取式完全等同，除了它们没有提及其他组件对应的状态部分之外。其逻辑语句中含有从 $Channel$ 模块实例化而来的 $Send$ 与 Rcv 动作，并使用了 EXCEPT 构造。如前所述，我们仅可将 EXCEPT 构造应用于函数与记录（在 TLA$^+$ 中，记录也是函数，参见 5.2 节），我们由此在规约增加合取式

$$\Box(IsChannel(in) \land IsChannel(out))$$

其中 $IsChannel(c)$ 断定 c 为一个通道，即一个具有 val、ack 与 rdy 字段的记录。由于具有 val、ack 与 rdy 字段的记录也是一个定义域为 {“val”, “ack”, “rdy”} 的函数，因此我们可将

$IsChannel(c)$ 定义为等于 $IsFcnOn(c, \{\text{"val"}, \text{"ack"}, \text{"rdy"}\})$。然而，公式 $IsChannel(c)$ 也可同样容易地被定义为

$$IsChannel(c) \triangleq c = [ack \mapsto c.ack,\ val \mapsto c.val,\ rdy \mapsto c.rdy]$$

在编写本规约的过程中，我们会面临编写原始 FIFO 规约时所遇到的类似问题，即如何引入变量 q 并将其隐藏。在第 4 章中，我们通过在独立的 $InnerFIFO$ 模块中引入 q 来解决这个问题，其中 $InnerFIFO$ 模块被定义最终规约的 $FIFO$ 模块所实例化。在这里，除了通过一个子模块而不是一个完全独立的模块引入 q 之外，我们采用的解决方案与前面相同。所有在该子模块出现时已声明定义的符号都可在该子模块中使用。子模块自身可被后续在规约出现的包含模块实例化。（图 9.1 中的 $RealTimeHourClock$ 规约与图 9.3 中的 $RTMemory$ 规约用到了相关子模块。）

在我们能够编写 FIFO 的组合规约之前，还有一个小问题有待解决——如何定义初始谓词。为了使每个组件规约的初始谓词有意义，我们必须为其状态变量定义初始取值。初始条件包括类似于 $in.ack = in.rdy$ 与 $out.ack = out.rdy$ 的需求，其中每一个需求都要关联至两个不同组件的初始状态。（这些需求在 $InnerFIFO$ 模块中通过初始谓词 $Init$ 中的合取式 $InChan!Init$ 与 $OutChan!Init$ 进行了声明。）一共有三种方法可表达一个与多个组件初始状态相关的需求：

- 在所有组件的初始条件中增加该需求的断言。尽管在形式上显得对称，但似乎冗余且不必要。
- 将需求任意分配给其中一个组件。这从直观上说明，我们将确保此需求满足的责任赋给了该组件。
- 将该需求声明为与任一组件规约分离的合取式。这从直观上说明，这是一个关于多个组件如何组合的假设，而不仅仅是对单个组件的要求。

针对 10.7 节所述的开放系统，我们在编写其规约时，可将后两种方法的直观建议转化为正式的需求。我采用了最后一种方法，增加了单独的条件

$$(in.ack = in.rdy) \land (out.ack = out.rdy)$$

完整的规约可参见图 10.1 所描述的 $CompositeFIFO$ 模块。该模块中的公式 $Spec$ 是一个非交错规约；例如，它允许单个步骤同时满足 $InChan!Send$ 步骤（发送方发送一个值）与 $OutChan!Rcv$ 步骤（接收方确认一个取值）。因此，该规约不等同于 4.3 节中 $FIFO$ 模块的交错规约 $Spec$，因为后者不允许上述两个步骤同时发生。

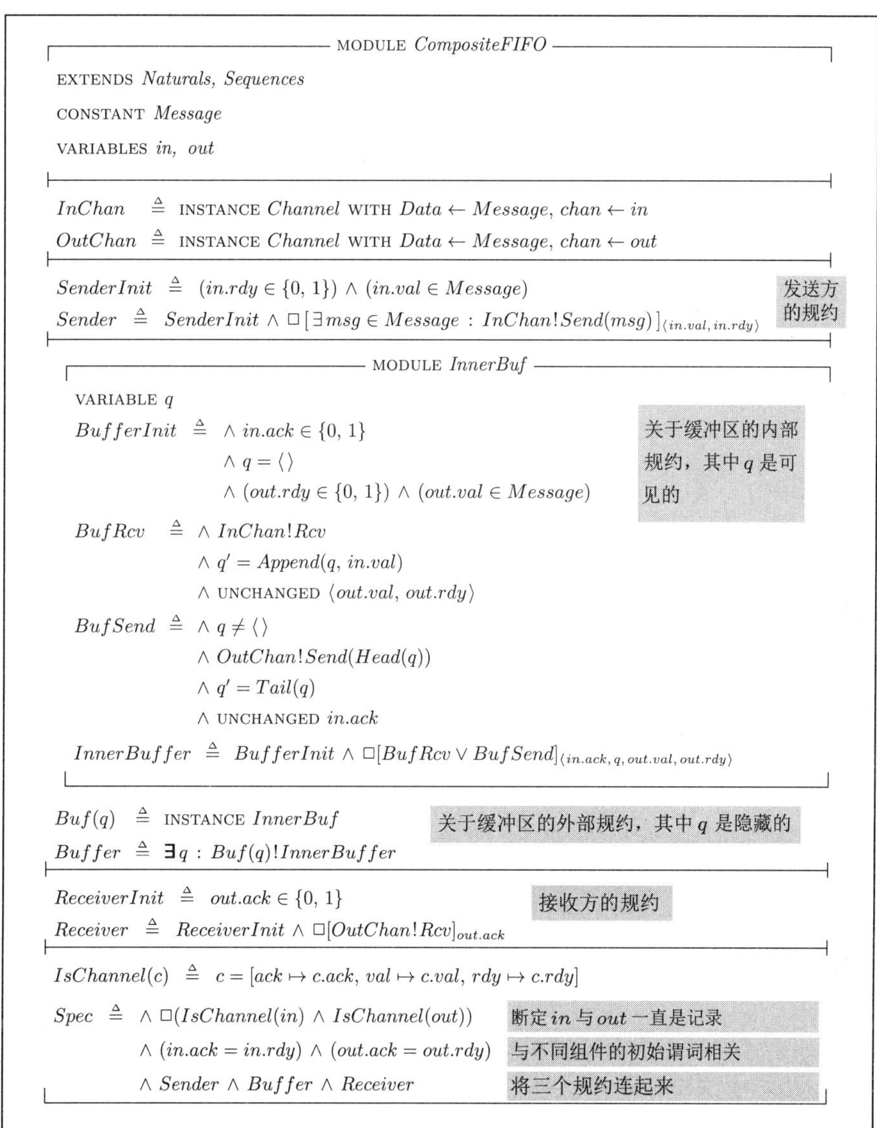

```
---------------------- MODULE CompositeFIFO ----------------------
EXTENDS Naturals, Sequences
CONSTANT Message
VARIABLES in, out
-------------------------------------------------------------------
InChan  ≜ INSTANCE Channel WITH Data ← Message, chan ← in
OutChan ≜ INSTANCE Channel WITH Data ← Message, chan ← out
-------------------------------------------------------------------
SenderInit ≜ (in.rdy ∈ {0, 1}) ∧ (in.val ∈ Message)
Sender ≜ SenderInit ∧ □[∃ msg ∈ Message : InChan!Send(msg)]_⟨in.val, in.rdy⟩
-------------------------------------------------------------------
  ---------------------- MODULE InnerBuf ----------------------
  VARIABLE q
  BufferInit ≜ ∧ in.ack ∈ {0, 1}
               ∧ q = ⟨⟩
               ∧ (out.rdy ∈ {0, 1}) ∧ (out.val ∈ Message)
  BufRcv ≜ ∧ InChan!Rcv
           ∧ q' = Append(q, in.val)
           ∧ UNCHANGED ⟨out.val, out.rdy⟩
  BufSend ≜ ∧ q ≠ ⟨⟩
            ∧ OutChan!Send(Head(q))
            ∧ q' = Tail(q)
            ∧ UNCHANGED in.ack
  InnerBuffer ≜ BufferInit ∧ □[BufRcv ∨ BufSend]_⟨in.ack, q, out.val, out.rdy⟩
  --------------------------------------------------------------
Buf(q) ≜ INSTANCE InnerBuf
Buffer ≜ ∃q : Buf(q)!InnerBuffer
-------------------------------------------------------------------
ReceiverInit ≜ out.ack ∈ {0, 1}
Receiver ≜ ReceiverInit ∧ □[OutChan!Rcv]_out.ack
-------------------------------------------------------------------
IsChannel(c) ≜ c = [ack ↦ c.ack, val ↦ c.val, rdy ↦ c.rdy]
Spec ≜ ∧ □(IsChannel(in) ∧ IsChannel(out))
       ∧ (in.ack = in.rdy) ∧ (out.ack = out.rdy)
       ∧ Sender ∧ Buffer ∧ Receiver
-------------------------------------------------------------------
```


图 10.1 一个关于 FIFO 的非交错组合规约

10.4 共享状态的组合

迄今为止，我们所考虑的都是非相交状态组合（disjoint-state compositions）——各组件可由系统状态集中互不相交的部分来分别表示，每个组件的后继状态动作仅描述自身对应的状态子集的变更[⊖]。我们现在要考虑上述假设（非相交状态组合）不成立的场景。

⊖ 在交错组合中，单个组件的规约可能会断定其他组件的状态未变更。

10.4.1 显式状态变化

我们将首先研究的情况是，系统的部分状态无法被分解至不同的组件，而每个组件在执行过程中带来的状态变更完全在一个规约中描述。例如，让我们再次考虑由发送方、接收方和与之通信的 FIFO 缓冲区组成的系统。在第 4 章我们所研究的系统中，发送或接收一个取值需要两个步骤。例如，发送方通过执行一次 *Send* 步骤来发送一个数据取值，接下来在发送下一个取值之前，它必须等待缓冲区执行一次 *Rcv* 步骤。我们可以将系统简化，用变量 *buf* 取代缓冲区组件，该变量代表发送方已发送但接收方尚未接收到的数据取值的序列。这个取代方法将图 4.1 所示的三组件系统简化为如下双组件系统：

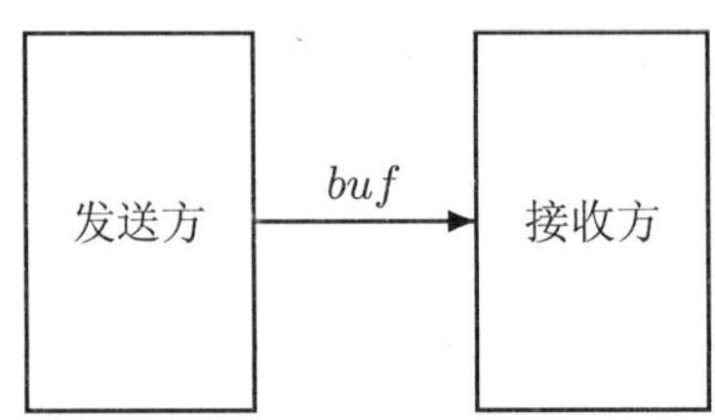

发送方通过在 *buf* 尾部追加对应的取值元素来发送数据；接收方通过读取并删除 *buf* 序列的首元素取值来接收数据。

通常，发送方为了生成发送数据取值，要执行特定的运算，接收方针对收到的数据取值也要执行某些特定的运算。整个系统的状态由 *buf*、描述发送方的变量元组 s 与描述接收方的变量元组 r 组成。在单体规约中，该系统的后继状态动作可表述为析取式 $Sndr \lor Rcvr$，其中 *Sndr* 与 *Rcvr* 分别描述了发送方与接收方执行的步骤。可通过动作 *SComm*、*SCompute*、*RComm* 与 *RCompute* 给出其完整定义：

$$
\begin{array}{ll}
\begin{array}{l}
Sndr \;\triangleq \\
\quad \lor \land buf' = Append(buf, \ldots) \\
\quad \land SComm \\
\quad \land \text{UNCHANGED } r \\
\quad \lor \land SCompute \\
\quad \land \text{UNCHANGED } \langle buf, r \rangle
\end{array}
&
\begin{array}{l}
Rcvr \;\triangleq \\
\quad \lor \land buf \neq \langle\rangle \\
\quad \land buf' = Tail(buf) \\
\quad \land RComm \\
\quad \land \text{UNCHANGED } s \\
\quad \lor \land RCompute \\
\quad \land \text{UNCHANGED } \langle buf, s \rangle
\end{array}
\end{array}
$$

为简单起见，我们假定 *Sndr* 与 *Rcvr* 中都不允许发生重叠动作，因此 *SCompute* 可改变 s，*RCompute* 可改变 r。我们现在可通过将发送方与接收方各自的规约进行组合来编写系统的单体规约。

拆分初始谓词的方法是显而易见的。变量 s 的初始条件属于发送方的初始谓词；变量 r 的初始条件属于接收方的初始谓词；缓冲区的初始条件 $buf = \langle\rangle$ 可分配给两者之中的任何一个。

接下来让我们考虑发送方组件与接收方组件的后继状态动作 NS 与 NR。可通过如下公式来定义它们：

$$NS \triangleq Sndr \lor (\sigma \land (s' = s)) \qquad NR \triangleq Rcvr \lor (\rho \land (r' = r))$$

其中 σ 与 ρ 是仅包含变量 buf 的动作。可将 σ 视为仅描述不是由发送方引起的导致 buf 变更的动作，将 ρ 视为不是由接收方引起的导致 buf 变更的动作。因此，NS 允许的动作要么是任意的 $Sndr$ 步骤，要么是符合下面条件的步骤：该步骤不改变 s，但可改变 buf，且该变更不是源于发送方的。

假定 σ 与 ρ 满足如下三个条件：

- $\forall d : (buf' = Append(buf, d)) \Rightarrow \rho$
  一个非接收方发起的将取值追加至 buf 的步骤。
- $(buf \neq \langle\rangle) \land (buf' = Tail(buf)) \Rightarrow \sigma$
  一个非发送方发起的将取值从 buf 头部删除的步骤。
- $(\sigma \land \rho) \Rightarrow (buf' = buf)$
  一个既非发送方也非接收方发起的且不改变 buf 的步骤。

通过如下显而易见的关系表达式[⊖]

$$(buf' = buf) \land (buf \neq \langle\rangle) \land (buf' = Tail(buf)) \equiv \text{FALSE}$$

一个类似于我们所推导出式（10.1）的计算过程表明

$$\Box[NS]_{\langle buf,\, s\rangle} \land \Box[NR]_{\langle buf,\, r\rangle} \equiv \Box[Sndr \lor Rcvr]_{\langle buf,\, s,\, r\rangle}$$

因此，如果我们所选择的 σ 与 ρ 满足上面三个条件，则 NS 与 NR 是适合各组件的后继状态动作。上述选择过程存在充分的自由度，σ 与 ρ 可能存在的最强选择是恰好可准确描述其他组件所允许的变更的选择，如下所示：

$$\begin{aligned} \sigma &\triangleq (buf \neq \langle\rangle) \land (buf' = Tail(buf)) \\ \rho &\triangleq \exists d : buf' = Append(buf, d) \end{aligned}$$

只要能由 $\sigma \land \rho$ 推导出 buf 不变，我们就可按需将上述定义进行弱化处理。例如，我们可按照上述原则定义 σ，并令 ρ 等于 $\neg\sigma$。具体的选择取决于个人的偏好。

我已经完成了关于发送方/接收方系统的交错规约的解释。现在，让我们考虑非交错规约——允许发送方与接收方同时发生计算动作的规约。换句话说，我们期望规约中允许出现不改变 buf 取值的 $SCompute \land RCompute$ 步骤。令 $SSndr$ 为除不涉及 r 外，完全与 $Sndr$ 相同的动作，令 $RRcvr$ 也为类似的动作（除不涉及 r 外，完全与 $Rcvr$ 相同）。接下来，我们可得到如下公式：

$$Sndr \equiv SSndr \land (r' = r) \qquad Rcvr \equiv RRcvr \land (s' = s)$$

⊖ 仅当 buf 为序列时这些关系才能成立。严格的计算要求使用不变式来断定 buf 实际为一个序列。

整体的非交错规约的后继状态动作为如下表达式：

$$Sndr \lor Rcvr \lor (SSndr \land RRcvr \land (buf' = buf))$$

它是由后继状态动作为 NS 与 NR 的组件规约连接而成的，NS 与 NR 由如下公式定义：

$$NS \triangleq SSndr \lor (\sigma \land (s' = s)) \qquad NR \triangleq RRcvr \lor (\rho \land (r' = r))$$

其中 σ 与 ρ 的定义与上面一样。

本系统属于双处理进程（two-process）场景，其规约组合可类推至任何符合“集合 C 中所有组件共享一组变量 w”的多组件场景。由交错规约的案例可泛化出下面的规则（其中 N_k 是组件 k 的后继状态动作，动作 μ_k 描述了 w 中所有不属于组件 k 的变更，元组 v_k 描述了 k 的私有状态，v 是所有 v_k 组成的元组）：

共享状态组合规则　下面四个条件

(1) $(\forall k \in C : {v_k}' = v_k) \equiv (v' = v)$

v 保持不变的充要条件是每个组件的私有状态 v_k 保持不变

(2) $\forall i, k \in C : N_k \land (i \neq k) \Rightarrow ({v_i}' = v_i)$

任意组件 k 的后继状态动作不会导致任意其他组件 i 的私有状态 v_i 发生变更

(3) $\forall i, k \in C : N_k \land (w' \neq w) \land (i \neq k) \Rightarrow \mu_i$

对于任意其他组件 i 而言，任意组件 k 的可改变 w 的步骤是一个 μ_i 步骤

(4) $(\forall k \in C : \mu_k) \equiv (w' = w)$

一个步骤不产生于任何组件的充要条件是它不改变 w

蕴涵

$$(\forall k \in C : I_k \land \Box[N_k \lor (\mu_k \land ({v_k}' = v_k))]_{\langle w, v_k \rangle})$$
$$\equiv (\forall k \in C : I_k) \land \Box[\exists k \in C : N_k]_{\langle w, v \rangle}$$

条件 2 断定我们拥有的是一个交错规约。如果我们放弃该假设条件，那么结论的右侧将不再是一个合理的规约，原因是某个 N_k 可能允许一些不合理步骤发生，在此类步骤中一些其他组件的变量可被假定为任意取值。然而，假设每一个 N_k 都可以正确决定组件 k 中私有状态 v_k 的取值，那么即使左侧语句是一个非交错且不等于右侧表达式的规约，它将仍然是一个合理的规约。

10.4.2　相交动作的组合

现在让我们考虑第 5 章中所述的可线性化内存。正如第 5 章开篇所示，它是一个由一组处理器、一个内存与一个接口（由变量 $memInt$ 表示）所组成的系统。我们现在将其视为一个双组件系统，处理器集合作为其中一个组件，被称为环境（*environment*），内存可作

为另外一个组件。让我们现在先忽略变量的隐藏，仅考虑所有变量都可见的内部规约。我们希望采用如下形式编写规约：

$$(IE \land \Box[NE]_{vE}) \land (IM \land \Box[NM]_{vM}) \tag{10.5}$$

其中 E 表示环境组件（处理器集合），M 表示内存组件。变量元组 vE 中包含了 $memInt$ 与环境组件变量；元组 vM 包含了 $memInt$ 与内存组件的变量。我们必须选择 IE 与 NE 等公式，使得隐藏内部变量的式（10.5）等同于图 5.3 给出的 $Memory$ 模块的内存规约 $Spec$。

在内存规约中，环境组件与内存之间的通信可由如下形式的动作来描述：

$$Send(p, d, memInt, memInt') \quad \text{或} \quad Reply(p, d, memInt, memInt')$$

其中 $Send$ 与 $Reply$ 是未指定的运算符，它们是在 $MemoryInterface$ 模块（参见图 5.1）中声明的。规约中并没有提到 $memInt$ 的实际取值。因此，我们不仅不知道如何将 $memInt$ 拆分为两个独立的部分（每个部分的变更仅受一个组件驱动），甚至还不知道 $memInt$ 是如何变更的。

编写组合规约的技巧是在两个组件的后继状态动作中都放入 $Send$ 与 $Reply$ 动作。对于“通过 $memInt$ 发送一个取值”的步骤，我们将其表示为内存与环境组件都要实施的一个*相交动作*（joint action）。其后继状态动作具有如下形式：

$$\begin{aligned} NM &\triangleq \exists p \in Proc : MRqst(p) \lor MRsp(p) \lor MInternal(p) \\ NE &\triangleq \exists p \in Proc : ERqst(p) \lor ERsp(p) \end{aligned}$$

其中 $MRqst(p) \land ERqst(p)$ 步骤表示从处理器 p（环境组件的一部分）向内存发送一个请求，$MRsp(p) \land ERsp(p)$ 步骤表示从内存向处理器 p 发送一个响应，$MInternal(p)$ 步骤是一个内部步骤，它表示了内存组件处理请求的动作。（环境组件没有内部步骤。）

发送响应是由内存组件控制的，它可选择发送的具体取值和时间。因此，使能条件和发送取值可由 $MRsp(p)$ 动作来指定。我们可令内存组件中内部变量沿用 $InternalMemory$ 模块的规约中的变量 mem、ctl 与 buf 的名称与含义，其中 $InternalMemory$ 模块的规约是一个内部整体内存规约，具体描述可参见图 5.2。接下来，我们可令 $MRsp(p)$ 等同于该模块中所定义的动作 $Rsp(p)$。$ERsp(p)$ 动作应该总是处于使能状态，并允许发送任何合法的响应消息。一个合法的响应可表示为 Val 中的一个元素或者特殊取值 $NoVal$，因此我们可将 $ERsp(p)$ 定义为等于 [⊖]

$$\begin{aligned} &\land \exists rsp \in Val \cup \{NoVal\} : Reply(p, rsp, memInt, memInt') \\ &\land \cdots \end{aligned}$$

其中“$\cdots$”描述了环境组件的内部变量的新取值。

⊖ 量词 $\exists$ 上的约束不是必需的。我们可令 $\exists rsp : Reply(p, rsp, memInt, memInt')$ 作为第一个合取式，从而使处理器可接受任何取值（不仅是合法值）。然而，在通常情况下，只要存在可能，最好还是使用有界量词。

发送请求是由环境组件来控制的，它可选择发送的具体取值和时间。因此，使能条件应该是 $ERqst(p)$ 动作的一部分。在 $InternalMemory$ 模块的单体规约中，该使能条件为 $ctl[p] = $ "rdy"。然而，如果 ctl 是内存组件的内部变量，则它无法同时出现在环境组件的规约中。因此，我们必须增加一个新的变量，用来描述处理器是否被允许发送新请求。我们可令其为布尔类型变量 rdy，其中 $rdy[p]$ 为真的充要条件是处理器 p 可发送一个请求。当 p 发送了一个请求并再次被设为真，且该请求对应的响应消息也已向 p 发送，则此时 $rdy[p]$ 取值为假。我们因此可完成 $ERqst(p)$ 与 $ERsp(p)$ 的定义，如下所示：

$$
\begin{aligned}
ERqst(p) \triangleq\ & \land\ rdy[p] \\
& \land\ \exists\, req \in MReq : Send(p, req, memInt, memInt') \\
& \land\ rdy' = [rdy \text{ EXCEPT } ![p] = \text{FALSE}]
\end{aligned}
$$

$$
\begin{aligned}
ERsp(p) \triangleq\ & \land\ \exists\, rsp \in Val \cup \{NoVal\} : \\
& \qquad Reply(p, rsp, memInt, memInt') \\
& \land\ rdy' = [rdy \text{ EXCEPT } ![p] = \text{TRUE}]
\end{aligned}
$$

除了没有使能条件 $ctl[p] = $ "rdy" 之外，内存组件的 $MRqst(p)$ 动作等同于 $InternalMemory$ 模块的 $Req(p)$ 动作。

最后，内存组件的内部动作 $MInternal(p)$ 等同于 $InternalMemory$ 模块的 $Do(p)$ 动作。

规约中剩下的部分都比较简单。元组 vE 与 vM 分别为 $\langle memInt, rdy \rangle$ 与 $\langle memInt, mem, ctl, buf \rangle$。除了将初始条件 $memInt \in InitMemInt$ 放在何处的决定之外，初始谓词 IE 与 IM 的定义是非常直观的。我们可将该初始条件放在 IE 或 IM 中，或者同时放在两者之中，抑或放在一个不属于任何组件规约的单独的合取式中。让我们将其放入 IM 中，这样 IM 将会等于 $InternalMemory$ 模块中的初始谓词 $IInit$。环境组件最终的规约可通过将 rdy 隐藏至其内部规约来获得；内存组件最终的规约可通过将 mem、ctl 与 buf 变量隐藏至其内部规约来获得。完整的规约可参见图 10.2。对于 IM、$MRsp(p)$ 与 $MInternal(p)$ 的定义，我将不再赘述，因为它们分别等同于 $InternalMemory$ 模块中的 $IInit$、$Rsp(p)$ 与 $Do(p)$。

我们针对"环境–内存"系统的建模工作是通用的。在一个双组件系统中，只要存在不归属于任何组件的状态，则上面的建模结论可类推到该系统的相交动作规约的构建中。上面的建模结论也可类推至存在跨组件共享状态的系统。例如，假设在可线性化内存系统中，各处理器都被视为单独的组件，我们要针对这个系统重新编写组合规约。其中内存组件的规约将与之前完全一样，而处理器 p 的后继状态动作将会是如下表达式：

$$ERqst(p) \lor ERsp(p) \lor OtherProc(p)$$

其中 $ERqst(p)$ 与 $ERsp(p)$ 与前面完全一样，$OtherProc(p)$ 步骤表示了除 p 之外的其他处理器发送请求消息或者向此处理器发送响应消息的动作。动作 $OtherProc(p)$ 代表 p 参与一个相交动作，另一个处理器 q 通过该相交动作与内存组件通信。它的定义如下所示：

$$\begin{aligned}\exists\, q \in Proc \setminus \{p\} : \;& \lor\; \exists\, req \in MReq : Send(q, req, memInt, memInt') \\ & \lor\; \exists\, rsp \in Val \cup \{NoVal\} : \\ & \qquad Reply(q, rsp, memInt, memInt')\end{aligned}$$

这个例子相当荒谬，因为每个处理器都必须参与仅涉及其他组件的通信动作。最好将接口 $memInt$ 改为数组，其中处理器 p 与内存的通信由 $memInt[p]$ 的变更来表述。一个合理的例子需要一个相交动作来表示组件之间真正的交互——例如，一个屏障同步（barrier synchronization）操作，使得各组件在全体就绪之前维持等待，并在全体就绪之后一起执行同步步骤。[⊖]

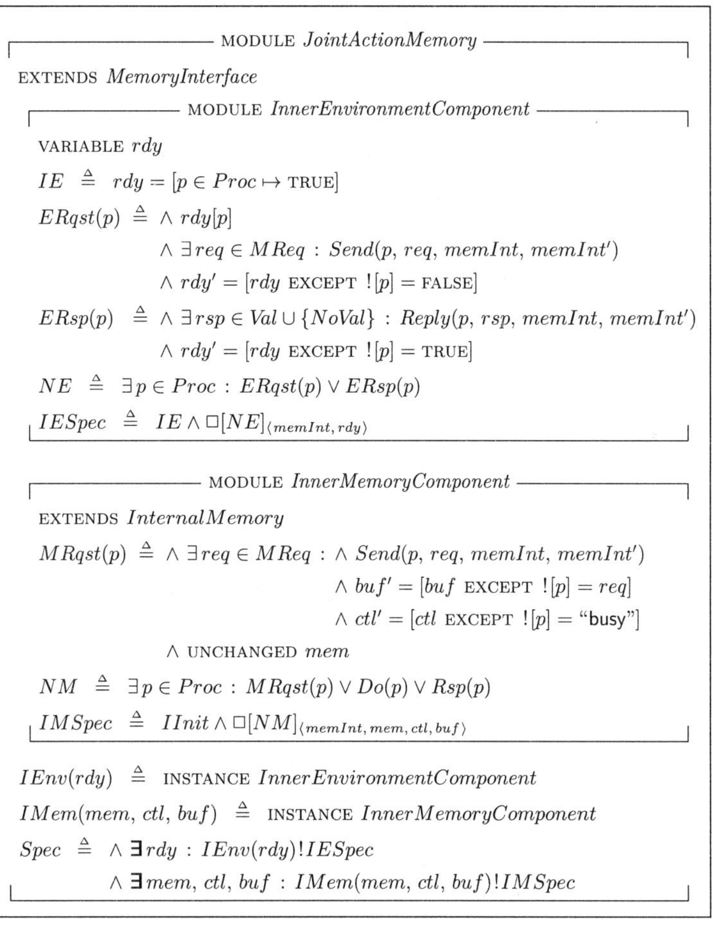

```
---------------------- MODULE JointActionMemory ----------------------
EXTENDS MemoryInterface
  ------------------ MODULE InnerEnvironmentComponent ------------------
  VARIABLE rdy
  IE ≜ rdy = [p ∈ Proc ↦ TRUE]
  ERqst(p) ≜ ∧ rdy[p]
             ∧ ∃ req ∈ MReq : Send(p, req, memInt, memInt')
             ∧ rdy' = [rdy EXCEPT ![p] = FALSE]
  ERsp(p) ≜ ∧ ∃ rsp ∈ Val ∪ {NoVal} : Reply(p, rsp, memInt, memInt')
            ∧ rdy' = [rdy EXCEPT ![p] = TRUE]
  NE ≜ ∃ p ∈ Proc : ERqst(p) ∨ ERsp(p)
  IESpec ≜ IE ∧ □[NE]_⟨memInt, rdy⟩
  ======================================================================

  -------------------- MODULE InnerMemoryComponent --------------------
  EXTENDS InternalMemory
  MRqst(p) ≜ ∧ ∃ req ∈ MReq : ∧ Send(p, req, memInt, memInt')
                               ∧ buf' = [buf EXCEPT ![p] = req]
                               ∧ ctl' = [ctl EXCEPT ![p] = "busy"]
             ∧ UNCHANGED mem
  NM ≜ ∃ p ∈ Proc : MRqst(p) ∨ Do(p) ∨ Rsp(p)
  IMSpec ≜ IInit ∧ □[NM]_⟨memInt, mem, ctl, buf⟩
  ======================================================================
IEnv(rdy) ≜ INSTANCE InnerEnvironmentComponent
IMem(mem, ctl, buf) ≜ INSTANCE InnerMemoryComponent
Spec ≜ ∧ ∃ rdy : IEnv(rdy)!IESpec
       ∧ ∃ mem, ctl, buf : IMem(mem, ctl, buf)!IMSpec
=======================================================================
```

图 10.2 可线性化内存系统的相交动作规约

⊖ 同步屏障是并行计算中的一种同步方法。对于一群进程或线程，程序中的一个同步屏障意味着任何线程/进程执行到此后必须等待，直到所有线程/进程都到达此点才可继续执行下文。消息传递机制中，任何全局通信都是一个同步屏障。——译者注

10.5 简短回顾

组合规约的基本理念很简单：一个组合规约是由若干公式合取而成的，其中每个公式对应一个单独组件的规约。本章介绍了几种编写组合规约的方法。在进一步讨论之前，让我们从正确的角度审视这些方法。

10.5.1 组合方法的分类

我们看到了三种组合规约分类的方法：

交错与非交错　交错规约指的是每个（非重叠）步骤仅能被赋予一个组件的规约。非交错规约允许一个步骤同时表示多个组件的并发操作。

"交错"一词是标准术语；对于其他概念并没有对应的通用术语。

非相交状态与共享状态　非相交状态规约指的是系统整体状态可被分割至每个单独组件的规约。整体状态的一个组成部分可定义为变量 v，或者该变量中的某些固定字段 c，例如 $v.c$ 或 $v[c]$。对组件部分状态的任何变更都会影响归属组件。在共享状态规约中，系统中部分状态可被源于多个组件的步骤所改变。

相交动作与分离动作　相交动作规约是非交错规约，且其中存在若干个不属于同一组件且必须同时发生的步骤。凡是不属于相交动作规约者，皆可称为分离动作规约。

除了相交动作规约必须是非交错规约外，这些分类方法是相互独立的。

10.5.2 审视交错规约

我们应该编写交错规约还是非交错规约？我们可能要通过如下提问来回答该问题：系统中不同的组件是否确实能同时执行某些步骤？然而，这个问题没有实际意义。所谓"步骤"只是一个数学上的抽象，真实的组件在执行操作时要花费有限的时间。两个不同组件所执行的操作在时间上可能存在重叠。对这种物理状况，我们既可表述为关于两个组件的一个同时发生的步骤，也可表述为两个单独的步骤。针对后一种情况，规约通常允许这两个步骤以任意顺序发生。（如果这两个操作必须同时发生，那么我们必须要编写相交动作规约。）采用交错规约还是非交错规约取决于编写者。你应该选择更方便的一种。

如果你希望用一个规约来实现另一个规约，则可选方案并不完全是任意的。一个非交错规约通常无法实现一个交错规约，原因是非交错规约所允许的并发动作在交错规约中是严格禁止的。因此，如果你想通过编写一个低层级规约来实现一个高层级交错规约，你就必须使用交错规约。正如我们所见，可通过在非交错规约中注入交错假设（interleaving assumption）的声明语句来将其转化为交错规约。

10.5.3 审视相交动作规约

编写组合规约的目的是将系统中不同组件的规约分开。在相交动作规约中，不同组件之间动作的混合会破坏上述原则。那么，为何我们还要编写这样的规约呢？

相交动作规约通常用于跨组件通信行为的高度抽象描述。在编写可线性化内存系统的组合规约时，由于接口对象的抽象特性，我们采用了相交动作。在真实的系统中，通信发生于一个组件改变其状态，且之后另一个组件观察到该变更的时候。$MemoryInterface$ 模块所表述的接口对象将上述两个步骤进行了抽象处理，用一个瞬时通信步骤取代这两个步骤，而瞬时通信在真实世界中是不可能发生的。由于每个组件都必须记住已发生的通信，所以单个通信步骤必须同时改变两个组件的私有状态。这就是我们不能采用 10.4.1 节所述的方法的原因——它要求共享接口的任何变更都会导致一个组件的非共享状态发生变化。

内存接口的抽象简化了这个规约，允许将通信过程表述为单个步骤而不是两个步骤。但是这个简化方案的代价是模糊了两个不同组件的差异。如果我们将此差异模糊化处理，那么把整个规约写为不同组件规约的合取将没有实际意义。正如内存系统的例子所表明的，将整个系统分解为通过相交动作相互通信的若干个组件需要引入额外的变量。虽然偶尔也会存在一些将这种复杂性引入规约的理由，但这不应该被视为理所当然。

10.6 活性和隐藏

10.6.1 活性和闭包

到目前为止，我们对组合规约的讨论全都忽略了活性条件。通过在独立组件的动作上施加公平性条件，可以很容易为组合规约指定活性条件。例如，要定义一组时钟永不停止，我们只需修改 $ClockArray$ 规约（参见式（10.2）使其等于

$$
\begin{array}{l}
\forall k \in Clock \ : \\
\qquad (hr[k] \in 1 \,..\, 12) \wedge \Box[HCN(hr[k])]_{hr[k]} \wedge \mathrm{WF}_{hr[k]}(HCN(hr[k]))
\end{array}
$$

在编写组件 c 的动作 A 的强弱公平性公式时，我们有时候会遇到下标应该选什么的问题，比较明显的有两个选项：表征整个规约状态的元组 v；表征组件状态的元组 v_c。只有在规约的安全部分允许出现 v 变 v_c 不变的步骤时，两者的选择才成为问题。在组合规约中有较小概率面对这样的选择，我们不期望出现公平性条件被某个组件状态不变的步骤所满足，因此要选择下标 v_c。

组合规约的公平性条件引入了一个很重要的问题：如果每个组件规约都是闭包，那么组合规约是否必然也是闭包？假设有如下组合规约：$\forall k \in C : S_k \wedge L_k$，其中每对 S_k，L_k 都是闭包，令 S 为 S_k 的合取式，L 为 L_k 的合取式，则规约等价于 $S \wedge L$。安全属性的合取式也是一个安全属性[⊖]，因此 S 也是一个安全属性。因此，我们的问题是：S, L 对是否也是闭包？

闭包定义参见 8.9.2 节。

⊖ 回忆一下，安全属性有这样的性质：我们说某个行为违反了安全属性当且仅当这个行为的某些特定部分违反了安全属性。一个行为违反了安全属性 S_k 的合取式当且仅当它违反了某些特定 S_k，即违反了 S_k 的某些特定部分。

一般来说，S, L 对不需要是闭包，但是，交错组合规约通常是闭包。活性属性通常表示为动作的强弱公平性的合取。正如 8.9.2 节所述，如果规约的活性属性是后继状态动作的子动作的公平性的合取，则规约是闭包。在交错组合中，每个 S_k 通常具有 $I_k \wedge \Box[N_k]_{v_k}$ 的形式，其中 v_k 满足组合规则的假设 (参见 10.2 节)，对于集合 $C \setminus \{k\}$ 中的所有 i，每个 N_k 都蕴涵 $v_i{}' = v_i$。在这种情况下，组合规则意味着 N_k 的子动作也是后继状态动作 S 的子动作。因此，如果我们正常编写交错组合规约，并正常编写闭包组件规约，则组合规约也是闭包。

得到一个闭包的非交错组合规约也不大容易——特别是对相交动作组合规约来说。实际上，我们之前看到过一个相交动作组合规约，其中每个组件都是闭包，但组合规约却不是闭包。在第 9 章中，我们通过将一个或多个 $RTBound$ 公式和 $RTnow$ 公式与非实时的规约组合在一起，形成了实时规约。接下来是一个不正常的例子（参见式（9.2））：

$$HC \ \wedge \ RTBound(hr' = hr - 1, hr, 0, 3600) \ \wedge \ RTnow(hr)$$

HC 是第 2 章所述的时钟规约。

我们可以将上式看成三个组件规约的合取：

1. HC 指定一个时钟，由变量 hr 表示。

2. $RTBound(hr' = hr - 1, hr, 0, 3600)$ 指定一个定时器，由隐藏（存在量化）的定时器变量表示。

3. $RTnow(hr)$ 指定实际时间，由变量 now 表示。

该公式是一个相交动作组合规约，由两类相交动作组合而成：

- 第一个和第二个组件的相交动作改变 hr 和定时器的值。
- 第二个和第三个组件的相交动作改变定时器和 now 的值。

前两个规约可以不考虑，因为它们没有声明活性条件，其活性属性默认为 TRUE。第三个规约的安全属性断言 now 是一个实数且只在 hr 未被改变的步骤中改变，它的活性属性 NZ 断言 now 的增长没有限制。任何满足安全属性的有限行为都可以轻松扩展成满足整个规约的无限行为，因此第三个规约也是闭包。但是，正如我们在 9.4 节中观察到的，如果组合规约是 Zeno 规约的话，它就不是闭包。

10.6.2　隐藏

假设我们编写一个由 S_1 和 S_2 两个组件规约组合而成的规约 S，是否可以用公式 $\exists h : S$，将 S 中的变量 h 隐藏起来，作为一个组合规约——两个独立组件规约的合取呢？如果 h 表示的是两个组件都会访问的状态，则答案是“否”。如果两个组件通过状态的某些部分进行通信，则这些部分都不能被各组件用作内部变量。

h 不表示共享状态的最简单场景是，它只出现在其中一个组件规约中。如果 h 只出现在 S_2 中，则下面的恒等式就是所需的分解式：

$$(\exists h : S_1 \wedge S_2) \ \equiv \ S_1 \wedge (\exists h : S_2)$$

现在假设 h 在两个组件规约中都有出现，但是不表示两个组件都访问的状态。这种场景只有在两个组件分别访问 h 的不同部分时才会出现。例如，h 可能是一个记录，有两个字段 $h.c1$ 和 $h.c2$，S_1 只访问 $h.c1$，S_2 只访问 $h.c2$，这样我们有：

$$(\exists h : S_1 \wedge S_2) \equiv (\exists h1 : T_1) \wedge (\exists h2 : T_2)$$

其中 T_1 由 S_1 通过用 $h1$ 代换 $h.c1$ 得到，T_2 与之类似。当然我们也可以用其他变量代换 $h1$ 和 $h2$；特别地，我们也可以用相同的变量代换它们。

我们将这个结果推广为对任意有限个[⊖] 组件的组合，都有：

组合隐藏规则 如果变量 h 不在公式 T_i 中出现，且 S_i 是由 T_i 通过用 $h[i]$ 代换 q 得到的，则对任意有限集 C，都有：

$$(\exists h : \forall i \in C : S_i) \equiv (\forall i \in C : \exists q : T_i)$$

假设变量 h 不在公式 T_i 中出现的意思是：变量 h 仅出现在公式 S_i 的表达式 $h[i]$ 中，也意味着组合式 $\forall i \in C : S_i$不能确定 h 的值，只能确定 $i \in C$ 对应的 $h[i]$ 组件的值。如 10.2 节所述，我们要让组合规约确定 h 的值，可以使用公式 $\Box IsFcnOn(h, C)$ 组合得到，其中 $IsFcnOn$ 在 10.2 节中定义。组合隐藏规则假设蕴涵：

$$(\exists h : \Box IsFcnOn(h, C) \wedge \forall i \in C : S_i) \equiv (\forall i \in C : \exists q : T_i)$$

现在让我们考虑通用场景，$\forall i \in C : S_i$ 是一个交错组合，其中每个组件规约 S_i 表示 $h[i]$ 的变化，且断言在组件 i 步骤中，对 $j \neq i$ 都有 $h[j]$ 保持不变。我们不能在其上应用组合隐藏规则，因为 S_i 必须提及除了 $h[i]$ 之外 h 的其他组件。例如，可能其包含如下形式的表达式：

$$h' = [h \text{ EXCEPT } ![i] = exp] \tag{10.6}$$

其中提及了完整的 h，不过，我们可以将 S_i 转换为规约 $\widehat{S}_i$，其只描述 $h[i]$ 的变化过程，不提及其他组件。例如，我们将式（10.6）替换为 $h'[i] = exp$，再将断言 h 保持不变替换为断言 $h[i]$ 保持不变，则组合规约 $\forall i \in C : \widehat{S}_i$ 可以容许在一个步骤中改变两个不同的变量 $h[i]$ 和 $h[j]$，并且其他变量保持不变，使得公式 $\forall i \in C : \widehat{S}_i$ 是非交错组合规约。不过其与公式 $\forall i \in C : S_i$ 不等价，后者要求 $h[i]$ 和 $h[j]$ 在不同的步骤中变化。不过，隐藏变量 h 也会隐藏这种差异，从而使得两者等价。之后我们可以应用组合隐藏规则，用 $\widehat{S}_i$ 替换 S_i。

10.7 开放系统规约

规约描述系统与其环境之间的交互，例如，第 4 章的 FIFO 缓冲区规约定义了由缓冲区（系统）与发送方和接收方组成的环境之间的交互。迄今为止，我们编写的所有规约都是完备系统（complete-system）规约，也就是其能被表征系统和环境的所有正确操作的行为所满足。一个由环境规约 E 和系统规约 M 组成的组合规约的形式为 $E \wedge M$。

⊖ 如果 C 是无限集，则组合隐藏规则通常不正确，但这样的例子通常在现实中不会出现。

开放系统（open-system）规约可作为系统的使用者和实现者之间的契约，比较常见的例子是公式 M，它只描述系统组件本身的正确行为。不过，这样的规约是不可实现的，因为它断言无论环境如何运行，系统总是正确运行。系统不可能无视环境的任意行为而表现得如预期一样，例如，如果无视发送方和接收方的动作，那么实现一个满足缓冲区组件的规约会遇到问题，因为如果发送方在旧值未被确认的情况下又发送新值，则缓冲区可能读入一个不确定的值，结果也就不可预测了。

开放系统规约有时候又被称为*依赖保证*（rely-guarantee）或*假设保证*（assume-guarantee）规约。

使用者与实现者之间的契约应该要求系统只有在环境表现正常的情况下才能正常工作。如果 M 描述了系统的正确行为，而 E 描述了环境的正确行为，则规约应该要求如果 E 为真，则 M 为真。这表明，可以将公式 $E \Rightarrow M$ 作为我们的开放系统规约，如果系统行为正确或环境行为不正确，则 $E \Rightarrow M$ 为真。但是，出于以下原因，$E \Rightarrow M$ 作为规约还是太弱了：回到 FIFO 缓冲区的示例，其中 M 表示缓冲区，E 表示发送方和接收方，假设缓冲区在接收方确认旧值之前发送了一个新值，这可能会导致接收方处理不正确，即出现以接收方规约不允许的方式修改输出通道之类的动作。在这种场景下，这样的行为使得 E 和 M 都为假，但规约 $E \Rightarrow M$ 为真。但在这种情况下，缓冲区的表现是不正确的，因为缓冲区的错误又导致了接收方出错。因此，该行为也不能被认为满足我们的缓冲区规约，所以 $E \Rightarrow M$ 不合适。

开放系统规约应断言系统表现正确，至少应在环境正确的场景下表现正确。为此，我们引入了一个新的时态运算符 $\overset{+}{\rhd}$，其中 $E \overset{+}{\rhd} M$ 断言 M 至少比 E 多一个步骤为真，如果 E 恒为真的话，M 也恒为真。更确切的说法是，$E \overset{+}{\rhd} M$ 断言：

- E 蕴涵 M。
- 如果行为的前 n 个状态未违反 E 的安全属性，则对于任意自然数 n，M 的前 $n+1$ 个状态也不会违反安全属性。（违反安全属性是指行为中的某些确定步骤违反安全属性。）

$\overset{+}{\rhd}$ 的更精确定义参见 16.2.4 节。如果 M 描述了系统所需的行为，而 E 描述了环境所需的行为，我们就可以把公式 $E \overset{+}{\rhd} M$ 当作所需的开放系统规约。

一旦我们分别编写了组件规约，就可以简单地通过将合取代换为 $\overset{+}{\rhd}$ 来把完备系统规约转换为开放系统规约。这首先需要我们将完备规约的各个合取式进行分类：环境规约、系统规约或者两者都不是。例如，考虑 FIFO 缓冲区组合规约（参见 $CompositeFIFO$ 模块（图 10.1）），我们认为系统由两部分组成：缓冲区及被视为环境的发送方和接收方。完备系统规约 $Spec$ 有三个主要的合取式：

- $Sender \land Buffer \land Receiver$：$Sender$ 和 $Receiver$ 的合取显然是环境规约部分，$Buffer$ 是系统规约部分。
- $(in.ack = in.rdy) \land (out.ack = out.rdy)$：将这两个初始合取式分配给系统和环境都可以，具体取决于当行为违反规约时，我们希望谁担责。这里我们的原则是谁发送谁负责，因此将 $in.ack = in.rdy$ 分配给环境，将 $out.ack = out.rdy$ 分配给系统。

- $\Box(IsChannel(in) \land IsChannel(out))$：这个公式不能自然地归属于系统或环境。我们将其视为系统模型的固有属性，假设 in 和 out 是带有 ack、val 和 rdy 字段的记录。因此，我们将该公式理解为完备规约的单独合取式，不属于系统或环境。

这样我们就得到了 FIFO 缓冲区的开放系统规约：

$$\begin{aligned}&\land \Box(IsChannel(in) \land IsChannel(out))\\&\land (in.ack = in.rdy) \land Sender \land Receiver \overset{+}{\rhd}\\&\qquad (out.ack = out.rdy) \land Buffer\end{aligned}$$

正如本例所示，编写组合完备系统规约和编写开放系统规约之间的差别不大，只有在最后将各组件结合在一起时，我们才看到区别。对大多数规约来说，其实我们选哪个都没关系。

10.8 接口转化

接口转化（interface refinement）是通过转化高层级规约的变量获得低层级规约的一种方法。接下来我们从两个例子开始介绍，然后讨论接口转化的推广。

10.8.1 二进制时钟

定义时钟时，我们用变量 hr 表示它的读数，其值（在满足规约的情况下）是一个 1~12 的整数。假设我们要定义一个用于计算机的**二进制时钟**（binary hour clock），其中显示部分包含一个 4-bit[㊀]寄存器，1~12 显示为对应的 0001, 0010, ⋯, 1100 这 12 个数字。从头开始定义这样的时钟很容易，但假设我们向一个熟悉时钟的人介绍它，可以简单地说，二进制时钟与普通时钟相同，只是其读数以二进制表示。接下来我们将这个表述形式化。

我们首先介绍如何用 4-bit 值表示一个数。数学上有好几种方式表示 4-bit 值，这里我们选择四元组，在 TLA$^+$ 中表示为一个定义在 $1\,..\,4$ 上的函数，不过将 $(n+1)$-bit 数字表示为从 $0\,..\,n$ 到 $\{0,1\}$[㊁] 上的函数在数学上更为自然。函数 b 表示数 $b[0]*2^0+b[1]*2^1+\cdots+b[n]*2^n$，使用 TLA$^+$，我们定义 $BitArrayVal(b)$ 为函数 b 对应的实际值：

$$\begin{aligned}&BitArrayVal(b) \triangleq\\&\quad \text{LET } n \triangleq \text{CHOOSE } i \in Nat : \text{DOMAIN } b = 0\,..\,i\\&\qquad\quad val[i \in 0\,..\,n] \triangleq \quad \text{定义 } val[i] \text{ 等于 } b[0]*2^0+\cdots+b[i]*2^i\\&\qquad\qquad \text{IF } i = 0 \text{ THEN } b[0]*2^0 \text{ ELSE } b[i]*2^i + val[i-1]\\&\quad \text{IN} \quad val[n]\end{aligned}$$

㊀ 4-bit 等是业界惯用表述，故此处 bit 不译。——译者注

㊁ 我们也可以将 $\{0,1\}$ 记作 $0\,..\,1$。

要定义由变量 $bits$ 表示的二进制时钟，只要 $BitArrayVal(bits)$ 改变 $bits$ 的方式与时钟的规约 HC 改变 hr 的方式相同即可。在数学上，这意味着我们用 $BitArrayVal(bits)$ 代换 HC 中的变量 hr 就可以得到二进制时钟的规约。在 TLA$^+$ 中，代换可以用 INSTANCE 语句表示，下式

$$B \triangleq \text{INSTANCE } HourClock \text{ WITH } hr \leftarrow BitArrayVal(bits)$$

定义的 $B!HC$ 即是在 HC 中用 $BitArrayVal(bits)$ 代换 hr 所得公式。

不幸的是，上述规约是有问题的，$BitArrayVal(b)$ 的值只有在 b 是定义在 $0\,..\,n$（n 是自然数）上的函数时才有意义。我们不知道 $BitArrayVal(\{\text{“abc”}\})$ 等于什么，它可能等于 7。如果其有意义，则 $B!HC$ 应该允许 $bits$ 初始值为 $\{\text{“abc”}\}$ 这样的行为。为了将这种无效行为排除在外，我们在 $BitArrayVal(bits)$ 上做一层封装，引入 $HourVal(bits)$，只有 b 是 $[(0\,..\,3) \rightarrow \{0,1\}]$ 这样的函数，其值才是 $BitArrayVal(bits)$ 对应的 $1\,..\,12$ 的元素：

$$\begin{aligned} HourVal(b) \;&\triangleq\; \text{IF } b \in [(0\,..\,3) \rightarrow \{0,1\}] \text{ THEN } BitArrayVal(b) \\ &\qquad\qquad\qquad\qquad\qquad\qquad\;\; \text{ELSE } 99 \\ B \;&\triangleq\; \text{INSTANCE } HourClock \text{ WITH } hr \leftarrow HourVal(bits) \end{aligned}$$

上式定义 $B!HC$ 就是所需的二进制时钟规约。因为 HC 不被有 $hr = 99$ 这样的行为满足，所以 $B!HC$ 也不被有 $bits$ 不是集合 $[(0\,..\,3) \rightarrow \{0,1\}]$ 中的值这样的行为满足。

还有另一种方法也可以用时钟的规约 HC 来定义二进制时钟。我们不在时钟规约中代换 hr，而是首先定义一个系统，该系统由一个时钟和一个二进制时钟组成，同时保持时间不变，然后隐藏时钟。规约形如：

$$\exists\, hr : IR \wedge HC \tag{10.7}$$

其中 IR 是一个时态公式，其值为真当且仅当 $bits$ 始终是表示 hr 的值的 4-bit 值。这个公式断言对于满足 HC 的 hr 的可能取值，$bits$ 是 hr 的 4-bit 数组表示。使用上面给出的 $HourVal$ 的定义，我们可以简单定义 IR 等于 $\Box(h = HourVal(b))$。

如果 HC 在 $HourClock$ 模块中定义，则式（10.7）不能同时出现在该 TLA$^+$ 规约中，因为如果要在公式上下文中定义 HC，那么也必须在该上下文中声明 HC 的变量 hr，而声明了 hr 之后，就不能将其用作量词 $\exists$ 的约束变量。与之前一样，该问题也可以通过参数化的实例化来解决，完整的 TLA$^+$ 二进制时钟规约 BHC 参见图 10.3 中的$BinaryHourClock$ 模块。

```
┌─────────────────────── MODULE BinaryHourClock ───────────────────────┐
EXTENDS Naturals
VARIABLE bits
H(hr) ≜ INSTANCE HourClock
BitArrayVal(b) ≜ LET n ≜ CHOOSE i ∈ Nat : DOMAIN b = 0 .. i
                     val[i ∈ 0 .. n] ≜   定义 val[i] 等于 b[0] * 2^0 + ··· + b[i] * 2^i
                       IF i = 0 THEN b[0] * 2^0 ELSE (b[i] * 2^i) + val[i − 1]
                 IN  val[n]
HourVal(b) ≜ IF b ∈ [(0 .. 3) → {0, 1}] THEN BitArrayVal(b)
                                        ELSE 99
IR(b, h) ≜ □(h = HourVal(b))
BHC ≜ ∃ hr : IR(bits, hr) ∧ H(hr)!HC
└──────────────────────────────────────────────────────────────────────┘
```

图 10.3　二进制时钟规约

10.8.2 转化通道

作为第二个接口转化示例，考虑在通道上发送数字 1~12 来与其环境交互的系统。我们将其转化为相同的低层级系统，只除了它是按 4-bit 序列发送数字，从左最高位开始，每次发送一个 bit。例如，要发送数字 5，低层级系统会发送 bit 序列：0, 1, 0, 1。两个通道都用图 3.2 的 *Channel* 模块定义，这样必须在旧值确认之后才可发送新值。

假设 *HSpec* 是高层级系统规约，其通道用变量 h 表示，令变量 l 表示低层级通道，则低层级系统规约可以记作：

$$\exists h : IR \wedge HSpec \tag{10.8}$$

其中 IR 表示 h 上发送的值序列作为 l 上发送值的函数。l 上发送的 4-bit 序列被解释为在 h 上发送的完整数；l 上对值的确认被解释为 h 上发送的确认；其他步骤被解释为不改变 h 的步骤。

为了定义 IR，我们对每个通道实例化 *Channel* 模块：

$$H \triangleq \text{INSTANCE } Channel \text{ WITH } chan \leftarrow h,\ Data \leftarrow 1 \ldots 12$$

$$L \triangleq \text{INSTANCE } Channel \text{ WITH } chan \leftarrow l,\ Data \leftarrow \{0, 1\}$$

Data 是可在通道上发送的值的集合。

在通道 l 上发送值的操作可以用 $L!Send(d)$ 步骤表示，在通道 h 上收到值的确认可以用 $H!Rcv$ 步骤表示。下述行为表示发送和确认一个数 5 的过程，我省略了所有没有改变 l 的步骤：

$$s_0 \xrightarrow{L!Send(0)} s_1 \xrightarrow{L!Rcv} s_2 \xrightarrow{L!Send(1)} s_3 \xrightarrow{L!Rcv} s_4 \xrightarrow{L!Send(0)}$$

$$s_5 \xrightarrow{L!Rcv} s_6 \xrightarrow{L!Send(1)} s_7 \xrightarrow{L!Rcv} s_8 \longrightarrow \cdots$$

上述行为满足 IR 当且仅当 $s_6 \rightarrow s_7$ 是一个 $H!Send(5)$ 步骤，$s_7 \rightarrow s_8$ 是一个 $H!Rcv$ 步骤，其他所有步骤中 h 保持不变。

我们需要确认：除非 l 表示一个正确的低层级通道，否则式（10.8）不被满足——例如，如果 l 发送某些奇怪的值，则式（10.8）应为假。IR 有这样的性质：假设在 l 上发送的值序列不是发送和确认的 bit，则在 h 上发送值序列的操作也不是发送数 1~12 的正确行为。因此，公式 $HSpec$（进一步可知式（10.8））对这样的行为都为假。

公式 IR 具有 TLA 规约的标准形式，包含初始条件和后继状态动作。不过，它将 h 定义为 l 的函数，但对 l 不加限制，因此，初始条件不会限定 l 的初始值，后继状态动作也不会限定 l' 的值。（l 的值由 IR 隐式约束，IR 声明了 h 和 l 之间的关系，在式（10.8）中与约束了 h 值的 $HSpec$ 进行合取。）对于定义在 h 上的发送数的后继状态动作，我们需要引入一个内部变量，用于临时记录自从上一个完整数被发送之后在 l 上发送的 bit 序列，这里我们令变量 $bitsSent$ 表示到目前为止 h 上待发送数对应的 l 上已发送的 bit 序列。为了方便起见，$bitsSent$ 以逆序存储 bit 序列，最近发送的 bit 位于队首，而待发送数的最高位，即最早发送的 bit，位于 $bitsSent$ 队尾。

IR 的定义出现在 $ChannelRefinement$ 模块（参见图 10.4）中。模块先定义 $ErrorVal$ 为不在 h 定义域中的任意值，接着定义函数 $BitSeqToNat$。如果 s 表示 bit 序列，则 $BitSeqToNat[s]$ 是二进制 bit 序列 s 对应的数，s 是小端序，即最低位 bit 在 s 队首，如 $BitSeqToNat[\langle 0, 1, 1\rangle]$ 等于 6。接下来定义 $Channel$ 模块的两个实例。

之后是一个定义内部规约的子模块——其中内部变量 $bitsSent$ 是可见的，内部规约的初始谓词 $Init$ 断言如果 l 是合法的初始值，则 h 也是合法的初始值；否则，h 的值为非法值。初始 $bitsSent$ 的值是空序列 $\langle\rangle$，内部规约的后继状态动作是以下三个动作的析取：

- $SendBit$：$SendBit$ 表示在 l 上发送一个 bit 的步骤，如果 $bitsSent$ 长度小于 3 个元素，也就是已发送了不到 3bit，则待发送的 bit 放入 $bitsSent$ 的队首，h 保持不变。否则，表示包括当前 bit 已经有 4bit，则在 h 上发送数，并将 $bitsSent$ 重置为 $\langle\rangle$。
- $RcvBit$：$RcvBit$ 表示在 l 上发送确认的步骤。其也表示在 h 上发送确认的步骤，当且仅当它是对第 4 个 bit 的确认，此时 $bitsSent$ 为空序列。
- $Error$：$Error$ 表示 l 出现了一个不合法的变化。它将 h 置为非法值。

使用子模块定义内部规约，参见 9.1 节的实时时钟规约。

内部规约 $InnerIR$ 是常规形式（不含活性条件）。外层模块通过将 $bitsSent$ 作为参数实例化内部子模块，再将 IR 定义为隐藏了 $bitsSent$ 的 $InnerIR$。

现在假设我们有一个 $HigherSpec$ 模块，其中定义了一个在通道 $hchan$ 上发送数 1~12 的系统规约 $HSpec$。我们获得如下低层级规约 $LSpec$，其中数是以 bit 序列形式在 $lchan$

通道上发送的。我们首先声明变量 $lchan$ 及 $HigherSpec$ 模块中除了 $hchan$ 之外的所有变量和常量，最后有：

$$HS(hchan) \triangleq \text{INSTANCE } HigherSpec$$

$$CR(h) \triangleq \text{INSTANCE } ChannelRefinement \text{ WITH } l \leftarrow lchan$$

$$LSpec \triangleq \exists h : CR(h)!IR \land HS(h)!HSpec$$

```
——————————————— MODULE ChannelRefinement ———————————————
```

本模块定义一个从高层级通道 h 到低层级通道 l 的转化接口，在 h 上发送的是 1 .. 12 的数，数在 l 上是以 4 bit 序列形式发送的，每个 bit 都要单独确认（参见图 3.2 中的 $Channel$ 模块）。公式 IR 为真当且仅当 h 上发送的值序列可表示为 l 上发送的值序列的高层级视图。假设 l 上发送的值序列不是发送或确认 bit，则 h 上发送的也是非法值

```
EXTENDS Naturals, Sequences
VARIABLES h, l
ErrorVal ≜ CHOOSE v : v ∉ [val : 1 .. 12, rdy : {0, 1}, ack : {0, 1}]
BitSeqToNat[s ∈ Seq({0, 1})] ≜      BitSeqToNat[⟨b0, b1, b2, b3⟩] = b0 + 2 * (b1 + 2 * (b2 + 2 * b3))
  IF s = ⟨⟩ THEN 0 ELSE Head(s) + 2 * BitSeqToNat[Tail(s)]
H ≜ INSTANCE Channel WITH chan ← h, Data ← 1 .. 12      H 是发送1 .. 12的数的通道，
L ≜ INSTANCE Channel WITH chan ← l, Data ← {0, 1}       L 是发送bit的通道
  ——————————————— MODULE Inner ———————————————
  VARIABLE bitsSent      当前数对应的已被发送的 bit 序列
  Init ≜ ∧ bitsSent = ⟨⟩
         ∧ IF L!Init THEN H!Init        将 h 的初始值定义为 l 的函数
                    ELSE h = ErrorVal
  SendBit ≜ ∃b ∈ {0, 1} :       在 l 上发送数的前 3 个 bit 时，每次
              ∧ L!Send(b)       都将该 bit 置于 bitsSent 队首并
              ∧ IF Len(bitsSent) < 3       保持 h 不变；发送第 4 个 bit 时重
                  THEN ∧ bitsSent' = ⟨b⟩ ∘ bitsSent       置 bitsSent，并在 h 上发送完整数
                       ∧ UNCHANGED h
                  ELSE ∧ bitsSent' = ⟨⟩
                       ∧ H!Send(BitSeqToNat[⟨b⟩ ∘ bitsSent])
  RcvBit ≜ ∧ L!Rcv       l 上的Rcv 动作触发 h 上的 Rcv 动
           ∧ IF bitsSent = ⟨⟩ THEN H!Rcv       作当且仅当遇到第 4 个 bit
                              ELSE UNCHANGED h
           ∧ UNCHANGED bitsSent
  Error ≜ ∧ l' ≠ l       l 的非法动作将 h 置为 ErrorVal
          ∧ ¬((∃b ∈ {0, 1} : L!Send(b)) ∨ L!Rcv)
          ∧ h' = ErrorVal
  Next ≜ SendBit ∨ RcvBit ∨ Error
  InnerIR ≜ Init ∧ □[Next]_⟨l, h, bitsSent⟩
  ————————————————————————————————————————
I(bitsSent) ≜ INSTANCE Inner
IR ≜ ∃bitsSent : I(bitsSent)!InnerIR
————————————————————————————————————————
```

图 10.4 转化一个通道

10.8.3 接口转化推广

在二进制时钟和通道转化的例子中，我们定义了低层级规约 $LSpec$ 和对应的高层级规约 $HSpec$：

$$LSpec \triangleq \exists h : IR \wedge HSpec \tag{10.9}$$

其中 h 是 $HSpec$ 的自由变量，IR 表示 h 和低层级 $LSpec$ 的变量 l 的关系。我们可以将内部规约 $IR \wedge HSpec$ 视为两个组件的组合，如下所示：

l → [IR] → h → [$HSpec$]

我们可以认为 IR 是一个组件规约，其将 l 的低层级行为转换为 h 的高层级行为，公式 IR 被称为**接口转化**（interface refinement）。

在两个例子中，接口转化独立于系统规约。它只依赖于接口的呈现方式——系统与其环境交互的表示方式。通常，对于独立于使用该接口的系统的转化接口 IR，它应该将高层级接口变量 h 的行为转换为低层级变量 l 的行为。换句话说，对于 l 的任何值序列，应该存在满足 IR 的 h 的对应的值序列。其在数学上表述为公式 $\exists h : IR$必须是有效的，也就是说，对于所有的行为都为真。

到目前为止，我们讨论了如何通过一个变量 l 转化另一个接口变量 h，很显然的一个推广是通过一组变量 $l_1, \cdots, l_m$ 转化高层变量 $h_1, \cdots, h_n$。转化接口 IR 根据 l_j 的值（或许也包括其他变量的值）定义 h_i 的值，式（10.9）被代换为

$$LSpec \triangleq \exists h_1, \cdots, h_n : IR \wedge HSpec$$

一个简单的接口转化类型是**数值转化**[⊖]（data refinement），其中 IR 形如 $\square P$，P 是一个状态谓词，将高层级变量值 $h_1, \cdots, h_n$ 表示为低层级变量值 $l_1, \cdots, l_m$ 的函数。我们二进制时钟规约的接口转化是一个数值转化，其中 P 是谓词 $hr = HourVal(bits)$。正如另一个例子所示，第 3 章的异步通道接口的两个规约可以通过接口转化互相转化。$Channel$ 模块 (图 3.2) 的规约 $Spec$ 等价于对 $AsynchInterface$ 模块 (图 3.1) 的规约 $Spec$ 进行数值转化后得到的规约，只要令 P 等于

$$chan = [val \mapsto val,\ rdy \mapsto rdy,\ ack \mapsto ack] \tag{10.10}$$

上述公式声明 $chan$ 是一个记录，其 val 字段的值为变量 val 的值，rdy 字段的值为变量 rdy 的值，ack 字段的值为变量 ack 的值。相反，$AsynchInterface$ 模块规约 $Spec$ 等价于对 $Channel$ 模块规约 $Spec$ 进行数值转化后的规约。在这种场景下，定义状态谓词 P 需要一点小技巧。比较容易想到的是令 P 为公式 $GoodVals$：

⊖ 此处的 data refinement 是将某个二进制值转化为十进制值，联系上下文来看，数值转化比数据转化更精准一些。——译者注

$$\begin{aligned} GoodVals \triangleq\ & \land val = chan.val \\ & \land rdy = chan.rdy \\ & \land ack = chan.ack \end{aligned}$$

上式有个小问题，其断言 val、rdy 和 ack 为"好值"，即使 $chan$ 为非法值（如 $chan$ 是一个有超过三个字段的记录）。因此，这里我们令 P 等于

$$\text{IF } chan \in [val : Data,\ rdy : \{0, 1\},\ ack : \{0, 1\}] \text{ THEN } GoodVals \text{ ELSE } BadVals$$

其中 $BadVals$ 断言 val、rdy 和 ack 中有某些非法值——满足 $AsynchInterface$ 模块规约 $Spec$ 的行为中不可能出现的值。（在将 $chan$ 定义为 val、rdy 和 ack 的函数时，我们不需要这样的小技巧，因为式（10.10）蕴涵 $chan$ 的值是合法的当且仅当 val、rdy 和 ack 这三个变量的值是合法的。）

数值转化是接口转化的最简单形式。在更复杂的接口转化中，高层级变量的值不能表示为低层级变量当前值的函数。在 10.8.2 节的通道转化示例中，高层级通道上发送的数取决于先前在低层级通道上发送的 bit 值，而不仅仅取决于低层级通道的当前状态。

我们通常同时转化一个系统和它的接口。例如，我们要实现某个系统的规约 H，该规约通过在通道上发送数字，与发送单个 bit 的系统的低层级规约 $LImpl$ 进行通信。在这种场景中，$LImpl$ 本身不是通过接口转化从 $HSpec$ 获得的。相反，$LImpl$ 实现了规约 $LSpec$，$LSpec$ 通过接口转化 IR 从 $HSpec$ 获得。这样，我们说通过接口转化 IR，$LImpl$ 实现了 $HSpec$。

10.8.4 开放系统规约

到目前为止，我们考虑的都是完备系统规约的接口转化。现在我们来考虑一下，如果高层级规约 $HSpec$ 是 10.7 节讨论的那种开放系统规约，那么需要如何操作。为了简单起见，我们考虑用单个低层级变量 l 来转化单个高层级接口变量 h。将其推广到更多变量是显而易见的。

我们首先假设 $HSpec$ 是安全属性，不带活性条件。如 10.7 节所述，改变变量 h 的规约属性要么属于系统要么属于其环境，因此，对低层级接口变量 l 的任何改变导致的对 h 的改变都可归因于系统或环境。由环境引起的对 h 的错误改变使得 $HSpec$ 为真，由系统引起的错误改变会导致 $HSpec$ 为假。式（10.9）将 $LSpec$ 定义为开放系统规约。要使其成为合理的规约，接口转化 IR 必须确保将 l 的改变归因于系统或环境是合理的。

如果 $HSpec$ 包含活性条件，接口转化会更加复杂。假设 IR 是在图 10.4 的 $ChannelRefinment$ 模块中定义的接口转化，且 $HSpec$ 要求系统最终在 h 上发送某个数值。考虑在一个行为中，系统在 l 上发送某个数的第一个 bit，但环境从不确认它，在接口转化 IR 下，这被解释为 h 在行为中从不变化，这种行为不能满足 $HSpec$ 的活性条件。因此，如果 $LSpec$ 是由式（10.9）定义的，那么环境执行某些操作失败可能会导致违反 $LSpec$，而这并不是系统的问题。

在本例中，如果环境未能确认系统发送的数值的前 3bit 中的任何一个，从而导致系统停止，则我们希望将责任归因于环境。（对第 4bit 的确认被 IR 解释为对在 h 上发送的值的确认，因此其缺失责任本就归因于环境。）将问题归因于环境意味着 $LSpec$ 为真。我们可以通过修改式（10.9）以重新定义 $LSpec$ 来满足要求：

$$LSpec \triangleq Liveness \Rightarrow \exists h : IR \wedge HSpec \tag{10.11}$$

其中 $Liveness$ 是一个公式，其要求在 l 上发送的所有 bit（而不是数的最后一个 bit）最终都被确认。不过，如果 l 被设为非法值，那么我们希望规约的安全部分能确定是谁的责任，因此，这里我们要求 $Liveness$ 为真。

我们通过内部变量 h 和 $bitsSent$ 来定义 $Liveness$，它们通过 $ChannelRefinement$ 模块的子模块 $Inner$ 的公式 $InnerIR$ 与 l 关联。（回顾一下，l 应该是 $LSpec$ 的唯一自由变量。）确认收到某数的前 3 个 bit 之一的动作为 $RcvBit \wedge (bitsSent \neq \langle\rangle)$。这一动作的弱公平性条件断言，所需的确认最终必须被发送。对于非法值的情况，在 l 上发送错误值会导致 h 等于 $ErrorVal$。如果曾经发生过这种情况，换句话说，如果它最终发生，那么我们也希望 $Liveness$ 为真。因此我们将如下定义放入 $ChannelRefinement$ 模块的子模块 $Inner$：

$$\begin{aligned} InnerLiveness \triangleq\ & \wedge InnerIR \\ & \wedge \vee \mathrm{WF}_{\langle l, h, bitsSent\rangle}(RcvBit \wedge (bitsSent \neq \langle\rangle)) \\ & \quad \vee \Diamond(h = ErrorVal) \end{aligned}$$

为了定义 $Liveness$，我们必须在 $InnerLiveness$ 中隐藏 h 和 $bitsSent$，可以在声明 l 的上下文中加入下述定义；

$$\begin{aligned} ICR(h) &\triangleq \textsc{instance}\ ChannelRefinement \\ Liveness &\triangleq \exists h, bitsSent : ICR(h)!I(bitsSent)!InnerLiveness \end{aligned}$$

现在假设是环境通过 h 发送数，由系统确认收到与否，然后以某种方式处理它们。在这种情况下，我们希望未对某个 bit 进行确认是系统错误。如果 $Liveness$ 为假，则 $LSpec$ 为假。因此，规约应该是：

$$LSpec \triangleq Liveness \wedge (\exists h : IR \wedge HSpec)$$

因为 h 未在 $Liveness$ 中自由出现，所以上述定义等价于：

$$LSpec \triangleq \exists h : Liveness \wedge IR \wedge HSpec$$

如果式（10.9）中的接口转化 IR 形如 $Liveness \wedge IR$，则上式与式（10.9）的形式相同。换句话说，我们可以把活性条件作为接口转化的一部分。（在这种情况下，我们可以通过在 $InnerIR$ 中直接添加活性条件来简化定义。）

通常，如果 $HSpec$ 是描述活性和安全性的开放系统规约，则接口转化可能必须采用式（10.11）这种形式。$Liveness$ 和 IR 的活性条件都可能取决于低层级接口变量 l 中哪些变化属于系统，哪些变化属于环境。对于通道转化，这意味着它们将取决于是系统还是环境在通道上发送数据。

10.9 规约形式选择

在定义系统时，我们是编写一个只包含一个后继状态动作的单体规约、一个由多个单独组件规约合取而成的完备系统规约，还是编写一个开放系统规约？答案是：没什么大的区别。在真实的系统中，组件动作的定义可能有几百行或几千行，不同的规约形式仅在将初始谓词和后继状态动作组合为最终公式的那几行中有所不同。

如果你从头开始编写规约，那么可能最好编写单体规约，其通常更容易理解，当然，也有可能不是。我们之前将实时规约定义为非实时规约和实时约束的合取，在一个单独的后继状态动作中同时描述系统变量的变化和定时器的变化通常会使得规约更难理解。

当你在已有规约的基础上编写新规约时，编写组合规约可能比较省事。如果你已有一个组件规约，那么可能只需要编写另一个组件规约，之后将两个规约组合就可得到新规约。如果你已有高层级规约，那么可能只需要将低层级版本编写为接口转化。但是，上述情形比较少见，更多的是修改旧规约或以另一种方式复用旧规约，方法同样很简单。例如，你可以使用 EXTENDS 或 INSTANCE 语句将现有组件的后继状态动作定义加入进来，作为新规约的一部分，而不是将新组件与现有组件的规约组合起来。

组合为编写完备系统规约提供了一种新方法，它不会改变规约的性质。因此，选择组合规约还是单体规约最终是一个喜好问题。非相交状态组合通常浅显而直观，没什么问题，而共享状态组合比较容易出错，需要小心对待。

开放系统规约提出了一种在数学上不同的规约类型。完备系统规约 $E \wedge M$ 与其开放系统对应的 $E \overset{+}{\rhd} M$ 规约不是等价的。如果我们确实想要一个规约来作为使用者和实现者之间的契约，那么需要编写一个开放系统规约。如果我们想要定义和推理某类系统，它是由即插即用组件与已有规约组合而成的，那么我们也需要开放系统规约。关于即插即用组件，我们只能假定它满足系统建造者和提供者之间的约定，正式定义这种契约只能用开放系统规约这种形式。不过，在 21 世纪初期，你不太可能遇到即插即用组件规约，在不久的将来，开放系统规约可能只有理论上的价值。

高级示例

将实践中遇到的大多数典型的规约问题分类并提供具体的案例是非常有益的。尽管不存在所谓的“典型规约”，每个真实的规约都有自己的问题，我们依然可以依据规约中是否含有变量声明（VARIABLE）的原则将其分为两类。

一个没有变量的规约定义了数据结构以及基于这些数据结构的运算。例如，*Sequence* 模块定义了基于序列的各种运算。当定义一个系统时，我们常需要定义特定的数据结构，而不是仅依赖第 18 章中描述的诸如 *Sequence* 与 *Bags* 这类标准模块提供的数据结构。11.1 节将提供一些数据结构规约的案例。

一个系统的规约包含了描述系统状态的变量集合。我们可以进一步把系统规约分为高层级和低层级两类。高层级规约用于描述系统行为的正确性准则，低层级规约用于描述系统的实际行为。在第 5 章关于内存系统的案例中，5.3 节所述的可线性化内存的规约是一个关于正确性的高层级规约，而 5.6 节所述的直写式缓存的规约则是在描述一个特定算法如何执行。这种划分方法并不准确，实际上一个规约是高层级规约还是低层级规约取决于看待问题的视角，但其仍不失为一种为系统规约分类的有效方法。

低层级系统规约的描述过程相对直接，一旦选定抽象层级，撰写规约就只剩下如何准确地刻画系统行为细节的问题了。相比而言，定义高层级规约的正确性就微妙得多了。11.2 节将专门探讨针对一个多处理器内存系统，如何给出其规约的形式化定义的问题。

11.1 定义数据结构

撰写规约所需的大多数数据结构在数学上并不复杂，可通过集合、函数与记录来定义。11.1.2 节将给出图（graph）结构的规约。但在一些罕见的场景下，规约也可能用到一些复杂的数学概念，我所知道的唯一例子就是 9.5 节所讨论的混合系统的规约。在该例子中，我们使用一个模块专门描述微分方程的解决方案，该模块的定义可参见 11.1.3 节。11.1.4 节将讨论为描述 BNF 语法而定义运算符的疑难问题。尽管 BNF 语法可能不是你在构建系统规约中所需的数据结构，定义 BNF 语法规约仍不失为一次有益的数学建模技巧练习。该小节开发出的模块也被用于定义 TLA+ 的语法，具体参见第 15 章。然而，在定义数据结构之前，你应该掌握如何构建局部定义。

11.1.1 局部定义

在为系统建模的过程中，我们会写下很多辅助的定义。一个系统规约虽然可能只包含了唯一的公式 *Spec*，但是我们仍需要通过定义很多其他标识符来完成该公式的定义。这些标识符通常具有通用的名称，例如在很多规约中都会用到的 $Next$ 标识符。这些不同的 $Next$ 的定义并不会冲突，原因是如果一个定义了 $Next$ 的模块被其他规约使用，那么在实例化过程中通常要对它进行重命名。例如，在图 4.2 中，$Channel$ 模块在被 $InnerFIFO$ 模块使用时，伴随有如下声明：

$$InChan \triangleq \text{INSTANCE } Channel \text{ WITH } \cdots$$

于是 $Channel$ 模块的 $Next$ 行为将被实例化为 $InChan!Next$，故它的定义不与 $InnerFIFO$ 模块中固有的 $Next$ 相冲突。通常，通过 EXTENDS 声明来使用定义数据结构的模块时，不用对其重命名。这些模块可能定义了一些辅助运算符，只被用于定义我们真正感兴趣的运算。例如，我们希望 $DifferentialEquations$ 模块中仅定义一个运算符 $Integrate$。然而，$Integrate$ 又是通过在别处定义的类似 $Nbhd$ 和 $IsDeriv$ 等运算符来定义的。我们不希望一个引入 $DifferentialEquations$ 的模块中针对这些标识符的其他应用与此定义产生冲突。因此，我们希望针对 $DifferentialEquations$ 模块，将 $Nbhd$ 和 $IsDeriv$ 的定义局部化[⊖]。

TLA$^+$ 提供了修饰符 LOCAL，用于将模块中的定义局部化。假设模块 M 包含了如下定义：

$$\text{LOCAL } Foo(x) \triangleq \cdots$$

那么 Foo 可在模块 M 内使用，且使用方式和其他常规定义的标识符没有分别。然而，一个引入或实例化 M 的模块却无法获取 Foo 的定义，即在其他模块中使用 EXTENDS M 语句声明，将不会在该模块中引入 Foo 的定义。类似地，如下声明也不产生 $N!Foo$ 的定义：

$$N \triangleq \text{INSTANCE } M$$

LOCAL 修饰符也可用于实例化，模块 M 中的如下声明将模块 $Sequences$ 中的相关定义合入 M：

$$\text{LOCAL INSTANCE } Sequences$$

然而，引入或实例化 M 的其他模块将无法获取上述定义。类似地，如下声明将使所有实例化定义对于当前模块局部生效：

$$\text{LOCAL } P(x) \triangleq \text{INSTANCE } N$$

LOCAL 修饰符仅能用于定义和 INSTANCE 声明。它不能用于常量和变量的声明以及 EXTENDS 声明语句，所以你不能编写如下语句：

$\text{LOCAL CONSTANT } N$　　这些是非法的声明

$\text{LOCAL EXTENDS } Sequences$

⊖ 我们可通过 LET 构造来将这些辅助定义放入 $Integrate$ 的定义之中，但如果 $DifferentialEquations$ 模块还输出了除由 $Nbhd$ 和 $IsDeriv$ 定义的 $Integrate$ 之外的其他运算符，这个技巧将不会奏效。

如果一个模块中既没有常量或变量的声明，也不包含子模块和假设，那么将其引入和将其实例化是等价的。因此，如下两个声明语句是等价的：

EXTENDS *Sequences*　　　　INSTANCE *Sequences*

对于一个定义通用数学运算符的模块，除了使用者有特别要求之外，我倾向于将所有的定义局部化。例如，用户希望用 *Sequences* 模块来定义若干序列相关的运算符，如 *Append* 操作。但他们不希望该模块再定义类似于 + 的数字运算符。*Sequences* 模块使用 *Naturals* 模块定义的诸如 + 等的一系列数字运算符。但它不是通过引入 *Naturals* 模块，而是采用如下声明语句来定义这些运算符：

LOCAL INSTANCE *Naturals*

则 *Naturals* 模块中此类运算符定义将仅在 *Sequences* 模块局部生效。引入 *Sequences* 模块的其他模块也可重新定义运算符 +，赋予其不同于加法运算的其他含义。

11.1.2 图

图是规约中常用的一种简单的数据结构。现在，让我们通过编写一个名为 *Graphs* 的模块来提供图相关的运算，并用于构建系统规约。

我们必须首先决定如何使用已有的数据结构来表征一个图的实例——无论是用 TLA$^+$ 内置的诸如函数等对象，还是用已有模块中定义的数据结构。我们的决策取决于要描述何种类型的图。我们的兴趣是有向图还是无向图？是有限图还是无限图？该图是否存在自环（起始于同一顶点的边）？如果我们是在用一个具体的规约定义一张图，则规约本身的信息将足以回答上述问题。在缺乏上述指导的前提下，让我们先处理任意图。我最喜欢的描述方式是将有向图和无向图的定义归一化，即先定义任意有向图，同时再将无向图定义为任意一条边都伴随有反向边的有向图。有向图具有如下明显特征：由顶点集合和边集合构成，其中由顶点 m 到顶点 n 的边可由有序对 $\langle m, n\rangle$ 来表征。

除了要决定如何表述图本身之外，我们还必须决定如何定义模块 *Graphs* 的结构。这取决于我们将如何使用该模块。对于仅涉及一张图的规约而言，针对具体的图实例来定义操作是最方便的选择。因此我们期望 *Graphs* 模块包含用来描述特定图的顶点集合与边集合的常量参数 *Node* 和 *Edge*。这个规约可使用含有如下声明的模块：

INSTANCE *Graphs* WITH $Node \leftarrow \cdots,\ Edge \leftarrow \cdots$

其中“$\cdots$”代表了规约中具体图实例的顶点集合与边集合。另外，一个规约也可能用到多张不同的图实例。例如，规约中可能包含一个公式，该公式断定对于给定的图 G，存在满足特定属性的子图。此类规约需要一些将图作为参数的运算符，例如 *Subgraph* 运算符将 $Subgraph(G)$ 定义为图 G 的所有子图的集合。在这个案例中，*Graphs* 模块没有参数，系统规约通过 EXTENDS 声明来引用它。下面让我们编写此类模块。

由于类似 *Subgraph* 的运算符将图作为参数，所以我们必须考虑如何表述图实例的唯一取值。图 G 由顶点集合 N 和边集合 E 构成。数学家用有序对 $\langle N, E\rangle$ 表述图 G。由于 $G.node$ 比 $G[1]$ 更加易于理解，所以我们将 G 表述为记录，该记录拥有 *node* 字段 N 和 *edge* 字段 E。

完成上述决定后，可以很容易地定义针对图的任何标准运算符。我们只需要考虑以下的定义即可。下面是一些有用的通用运算符：

- $IsDirectedGraph(G)$

  当且仅当 G 为任意有向图时成立——G 是一个 *node* 字段为 N、*edge* 字段为 E 的记录，且 E 为集合 $N \times N$ 的一个子集。对于一些需要在规约中识别有向图的场景，该运算符十分有用。（想要了解如何断定 G 是一个由 *node* 字段和 *edge* 字段组成的记录，请参阅 10.3 节中 *IsChannel* 的定义。）

- $DirectedSubgraph(G)$

  代表有向图 G 的所有子图的集合。或者，我们也可定义：当且仅当 H 为 G 的子图时，表达式 $IsDirectedSubgraph(H, G)$ 成立。可以很容易地用 *DirectedSubgraph* 表达 *IsDirectedSubgraph*，如下所示：

$$IsDirectedSubgraph(H, G) \;\equiv\; H \in DirectedSubgraph(G)$$

另外，用 *IsDirectedSubgraph* 表达 *DirectedSubgraph* 相对麻烦一些，如下所示：

$$\begin{array}{l} DirectedSubgraph(G) \;= \\ \quad \text{CHOOSE } S : \forall H : (H \in S) \equiv IsDirectedSubgraph(H, G) \end{array}$$

6.1 节已经解释了为何我们无法定义一个包含全部有向图的集合，所以我们不得不定义 *IsDirectedGraph* 运算符。

- $IsUndirectedGraph(G)$ 和 $UndirectedSubgraph(G)$

  上述两个表达式类似于有向图中对应的运算符。正如前面所提到的，一张无向图也可被视为一张满足如下准则的有向图 G：针对集合 $G.edge$ 中的每条边 $\langle m, n\rangle$，它的反向边 $\langle n, m\rangle$ 也隶属于集合 $G.edge$。注意，排除图 G“退化”的例外情况（例如边数退化为零），$DirectedSubgraph(G)$ 仅包含有向图而不是无向图。

- $Path(G)$

  G 中所有路径的集合，其中，路径是图中沿着边的方向所获取的顶点的序列。由于图的许多属性可以用其路径集合来表示，所以该定义很有用。对于图中的任意顶点 n，也可方便地将一元序列 $\langle n\rangle$ 视为路径。

- $AreConnectedIn(m, n, G)$

  当且仅当图 G 中存在一条从顶点 m 到顶点 n 的路径时，该表达式为真。该运算符对于定义图的各种公共属性（例如连通性）的作用很显著。

我们还可以定义图的很多其他属性和类别，例如下面两种：

- $IsStronglyConnected(G)$

  当且仅当 G 满足强连接时成立，即 G 中任意两个顶点之间一定存在一条路径。对于无向图，强连接等同于连接的一般定义。

- $IsTreeWithRoot(G, r)$

  当且仅当 G 是根节点为 r 的树时成立。树可表征为满足如下特征的图：针对每个非根节点都存在一条从它的父节点连接至该节点的边。因此，非根节点 n 的父节点等于：

  $$\text{CHOOSE } m \in G.node : \langle n, m \rangle \in G.edge$$

  关于 $Graphs$ 模块的具体内容可参见图 11.1。到目前为止，你应该能够理解上述所有定义的具体含义。

```
--------------------------- MODULE Graphs ---------------------------
(* 本模块定义了图的相关运算符。有向图可表述为一个记录，其中node字段
   为所有顶点的集合，edge字段为所有边的集合，边为由顶点组成的有序对 *)

LOCAL INSTANCE Naturals
LOCAL INSTANCE Sequences
----------------------------------------------------------------------
IsDirectedGraph(G) ≜  (* 当且仅当G为有向图时成立 *)
  ∧ G = [node ↦ G.node, edge ↦ G.edge]
  ∧ G.edge ⊆ (G.node × G.node)

DirectedSubgraph(G) ≜  (* 有向图的所有（有向）子图的集合 *)
  {H ∈ [node : SUBSET G.node, edge : SUBSET (G.node × G.node)] :
      IsDirectedGraph(H) ∧ H.edge ⊆ G.edge}
----------------------------------------------------------------------
IsUndirectedGraph(G) ≜  (* 无向图是每个边都有对应的反向边的有向图 *)
  ∧ IsDirectedGraph(G)
  ∧ ∀e ∈ G.edge : ⟨e[2], e[1]⟩ ∈ G.edge

UndirectedSubgraph(G) ≜  (* 无向图的所有（无向）子图的集合 *)
  {H ∈ DirectedSubgraph(G) : IsUndirectedGraph(H)}
----------------------------------------------------------------------
Path(G) ≜  (* G中路径的集合，其中每条路径可表示为若干顶点的序列 *)
  {p ∈ Seq(G.node) : ∧ p ≠ ⟨⟩
                     ∧ ∀i ∈ 1 .. (Len(p) − 1) : ⟨p[i], p[i + 1]⟩ ∈ G.edge}

AreConnectedIn(m, n, G) ≜  (* 当且仅当图G中存在一条从m到n的路径时成立 *)
  ∃p ∈ Path(G) : (p[1] = m) ∧ (p[Len(p)] = n)

IsStronglyConnected(G) ≜  (* 当且仅当图G为强连接图时成立 *)
  ∀m, n ∈ G.node : AreConnectedIn(m, n, G)
----------------------------------------------------------------------
IsTreeWithRoot(G, r) ≜  (* 当G是根节点为r的树时成立，其中边的方向
                           是从子节点指向父节点 *)
  ∧ IsDirectedGraph(G)
  ∧ ∀e ∈ G.edge : ∧ e[1] ≠ r
                  ∧ ∀f ∈ G.edge : (e[1] = f[1]) ⇒ (e = f)
  ∧ ∀n ∈ G.node : AreConnectedIn(n, r, G)
======================================================================
```

图 11.1 一个定义图的相关运算符的模块

11.1.3 求解微分方程

9.5 节描述了如何定义一个混合系统，该系统的状态包含了一个满足普通微分方程的物理变量。该规约用到了运算符 $Integrate$，使得 $Integrate(D, t_0, t_1, \langle x_0, \cdots, x_{n-1}\rangle)$ 是 t_1 时刻如下 n 元组的取值：

$$\langle x,\ \mathrm{d}x/\mathrm{d}t,\ \cdots,\ \mathrm{d}^{n-1}x/\mathrm{d}t^{n-1}\rangle$$

其中 x 是如下微分方程的一个解：

$$D[t,\ x,\ \mathrm{d}x/\mathrm{d}t,\ \cdots,\ \mathrm{d}^n x/\mathrm{d}t^n] = 0$$

其中 $x_0, \cdots, x_{n-1}$ 为 t_0 时刻 x 的 0 到 $n-1$ 阶导数的取值。我们假设存在满足条件的唯一解，并通过定义 $Integrate$ 来展示如何用 TLA$^+$ 来表达复杂的数学概念。

在正式定义导数之前，我们需要先从定义一些辅助的数学符号开始。和往常一样，我们可以从 $Reals$ 模块获取实数集合的定义以及与实数相关的一些常规算术运算符。可令 $PosReal$ 为所有正实数的集合，如下所示：

$$PosReal \ \triangleq\ \{r \in Real : r > 0\}$$

同时，令 $OpenInterval(a, b)$ 为从 a 到 b 的开区间（大于 a 且小于 b 的所有实数的集合），如下所示：

$$OpenInterval(a, b) \ \triangleq\ \{s \in Real : (a < s) \land (s < b)\}$$

数学家通常将该集合写为 $(a,\ b)$。我们也可将 $Nbhd(r, e)$ 定义 为以 r 为中心，跨度为 $2e$ 的开区间，如下所示：

$$Nbhd(r, e) \ \triangleq\ OpenInterval(r - e, r + e)$$

为了解释这些定义，我们需要一些关于函数求导的表示方法。由于从纯数学角度解释函数 f 的导数 $\mathrm{d}f/\mathrm{d}t$ 是相当困难的（t 到底是什么？），因此，让我们用相对简化的数学符号将函数 f 的 n 阶导数表述为 $f^{(n)}$（由于微分不必显式出现在我们的定义中，故我们没有使用 TLA$^+$ 的表示法）。记住，$f^{(0)}$ 作为 f 的 0 阶导数，取值等于 f。

我们现在可以开始定义 $Integrate$ 了。假设 a 和 b 是实数，$InitVals$ 是由实数构成的 n 元组，D 是一个从“由实数构成的 $n+2$ 元组”映射到实数的函数，则可得到 $Integrate$ 的定义如下：

$$Integrate(D,\ a,\ b,\ InitVals) \ =\ \langle f^{(0)}[b],\ \cdots,\ f^{(n-1)}[b]\rangle$$

其中，f 是满足如下两个条件的函数：

- 对于开区间 a 到 b 内的所有 r，$D[r,\ f^{(0)}[r],\ f^{(1)}[r],\ \cdots,\ f^{(n)}[r]] = 0$。
- $\langle f^{(0)}[a],\ \cdots,\ f^{(n-1)}[a]\rangle = InitVals$。

我们希望通过函数 f 来定义 $Integrate(D, a, b, InitVals)$，在定义中可利用 CHOOSE 运算符。无论是选择 f 还是其 n 阶导数，都是最容易的。因此，我们可以选择当 $i \in 0 \,..\, n$ 时满足 $g[i] = f^{(i)}$ 的函数 g。g 将 $0 \,..\, n$ 映射到函数集合。更确切地说，对于某些正数 e，g 是如下函数集合中的一个元素：

$$[0 \,..\, n \rightarrow [OpenInterval(a - e,\, b + e) \rightarrow Real]\,]$$

它是在该集合中满足如下条件的函数：

1. 对于所有的 $i \in 0 \,..\, n$，$g[i]$ 是 $g[0]$ 的 i 阶导数。
2. 对于 $OpenInterval(a - e, b + e)$ 中的所有 r，$D[r, g[0][r], \cdots, g[n][r]\,] = 0$。
3. $\langle g[0][a], \cdots, g[n-1][a] \rangle = InitVals$。

我们现在开始形式化描述这些条件。

为表达第一个条件，我们定义 $IsDeriv$，使得当且仅当 df 为 f 的 i 阶导数时，$IsDeriv(i, df, f)$ 为真。更确切地说，如果 f 是开区间上的实值函数，就会出现这种情况。我们不关心当 f 取其他值时 $IsDeriv(i, df, f)$ 是否为真，则第一个条件可表述为：

$$\forall i \in 1 \,..\, n : IsDeriv(i, g[i], g[0])$$

为了排除“$\cdots$”而更形式化地描述第二个条件，我们给出如下细节：

$$\begin{aligned}
& D[r, g[0][r], \cdots, g[n][r]\,] \\
& \quad = D[\,\langle r, g[0][r], \cdots, g[n][r] \rangle\,] && \text{参见 5.2 节} \\
& \quad = D[\,\langle r \rangle \circ \langle g[0][r], \cdots, g[n][r] \rangle\,] && \text{元组是顺序结构} \\
& \quad = D[\,\langle r \rangle \circ [i \in 1 \,..\, (n+1) \mapsto g[i-1][r]]\,] && (n{+}1)\ \text{元组是一个函数，定义域为}\ 1 \,..\, n{+}1
\end{aligned}$$

第三个条件很简单：

$$\forall i \in 1 \,..\, n : g[i-1][a] = InitVals[i]$$

因此我们可给出 g 的定义：

$$\begin{aligned}
\exists e \in PosReal : \; & \land\; g \in [0 \,..\, n \rightarrow [OpenInterval(a - e, b + e) \rightarrow Real]\,] \\
& \land\; \forall i \in 1 \,..\, n : \land\; IsDeriv(i, g[i], g[0]) \\
& \qquad\qquad\qquad\quad \land\; g[i-1][a] = InitVals[i] \\
& \land\; \forall r \in OpenInterval(a - e, b + e) : \\
& \qquad D[\,\langle r \rangle \circ [i \in 1 \,..\, (n+1) \mapsto g[i-1][r]]\,] = 0
\end{aligned}$$

其中 n 是 $InitVals$ 的长度。$Integrate(D, a, b, InitVals)$ 的取值为 n 元组 $\langle g[0][b], \cdots, g[n-1][b] \rangle$，可写为如下形式：

$$[i \in 1 \,..\, n \mapsto g[i-1][b]]$$

为了完成 *Integrate* 的定义，我们现在定义运算符 *IsDeriv*。由于可通过一阶导数容易地推导出 i 阶导数，因此，假设 f 是一个定义域为开区间、值域为实数的函数，我们可定义当且仅当 df 为 f 的一阶导数时 $IsFirstDeriv(df, f)$ 为真。只要 f 的定义域为任意开集㊀，该定义就成立。根据微积分基础知识可知，$df[r]$ 为 f 在 r 处的导数的充要条件为：

$$df[r] \;=\; \lim_{s \to r} \frac{f[s] - f[r]}{s - r}$$

关于极限的经典"δ-ε"定义声明了对于每个 $\varepsilon > 0$，必然存在一个 $\delta > 0$，使得由 $0 < |s - r| < \delta$ 可推导出：

$$\left| df[r] - \frac{f[s] - f[r]}{s - r} \right| < \varepsilon$$

该条件可正式表达为：

$$\begin{array}{l} \forall \varepsilon \in PosReal : \\ \quad \exists \delta \in PosReal : \\ \qquad \forall s \in Nbhd(r, \delta) \setminus \{r\} : \dfrac{f[s] - f[r]}{s - r} \in Nbhd(df[r], \varepsilon) \end{array}$$

我们可以给出定义：当且仅当 f 和 df 的定义域相等时，$IsFirstDeriv(df, f)$ 取值为真，且该条件适用于其定义域中所有的 r。

上面提及的 *Integrate* 与其他所有相关运算符的具体定义可参见图 11.2 所示的 *DifferentialEquations* 模块。该模块用到了 11.1.1 节提到的 LOCAL 构造，可将除 *Integrate* 之外的所有定义的作用域局限于本模块内部。

11.1.4 BNF 语法

巴科斯–诺尔范式（Backus-Naur Form，BNF）是描述计算机语言语法的标准方法。本章会开发一个名为 *BNFGrammars* 的模块，用于定义编写 BNF 语法的各种运算符。BNF 语法不是系统规约中出现的数据结构类型，而且 TLA$^+$ 语言并不十分适合去定义它。TLA$^+$ 的语法无法支持我们写出理想的 BNF 语法，但是我们仍可用它来尽量接近这一目标。此外，我认为用 TLA$^+$ 语言定义其自身的语法也很有意思。因此，在第 15 章中，*BNFGrammars* 模块被用来定义 TLA$^+$ 的部分语法，在第 14 章中该模块也被用于定义 TLC 模型检查器的配置文件的语法。

让我们从回顾 BNF 语法开始，考虑一种名为 SE 的小型语言，它由 BNF 语法所描述的简单表达式构成，如下所示：

$$\begin{array}{lcl} expr & ::= & \textbf{ident} \mid expr\ \textbf{op}\ expr \mid (\,expr\,) \mid \text{LET}\ def\ \text{IN}\ expr \\ def & ::= & \textbf{ident}\ \textbf{==}\ expr \end{array}$$

㊀ 一个集合 S 为开集的充要条件为：对于每个 $r \in S$，必然存在 $\varepsilon > 0$，使得从 $r - \varepsilon$ 到 $r + \varepsilon$ 的区间仍在 S 内。

MODULE *DifferentialEquations*

本模块为求解微分方程而定义了运算符 $Integrate$。假设 a 与 b 为实数且 $a \leqslant b$，$InitVals$ 是由实数组成的 n 元组，D 是一个从由实数组成的 $(n+1)$ 元组映射到实数的函数，那么，可给出下面的 n 元取值结构：

$$\langle f[b], \frac{\mathrm{d}f}{\mathrm{d}t}[b], \cdots, \frac{\mathrm{d}^{n-1}f}{\mathrm{d}t^{n-1}}[b] \rangle$$

其中 f 是如下微分方程的解：

$$D[t, f, \frac{\mathrm{d}f}{\mathrm{d}t}, \cdots, \frac{\mathrm{d}^{n}f}{\mathrm{d}t^{n}}] = 0$$

使得

$$\langle f[a], \frac{\mathrm{d}f}{\mathrm{d}t}[a], \cdots, \frac{\mathrm{d}^{n-1}f}{\mathrm{d}t^{n-1}}[a] \rangle = InitVals$$

```
LOCAL INSTANCE Reals
LOCAL INSTANCE Sequences
LOCAL PosReal ≜ {r ∈ Real : r > 0}
LOCAL OpenInterval(a,b) ≜ {s ∈ Real : (a < s) ∧ (s < b)}
LOCAL Nbhd(r,e) ≜ OpenInterval(r − e, r + e)
```

INSTANCE 声明与这些定义都是局部定义，所以扩展该模块的模块仅能获得 $Integrate$ 的定义

```
LOCAL IsFirstDeriv(df, f) ≜
  ∧ df ∈ [DOMAIN f → Real]
  ∧ ∀ r ∈ DOMAIN f :
      ∀ e ∈ PosReal :
        ∃ d ∈ PosReal :
          ∀ s ∈ Nbhd(r, d) \ {r} : (f[s] − f[r])/(s − r) ∈ Nbhd(df[r], e)
```

假设 DOMAIN f 是 $Real$ 的开放子集，本表达式成立的充要条件为 f 是一个可微的函数，且 df 是它的一阶导数。记住，f 在 r 处的导数 $df[r]$ 要满足如下条件：对于每个 ε，存在一个 δ，使得可由 $0 < |s-r| < \delta$ 推导出 $|df[r] - (f[s]-f[r])/(s-r)| < \varepsilon$

```
LOCAL IsDeriv(n, df, f) ≜
  LET IsD[k ∈ 0 .. n, g ∈ [DOMAIN f → Real]] ≜
        IF k = 0 THEN g = f
                 ELSE ∃ gg ∈ [DOMAIN f → Real] : ∧ IsFirstDeriv(g, gg)
                                                 ∧ IsD[k − 1, gg]
  IN  IsD[n, df]
```

当且仅当 f 满足 n 阶可导、df 为其 n 阶导数时成立

$IsD[k, g] = IsDeriv(k, g, f)$

```
Integrate(D, a, b, InitVals) ≜
  LET n ≜ Len(InitVals)
      gg ≜ CHOOSE g : ∃ e ∈ PosReal : ∧ g ∈ [0 .. n → [OpenInterval(a − e, b + e) → Real]]
                                      ∧ ∀ i ∈ 1 .. n : ∧ IsDeriv(i, g[i], g[0])
                                                       ∧ g[i − 1][a] = InitVals[i]
                                      ∧ ∀ r ∈ OpenInterval(a − e, b + e) :
                                          D[⟨r⟩ ∘ [i ∈ 1 .. (n + 1) ↦ g[i − 1][r]]] = 0
  IN  [i ∈ 1 .. n ↦ gg[i − 1][b]]
```

图 11.2 一个定义微分方程求解的模块

其中 **op** 是类似 + 的中缀运算符，**ident** 是类似 abc 和 x 的标识符。SE 语言包含如下类似表达式：

$$abc + (\text{LET } x == y + abc \text{ IN } x * x)$$

我们可将该表达式表述为如下字符串序列：

$$\langle \text{“abc”}, \text{“+”}, \text{“(”}, \text{“LET”}, \text{“x”}, \text{“==”}, \text{“y”}, \text{“+”}, \text{“abc”}, \text{“IN”}, \text{“x”}, \text{“*”}, \text{“x”}, \text{“)”} \rangle$$

该序列中类似 “abc” 和 “+” 的字符串被称为**词素**（lexeme）。一般来讲，词素的序列被称为**语句**（sentence），语句的集合被称为**语言**（language）。因此，我们希望通过 BNF 语法所描述的语句集合来定义 SE 语言[⊖]。

为了用 TLA$^+$ 描述 BNF 语法，我们必须给出 def 等非终结符、**op** 等终结符以及上面两个语法公式输出的数学含义。我所找到的最简单的方法是让非终结符的含义等同于由它自己产生的语言。因此，$expr$ 的含义就是 SE 语言本身。我将语法定义为函数 G，对于任意字符串 G[“str”]，G[“expr”] 的取值为非终结符 str 生成的语言。因此，如果 G 为上述 BNF 语法，则 G[“expr”] 是完整的 SE 语言，G[“def”] 是由 def 的输出所定义的语言，包含如下类似语句：

$$\langle \text{“y”}, \text{“==”}, \text{“qq”}, \text{“*”}, \text{“wxyz”} \rangle$$

令函数 G 的定义域为字符串的全集 STRING 比仅令其包含字符串 “expr” 与 “def” 更加方便。同样，对于所有的字符串 s，令 $G[s]$ 取值为空语言（空集）也比仅令字符串 “expr” 和 “def” 对应的取值为空集更方便。因此，可将语法视为一个从所有字符串的集合到字符串序列集合的函数映射。我们由此可定义所有语法的集合 $Grammar$：

$$Grammar \triangleq [\text{STRING} \rightarrow \text{SUBSET } Seq(\text{STRING})]$$

在 5.2 节关于记录的数学含义的说明中，可将 $r.ack$ 视为 r[“ack”] 的缩写。即使 r 不是一个记录，也是如此。因此，我们可以用 $G.op$ 代替 G[“op”]。（语法不是记录，因为它的定义域是所有字符串而不是有限字符串的集合。）

一个类似 **ident** 的终结符可以出现在 “::=” 右侧 $expr$ 等非终结符可出现的任何地方，因此终结符也是语句的集合。让我们用语句的集合来表示终结符，其中每个语句是由唯一的词素构成的序列。让我们把仅由一个词素构成的句子称为**标记**（token），则终结符可被视为若干标记的集合。例如，终结符 **ident** 是包含了 ⟨“abc”⟩、⟨“x”⟩ 等标记的集合。BNF 语法中出现的任何终结符必须可表示为若干标记的集合，因此 SE 语言语法中的==也是集合 {⟨“==”⟩}。让我们通过如下表达式来定义运算符 tok：

$$tok(s) \triangleq \{\langle s \rangle\}$$

因此我们可将该标记集合写为 tok(“==”)。

⊖ BNF 语法也常用于定义表达式被如何解析——例如，为何 $a+b*c$ 被解析为 $a+(b*c)$ 而不是 $(a+b)*c$。在这里，我们仅考虑定义了一组语句的语法，这样就可以忽略 TLA$^+$ 表示的 BNF 语法的解析过程。

> *tok* 是 标记（token）的简写。

术语“产出”（production）解释了对于语法 G，$G.str$ 的取值与字符串“str”之间的关系。例如，如下产出：

$$def \quad ::= \quad \textbf{ident} == expr$$

断定语句 s 属于 $G.def$ 的充要条件为：对于 **ident** 内的某些标记 i 以及 $G.expr$ 内的某些语句 e，s 的形式必须为 $i \circ \langle\text{“==”}\rangle \circ e$。在数学上，一个关于 G 的公式必须提及 G（也可通过由 G 定义的符号隐含表达）。因此，我们可以尝试用 TLA$^+$ 将该产出写为：

$$G.def \quad ::= \quad ident \ \ tok(\text{“==”}) \ \ G.expr$$

在 ::= 右侧的表达式中，连接符代表了某种运算。正如我们通过编写 $2 * x$ 而不是 $2x$ 将乘法运算显式表达一样，我们也必须显式表达该运算。我们可使用 &，并将该产出写为：

$$G.def \quad ::= \quad ident \ \& \ tok(\text{“==”}) \ \& \ G.expr \tag{11.1}$$

该公式表达了集合 $G.def$ 与语句 $G.expr$ 之间的期望关系，其中 ::= 被定义为等号，& 被定义为连接运算符，使得 $L \ \& \ M$ 成为将“L 中的语句”与“M 中的语句”连接而成的所有语句的集合：

$$L \ \& \ M \ \triangleq \ \{s \circ t : s \in L, t \in M\}$$

下面的产出：

$$expr \quad ::= \quad \textbf{ident} \ \mid \ expr \ \textbf{op} \ expr \ \mid \ (\ expr\ ) \ \mid \ \text{LET} \ def \ \text{IN} \ expr$$

可类似地表达为：

$$\begin{aligned} G.expr \quad ::= \quad & \quad ident \\ & \mid \ G.expr \ \& \ op \ \& \ G.expr \\ & \mid \ tok(\text{“(”}) \ \& \ G.exp \ \& \ tok(\text{“)”}) \\ & \mid \ tok(\text{“LET”}) \ \& \ G.def \ \& \ tok(\text{“IN”}) \ \& \ G.expr \end{aligned} \tag{11.2}$$

该表达式描述了假设 | （BNF 语法中的“或”运算）被定义为集合运算中的并集运算（$\cup$）时的期望关系。

> 根据 TLA$^+$ 语言的运算优先级，$a \mid b \ \& \ c$ 将被解释为 $a \mid (b \ \& \ c)$。

我们也可定义 BNF 语法中常用的如下运算符：

- 定义 Nil，使得对于任意语句的集合 S，$Nil \ \& \ S$ 等于 S:

  $$Nil \ \triangleq \ \{\langle\rangle\}$$

- L^+ 等于 $L \mid L \,\&\, L \mid L \,\&\, L \,\&\, L \mid \cdots$:

$$
\begin{array}{l}
L^+ \;\triangleq\; \text{LET } LL[n \in Nat] \;\triangleq\; \quad LL[n] = L \mid \cdots \mid \overbrace{L \,\&\, \cdots L}^{n+1\text{ 份}} \\
\qquad\qquad\qquad\qquad \text{IF } n = 0 \text{ THEN } L \\
\qquad\qquad\qquad\qquad\qquad\qquad \text{ELSE } LL[n-1] \mid LL[n-1] \,\&\, L \\
\qquad\qquad\quad \text{IN} \quad \text{UNION } \{LL[n] : n \in Nat\}
\end{array}
$$

- L^* 等于 $Nil \mid L \mid L \,\&\, L \mid L \,\&\, L \,\&\, L \mid \cdots$:

$$L^* \;\triangleq\; Nil \mid L^+$$

L^+ 可键入为L^+，L^* 可键入为 L^*。

SE 语言的 BNF 语法的由两个产出构成，分别由 TLA$^+$ 公式（11.1）和公式（11.2）表述。全部语法可由上述两个公式的合取式唯一描述。我们必须将该公式转换为语法 GSE 的数学定义，这个定义将是一个从字符串映射到语言的函数。该公式也是一个关于语法 G 的命题。我们将 GSE 定义为满足式（11.1）与式（11.2）的合取式的最小语法 G，其中 G_1 小于 G_2 表示 $G_1[s] \subseteq G_2[s]$ 对每个字符串 s 都成立。为了用 TLA$^+$ 进行描述，我们定义运算符 $LeastGrammar$ 为满足 $P(G)$ 的最小语法 G:

$$
\begin{array}{l}
LeastGrammar(P(\_)) \;\triangleq \\
\quad \text{CHOOSE } G \in Grammar : \\
\qquad \land\; P(G) \\
\qquad \land\; \forall H \in Grammar : P(H) \Rightarrow (\forall s \in \text{STRING} : G[s] \subseteq H[s])
\end{array}
$$

通过令 $P(G)$ 为式（11.1）与式（11.2）的合取式，我们可将语法 GSE 定义为 $LeastGrammar(P)$。我们接下来可将语言 SE 定义为等于 $GSE.expr$。满足公式 P 的最小语法 G 也必须满足如下条件：对于不出现在 P 中的任意字符串 s，$G[s]$ 必须为空语言（空集）。因此，对于除 “expr” 和 “def” 之外的任何字符串 s，$GSE[s]$ 的取值都为空语言 $\{\}$。

为了完成 GSE 的规约，我们必须定义标记集合 $ident$ 和 op。我们可通过对标记的枚举来定义运算符集合 op，例如：

$$op \;\triangleq\; tok(\text{“+”}) \mid tok(\text{“−”}) \mid tok(\text{“*”}) \mid tok(\text{“/”})$$

为了更紧凑地表达 op，让我们将 $Tok(S)$ 定义为由词素集合 S 中所有元素构成的标记的集合：

$$Tok(S) \;\triangleq\; \{\langle s \rangle : s \in S\}$$

并可由此给出：

$$op \;\triangleq\; Tok(\{\text{“+”}, \text{“−”}, \text{“*”}, \text{“/”}\})$$

让我们定义标记集合 $ident$，其词素完全由小写字母组成，例如 “abc”、“qq” 和 “x”。为了了解如何做到这一点，我们必须首先理解 TLA$^+$ 中字符串的实际含义。在 TLA$^+$ 中，字符串是字符的序列。（我们不关心字符的精确含义，并且 TLA$^+$ 的语义也没有定义字符是什么。）我们可由此对字符串对象使用各种常规的序列运算符，例如：$Tail$(“abc”) 等价于 “bc”，“abc” $\circ$ “de” 等价于 “abcde”。

关于字符串的更多信息，可参见 16.1.10 节。记住，我们将序列（sequence）和元组（tuple）视为同义。

我们刚刚定义了用于表达 BNF 的 & 等运算符，这些运算符可用于语句集合，其中语句为若干词素组成的序列。这些运算符也适用于任何类型的序列集合，包括字符串集合。例如，{“one”, “two”} & {“s”} 等于 {“ones”, “twos”}，{“ab”}$^+$ 是包含 “ab”、“abab”、“ababab” 等所有字符串的集合。因此我们可定义 $ident$ 等于 $Tok(Letter^+)$，其中 $Letter$ 是所有由单个小写字母组成的词素的集合：

$$Letter \;\triangleq\; \{\text{“a”}, \text{“b”}, \cdots, \text{“z”}\}$$

将该定义完整写出（没有“$\cdots$”）是非常烦琐的，但我们可以使它变得简单一些。如下所示，我们首先将 $OneOf(s)$ 定义为所有仅包含单字符的字符串集合（这些字符来自字符串 s）：

$$OneOf(s) \;\triangleq\; \{\langle s[i] \rangle : i \in \text{DOMAIN}\ s\}$$

我们接下来可定义：

$$Letter \;\triangleq\; OneOf(\text{“abcdefghijklmnopqrstuvwxyz”})$$

语法 GSE 的完整定义可参见图 11.3。我们为了定义语法而引入的所有运算符的定义都在 $BNFGrammars$ 模块中，具体可参见图 11.4。

$$
\begin{array}{l}
GSE \;\triangleq\; \text{LET}\ op \;\triangleq\; Tok(\{\text{“+”}, \text{“−”}, \text{“*”}, \text{“/”}\}) \\
\qquad\qquad\qquad ident \;\triangleq\; Tok(OneOf(\text{“abcdefghijklmnopqrstuvwxyz”})^+) \\
\qquad\qquad\qquad P(G) \;\triangleq\; \land\ G.expr \;::=\; ident \\
\qquad\qquad\qquad\qquad\qquad\qquad\qquad \mid\ G.expr \;\&\; op \;\&\; G.expr \\
\qquad\qquad\qquad\qquad\qquad\qquad\qquad \mid\ tok(\text{“(”}) \;\&\; G.expr \;\&\; tok(\text{“)”}) \\
\qquad\qquad\qquad\qquad\qquad\qquad\qquad \mid\ tok(\text{“LET”}) \;\&\; G.def \;\&\; tok(\text{“IN”}) \;\&\; G.expr \\
\qquad\qquad\qquad\qquad\qquad \land\ G.def \;::=\; ident \;\&\; tok(\text{“==”}) \;\&\; G.expr \\
\qquad\qquad\quad \text{IN}\ \ LeastGrammar(P)
\end{array}
$$

图 11.3 SE 语言语法 GSE 的定义

用 TLA$^+$编写普通 BNF 语法看起来有点愚蠢。然而，用普通 BNF 语法描述类似 TLA$^+$ 等复杂语言的句法规则也很不方便。事实上，它不能描述项目符号列表在连接和拆分时必须遵循的对齐规则，故用 TLA$^+$ 定义这样的语言并不显得特别愚蠢。事实上，第 12 章将描述一个涵盖 TLA+ 语言的完整语法的规约，该规约的编写也属于开发句法分析器的一部分工作。尽管该规约对于编写 TLA+ 解析器也很有价值，但它对于 TLA+ 语言的一般使用者而言没有太大的帮助，故其内容未在本书中出现。

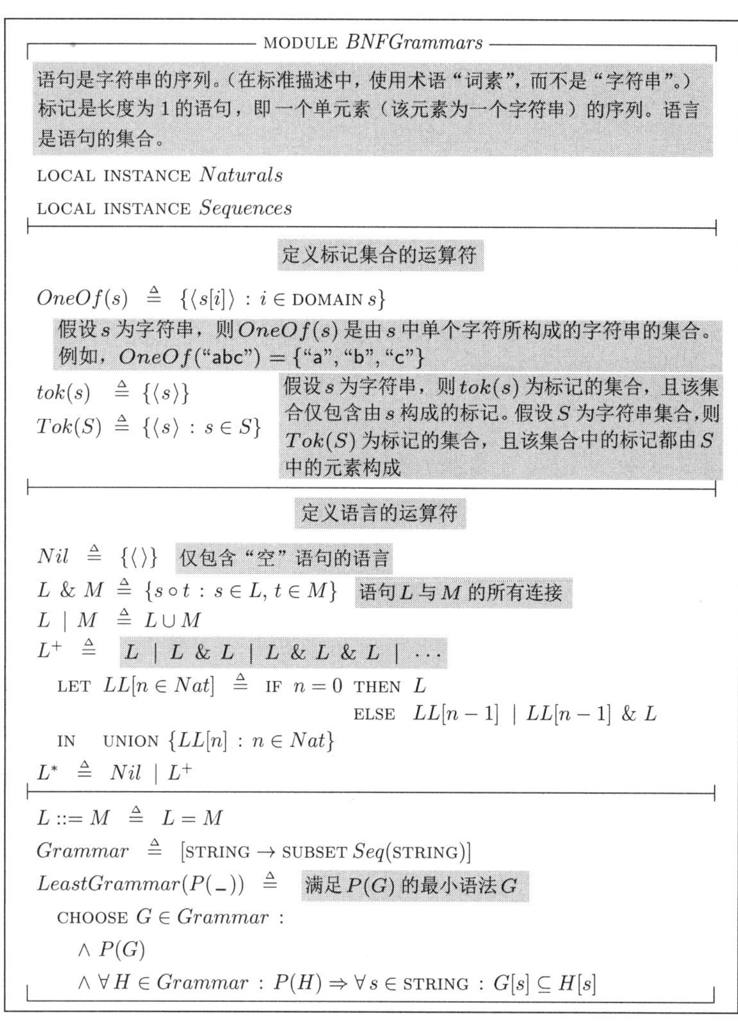

MODULE *BNFGrammars*

语句是字符串的序列。(在标准描述中，使用术语“词素”，而不是“字符串”。) 标记是长度为 1 的语句，即一个单元素（该元素为一个字符串）的序列。语言是语句的集合。

LOCAL INSTANCE *Naturals*

LOCAL INSTANCE *Sequences*

定义标记集合的运算符

$OneOf(s) \triangleq \{\langle s[i] \rangle : i \in \text{DOMAIN}\ s\}$

假设 s 为字符串，则 $OneOf(s)$ 是由 s 中单个字符所构成的字符串的集合。例如，$OneOf(\text{“abc”}) = \{\text{“a”}, \text{“b”}, \text{“c”}\}$

$tok(s) \triangleq \{\langle s \rangle\}$

$Tok(S) \triangleq \{\langle s \rangle : s \in S\}$

假设 s 为字符串，则 $tok(s)$ 为标记的集合，且该集合仅包含由 s 构成的标记。假设 S 为字符串集合，则 $Tok(S)$ 为标记的集合，且该集合中的标记都由 S 中的元素构成

定义语言的运算符

$Nil \triangleq \{\langle\rangle\}$ 仅包含“空”语句的语言

$L \,\&\, M \triangleq \{s \circ t : s \in L, t \in M\}$ 语句 L 与 M 的所有连接

$L \mid M \triangleq L \cup M$

$L^+ \triangleq$ $L \mid L \,\&\, L \mid L \,\&\, L \,\&\, L \mid \ldots$

$\quad \text{LET } LL[n \in Nat] \triangleq \text{IF } n = 0 \text{ THEN } L \text{ ELSE } LL[n-1] \mid LL[n-1] \,\&\, L$

$\quad \text{IN } \text{UNION } \{LL[n] : n \in Nat\}$

$L^* \triangleq Nil \mid L^+$

$L ::= M \triangleq L = M$

$Grammar \triangleq [\text{STRING} \rightarrow \text{SUBSET } Seq(\text{STRING})]$

$LeastGrammar(P(\_)) \triangleq$ 满足 $P(G)$ 的最小语法 G

$\quad \text{CHOOSE } G \in Grammar :$

$\quad\quad \land P(G)$

$\quad\quad \land \forall H \in Grammar : P(H) \Rightarrow \forall s \in \text{STRING} : G[s] \subseteq H[s]$

图 11.4 *BNFGrammars* 模块

11.2 其他内存系统的规约

5.3 节的描述对象为多处理器内存。基于以下三个原因，该规约的描述异常简单：一个处理器在同一时刻只能有一个未决请求；基本的正确性条件局限性太强；仅提供简单的读写操作。(真实的内存设备提供了更多的操作，例如部分写与缓存预取等。) 我们现在要定义一个更加真实的内存系统，它允许多个未决请求和更弱的正确性条件。为了使规约尽量简短，我们依然仅考虑对单内存字的简单读写操作。

11.2.1 接口

定义内存系统的第一步是确定接口，如何选择接口取决于所建规约的目的。我们可基于很多不同的原因来定义多处理器内存，甚至可以定义计算机的体系结构或编程语言的语义。让我们假定正在针对真实的多处理器计算机的内存系统实施建模。

现代处理器支持多指令的并发处理，在前面的内存操作执行完毕之前它还可以继续执行新的内存操作。内存也会尽可能响应任何访问请求，而无须按照不同请求提交的顺序依次处理。

处理器可通过设置寄存器来提交针对内存系统的访问请求。我们假设每个处理器都有一套可用来控制内存访问的寄存器，其中每个寄存器有如下三个字段：*adr* 字段用来存放寻址信息，*val* 字段用来存放一个内存字的取值，*op* 字段用来表示进行中的操作类型。通过利用 *op* 字段取值为"Free"的寄存器，处理器可以发出指令。它可以通过将 *op* 字段取值设置为"Rd"或"Wr"来表示操作类型，将 *adr* 字段设置为要访问内存字的具体地址。对于一个写操作，它将 *val* 设置为要写入的具体取值。（对于读操作，处理器可将 *val* 设为任意值。）内存通过将 *op* 字段设置为"Free"来响应访问请求，对于读请求的响应，它也将 *val* 字段设置为所读取的值。（对于写请求的响应，内存不改变 *val* 字段的取值。）

图 11.5 所示的 $RegisterInterface$ 模块包含了用于定义内存接口的一些声明和定义。它声明了常量 Adr、Val 和 $Proc$，上述常量与 5.1 节中描述的内存接口的同名常量完全相同，该模块也声明了表征寄存器集合的常量 Reg。（更准确地说，Reg 是一组寄存器标识符的集合。）Reg 中的每个元素对应某个处理器中一个特定的寄存器。变量 $regFile$ 代表处理器的寄存器集合，$regFile[p][r]$ 代表处理器 p 的寄存器 r。该模块也定义了访问请求和寄存器取值的集合，以及针对 $regFile$ 的一个类型不变式。

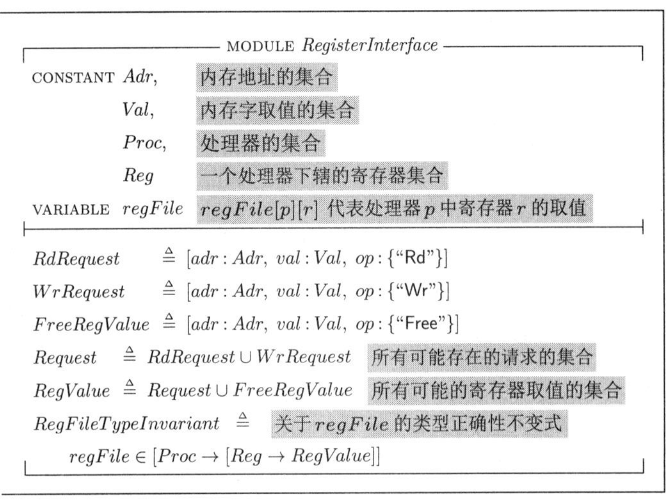

图 11.5　定义内存寄存器接口的模块

11.2.2 正确性条件

5.3 节描述了所谓的“可线性化内存系统”。在可线性化内存系统中，一个处理器所拥有的未完成访问请求数不得大于一。内存系统的正确性条件可声明为：

> 任何执行的结果都类似（所有处理器的各种操作均按特定顺序执行），且每个操作的执行发生在请求和响应之间。

后半句要求系统在相应的请求和响应之间执行每个操作，该要求对我们的规约而言既太强，也太弱。太弱是因为除了一个操作响应完毕后另一个操作才提交的例外场景之外，它对于同一处理器的两次操作的执行顺序没有任何描述。例如，假设处理器 p 先后对同一个地址发出了写和读操作请求，我们预期的读操作结果要么是先前处理器 p 写入的值，要么是其他处理器写入的值——即使 p 在收到写操作的应答之前就发出了读命令，也是如此。该条件无法确保此场景。太强是因为它为处理器间的操作增加了不必要的顺序约束。如果操作请求 A 和 B 由两个不同处理器提交，则我们无法做到仅因为 B 的请求发生在 A 的响应之后，就要求 A 的执行先于 B。

我们可修改这后半句，使之满足单个处理器操作的执行顺序与它们提交的顺序一致，并得到如下条件：

> 任何执行的结果都类似（所有处理器的各个操作均按特定顺序执行），且单个处理器的各个操作严格按照它们对应的请求提交的顺序执行。

换句话说，我们要求读操作返回的值可通过该操作执行的全序排序机制来解释，其顺序与每个处理器提交请求的顺序是一致的。存在多种可形式化描述该条件的方法，可通过是否允许特定的场景加以区分。在场景描述中，$Wr_p(a, v)$ 代表处理器 p 将取值 v 写入内存地址 a 的写操作。$Rd_p(a, v)$ 代表处理器 p 读取内存地址 a 中的数据并返回取值 v 的操作。

我们必须做的第一个决策是：一个有限行为内的所有操作是否必须要排序，抑或该排序是否仅应该出现在行为过程中的每个有限点。考虑如下场景，即两个处理器先向同一内存地址写入各自的数据，然后持续读取写入值：

Processor p：$Wr_p(a, v1)$，$Rd_p(a, v1)$，$Rd_p(a, v1)$，$Rd_p(a, v1)$，$\cdots$
Processor q：$Wr_q(a, v2)$，$Rd_q(a, v2)$，$Rd_q(a, v2)$，$Rd_q(a, v2)$，$\cdots$

针对执行过程中的每一个点，我们可以用一个全序关系（其中一个处理器的所有操作都要先于另一个处理器的所有操作）来解释该读操作的返回值。然而，无法用单个全序关系来解释全部有限场景。在这个场景中，任何处理器都看不到其他处理器写入的值，但既然已假定多处理器内存系统允许处理器之间通信，故我们不允许该场景出现。

> 在这些场景中，假定不同名称的取值和地址不相等，例如 $v1$ 不等于 $v2$。

我们必须做的第二个决策是：是否允许内存系统预测未来的行为。考虑如下场景：

Processor p: $Wr_p(a,v1)$, $Rd_p(a,v2)$
Processor q: $Wr_q(a,v2)$

在这里，q 在 p 完成其读操作之后才发起写入 $v2$ 的操作。该场景可通过序列 $Wr_p(a,v1)$, $Wr_q(a,v2)$, $Rd_p(a,v2)$ 来解释。然而，为了使 p 的读操作返回值为 $v2$，内存系统必须预测到其他处理器会在未来某个时刻写入 $v2$，因此这是一个荒谬的解释。由于真实的内存系统无法预测未来的操作请求，故该行为不符合正确的实现。由此，我们可排除该场景，或者由于任何正确的实现都无法对应该场景，所以我们也没有必要刻意去取缔它。

如果我们不允许内存系统预测未来，那么它必须总是能够用历史上的写操作来解释所读取的值。在这个案例中，我们不得不决定该解释是否必须稳固。例如，假定一个始于如下行为的场景：

Processor p: $Wr_p(a1,v1)$, $Rd_p(a1,v3)$
Processor q: $Wr_q(a2,v2)$, $Wr_q(a1,v3)$

此时，对 p 的读操作 $Rd_p(a1,v3)$ 的唯一解释是 q 的写操作 $Wr_q(a1,v3)$ 先于它发生。这意味着 q 的另外写操作 $Wr_q(a2,v2)$ 也先于此读操作发生。由此，只要 p 读地址 $a2$ 就能获得取值 $v2$。但假设在该场景中加入另一个处理器 r，并以如下行为继续：

Processor p: $Wr_p(a1,v1)$, $Rd_p(a1,v3)$, $Rd_p(a2,v0)$
Processor q: $Wr_q(a2,v2)$, $Wr_q(a1,v3)$
Processor r: $Wr_r(a1,v3)$

我们可以用如下操作序列来说明该场景：

$$Wr_p(a1,v1),\ Wr_r(a1,v3),\ Rd_p(a1,v3),\ Rd_p(a2,v0),\ Wr_q(a2,v2),\ Wr_q(a1,v3)$$

在该说明中，处理器 r 为处理器 p 提供了从地址 $a1$ 处读取的值，并且 p 从内存地址 $a2$ 将其初始取值读入 $v0$。由于处理器 p 针对地址 $a1$ 的写操作（赋值）请求发生在 p 完成读操作之后，所以该说明也是荒谬的。但是，由于在该说明中，对应取值的变更发生在执行过程中，故系统无法预测尚未发生的写操作。在编写规约时，我们必须考虑是否允许上述变更发生。

11.2.3　串行内存系统

我们首先规定一个既不能预测未来，也不能修改其说明的内存系统。由于没有现成的标准名称，我姑且称之为串行内存系统。

我们可通过所有已提交操作的序列来给出正确性条件的非正式描述。我们将提供一个通用方法来形式化描述不同系统的正确性条件。首先，添加一个记录执行历史的内部变量

opQ。对于每个处理器 p，$opQ[p]$ 的取值是一个序列，该序列的第 i 个元素 $opQ[p][i]$ 描述了 p 所提交的第 i 个操作请求、该请求的响应结果（假设该响应已成功发出）以及用来表达该操作正确性条件的其他信息。如果必要的话，我们也可以添加其他内部变量，用于记录无法与单个请求直接关联的其他信息。

对于一个拥有此类寄存器接口的系统而言，它的后继状态动作具有如下形式：

$$\begin{array}{l} \lor\ \exists\, proc \in Proc,\ reg \in Reg\ : \\ \qquad \lor\ \exists\, req \in Request\ :\ IssueRequest(proc, req, reg) \\ \qquad \lor\ RespondToRequest(proc, reg) \\ \lor\ Internal \end{array} \tag{11.3}$$

其中包含的子动作为：

- $IssueRequest(proc, req, reg)$：处理器 $proc$ 通过寄存器 reg 发出请求 req 的动作。
- $RespondToRequest(proc, reg)$：系统响应处理器 $proc$ 的寄存器 reg 中请求的动作。
- $Internal$：仅改变内部状态的动作。

活性属性可通过 $RespondToRequest$ 动作与 $Internal$ 动作相关的公平性条件来声明。

编写规约的一个通用技巧是选择合适的内部状态，使得正确性条件中的安全属性可通过基于状态谓词 P 的公式 $\Box P$ 来表达。通过令 P' 作为动作之间的衔接，我们可保证 P 永远为真。我将使用此方法来编写串行内存规约，并为 P 引入一个状态谓词 $Serializable$。

我们要求每个读操作的返回值可通过先前提交的写操作值或内存的初始取值来解释。而且，我们希望该解释永远成立。因此，我们为每个已完成的读操作的 opQ 条目增加 $source$ 字段，用来记录所读取值的来源。可通过 $RespondToRequest$ 动作来设置该字段。

我们期望有限行为中的所有操作最终都被有序处理。这意味着对于任何两个操作，内存系统最终必须要决定哪一个操作先于另一个执行——并且系统必须严格遵循该决策。我们引入内部变量 $opOrder$，用于表述内存系统已执行的操作顺序。$Internal$ 步骤仅能改变 $opOrder$，且只能增加排序长度。

谓词 $Serializable$ 被用来定义正确性条件中的安全属性，该谓词描述了对 $opOrder$ 而言正确性的具体含义。它断定对于操作，存在满足如下条件的一致全序排序：

- 扩展了 $opOrder$。
- 将来自同一处理器的所有操作按照它们提交的顺序进行排序。
- 将操作排序，使得任何读操作的返回值为最近一次针对同一地址的写入值，在没有任何写操作时为该内存地址中的初始值。

我们现在用 TLA$^+$ 语言解释这个非正式的规约草稿。首先要选择变量 opQ 与 $opOrder$ 的类型。为了做到这一点，我们可通过集合 $opId$ 来定义已提交的操作的标示。操作可标示为有序对 $\langle p, i\rangle$，其中 p 为处理器，i 为序列 $opQ[p]$ 中的一个下标位置。（DOMAIN $opQ[p]$是所有 i 的集合。）我们将 $opId$ 对应的元素视为 $proc$ 字段为 p、idx 字段为 i 的记录。由于

idx 字段的可能取值依赖于 $proc$ 字段，所以编写所有此类记录的集合比较难。我们将 $opId$ 定义为“idx 字段取值为任意值”的记录集合的子集：

$$\begin{aligned} opId \;\triangleq\; \{oiv \in [proc : Proc, idx : Nat] :\\ oiv.idx \in \text{DOMAIN}\ opQ[oiv.proc]\} \end{aligned}$$

为了方便起见，我们将 $opIdQ(oi)$ 定义为由“$opId$ 中元素 oi”标示的 opQ 条目的取值：

$$opIdQ(oi) \;\triangleq\; opQ[oi.proc][oi.idx]$$

内存取值的源头不一定是写操作，也可能是该内存的初始值。后一种情况可通过使 opQ 条目的 $source$ 字段拥有一个特殊取值 $InitWr$ 来表达。我们由此可使 opQ 成为 $[Proc \to Seq(opVal)]$ 的一个元素，其中 $opVal$ 是如下三个集合的联合：

- $[req : Request, reg : Reg]$：代表正在请求的处理器内，标示为 reg 的寄存器中的一个激活的操作请求。
- $[req : WrRequest, reg : \{Done\}]$：代表一个已完成的写操作请求，其中 $Done$ 是一个非寄存器的特殊值。
- $[req : RdRequest, reg : \{Done\}, source : opId \cup \{InitWr\}]$：代表一个已完成的读操作请求，它的返回值源于 $source$ 字段所指示的操作，或者当 $source$ 字段等于 $InitWr$ 时，源于内存地址的初始值。

注意，$opId$ 与 $opVal$ 是取值取决于变量 opQ 的状态函数。

集合 $Request$、$WrRequest$ 与 $RdRequest$ 在 $RegisterInterface$ 模块中定义，具体可参见图 11.5。

我们需要指定内存的初始内容。一个程序通常不能做任何有关内存初始值的假设，除非每片地址中确实存放了取值 Val。因此，内存的初始内容可以是 $[Adr \to Val]$ 的任何元素。我们声明一个“内部”常量 $InitMem$，其取值为内存的初始内容。在最终的规约中，$InitMem$ 会和内部变量 opQ 及 $opOrder$ 一起隐藏起来。我们可通过普通的存在量词 $\exists$ 来隐藏一个常量。在定义初始逻辑谓词时，应该要求 $InitMem$ 是一个从内存地址映射到取值的函数，但是用存在量词来表达此要求将显得更加自然。因此，最终的规约将具有如下形式：

$$\exists\, InitMem \in [Adr \to Val] : \boldsymbol{\exists}\, opQ, opOrder : \cdots$$

为了后续的使用，我们将 $goodSource(oi)$ 定义为 $opId$ 中读操作 oi 的数据源的似真值（plausible value）。似真值要么是 $InitWr$，要么是读操作 oi 所访问的内存地址中先前写入的值。该规约中存在如下不变式：任何已完成的读操作 oi 的数据源必然是 $goodSource(oi)$ 中的一个元素。而且，已完成读操作的返回值必然来自其数据源。如果数据源是 $InitWr$，则取值必然来自 $InitMem$；否则来自源头写操作的 val 字段。为了正式地表达这一点，请注意，只有已完成的读操作对应的 opQ 条目才具有 $source$ 字段。由于记录拥有 $source$ 字段的充要条件为字符串“source”在该记录的定义域中，所以我们可将此不变式写为：

$$\begin{aligned}
&\forall\, oi \in opId : \\
&\quad (\text{“source”} \in \text{DOMAIN}\; opIdQ(oi)) \Rightarrow \\
&\qquad \land\; opIdQ(oi).source \in goodSource(oi) \\
&\qquad \land\; opIdQ(oi).req.val = \text{IF } opIdQ(oi).source = InitWr \\
&\qquad\qquad\qquad\qquad\qquad \text{THEN } InitMem[opIdQ(oi).req.adr] \\
&\qquad\qquad\qquad\qquad\qquad \text{ELSE } opIdQ(opIdQ(oi).source).req.val
\end{aligned} \tag{11.4}$$

5.2 节说明，记录是定义域为字符串集合的函数。

我们现在选择 $opOrder$ 的类型。我们通常用 $\prec$ 运算符描述排序关系，$A \prec B$ 意味着 A 先于 B。但是，变量的值不能作为运算符。因此，我们必须将排序关系表述为一个集合或函数。数学家经常将关系 $\prec$ 解释为由集合 S 映射得到的由“S 中元素有序对”组成的集合 R，且 $\langle A, B\rangle$ 属于 R 的充要条件为 $A \prec B$。因此，我们可令 $opOrder$ 为 $opId \times opId$ 的子集，其中 $\langle oi, oj\rangle \in opOrder$ 表示 oi 先于 oj。

关于运算符和函数之间区别的讨论可参考 6.4 节。

我们所编写的规约的内部状态存在冗余，原因为：如果处理器 p 的寄存器 r 中存在未完成的操作，那么将存在指向该寄存器的 opQ 条目，且该条目保存了同样的操作请求信息。该冗余意味着变量之间的如下关系构成了规约的不变式：

- 如果 opQ 条目的 reg 字段取值不等于 $Done$，则表示一个内容等于该条目 req 字段的寄存器。
- 如果寄存器中有一个激活请求，则指向该寄存器的 opQ 条目的数量为 1，否则为 0。

在这个规约中，我们将此条件、式(11.4)与类型不变式组合成一个状态谓词 $DataInvariant$。

在选定变量的类型之后，我们就可以定义初始谓词 $Init$ 与谓词 $Serializable$ 了。$Init$ 的定义很简单。我们可通过 $opId$ 的所有全序关系的集合 $totalOpOrder$ 来定义 $Serializable$。关系 $\prec$ 是 $opId$ 的全序的充要条件为：对于 $opId$ 中的任意 oi、oj 与 ok，它满足如下三个条件：

完全性： $oi = oj$、$oi \prec oj$ 和 $oj \prec oi$ 中只有一个为真。

传递性： $oi \prec oj$ 和 $oj \prec ok$ 蕴涵 $oi \prec ok$。

反自反性（irreflexivity）： $oi \not\prec oi$。

谓词 $Serializable$ 断定存在一个关于 $opId$ 的全序关系，满足前面的一致全序排序的三个条件。我们可将该谓词形式化表达为一个断言，它断定在 $totalOpOrder$ 中存在一个 R，满足如下公式：

$$\land\ opOrder \subseteq R$$

R 扩展了 opOrder

$$\begin{aligned}&\land\ \forall\, oi, oj \in opId :\\&\qquad (oi.proc = oj.proc) \land (oi.idx < oj.idx) \Rightarrow (\langle oi, oj \rangle \in R)\end{aligned}$$

R 将同一处理器内的操作正确排序

$$\begin{aligned}&\land\ \forall\, oi \in opId :\\&\qquad (\text{“source”} \in \text{DOMAIN}\ opIdQ(oi))\\&\qquad\quad \Rightarrow \neg(\exists\, oj \in goodSource(oi) :\\&\qquad\qquad\qquad \land \langle oj, oi\rangle \in R\\&\qquad\qquad\qquad \land (opIdQ(oi).source \neq InitWr) \Rightarrow\\&\qquad\qquad\qquad\qquad (\langle opIdQ(oi).source, oj\rangle \in R))\end{aligned}$$

对于 opId 中每个已完成的读操作 oi，不存在针对相同地址且符合如下条件的写操作 oj：先于 oi；如果数据源不是 InitWr，则执行顺序在该数据源之后

我们允许在每一执行步骤中将 $opOrder$ 扩展为 $opId$ 上的满足 $Serializable$ 的任何关系。我们让后继状态动作中的每个子动作通过合取式 $UpdateOpOrder$ 来指定 $opOrder'$，定义如下：

$$\begin{aligned}UpdateOpOrder \triangleq\ &\land\ opOrder' \subseteq (opId' \times opId')\\&\land\ opOrder \subseteq opOrder'\\&\land\ Serializable'\end{aligned}$$

后继状态动作的通用形式如式（11.3）所示。我们将动作 $RespondToRequest$ 分解为代表写操作的子动作 $RespondToWr$ 与代表读操作的子动作 $RespondToRd$ 的析取式，其中 $RespondToRd$ 是后继状态动作所有子动作中最复杂的，因此，让我们检查它的如下形式的定义：

$$\begin{aligned}&RespondToRd(proc, reg) \triangleq\\&\quad \text{LET}\ req \triangleq regFile[proc][reg]\\&\qquad\quad idx \triangleq \text{CHOOSE}\ i \in \text{DOMAIN}\ opQ[proc] : opQ[proc][i].reg = reg\\&\quad \text{IN}\ \cdots\end{aligned}$$

该定义规定 req 为寄存器中的请求，idx 为 $opQ[proc]$ 的定义域中满足 $opQ[proc][idx].reg$ 等于 reg 的元素。如果该寄存器非空闲，则必然存在一个对应的 idx 取值，使得 $proc$ 所提交的第 idx 个请求的 $opQ[proc][idx].req$ 等于 req。（我们不关心寄存器空闲时 idx 的取值是什么。）IN 表达式起始于如下使能条件：

$$\land\ req.op = \text{“Rd”}$$

它断定该寄存器非空闲且含有一个读操作请求。IN 表达式的后续部分如下：

$$\begin{array}{l}\land \exists\, src \in goodSource([proc \mapsto proc, idx \mapsto idx]) : \\ \quad \text{LET } val \triangleq \text{ IF } src = InitWr \text{ THEN } InitMem[req.adr] \\ \qquad\qquad\qquad\qquad\qquad\qquad\quad \text{ELSE } opIdQ(src).req.val \\ \quad \text{IN } \cdots\end{array}$$

它断定存在取值为 src 的“读操作返回值数据源”，并且将 val 定义为该返回值。如果数据源是内存的初始内容，那么该返回值可通过 $InitMem$ 获取；否则只能通过原请求的 val 字段获取。内部 IN 表达式存在两个合取式，分别定义了 $regFile'$ 和 opQ' 的取值。第一个合取式断定该寄存器的 val 字段被设置为 val，op 字段被设置为 “Free”，表示该寄存器已被释放进入空闲态。

$$\begin{array}{l}\land\, regFile' = [regFile \text{ EXCEPT } ![proc][reg].val = val, \\ \qquad\qquad\qquad\qquad\qquad\qquad ![proc][reg].op = \text{“Free”}]\end{array}$$

IN 表达式内的第二个合取式描述了 opQ 的新取值。$opQ[proc]$ 中只有第 idx 个元素发生了变化。它被设置为一个 req 字段与原请求 req 相等的记录，除非它的 val 字段与符合如下条件的记录的 val 相等：该记录的 reg 字段等于 $Done$，$source$ 字段等于 src。

$$\begin{array}{l}\land\, opQ' = [opQ \text{ EXCEPT} \\ \qquad ![proc][idx] = [req \mapsto [req \text{ EXCEPT } !.val = val], \\ \qquad\qquad\qquad\qquad\quad reg \mapsto Done, \\ \qquad\qquad\qquad\qquad\quad source \mapsto src]\,]\end{array}$$

最终，外部的 IN 语句终结于如下合取式：

$$\land\, UpdateOpOrder$$

该语句决定了 $opOrder'$ 的取值，也隐式决定了读操作数据源可能的选项，即 $opQ'[proc][idx].source$ 的取值。由于该取值的一些选项被第二个外部合取式所允许，因此不存在满足 $UpdateOpOrder$ 条件的任何 $opOrder'$ 的取值。合取式 $UpdateOpOrder$ 排除了此类数据源选项。

后继状态动作中的 $IssueRequest$、$RespondToWr$ 与 $Internal$ 等其他子动作都相对简单，故不进行具体说明。

完成了初始谓词和后继状态动作的定义之后，我们必须确定公平性条件。第一个条件是内存系统最终必须响应每一个操作请求。处理器 $proc$ 内寄存器 reg 中操作请求对应的响应产生于动作 $RespondToWr(proc, reg)$ 或动作 $RespondToRd(proc, reg)$。因此，该条件可明显地表达为：

$$\begin{array}{l}\forall\, proc \in Proc, reg \in Reg : \\ \quad \text{WF}_{\langle \ldots \rangle}(RespondToWr(proc, reg) \lor RespondToRd(proc, reg))\end{array}$$

由于该公平性条件表示响应最终一定要发出，因此每当 $proc$ 的寄存器 reg 中存在一个未完成的操作时，一个对应的 $RespondToWr(proc, reg)$ 或 $RespondToRd(proc, reg)$ 步骤一定会被使能。当寄存器中存在一个读操作时，对应的 $RespondToRd(proc, reg)$ 步骤一定会被使能，但这并不是显而易见的，原因是该步骤仅在如下条件下才可使能：存在读操作的一个数据源与一个满足 $Serializable'$ 的 $opOrder'$ 取值。由于控制着该步骤的首状态的 $Serializable$ 暗示了存在全部操作的正确全序排序，所以上述数据源与取值一定会存在。该排序可被用来选择数据源与满足 $Serializability'$ 的关系 $opOrder'$。

第二个活性条件断定内存系统必须最终对每一对操作排序。对于 $opId$ 中的每一对不同的操作 oi 与 oj，$Internal$ 动作导致的处理顺序 $opOrder'$ 要么是 oi 先于 oj，要么是 oi 后于 oj，因此可用公平性条件来表达这一点。我们将首次尝试编写该条件，如下所示：

$$\begin{aligned}&\forall\, oi, oj \in opId :\\&\quad (oi \neq oj) \Rightarrow \mathrm{WF}_{\langle \ldots \rangle}(\land\ Internal\\&\qquad\qquad\qquad\qquad\quad \land\ (\langle oi, oj\rangle \in opOrder') \lor (\langle oj, oi\rangle \in opOrder'))\end{aligned} \tag{11.5}$$

然而，这并不正确。一般来说，公式 $\forall x \in S : F$与 $\forall x : (x \in S) \Rightarrow F$ 等价。由此，针对常量 oi 与 oj 的所有取值，式（11.5）与如下公式中的断言等价:

$$\begin{aligned}&(oi \in opId) \land (oj \in opId) \Rightarrow\\&\quad\left(\begin{aligned}&(oi \neq oj) \Rightarrow\\&\qquad \mathrm{WF}_{\langle \ldots \rangle}(\land\ Internal\\&\qquad\qquad\quad \land\ (\langle oi, oj\rangle \in opOrder') \lor (\langle oj, oi\rangle \in opOrder'))\end{aligned}\right)\end{aligned}$$

在时态公式中，没有时态运算符的谓词是关于初始状态的断言。由此，式（11.5）断定在 $opId$ 的初始取值中，对于所有 oi 与 oj 的不同取值对，该公平性条件成立。但由于 $opId$ 初始为空，所以该条件是一个虚真（vacuously true）论断。由此可知，式（11.5）仅与初始谓词存在弱关联。反之，我们必须断定该动作的公平性如下：

$$\begin{aligned}&\land\ (oi \in opId) \land (oj \in opId)\\&\land\ Internal\\&\land\ (\langle oi, oj\rangle \in opOrder') \lor (\langle oj, oi\rangle \in opOrder'))\end{aligned} \tag{11.6}$$

对于 oi 和 oj 的所有不同取值，它仅足以用来断定类型正确的 oi 与 oj。解决此类问题的最好方法是使用有界量词，我们因此可将此条件改写为：

$$\begin{aligned}&\forall\, oi, oj \in [proc : Proc,\ idx : Nat] : \quad \text{所有操作最终都要被排序}\\&\quad (oi \neq oj) \Rightarrow \mathrm{WF}_{\langle \ldots \rangle}(\land\ (oi \in opId) \land (oj \in opId)\\&\qquad\qquad\qquad\qquad\quad \land\ Internal\\&\qquad\qquad\qquad\qquad\quad \land\ (\langle oi, oj\rangle \in opOrder') \lor (\langle oj, oi\rangle \in opOrder'))\end{aligned}$$

由于该公式表示任何两个操作最终都将被 $opOrder$ 排序，故如果 oi 与 oj 是 $opId$ 中的未排序操作，则动作（11.6）必将被使能。由于 $Serializable$ 总是被使能，所以总有可能将 $opOrder$ 扩展为所有已提交操作的全序关系。

$InitMem$、opQ 和 $opOrder$ 在完整的内部规约中是可见的，该规约的定义可参见图 11.6 中的 $InnerSerial$ 模块。为使此规约通过 TLC 模型检查器的检查，我对其进行了两处小改动。（第 14 章将描述 TLC，并解释为何这些改动是必需的。）该规约并没有采用前面给出的 $opId$ 的定义，而是采用了与之等价的如下定义：

$$opId \triangleq \text{UNION}\ \{[proc : p,\ idx : \text{DOMAIN}\ opQ[p]] : p \in Proc\}$$

在 $UpdateOpOrder$ 的定义中，将第一个合取式由

$$opOrder' \subseteq opId' \times opId'$$

修改为如下等价表达式：

$$opOrder' \in \text{SUBSET}\ (opId' \times opId')$$

为了便于 TLC 处理，我也对所有动作的合取式进行了排序，使 $UpdateOpOrder$ 跟在“为 opQ' 赋值”的语句之后。这将导致 UNCHANGED 语句不是动作 $Internal$ 中的最后一个合取式。

像往常一样，我在完整规约的编写过程中使用了 $InnerSerial$ 的一个参数化实例，以隐藏常量 $InitMem$、变量 opQ 和 $opOrder$：

```
------------------------- MODULE SerialMemory -------------------------
EXTENDS RegisterInterface
Inner(InitMem, opQ, opOrder) ≜ INSTANCE InnerSerial
Spec ≜ ∃ InitMem ∈ [Adr → Val] :
           ∃ opQ, opOrder : Inner(InitMem, opQ, opOrder)!Spec
========================================================================
```

11.2.4 顺序一致内存系统

串行内存规约不允许内存预测未来的请求。我们现在将该约束去除，并重新定义所谓的顺序一致内存系统。任何真实系统都没有预测未来的自由[1]，因此，串行内存系统和顺序一致内存系统之间几乎没有实际差别。然而，描述后者的规约将更加简单。该规约令人吃惊且具有指导意义。

---

[1] 可以想象，顺序一致内存系统所允许的“改变自由”，可用来构建更高效的系统实现，但如何去做却不得而知。

MODULE *InnerSerial*

EXTENDS *RegisterInterface*, *Naturals*, *Sequences*, *FiniteSets*

CONSTANT *InitMem*　内存的初始内容，为 $[Proc \to Adr]$ 的一个元素

VARIABLE *opQ*,　$opQ[p][i]$ 是处理器 p 提交的第 i 个操作请求

opOrder　操作的序列，是 $opId \times opId$ 的子集（$opId$ 在下面定义）

$opId \triangleq \text{UNION}\ \{[proc : \{p\},\ idx : \text{DOMAIN}\ opQ[p]] : p \in Proc\}$　$[proc \mapsto p,\ idx \mapsto i]$ 标示了处理器 p 的操作 i

$opIdQ(oi) \triangleq opQ[oi.proc][oi.idx]$

$InitWr \triangleq \text{CHOOSE}\ v : v \notin [proc : Proc,\ idx : Nat]$　初始内存值的数据源

$Done \triangleq \text{CHOOSE}\ v : v \notin Reg$　已完成的操作的 reg 字段取值

$opVal \triangleq$　$opQ[p][i]$ 的可能取值

$\quad [req : Request,\ reg : Reg]$　使用寄存器 reg 的激活请求

$\quad \cup\ [req : WrRequest,\ reg : \{Done\}]$　已完成的写操作

$\quad \cup\ [req : RdRequest,\ reg : \{Done\},\ source : opId \cup \{InitWr\}]$　已完成的读取 $source$ 取值的操作

$goodSource(oi) \triangleq$

$\quad \{InitWr\} \cup \{o \in opId : \land\ opIdQ(o).req.op = \text{“Wr”}$

$\qquad\qquad\qquad\qquad\quad \land\ opIdQ(o).req.adr = opIdQ(oi).req.adr\}$

$DataInvariant \triangleq$

$\quad \land\ RegFileTypeInvariant$　针对 $regFile$、opQ 和 $opOrder$ 的简单类型不变式

$\quad \land\ opQ \in [Proc \to Seq(opVal)]$

$\quad \land\ opOrder \subseteq (opId \times opId)$

$\quad \land\ \forall oi \in opId :$

$\qquad \land\ (\text{“source”} \in \text{DOMAIN}\ opIdQ(oi)) \Rightarrow$　已完成的读操作的数据源要么是 $InitWr$，要么是同一地址的写操作

$\qquad\quad \land\ opIdQ(oi).source \in goodSource(oi)$

$\qquad\quad \land\ opIdQ(oi).req.val = \text{IF}\ opIdQ(oi).source = InitWr$　读操作的返回值来自它的数据源

$\qquad\qquad\qquad\qquad\qquad \text{THEN}\ InitMem[opIdQ(oi).req.adr]$

$\qquad\qquad\qquad\qquad\qquad \text{ELSE}\ opIdQ(opIdQ(oi).source).req.val$

$\qquad \land\ (opIdQ(oi).reg \neq Done) \Rightarrow$　opQ 正确描述了寄存器的内容

$\qquad\quad (opIdQ(oi).req = regFile[oi.proc][opIdQ(oi).reg])$

$\quad \land\ \forall p \in Proc,\ r \in Reg :$　只有非空闲寄存器才有对应的 opQ 条目

$\qquad Cardinality(\{i \in \text{DOMAIN}\ opQ[p] : opQ[p][i].reg = r\}) =$

$\qquad\quad \text{IF}\ regFile[p][r].op = \text{“Free”}\ \text{THEN}\ 0\ \text{ELSE}\ 1$

$Init \triangleq$　初始谓词

$\quad \land\ regFile \in [Proc \to [Reg \to FreeRegValue]]$　每个寄存器都是空闲的

$\quad \land\ opQ = [p \in Proc \mapsto \langle\rangle]$　opQ 中没有操作

$\quad \land\ opOrder = \{\}$　排序关系 $opOrder$ 为空

$totalOpOrder \triangleq$　关于集合 $opId$ 的所有全序关系的集合

$\quad \{R \in \text{SUBSET}\ (opId \times opId) :$

$\qquad \land\ \forall oi, oj \in opId : (oi = oj) \lor (\langle oi, oj\rangle \in R) \lor (\langle oj, oi\rangle \in R)$

$\qquad \land\ \forall oi, oj, ok \in opId : (\langle oi, oj\rangle \in R) \land (\langle oj, ok\rangle \in R) \Rightarrow (\langle oi, ok\rangle \in R)$

$\qquad \land\ \forall oi \in opId : \langle oi, oi\rangle \notin R\}$

图 11.6　*InnerSerial* 模块

```
Serializable ≜                              断定存在一个扩展了opOrder的所有操作的全序关系R，它将每个处理
  ∃ R ∈ totalOpOrder :                      器的操作正确排序，并将每个读操作的数据源设置为同地址最近一次的
    ∧ opOrder ⊆ R                           写操作
    ∧ ∀ oi, oj ∈ opId : (oi.proc = oj.proc) ∧ (oi.idx < oj.idx) ⇒ (⟨oi, oj⟩ ∈ R)
    ∧ ∀ oi ∈ opId : ("source" ∈ DOMAIN opIdQ(oi)) ⇒
                      ¬ (∃ oj ∈ goodSource(oi) :
                           ∧ ⟨oj, oi⟩ ∈ R
                           ∧ (opIdQ(oi).source ≠ InitWr) ⇒ (⟨opIdQ(oi).source, oj⟩ ∈ R))
--------------------------------------------------------------------------------------------
UpdateOpOrder ≜                             选取opOrder新取值的动作，它可以是等于或扩展
  ∧ opOrder' ∈ SUBSET (opId' × opId')       opOrder当前取值的任意关系，且满足Serializable。
  ∧ opOrder ⊆ opOrder'                      该动作可用来定义后继状态动作的子动作
  ∧ Serializable'

IssueRequest(proc, req, reg) ≜   处理器proc在寄存器reg中提交请求req
  ∧ regFile[proc][reg].op = "Free"   寄存器必须空闲
  ∧ regFile' = [regFile EXCEPT ![proc][reg] = req]   将请求放入寄存器
  ∧ opQ' = [opQ EXCEPT ![proc] = Append(@, [req ↦ req, reg ↦ reg])]  向opQ[proc]中追加请求
  ∧ UpdateOpOrder

RespondToWr(proc, reg) ≜   内存系统响应处理器 proc 内寄存器reg 中的写请求
  ∧ regFile[proc][reg].op = "Wr"   寄存器必须包含一个激活的写请求
  ∧ regFile' = [regFile EXCEPT ![proc][reg].op = "Free"]   寄存器被释放
  ∧ LET idx ≜ CHOOSE i ∈ DOMAIN opQ[proc] : opQ[proc][i].reg=reg  对应的opQ条目被更新
    IN  opQ' = [opQ EXCEPT ![proc][idx].reg = Done]
  ∧ UpdateOpOrder   opOrder 被更新
RespondToRd(proc, reg) ≜   内存系统响应处理器 proc 的寄存器 reg 中的读请求
  LET req ≜ regFile[proc][reg]  proc的寄存器reg中含有请求req，该请求也被记录在opQ[proc]
      idx ≜ CHOOSE i ∈ DOMAIN opQ[proc] : opQ[proc][i].reg = reg                  [idx] 中
  IN  ∧ req.op = "Rd"   寄存器中必须含有一个激活的读请求
      ∧ ∃ src ∈ goodSource([proc ↦ proc, idx ↦ idx]) :   读操作从数据源src 获取返回值
          LET val ≜ IF src = InitWr THEN InitMem[req.adr]   读操作的返回值
                                    ELSE opIdQ(src).req.val
          IN  ∧ regFile' = [regFile EXCEPT ![proc][reg].val = val,     设置寄存器的val字段，
                                           ![proc][reg].op  = "Free"]  并且释放该寄存器
              ∧ opQ' = [opQ EXCEPT   opQ[proc][idx] 被正确更新
                          ![proc][idx] = [req    ↦ [req EXCEPT !.val = val],
                                          reg    ↦ Done,
                                          source ↦ src] ]
      ∧ UpdateOpOrder   opOrder 被更新
Internal ≜ ∧ UNCHANGED ⟨regFile, opQ⟩
           ∧ UpdateOpOrder
Next ≜   后继状态动作
  ∨ ∃ proc ∈ Proc, reg ∈ Reg : ∨ ∃ req ∈ Request : IssueRequest(proc, req, reg)
                               ∨ RespondToRd(proc, reg)
                               ∨ RespondToWr(proc, reg)
  ∨ Internal
```

图 11.6 （续）

$$
\begin{array}{l}
Spec \triangleq \text{完整的内部规约} \\
\quad \land Init \\
\quad \land \square[Next]_{\langle regFile,\, opQ,\, opOrder \rangle} \\
\quad \land \forall proc \in Proc,\ reg \in Reg : \quad \text{内存系统最终要响应每一个请求} \\
\qquad \mathrm{WF}_{\langle regFile,\, opQ,\, opOrder \rangle}(RespondToWr(proc, reg) \lor RespondToRd(proc, reg)) \\
\quad \land \forall oi, oj \in [proc : Proc,\ idx : Nat] : \quad \text{所有操作最终都被排序} \\
\qquad (oi \neq oj) \Rightarrow \mathrm{WF}_{\langle regFile,\, opQ,\, opOrder \rangle}(\land\ (oi \in opId) \land (oj \in opId) \\
\qquad\qquad\qquad\qquad\qquad\qquad \land\ Internal \\
\qquad\qquad\qquad\qquad\qquad\qquad \land\ (\langle oi, oj \rangle \in opOrder') \lor (\langle oj, oi \rangle \in opOrder')) \\
\\
\text{THEOREM } Spec \Rightarrow \square(DataInvariant \land Serializable)
\end{array}
$$

图 11.6　（续）

顺序内存规约的后继状态动作结构与串行内存规约的后继状态动作结构相同，均包含 *IssueRequest*、*RespondToRd*、*RespondToWr* 和 *Internal*。与串行内存规约类似，其存在内部变量 *opQ*，可通过 *IssueRequest* 运算为其追加一个条目，该条目的内容包括 *req*（请求）和 *reg*（寄存器）字段。然而，操作请求并不会被永远记录在 *opQ* 之中，当它被执行完毕后可通过 *Internal* 步骤删除。该规约拥有第二个内部变量 *mem*，它表示内存的内容，即 *mem* 的取值是一个从 *Adr* 映射到 *Val* 的函数。只有可从 *opQ* 中删除写操作的 *Internal* 动作才能修改 *mem* 的取值。

回想一下，正确性条件存在如下两个要求：

1. 存在一个所有操作的执行序列，且该序列可解释各读请求的返回值。
2. 该执行序列与每个处理器中操作请求的提交顺序一致。

如果 *Internal* 动作满足如下属性，那么从 *opQ* 中删除操作的顺序将是一个满足要求 1 的可解释的执行顺序：

- 当一个向地址 *adr* 中写入取值 *val* 的操作被从 *opQ* 中删除时，$mem[adr]$ 的取值将被设为 *val*。
- 仅当 $mem[adr] = val$ 成立时，针对地址 *adr* 中取值 *val* 的读操作才可从 *opQ* 中删除。

如果处理器 *p* 提交的操作可被 *IssueRequest* 动作追加至 $opQ[p]$ 的尾部，并被 *Internal* 动作从 $opQ[p]$ 头部删除，则可满足要求 2。

我们现在已经确定了 *IssueRequest* 动作与 *Internal* 动作要做什么。*RespondToWr* 动作的含义相对明显，它本质上与串行内存规约中对应的动作一致。问题的关键在于 *RespondToRd* 动作，我们应该如何定义它，才能使得当 *Internal* 动作必须从 *opQ* 中删除读请求时，读操作可返回内存中将要保存的取值？答案异常简单：只要允许读操作返回任意值即可。假如读操作返回了错误取值，例如一个从未写入的值，那么 *Internal* 动作绝不会将该

读操作从 opQ 中删除。我们可引入活性条件：opQ 中的每个操作最终都会被删除；并用该活性条件来排除上述可能。这也能降低 $Internal$ 动作的编写难度。接下来，剩下的唯一问题就是如何表达该活性条件。

为了保证每个操作最终都会被从 opQ 中删除，就要保证对于每个处理器 $proc$，$opQ[proc]$ 头部的操作最终会被删除。由此，期望的活性条件可表达为：

$$\forall proc \in Proc : \mathrm{WF}_{\langle \dots \rangle}(RemoveOp(proc))$$

其中 $RemoveOp(proc)$ 是一个从 $opQ[proc]$ 头部无条件删除操作的动作。为方便起见，我们也允许 $RemoveOp(proc)$ 更新 mem。我们接下来为每一个处理器 $proc$ 单独定义动作 $Internal(proc)$。它通过一个使能条件与 $RemoveOp(proc)$ 相结合，该条件断定，如果被删除的操作是读请求，那么该操作必然已返回了如下所示的正确取值：

$$\begin{aligned}&(Head(opQ[proc]).req.op = \text{“Rd”}) \Rightarrow\\&\quad (mem[Head(opQ[proc]).req.adr] = Head(opQ[proc]).req.val)\end{aligned}$$

变量 opQ 与 mem 在完整的内部规约中是可见的，可参见图 11.7 中的 $InnerSequential$ 模块。到现在为止，理解它应该不再困难。同时，对于编写一个可通过实例化 $InnerSequential$ 以及隐藏内部变量 opQ 与 mem 来生成最终规约的模块，你也不应该再感到困惑，因此我没有必要再提供相关细节。

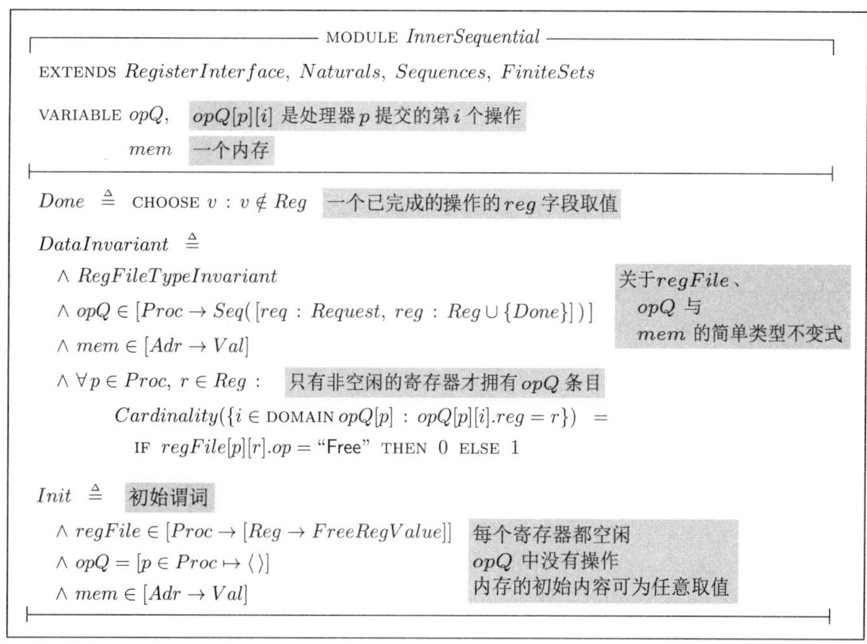

MODULE InnerSequential
EXTENDS RegisterInterface, Naturals, Sequences, FiniteSets
VARIABLE opQ, opQ[p][i] 是处理器 p 提交的第 i 个操作
mem 一个内存
Done ≜ CHOOSE v : v ∉ Reg 一个已完成的操作的 reg 字段取值
DataInvariant ≜
∧ RegFileTypeInvariant
∧ opQ ∈ [Proc → Seq([req : Request, reg : Reg ∪ {Done}])]
∧ mem ∈ [Adr → Val]
∧ ∀ p ∈ Proc, r ∈ Reg : 只有非空闲的寄存器才拥有 opQ 条目
Cardinality({i ∈ DOMAIN opQ[p] : opQ[p][i].reg = r}) =
IF regFile[p][r].op = “Free” THEN 0 ELSE 1
关于regFile、opQ 与 mem 的简单类型不变式
Init ≜ 初始谓词
∧ regFile ∈ [Proc → [Reg → FreeRegValue]]
∧ opQ = [p ∈ Proc ↦ ⟨⟩]
∧ mem ∈ [Adr → Val]
每个寄存器都空闲
opQ 中没有操作
内存的初始内容可为任意取值

图 11.7 $InnerSequential$ 模块

```
IssueRequest(proc, req, reg) ≜  处理器 proc 在寄存器 reg 中提交请求 req
  ∧ regFile[proc][reg].op = "Free"                                   寄存器必须为空闲态
  ∧ regFile' = [regFile EXCEPT ![proc][reg] = req]                   将请求放入寄存器
  ∧ opQ' = [opQ EXCEPT ![proc] = Append(@, [req ↦ req, reg ↦ reg])]  添加请求至 opQ[proc]
  ∧ UNCHANGED mem

RespondToRd(proc, reg) ≜  内存响应处理器 proc 的寄存器 reg 中的读请求
  ∧ regFile[proc][reg].op = "Rd"   寄存器中必须有一个激活的读请求
  ∧ ∃ val ∈ Val :   val 是返回值
      ∧ regFile' = [regFile EXCEPT ![proc][reg].val = val,           设置寄存器的 val 字段,
                                   ![proc][reg].op  = "Free"]        并释放该寄存器
      ∧ opQ' = LET idx ≜   opQ[proc][idx] 中含有寄存器reg 中的请求
                      CHOOSE i ∈ DOMAIN opQ[proc] : opQ[proc][i].reg = reg
               IN   [opQ EXCEPT ![proc][idx].req.val = val,          将 opQ[proc][idx] 的字段 val
                                ![proc][idx].reg     = Done]         设为 val，并将它的 reg 字段设
  ∧ UNCHANGED mem                                                    为 Done

RespondToWr(proc, reg) ≜  内存响应处理器 proc 内寄存器 reg 中的写请求
  ∧ regFile[proc][reg].op = "Wr"   寄存器中必须有一个激活的写请求
  ∧ regFile' = [regFile EXCEPT ![proc][reg].op = "Free"]   释放此寄存器
  ∧ LET idx ≜ CHOOSE i ∈ DOMAIN opQ[proc] : opQ[proc][i].reg = reg   更新对应的 opQ 条目
    IN  opQ' = [opQ EXCEPT ![proc][idx].reg = Done]
  ∧ UNCHANGED mem

RemoveOp(proc) ≜  无条件移除 opQ[proc] 头部的操作并更新 mem
  ∧ opQ[proc] ≠ ⟨⟩   opQ[proc] 必须非空
  ∧ Head(opQ[proc]).reg = Done   操作必须已完成
  ∧ mem' = IF Head(opQ[proc]).req.op = "Rd"                          读操作不改变 mem，通过写操
             THEN mem                                                作来更新它
             ELSE [mem EXCEPT ![Head(opQ[proc]).req.adr] =
                                  Head(opQ[proc]).req.val]
  ∧ opQ' = [opQ EXCEPT ![proc] = Tail(@)]   从 opQ[proc] 中删除操作
  ∧ UNCHANGED regFile   无寄存器变更

Internal(proc) ≜   删除 opQ[proc] 头部的操作。但对于读操作，仅当操作返回当前 mem 中的取
  ∧ RemoveOp(proc)  值时才实施删除
  ∧ (Head(opQ[proc]).req.op = "Rd") ⇒
      (mem[Head(opQ[proc]).req.adr] = Head(opQ[proc]).req.val)

Next ≜   后继状态动作
  ∃ proc ∈ Proc : ∨ ∃ reg ∈ Reg : ∨ ∃ req ∈ Request : IssueRequest(proc, req, reg)
                                  ∨ RespondToRd(proc, reg)
                                  ∨ RespondToWr(proc, reg)
                  ∨ Internal(proc)
```

图 11.7 （续）

$$
\begin{aligned}
Spec \triangleq\ & \land\ Init \\
& \land\ \Box[Next]_{\langle regFile,\, opQ,\, mem \rangle} \\
& \land\ \forall proc \in Proc,\ reg \in Reg : \quad \text{内存系统最终要响应每一个请求} \\
& \qquad \mathrm{WF}_{\langle regFile,\, opQ,\, mem \rangle}(RespondToWr(proc, reg) \lor RespondToRd(proc, reg)) \\
& \land\ \forall proc \in Proc : \quad \text{每个操作最终将被从 } opQ \text{ 中删除} \\
& \qquad \mathrm{WF}_{\langle regFile,\, opQ,\, mem \rangle}(RemoveOp(proc))
\end{aligned}
$$

$$\text{THEOREM } Spec \Rightarrow \Box DataInvariant$$

图 11.7 （续）

11.2.5 对内存规约的思考

我们编写的几乎所有规约都是基于初始谓词和后继状态动作的直接实现。即使对应的实现可能完全不切实际，但至少在理论上是可行的。可以很容易地用单一的中心化存储设备来实现可线性化的内存系统。在串行内存系统的直接实现中，系统不仅需要维护所有已提交操作请求的队列，还要提供针对可能的全序关系的搜索功能。尽管在理论上很简单，但该搜索功能在计算上是不可行的。

我们给出的关于顺序一致内存系统的规约也无法直接实现，因为在实现中将面临如何猜测读操作的正确返回值的问题，而这是无法解决的。该规约不具备直接实现性的原因是它不是一个闭包状态机。根据 8.9.2 节的描述，一个非闭包（non-machine-closed）状态机的规约必然会推导出不满足该规约要求的场景，从而使具体实现陷入困境。任何有限的内存操作场景都可通过该规约的初始谓词和后继状态动作（即一个不含 $Internal$ 步骤的行为）推导得出。但是，不是每个有限场景都可被扩展为通过执行序列来解释的场景。例如，在一个双处理器系统中，起始于如下表达式的场景将不可能存在：

$$\text{Processor } p\text{:}\ Wr_p(a1, v1),\ Rd_p(a1, v2),\ Wr_p(a2, v2)$$
$$\text{Processor } q\text{:}\ Wr_q(a2, v1),\ Rd_q(a2, v2),\ Wr_q(a1, v2)$$

该场景的介绍可参见 11.2.2 节。

以下是具体原因：

$Wr_q(a1, v2)$

precedes $Rd_p(a1, v2)$ 这是关于 p 所读取值的唯一解释

precedes $Wr_p(a2, v2)$ 按照操作所提交的顺序

precedes $Rd_q(a2, v2)$ 这是关于 q 所读取值的唯一解释

precedes $Wr_q(a1, v2)$ 按照操作所提交的顺序

由此可得出 q 写 $a1$ 的操作必须先于它自己，而这不可能发生。

如 8.9.2 节所述，如果一个规约的活性属性为组成其后继状态动作的各子动作的公平性属性的合取运算，则该规约是一个闭包状态机。在顺序内存规约中，针对处理器 $proc$ 存在关于 $RemoveOp(proc)$ 的弱公平性断言，并且无法由 $RemoveOp(proc)$ 推导出后继状态动作。(对于可将错误读操作从 $opQ[proc]$ 中删除的 $RemoveOp(proc)$ 步骤，后继状态动作不允许其发生。)

高层级的系统规约，例如我们所编写的内存规约，通常十分微妙，但它们也很容易出错。我们在串行内存规约中用到的方法（即记录所有历史操作）是很危险的，因为一些条件很容易被遗漏。构建一个非闭包状态机规约通常是表达你所期望的建模内容的最简单的方式。

第三部分

工　具

第 12 章

Specifying Systems: The TLA+ Language and Tools for Hardware and Software Engineers

语法分析器

语法分析器是一个 Java 程序，由 Jean-Charles Grégoire 和 David Jefferson 编写。该分析器还可为诸如 TLC（参见第 14 章）等其他工具提供前端服务。TLA 的 Web 主页提供了该程序的下载途径。

你可以通过输入如下命令行来运行分析器：

$$program\_name \ \ option \ \ spec\_file$$

其中 $program\_name$ 由你的实际系统来决定。可类似于

```
java tlasany.SANY
```

$spec\_file$ 是记录 TLA^+ 规约的文件名。规约中出现的每一个名为 M 的模块必须在名为 M.tla 的文件中单独描述（子模块除外）。后缀名 .tla 可在 $spec\_file$ 中忽略。

$option$ 要么为空，要么与如下两个选项一致：

-s：使分析器仅检查句法错误，而不检查语义错误。（这两种错误类型会在后面说明。）在刚开始编写规约时，你可利用该选项来发现语法错误。

-d：使分析器在检查完毕规约后进入调试模式。在此模式中，你可以检查规约的结构——例如，找出一个特定的标识符应该在何处定义或声明。分析器程序所携带的文档中有具体的使用说明。

本章较为简短，剩余部分将提供一些关于语法分析器报错后如何处理的提示。

分析器所检测到的错误可分为两类，常被称为*句法错误*和*语义错误*。句法错误指的是导致规约的语法不正确的问题，这些问题意味着要么违反了 BNF 语法，要么违反了符号的优先顺序或对齐规则，具体可参见第 15 章。语义错误指的是违反了第 17 章提到的合法性条件。术语*语义错误*代表了导致规约产生错误含义的问题，但该术语也具有误导性，原因是分析器发现的所有错误都会导致规约非法（即在语法层面缺乏正确的组织），而导致规约没有任何意义（含义错误）。

分析器从起始处顺序读取文件内容，当读到一个不能继续生成语法正确的规约的位置时，它将上报语法错误。例如，如果我们省略了 $InternalMemory$ 模块（参见图 5.2）内的定义 Req 中 $\exists req \in MReq$ 语句之后的冒号，则可得到如下公式：

$$
\begin{aligned}
Req(p) \triangleq\ & \land\ ctl[p] = \text{"rdy"} \\
& \land\ \exists req \in MReq\ \land\ Send(p, req, memInt, memInt') \\
& \qquad\qquad\qquad\ \land\ buf' = [buf \text{ EXCEPT } ![p] = req] \\
& \qquad\qquad\qquad\ \land\ ctl' = [ctl \text{ EXCEPT } ![p] = \text{"busy"}] \\
& \land\ \text{UNCHANGED } mem
\end{aligned}
$$

这将导致分析器打印如下内容：

```
***Parse Error***
Encountered "/\" at line 19, column 11
```

第 19 行第 11 列是 $\land$ 所在的位置，起始于该定义的最后一行（就在 UNCHANGED 语句之前）。直到此时，分析器仍认为它正在解析一个起始于如下语句的量化表达式：

$$\exists req\ \in\ (MReq\ \land\ Send(p, req, memInt, memInt')\ \land\ buf' = \cdots$$

（该表达式的形式为 $\exists req \in p : \cdots$，它虽然合法，却是一个“笨表达式”，其中 p 为布尔类型。）分析器将每一个 $\land$ 符号翻译为一个中缀运算符。然而，把该定义（第 19 行第 11 列）中最后一个 $\land$ 翻译为中缀运算符将违反外部合取式列表的对齐规则，故分析器会报错。

正如该例子所示，分析器可能发现远超过实际问题的语法错误。为了帮助你定位问题，它可打印出发现错误时所处的解析树中具体位置的跟踪信息。在本例子中，解析器可打印出如下信息：

```
Residual stack trace follows:
Quantified form starting at line 16, column 14.
Junction Item starting at line 16, column 11.
AND-OR Junction starting at line 15, column 11.
Definition starting at line 15, column 1.
Module body starting at line 3, column 1.
```

如果你无法发现错误的源头，则可尝试“分而治之”的策略，即持续在模块中去除各不同部分，直到找出问题的根源。

语义错误通常比较容易发现，因为分析器可精确定位错误。下面将给出一类典型的语义错误的案例：因人为输入错误标识符而产生了未定义的符号。如果我们不是在 $Req(p)$ 的定义中省去冒号，而是在 $MReq$ 定义中省去 e，则分析器会输出如下信息：

```
line 16, col 26 to line 16, col 28 of module InternalMemory
Could not resolve name 'MRq'.
```

当遇到第一个句法错误时，分析器就会暂停处理。但它可以通过单次运行检测到多处语义错误。

TLATEX 排版器

TLATEX 是一个基于 Dmitri Samborski 的想法而创建的用于对 TLA+ 模块进行文字排版的 Java 程序。该程序可通过 TLA 的 Web 主页获取。

13.1 引言

TLATEX 通过调用 LATEX 程序进行实际的排版处理。LATEX 是一个基于 Donald Knuth 所编写的排版程序 TEX 的文档制作系统[⊖]。LATEX 通常输出的是 dvi 文件（即后缀名为 `dvi` 的文件），内容为与设备无关的排版输出描述。TLATEX 也提供了一些选项，通过这些选项可调用其他程序将 div 文件翻译为 PostScript 文件或 PDF 文件。某些版本的 LATEX 也可直接生成 PDF 文件。

为了运行 TLATEX，你必须在计算机上事先安装 LATEX 。LATEX 是可从 Web 下载的公用软件，同时提供了专有版本。TLA 的 Web 主页上有指向 TLATEX 页面的链接，里面有关于如何获取 LATEX 以及 PostScript、PDF 转换器的信息。

你可以通过输入如下命令来运行 TLATEX：

java tlatex.TLA [*options*] *fileName*

其中 *fileName* 是输入文件名，[*options*] 是选项列表，每个选项名称前面都带有修饰符“-”。某些选项后面可带有一个用双引号括起来的多字参数。如果 *fileName* 中没有后缀名，那么输入文件将默认为 *fileName.tla*。例如，如下命令：

```
java tlatex.TLA  -ptSize 12  -shade  MySpec
```

将使用 *shade* 选项与带有参数 12 的 *ptSize* 选项，对文件 *MySpec.tla* 内的模块进行排版处理。输入文件必须包含一个完整的 TLA+ 模块。用 *help* 选项运行 TLATEX 将输出所有选项的列表。用 *info* 选项运行 TLATEX 则会输出本章描述的大部分信息。（当使用 *help* 或 *info* 选项时，*fileName* 参数可省略。）

你需要了解的有关使用 TLATEX 的所有信息包括：

- TLATEX 可为注释增加阴影效果，具体说明可参见 13.2 节。
- 13.2 节也将说明如何用 TLATEX 生成 PostScript 或 PDF 格式文件。

⊖ LATEX 的说明可参见 *LATEX: A Document Preparation System, Second Edition*，作者为 Leslie Lamport，由 Addison-Wesley 于 1994 年出版。TEX 的说明可参见 *The TEXbook*，作者为 Donald Knuth，由 Addison-Wesley 于 1986 年出版。

- *number* 选项可令 TLATEX 在页面左边缘打印行号。
- 你如果在计算机系统上运行 LATEX ，并且要输入除 `latex` 之外的其他信息，则应该使用 *latexCommand* 选项。例如，如果你为了让 LATEX 处理文件 *f.tex*，而键入如下命令：

  ```
  locallatex  f.tex
  ```

  那么你应该通过如下命令来运行 TLATEX ：

  `java tlatex.TLA -latexCommand locallatex` *fileName*

- 如果你恰好要在注释中使用如下三个"双字符序列"：

  `~    `^   `.

  那么为了了解 TLATEX 如何格式化注释，你最好阅读一下 13.4 节。

TLATEX 的输出排版足以应对大多数需求场景。13.2 节将说明如何使用 TLATEX 取得更好的排版效果，以及如何应对输出格式异常的情况。

13.2 阴影效果的注释

shade 选项可令 TLATEX 将注释排在阴影背景框内。为注释添加阴影效果可提升规约的可读性。然而，一些程序并不支持在浏览和打印 dvi 文件时呈现阴影效果。因此，为支持将规约中的注释显示出阴影效果，我们有必要将 dvi 文件转换为 PostScript 或 PDF 格式文件。下面是与阴影效果相关的所有选项的说明：

- `-grayLevel` *num*

  该选项决定阴影的灰度，其中 *num* 的取值范围为 0~1。取值为 0 代表全黑，1 代表全白；默认取值为 0.85。阴影的实际灰度还取决于输出设备，不同的打印机和屏幕的显示效果存在差异。因此，你可能不得不通过试验来为你的系统找到正确的灰度值。

- `-ps` 和 `-nops`

  这些选项将通知 TLATEX 是否生成 PostScript 或 PDF 格式的输出文件。如果指定了 *shade* 选项，则默认将生成上述格式的输出文件；否则，将不生成此类文件。

- `-psCommand` *cmd*

  这是令 TLATEX 执行并生成 PostScript 或 PDF 格式输出文件的命令。它的默认值为 `dvips`。TLATEX 会通过如下命令来调用操作系统：

  cmd dviFile

  其中 *dviFile* 是 LATEX 执行所生成的 dvi 文件的名称。如果需要更复杂的命令，你可以使用 *nops* 选项并执行一个单独的程序来生成 PostScript 或 PDF 格式的文件。

13.3 规约排版

TLATEX 可对规约内容进行高质量的排版处理。它保留了规约中大多数有意义的对齐方式，例如：

输入	输出
`Action == /\ x'   = x - y`	$Action \triangleq \land\ x' \ \ = x - y$
`          /\ yy'  = 123`	$\land\ yy' \ = 123$
`          /\ zzz' = zzz`	$\land\ zzz' = zzz$

通过观察 ∧ 与 = 符号如何在输出中对齐，可发现输入中多余的空格将会反映在输出中。TLATEX 对符号间没有空格和存在一个空格这两种情况进行了同样的处理：

输入	输出
`x+y`	$x + y$
`x + y`	$x + y$
`x  +  y`	$x \ + \ y$

TLATEX 对必须出现在输入文件中的单个 TLA⁺ 模块进行排版处理。它也会将在模块前后出现的任何文本材料都视为注释并进行排版处理（但并不对此类文本添加阴影效果）。用户也可通过 *noProlog* 与 *noEpilog* 选项分别取消对模块前后文本材料的排版处理。

TLATEX 并不检查规约的 TLA⁺ 输入的语法正确性。但是，如果规约中含有类似“;”等非法词素，它将上报错误信息。

13.4 注释排版

TLATEX 可区分单行和多行注释。单行注释是除了多行注释之外的任何注释。多行注释可被排版为以下三种风格之一：

```
(**************)      \*************      (* This
(* This is    *)      \* This is            is a
(* a comment. *)      \* a comment.         comment. *)
(**************)      \*************
```

在前两种风格中，左侧的 (* 或 * 必须对齐，最后一行（包含注释 **···**）是可选的。在第一种风格中，注释右侧不允许出现任何字符，否则输入将被误认为一个单行注释的序列。在同一行中，如果 (* 左侧或者 *) 右侧没有出现其他信息，则第三种排版风格效果最优。

TLATEX 会尽可能合理地处理排版注释工作。在多行注释中，它通常将顺序的非空白行视为一个单独的段落，忽略输入信息中的换行符，并将整段进行排版。在决定在哪里换行时，它会试图识别图表以及其他类型的多行格式。用户可通过如下手段来帮助它正确排版：

- 句子的结尾应该添加显式的句点（“.”）。
- 添加空行用于分隔不同的逻辑块。
- 将段落中的每一行进行左对齐处理。

下面给出 TLATEX 将注释排版弄糟的常见场景以及我们的应对策略。

TLATEX 可能将规约的部分内容与普通文本相混淆。例如，标识符应该是斜体，并且 $x - y$ 中的减号应该与 *x-ray* 中的短横线不同。虽然 TLATEX 在大多数情况下可正确处理这些差异，但它确实也可能出错。你可以通过在内容左右两侧输入单引号（'与'）来告知 TLATEX 将其作为规约的一部分处理。你也可以通过在内容两侧添加 '^ 和 ^' 来告知 TLATEX 将其作为普通文本处理。例如：

输入	输出

`\****************************`
`\* A better value of 'bar' is`
`\* now in '^http://foo/bar^'.`
`\****************************`
	A better value of *bar* is now in http://foo/bar.

但这几乎是不必要的，因为通常 TLATEX 可正确处理这些问题。

警告：除非你清楚这样做的目的，否则请勿在 '^ 与 ^' 之间放置除字母、数字与普通标点符号之外任何字符。尤其要指出的是，以下字符对 LaTeX 具有特殊含义，在 '^ 与 ^' 之间使用它们会导致无法预期的效果：

```
_ ~ # $ % ^ & < > \ " | { }
```

关于在 '^ 与 ^' 之间能够做什么的进一步信息，可参见 13.8 节。

TLATEX 并不擅长复制注释中段落的格式。在如下例子中，它无法将两个字母 A 对齐：

输入	输出

`\***********************`
`\* gnat: A tiny insect.`
`\*`
`\* gnu:  A short word.`
`\***********************`
	gnat: A tiny insect.
	
	gnu: A short word.

你可以命令 TLATEX 将行序列按照其在输入中的呈现方式精准排版，排版使用了固定宽度的字体，并将所有行通过一对 '. 与 .' 括起来，如下所示：

输入

```
\************************
\* This explains it all:
\*
\*   '. ---       ---
\*      | P |--->| M |
\*       ---       ---  .'
\************************
```

输出

This explains it all:

```
 ---      ---
| P |--->| M |
 ---      ---
```

对于图而言，使用 '. 与 .' 是唯一可行的表达方式。然而，如果你了解（或者想了解）LaTeX，则可参考 13.8 节中关于在注释中使用 LaTeX 命令的内容，里面详细说明了如何使用 TLATEX 来提升表格类对象的格式化效果。

TLATEX 对段落的排版处理比较松散，行内字间常伴随大量的空格。如果这一点令你困扰，那么最简单的解决方案是重新编写对应的段落。你也可以尝试使用 LaTeX 命令来修正这个问题。（具体参见 13.8 节。）

TLATEX 通常会按照应有的正常方式处理双引号字符（"），如下所示：

输入	输出
********************	The string “ok” is a “good” value.
* The string "ok" is	
* a "good" value.	
********************	

然而，也存在它不能正确处理的可能性，此时你可以使用单引号字符来标示左右双引号（“与”）的字符串取值，从而生成文本左右两侧的双引号，如下所示：

输入	输出
************************	He asks “Is “good” bad?”
* He asks “Is ‘"good"’	
* bad?”	
************************	

TLATEX 忽略了注释内部嵌套出现的任何(* ··· *)形式的注释。因此，如果你希望注释内的部分内容不被 TLATEX 排版处理，则可以用 (* 和 *) 将其括起来。但更好的解决方案是用 ‘~ 与 ~’ 将注释中要省略的部分包含在中间，如下所示：

输入	输出
********************	$x + y$ is always positive.
* x+y is always ‘~I	
* hope~’ positive.	
********************	

13.5 调整输出格式

如下选项允许你调整字体大小、打印尺寸以及文本在页面上的位置：

- `-ptSize` *num*

  指定字体的大小。*num* 的合法取值是 10、11 或 12，对应点数大小为 10、11 或 12 的排版字体。默认取值为 10。

- `-textwidth` *num* 和 `-textheight` *num*

  num 的取值指定了以点数为单位计算的排版输出宽度与高度。1 个点数为 1/72 英尺，约等于 1/3 毫米。

- `-hoffset` *num* 和 `-voffset` *num*

  num 的取值指定了以点数为单位的距离，此参数决定了文本应如何在页面的水平和垂直方向移动。准确地说，文本在页面上显示的具体位置是由打印机或屏幕显示程序决定的。为使输出显示在打印页面的中央，或使全部输出都在显示器上可见，你可能还要根据实际情况调整该参数的取值。

13.6 输出文件

TLATEX 本身会写入两个或三个文件，具体取决于所用的选项。这些文件的名字通常取决于输入文件的名字。当然，你也可以通过选项自己指定文件名。TLATEX 也可运行单独的 LaTeX 程序以及调用其他可输出 PostScript 或 PDF 格式文件的类似程序。这些程序可生成额外的文件。下面是文件相关选项的描述，在这些描述中，文件名的根是删除扩展名和路径名后剩余的部分。例如，`c:\foo\bar.tla` 的根为 `bar`。所有关于文件名的引用和说明都基于 TLATEX 程序运行目录的相对路径。

`-out` *fileName*

如果 *f* 是 *fileName* 的根，则 *f.tex* 是 LaTeX 用于生成最终输出的输入文件名。TLATEX 将 *f.tex* 作为输入并运行 LaTeX 程序，生成如下文件：

- *f.aux*：输出的 dvi 文件。
- *f.log*：包含 LaTeX 消息的日志文件。在此文件中，overfull hbox 警告表示规约的某行太长，以至于越过了页面的右边界；underfull hbox 警告表示 LaTeX 在注释段落中没有找到合适的换行符。不幸的是，文件中的行号指的不是规约中的行，而是 *f.tex* 文件中的行。但通过检查 *f.tex* 文件，你也可以找到规约中的对应位置。
- *f.aux*：无关紧要的 LaTeX 辅助文件。

默认的 *out* 文件名为输入文件名的根。

`-alignOut` *fileName*

该选项指定了 TLATEX 写入的 LaTeX 对齐文件的根名称。该文件可用于故障定位，具体说明可参见 13.7 节。如果 *f* 是 *fileName* 的根，则该对齐文件会被命名为 *f.tex*，并且运行 LaTeX 的输出文件为 *f.dvi*、*f.log* 与 *f.aux*，其中仅 *f.log* 文件值得关注。如果未指定 *alignOut* 选项，则对齐文件将与 *out* 文件同名。正如 13.7 节所述，该选项仅可用于故障定位。

`-tlaOut` *fileName*

该选项使得 TLATEX 向 *fileName* 中写入的文件与输入文件几乎完全相同。（如果没有扩展名，则将扩展名 *tla* 追加至 *fileName*。）*tlaOut* 文件与输入文件的差异在于：注释中任何被 ‘^ 与 ^’ 包围的部分将被删除，并且如下两个双字符字符串

‘~ ~’ ‘. .’

的每次出现将都被替换为两个空格。正如 13.8 节所述，*tlaOut* 选项使你在用 LaTeX 对注释进行高质量排版处理的同时也能维护一份可读的 ASCII 格式规约版本。在默认情况下，TLATEX 不输出 *tlaOut* 文件。

`-style` *fileName*

该选项仅对 LaTeX 用户有用。通常，TLATEX 会在它写入的 LaTeX 输入文件集中插入一份 *tlatex* 软件包。相反，*style* 选项使之插入一个 `\usepackage` 命令，该命令可用于读取名为 *fileName* 的 LaTeX 软件包。（LaTeX 软件包文件的扩展名为 *sty*。如果 *fileName* 之前没有 *sty* 扩展名的话，该扩展名会被添加至此文件。）TLATEX 风格定义了 TLATEX 在其 LaTeX 输入文件集中写入的一些特殊命令。*style* 选项指定的软件包文件中也必须定义这些命令。因此，任何软件包文件都应通过修改 *tlatex* 标准软件包来生成，该标准软件包对应

的文件为 *tlatex.sty*，它与 TLATEX 的 Java 程序文件在同一目录中。你可以通过创建新的软件包来改变 TLATEX 对规约的格式化方式，或者用于定义针对注释中 '^...^' 文本的额外命令。

13.7 故障定位

TLATEX 的错误消息应该是含义清晰、不言自明的。它在执行其他程序时，最多需要调用操作系统三次：

- 在所写入的 *alignOut* 文件上运行 LaTeX 。
- 在所写入的 *out* 文件上运行 LaTeX 。
- 可通过执行 *psCommand* 来创建 PostScript 或 PDF 输出文件。

在最后两次执行之后，TLATEX 产生日志消息，声称已写入适当的输出文件。它也可能存在误报，因为上述执行中的任何一步都可能失败并导致没有可写入的输出文件。这种故障甚至会导致操作系统无法将控制权返回给 TLATEX，故 TLATEX 将永远不会终止运行。当 TLATEX 没有生成 dvi 或 PostScript/PDF 文件或者无法停止运行时，此类故障可能是问题的根源。在这种情况下，你应该尝试重新运行 TLATEX ，并使用 *alignOut* 选项生成一个单独的对齐文件。通过阅读 LaTeX 生成的两个日志文件或者执行 *psCommand* 生成的任何错误文件，你可以找到有助于分析问题的线索。

在正常情况下，TLATEX 写入的 LaTeX 输入文件集不应该产生任何 LaTeX 错误。但是，'^...^' 区域中引入的不正确的 LaTeX 命令常常可导致 LaTeX 执行失败。

13.8 使用 LaTeX 命令

TLATEX 将注释内 '^ 与 ^' 之间包含的任何文本都按照它们本来的呈现样式放入 LaTeX 输入文件。这允许你在注释中插入 LaTeX 格式化命令。有如下两种方法可以使用：

- 在 '^ 和 ^' 之间附上简短语句，并呈现在单行输入内。LaTeX 会将该短语作为所包含的语句的一部分进行排版处理。
- 将多行注释内的若干个完整行用 '^ 和 ^' 括起来。该文本将被排版为若干个单独的段落，这些段落的左边界主要取决于 '^ 的位置。如下所示：

输入

```
\**********************
\* The first paragraph.
\*
\*   The 2nd paragraph.
\*
\*   '^ Text formatted
\* by  \LaTeX. ^'
\********************
```

输出

The first paragraph.

　The 2nd paragraph.

　Text formatted by LaTeX.

如果 '^ 与 ^' 之间的文本是单行注释，则 LaTeX 用 LR 模式实施排版；如果是多行注释，则用段落模式实施排版。TLATEX 所生成的 LaTeX 文件定义了一个环境项 describe，它对于格式化多行 '^...^' 区域中的文本很有用。除了带有一个参数之外，该环境项和 LaTeX 的标准环境项 description 完全相同。该参数应该是环境中最宽的条目标签，例如：

输入

```
\***************************
\* '^\begin{describe}{gnat:}
\*  \item[gnat:] Tiny insect.
\*  \item[gnu:] Short word.
\*  \end{describe} ^'
\***************************
```

输出

gnat: Tiny insect.

gnu: Short word.

正如该例子所示，在注释中加入 LaTeX 命令将极大降低输入文件中注释的可读性。你可以通过用 '~ 和 ~' 将仅希望在 ASCII 版本中出现的文本括起来，来达到同时维护两种规约版本（排版版本与可读的 ASCII 版本）的目的。接下来，针对每一块 '^...^' 区域，你可以将该区域的 ASCII 版本用 '~ 和 ~' 括起来，并伴随它使用。例如，输入文件含有如下内容：

```
\*************************************
\* '^ \begin{describe}{gnat:}
\*      \item[gnat:] A tiny insect.
\*      \item[gnu:]  A short word.
\*     \end{describe} ^'
\* '~ gnat: A tiny insect.
\*
\*    gnu:  A short word. ~'
\*************************************
```

tlaOut 选项使得 TLATEX 写入原始规约的一个版本，其中 '^...^' 区域被删除，字符串 '~ 与 ~' 被替换为空格。（字符串 '.与.' 也被替换为空格。）在上面的例子中，*tlaOut* 文件将含有如下注释：

```
\*************************************
\*
\*    gnat: A tiny insect.
\*
\*    gnu:  A short word.
\*************************************
```

最上面的空行是由 ^' 之后的行结束符产生的。

警告： '^...^' 文本内的 LaTeX 命令错误将导致 TLATEX 不生成任何输出。具体的故障定位信息可参见 13.7 节。

TLC模型检查器

TLC 是一个用于查找 TLA+ 规约中的错误的程序，由 Yuan Yu 设计和实现，并在这个过程中得到了 Leslie Lamport、Mark Hayden 和 Mark Tuttle 的帮助。你可以从 TLA 官网下载 TLC 的最新版本。在我撰写本书时（2002 年），只有 TLC Version 1 可用，TLC Version 2 仍在开发中。本章介绍 TLC Version 2。请查阅 TLC 软件附带的文档，了解当前版本及其与本章描述版本的区别。

14.1 TLC 介绍

TLC 可以处理遵循如下标准格式的规约：

$$Init \land \Box[Next]_{vars} \land Temporal \tag{14.1}$$

其中，$Init$ 是初始谓词，$Next$ 是后继状态动作，$vars$ 是所有变量的元组，$Temporal$ 通常是表示活性条件的时态公式。活性和时态公式在第 8 章中有描述。如果你的规约不包含 $Temporal$ 公式，也就是说，其形如 $Init \land \Box[Next]_{vars}$，那么你可以省略对时态逻辑的检验。TLC 不支持处理隐藏运算符 $\exists\!\!\!\exists$（时态存在量词），如果需要检验用 $\exists\!\!\!\exists$ 隐藏变量的规约，则可以检验它的内部规约，其中这些变量是可见的。

在规约中查找错误的最有效方法是尝试验证它应该满足的属性。TLC 可以检验规约是否满足（蕴涵）一大类 TLA 公式，这类公式的主要限制是其中不能有 $\exists\!\!\!\exists$。你也可以只运行 TLC 而不检验任何属性，在这种情况下，它将只查找下列两种类型的错误：

- “笨表达式”错误：如 6.2 节所示，“笨表达式”（如 $3 + \langle 1, 2\rangle$）的形式不符合 TLA+ 的语义。如果某个特定的行为是否满足规约取决于“笨表达式”的含义，那么这个规约是不正确的。
- 死锁：无死锁经常是我们希望规约满足的一个特殊性质，它是由不变式 $\Box$(ENABLED $Next$) 表示的，此属性的反例是表现为死锁的行为，即到达一个 $Next$ 未使能的状态，因此不可能有下一步的非重叠步骤。TLC 通常默认检查死锁，但也可以禁用此检查，因为对于某些系统，死锁可能只是表示行为成功终止。

我们用一个简单的例子来展示 TLC 的用法：交换比特协议（alternating bit protocol）规约，该协议通常用于在有损的 FIFO 传输线上发送数据。算法设计人员可能会将协议描绘为如下所示的系统：

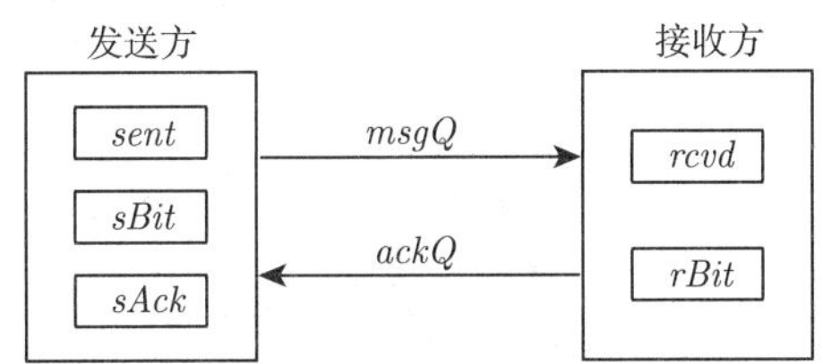

只有当 1-bit 值 *sBit* 和 *sAck* 相等时，发送方才可发送一个值，其将变量 *sent* 置为要发送的值，并对 *sBit* 取补。该值最终被投递到接收方，被赋给变量 *rcvd*，同时接收方对 1bit 值 *rBit* 取补。稍后，发送方将 *sAck* 取补，允许发送下一个值。该协议使用两条有损 FIFO 传输线：发送方在 *msgQ* 上发送数据和控制信息，接收方在 *ackQ* 上发送确认。

完整的交换比特协议规约可在图 14.1 的 *AlternatingBit* 模块中找到，规约中除了活性条件外，其他表述都相当清晰。由于消息在传输过程中可能经常性地丢失，所以需要对接收消息的动作施加强公平性条件，以确保一直被重发的消息最终能够被收到。不过，现在先不要担心这些细节，我们来看下这些声明和变量：

CONSTANT *Data*　待发数据值集合

VARIABLES *msgQ*, *ackQ*, *sBit*, *sAck*, *rBit*, *sent*, *rcvd*

其中

- *msgQ* 是由 $\{0,1\} \times Data$ 集合中的元素组成的序列。
- *ackQ* 是由 $\{0,1\}$ 集合中的元素组成的序列。
- *sBit*、*sAck* 和 *rBit* 是 $\{0,1\}$ 集合中的元素。
- *sent* 和 *rcvd* 是 *Data* 集合中的元素。

TLC 的输入包括 TLA$^+$ 模块文件和配置文件。TLC 假定规约形如式（14.1），配置文件告诉 TLC 规约的名称和要检查的属性。例如，交换比特协议的配置文件包含声明

```
SPECIFICATION ABSpec
```

上述语句是告诉 TLC，待检查规约的名称是 *ABSpec*，如果规约的格式为 $Init \wedge \Box[Next]_{vars}$（无活性条件），则无须使用 `SPECIFICATION` 语句，可以通过在配置文件中添加以下两个语句来声明初始状态谓词和后继状态动作：

```
INIT Init
NEXT Next
```

---- MODULE *AlternatingBit* ----

该规约描述了一种协议，该协议用于在有损的 FIFO 传输线上发送数据。发送方通过在 *msgQ* 上发送 $\langle b, d \rangle$ 消息序列来发送数据值 *d*，其中 *b* 是控制 bit，其在 *ackQ* 上收到 ack *b* 时就知道接收方已收到值 *d*，然后继续使用一个新的控制 bit 发送下一个值。当接收方在 *msgQ* 上收到与上一个控制 bit 不同的值时，就知道这是一个新数据，接收方持续在 *ackQ* 上发送接收到的最近一个控制 bit

图 14.1　交换比特协议

```
EXTENDS Naturals, Sequences
CONSTANTS Data                        待发数据值集合
VARIABLES msgQ,    发送给接收方的〈控制 bit，数据值〉消息序列
          ackQ,    返回给发送方的 1-bit 确认序列
          sBit,    发送方的最近一个控制 bit，发送新值时取补
          sAck,    发送方收到的最近一个确认 bit
          rBit,    接收方收到的最近一个控制 bit
          sent,    发送方发送的最近一个值
          rcvd     接收方收到的最近一个值
├──────────────────────────────────────────────────────┤
ABInit ≜ ∧ msgQ = ⟨⟩           初始条件：
         ∧ ackQ  = ⟨⟩           两个消息队列都为空
         ∧ sBit  ∈ {0,1}        所有 bit 都被设为 0 或 1，
         ∧ sAck  = sBit          且彼此相等
         ∧ rBit  = sBit
         ∧ sent  ∈ Data         sent 和 rcvd 的初始值为任意值
         ∧ rcvd  ∈ Data
ABTypeInv ≜ ∧ msgQ ∈ Seq({0,1} × Data)    类型正确性不变式
            ∧ ackQ  ∈ Seq({0,1})
            ∧ sBit  ∈ {0,1}
            ∧ sAck  ∈ {0,1}
            ∧ rBit  ∈ {0,1}
            ∧ sent  ∈ Data
            ∧ rcvd  ∈ Data
├──────────────────────────────────────────────────────┤
SndNewValue(d) ≜   发送方发送新值 d 的动作
  ∧ sAck = sBit                              当且仅当 sAck 等于 sBit 时被使能
  ∧ sent' = d                                置 sent 为 d
  ∧ sBit' = 1 − sBit                         将控制 bit sBit 取补
  ∧ msgQ' = Append(msgQ, ⟨sBit', d⟩)         在 msgQ 上发送值，携带新控制 bit
  ∧ UNCHANGED ⟨ackQ, sAck, rBit, rcvd⟩
ReSndMsg ≜   发送方在 msgQ 上重传最近一条消息
  ∧ sAck ≠ sBit                              当且仅当 sAck 不等于 sBit 时被使能
  ∧ msgQ' = Append(msgQ, ⟨sBit, sent⟩)       重传最近一个 send
  ∧ UNCHANGED ⟨ackQ, sBit, sAck, rBit, sent, rcvd⟩
RcvMsg ≜   接收方接收 msgQ 队首的消息
  ∧ msgQ  ≠ ⟨⟩                   当且仅当 msgQ 不为空
  ∧ msgQ' = Tail(msgQ)           从 msgQ 队首移除消息
  ∧ rBit'  = Head(msgQ)[1]       置 rBit 为消息中的控制 bit
  ∧ rcvd'  = Head(msgQ)[2]       置 rcvd 为消息中的数据值
  ∧ UNCHANGED ⟨ackQ, sBit, sAck, sent⟩

SndAck ≜ ∧ ackQ' = Append(ackQ, rBit)  接收方在 ackQ 上随时发送 rBit
         ∧ UNCHANGED ⟨msgQ, sBit, sAck, rBit, sent, rcvd⟩
RcvAck ≜ ∧ ackQ ≠ ⟨⟩              发送方在 ackQ 上收到一个确认
         ∧ ackQ' = Tail(ackQ)     移除确认消息并置 sAck 为其值
         ∧ sAck' = Head(ackQ)
```

图 14.1 （续）

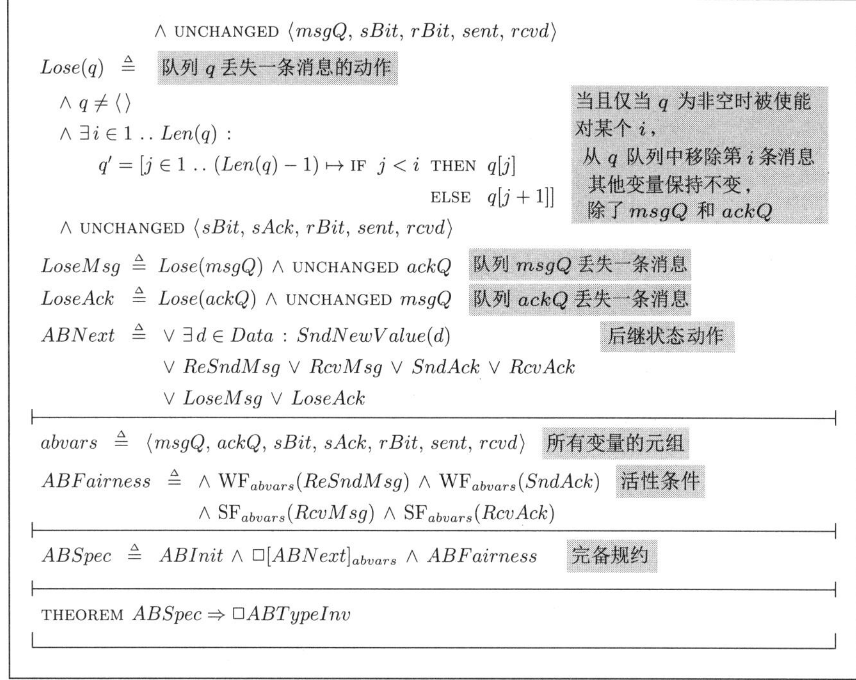

图 14.1 （续）

要检查的属性由 `PROPERTY` 语句指定。例如，为了检查 *ABTypeInv* 是否是不变式，TLC 要检查规约蕴涵 $\Box ABTypeInv$，可以在 *AlternatingBit* 模块的配置文件中添加如下定义：

$$InvProperty \triangleq \Box ABTypeInv$$

并将语句

```
PROPERTY InvProperty
```

写入配置文件中。不变性检查非常常见，因此 TLC 也允许如下语句：

```
INVARIANT ABTypeInv
```

`INVARIANT` 语句必须指定一个状态谓词。若要检查 `PROPERTY` 语句的不变性，则指定的属性必须为 $\Box P$ 形式，因为 `PROPERTY` 语句中的 P 只是让 TLC 检查该规约蕴涵 P，也就是 P 只要在满足规约的每个行为的初始状态中为真即可。

TLC 通过生成并校验一系列满足规约的行为来工作。为此，首先要为规约指定一个模型（model）。要定义模型，我们必须为规约的常量参数赋值。交换比特协议规约的唯一常量参数是 *Data*。通过在配置文件中写入以下声明，我们可以告诉 TLC，*Data* 为包含名为 $d1$ 和 $d2$ 两个任意元素的集合：

```
CONSTANT  Data = {d1, d2}
```

（元素命名规则：至少包含一个字母的字符和数字序列。）

关键字 CONSTANT 和 CONSTANTS 等价，INVARIANT 和 INVARIANTS 也等价。

TLC 有两种用法：默认用法是模型检查（model checking），这种方式将尝试查找所有可达的状态，即满足公式 $Init \wedge \Box[Next]_{vars}$ 的行为中所有可能出现的状态[⊖]。我们还可以在仿真（simulation）模式下运行 TLC，在该模式下，它会随机生成行为，而非尝试检查所有可达的状态。这里我们先讨论模型检查，仿真模式将在 14.3.2 节中介绍。

对于交换比特协议，不可能穷尽检查所有可达状态，因为消息序列可以任意变长。因此，存在无限多个可达状态。我们必须进一步约束模型使其有限，也就是说，它仅允许有限数量的可能状态。为此，我们定义一个称为约束（constraint）的状态谓词，该谓词定义了序列长度的上限。例如，以下约束断言 $msgQ$ 和 $ackQ$ 的长度最大为 2：

$$\begin{aligned} &\wedge Len(msgQ) \leqslant 2 \\ &\wedge Len(ackQ) \ \leqslant 2 \end{aligned}$$

14.3 节将描述如何把动作和状态谓词作为约束使用。

与其以这种方式指定序列长度的上限，不如让它们作为参数并在配置文件中赋值。我们不想在规约中加入仅为了 TLC 方便而引入的声明和定义。这里我们编写一个名为 $MCAlternatingBit$ 的新模块（参见图 14.2），该模块引入了 $AlternatingBit$ 模块，可以作为 TLC 的输入。图 14.3 展示了该模块的可能配置文件形式。请注意，在这种情况下，配置文件必须为规约的所有常量参数指定值，即 $AlternatingBit$ 模块中的参数 $Data$ 和在 $MCAlternatingBit$ 模块中声明的两个参数。我们可以使用 3.5 节所述的 TLA⁺ 注释语法在配置文件中添加注释。

```
---------------- MODULE MCAlternatingBit ----------------
EXTENDS AlternatingBit

CONSTANTS msgQLen, ackQLen

SeqConstraint ≜ ∧ Len(msgQ) ≤ msgQLen      序列长度约束
                ∧ Len(ackQ) ≤ ackQLen
=========================================================
```

图 14.2　$MCAlternatingBit$ 模块

```
CONSTANTS     Data    = {d1, d2}   (* Is this big enough? *)
              msgQLen = 2
              ackQLen = 2   \* Try 3 next.
SPECIFICATION ABSpec
INVARIANT     ABTypeInv
CONSTRAINT    SeqConstraint
```

图 14.3　$MCAlternatingBit$ 模块的配置文件

⊖ 正如我在 2.3 节中所述，状态是为所有可能的变量赋值的操作。然而，在讨论特定规约时，我们通常认为状态是对该规约的变量赋值的操作。这也是我在本章中所做的。

当指定约束 *Constr* 时，TLC 会检查满足规约 $Init \wedge \Box[Next]_{vars} \wedge \Box Constr$ 的行为的每个状态。在本章的其余部分，这些状态将被称为 可达（reachable）状态。

让 TLC 检查类型不变式会捕获许多简单的错误。在纠正了所有可以找到的错误后，我们继续寻找不太明显的错误。一个常见的错误是某个操作在应使能时未使能，从而导致无法达到某些状态。你可以通过 14.5.1 节介绍的 *coverage* 选项来发现某个操作是否从未被使能，要发现某个操作是否被错误地禁用，可以尝试检查活性条件。对于交换比特协议，明显的活性条件是，每条发送的消息最终都被接收到。当满足 $sent = d$ 和 $sBit \neq sAck$ 时，一条消息 d 将被发送。表示该属性的一种简单方法是：

$$
\begin{aligned}
&SentLeadsToRcvd \triangleq \\
&\quad \forall d \in Data : (sent = d) \wedge (sBit \neq sAck) \leadsto (rcvd = d)
\end{aligned}
$$

参见 8.1 节定义的时态运算符 $\leadsto$。

公式 *SentLeadsToRcvd* 断言，对于任何值 d，如果在 *sBit* 不等于 *sAck* 时 *sent* 的值曾为 d，则 *rcvd* 最终为 d。这并不是表明所有发送的消息都会最终发送到位，因为特定值 d 发送两次但仅接收一次的行为也满足该公式。无论如何，该公式确实满足我们的要求，因为其不依赖于实际发送的值。如果可能出现相同的值发送两次但仅接收一次的情况，则也有可能出现发送两个不同的值而仅接收到一个的情况，后者违反了 *SentLeadsToRcvd*。我们将 *SentLeadsToRcvd* 的定义添加到 *MCAlternatingBit* 模块中，并将以下语句添加到配置文件中：

```
PROPERTY SentLeadsToRcvd
```

活性属性的检查要比其他属性的检查慢很多，因此，只有在通过不变性检查发现尽可能多的错误之后，才考虑执行活性检查。

从检查类型正确性和 *SentLeadsToRcvd* 属性开始是查找错误的好方法。但最终，我们希望了解该协议是否与其规约相符。但是，我们（可能）没有它的实际规约，因为在实践中我们通常需要检查系统设计的正确性，而无须对系统应该做什么编写正式规约。在这种情况下，我们可以编写事后（ex post facto）规约。图 14.4 中的 *ABCorrectness* 模块就是仅对交换比特协议进行正确性检查的规约。它实际上是协议规约的简化版本，在该协议中，变量 *rcvd*、*rBit* 和 *sAck* 不是从消息队列中读取，而是从其他变量中直接获取。

我们要检查 *AlternatingBit* 模块的规约 *ABSpec* 蕴涵 *ABCorrectness* 模块的公式 *ABCSpec*。为此，我们添加以下语句来修改 *MCAlternatingBit* 模块：

INSTANCE *ABCorrectness*

然后将配置文件的 `PROPERTY` 语句修改为：

```
PROPERTIES ABCSpec SentLeadsToRcvd
```

关键字 PROPERTY 与 PROPERTIES 等价。

此示例是非典型的，因为正确性规约 $ABCSpec$ 不涉及变量隐藏（时态存在量词）。现在让我们假设 $ABCorrectness$ 模块确实声明了另一个变量 h，该变量出现在 $ABCSpec$ 中，并且交换比特协议的正确性条件是隐藏了 h 的 $ABCSpec$。然后，我们在 TLA⁺ 中正式表示正确性条件，如下所示：

$$AB(h) \triangleq \text{INSTANCE } ABCorrectness$$
$$\text{THEOREM } ABSpec \Rightarrow \exists\!\!\exists\, h : AB(h)!ABCSpec$$

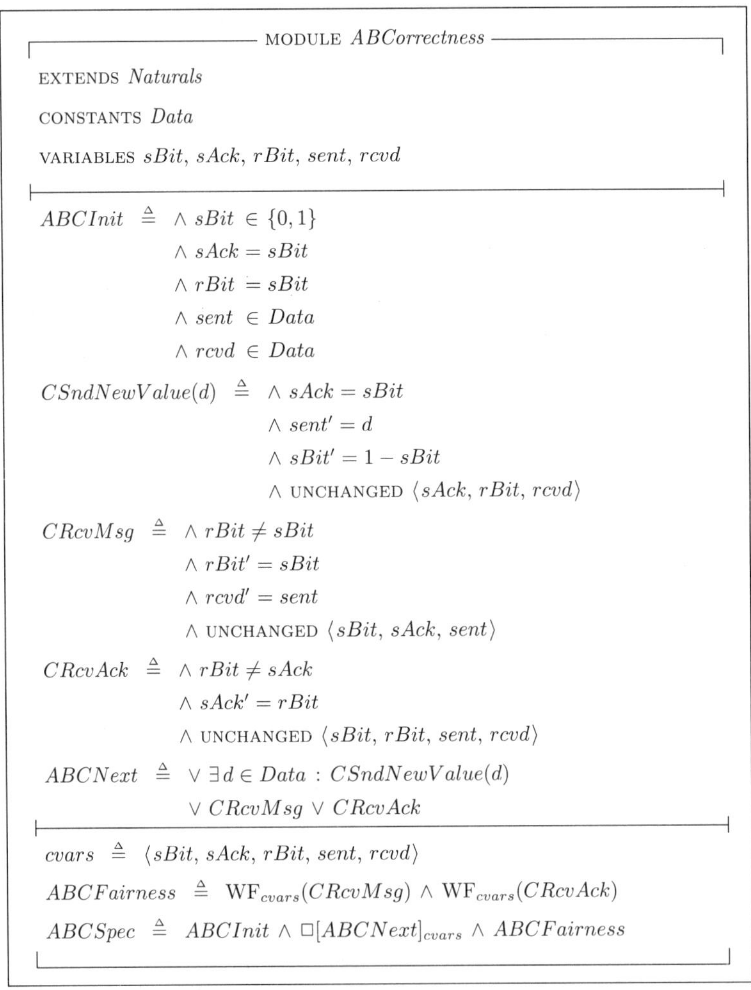

```
---------------- MODULE ABCorrectness ----------------
EXTENDS Naturals
CONSTANTS Data
VARIABLES sBit, sAck, rBit, sent, rcvd
------------------------------------------------------
ABCInit ≜ ∧ sBit ∈ {0,1}
          ∧ sAck = sBit
          ∧ rBit = sBit
          ∧ sent ∈ Data
          ∧ rcvd ∈ Data
CSndNewValue(d) ≜ ∧ sAck = sBit
                  ∧ sent' = d
                  ∧ sBit' = 1 − sBit
                  ∧ UNCHANGED ⟨sAck, rBit, rcvd⟩
CRcvMsg ≜ ∧ rBit ≠ sBit
          ∧ rBit' = sBit
          ∧ rcvd' = sent
          ∧ UNCHANGED ⟨sBit, sAck, sent⟩
CRcvAck ≜ ∧ rBit ≠ sAck
          ∧ sAck' = rBit
          ∧ UNCHANGED ⟨sBit, rBit, sent, rcvd⟩
ABCNext ≜ ∨ ∃ d ∈ Data : CSndNewValue(d)
          ∨ CRcvMsg ∨ CRcvAck
------------------------------------------------------
cvars ≜ ⟨sBit, sAck, rBit, sent, rcvd⟩
ABCFairness ≜ WF_cvars(CRcvMsg) ∧ WF_cvars(CRcvAck)
ABCSpec ≜ ABCInit ∧ □[ABCNext]_cvars ∧ ABCFairness
======================================================
```

图 14.4 交换比特协议的正确性检查规约

4.3 节描述了 INSTANCE 的用法。

TLC 无法直接检查该定理，因为 TLC 目前无法处理时态存在量词 $\exists\!\!\exists$。我们以与证明该定理相同的方式用 TLC 验证该定理,即使用转化映射。如 5.8 节所述,我们将根据 *AlternatingBit* 模块的变量定义状态函数 *oh*，然后证明

$$ABSpec \Rightarrow AB(oh)!ABCSpec \tag{14.2}$$

为了让 TLC 检查该定理，我们添加定义

$$ABCSpecBar \triangleq AB(oh)!ABCSpec$$

并让 TLC 检查属性 *ABCSpecBar*。

当 TLC 检查属性时，实际上并不会验证规约蕴涵了该属性。相反，它将检查规约的安全部分蕴涵了属性的安全部分，以及规约蕴涵了属性的活性部分。例如，假设规约 *Spec* 和属性 *Prop* 为

$$Spec \triangleq Init \land \Box[Next]_{vars} \land Temporal$$
$$Prop \triangleq ImpliedInit \land \Box[ImpliedAction]_{pvars} \land ImpliedTemporal$$

其中 *Temporal* 和 *ImpliedTemporal* 是活性属性。在这种情况下，TLC 将检查如下两个公式：

$$Init \land \Box[Next]_{vars} \Rightarrow ImpliedInit \land \Box[ImpliedAction]_{pvars}$$
$$Spec \Rightarrow ImpliedTemporal$$

这意味着不能使用 TLC 来检查非闭包规约是否满足安全属性。(闭包参见 8.9.2 节。) 14.3 节将会更仔细地描述 TLC 如何执行属性检查。

14.2 TLC 的应用范围

没有任何模型检查器可以处理所有用像 TLA+ 这样富有表现力的语言写成的规约，不过，到目前为止，TLC 似乎能够处理人们实际编写的大多数 TLA+ 规约。使用 TLC 处理规约可能需要一些技巧，但是通常可以在不对规约本身进行任何修改的情况下完成。

本节说明了 TLC 能够和不能解决的问题,对不能解决的问题提出了一些解决方法。了解 TLC 局限性的最好方法是了解其工作方式。因此，本节具体描述 TLC 是如何“执行”规约的。

14.2.1 TLC 值

一个状态是为一组变量赋值的操作。可以使用 TLA+ 表示各种不同类型的数值，如所有素数序列的集合，但 TLC 只能计算有限的一类数值，我们称之为 TLC 值，这些值是由以下四种原始值生成的：

- 布尔值：TRUE 和 FALSE。
- 整数值：如 3 和 −1。

- 字符串：如 "*ab3*"。
- 模型值：模型值是在配置文件中用 `CONSTANT` 语句引入的值。例如，图 14.3 中的配置文件引入了两个模型值 `d1` 和 `d2`。假定具有不同名称的模型值是不同的。

归纳一下，TLC 值可以被定义为：

1. 原始值。
2. 具有可比性的 TLC 值的有限集（下面会定义可比性（comparable））。
3. 满足如下条件的函数 f：对 DOMAIN f 中的所有 x，都有若 x 是 TLC 值，则 $f[x]$ 也是 TLC 值。

举例来说，前两条规则蕴涵：

$$\{\{\text{"a"}, \text{"b"}\}, \{\text{"b"}, \text{"c"}\}, \{\text{"c"}, \text{"d"}\}\} \tag{14.3}$$

是一个 TLC 值，因为前两条规则蕴涵 $\{\text{"a"}, \text{"b"}\}$、$\{\text{"b"}, \text{"c"}\}$ 和 $\{\text{"c"}, \text{"d"}\}$ 都是 TLC 值，而规则 2 蕴涵式（14.3）也是一个 TLC 值。既然元组和记录都是函数，则由规则 3 可以推导出由 TLC 值组成记录或者元组也是一个 TLC 值，如 $\langle 1, \text{"a"}, 2, \text{"b"} \rangle$ 也是 TLC 值。

为了完善 TLC 值的定义，这里我解释规则 2 中的可比性。其基本思想是两个值应该是可比的当且仅当 TLA$^+$ 语义能确定其是相等还是不相等。举例来说，字符串和数字是不可比的，因为 TLA$^+$ 的语义不能判定 "abc" 和 42 是否相等，因此集合 $\{\text{"abc"}, 42\}$ 不是 TLC 值——其不适用于规则 2，因为 "abc" 和 42 不具可比性。另外，$\{\text{"abc"}\}$ 和 $\{4, 2\}$ 具有可比性，因为元素数量不同的集合必然不相等，因此，两个元素的集合 $\{\{\text{"abc"}\}, \{4, 2\}\}$ 是 TLC 值。TLC 认为模型值可与其他任何值进行比较，但不相等。14.7.2 节将给出可比性的更准确的比较规则。

14.2.2　TLC 如何计算表达式

检查规约需要计算表达式。例如，TLC 通过计算各个可达状态下的不变式来进行不变性检查，即计算其 TLC 值是否为真。要了解 TLC 可以做什么和不能做什么，必须知道它是如何计算表达式的。通常，TLC 以"从左到右"的顺序计算子表达式：

1. 计算 $p \land q$ 时，先计算 p 的值，如果 p 值为 TRUE，则继续计算 q 的值。
2. 计算 $p \lor q$ 时，先计算 p 的值，如果 p 值为 FALSE，则继续计算 q 的值。它通过计算等价式 $\neg p \lor q$ 来计算 $p \Rightarrow q$。
3. 计算 IF p THEN e_1 ELSE e_2 时，先计算 p，若 p 值为真则计算 e_1，否则计算 e_2。

为了理解这些规则的重要性，我们来看一个简单的例子：如果 x 为 $\langle\rangle$，则 TLC 无法对表达式 $x[1]$ 求值，因为 $\langle\rangle[1]$ 是"笨表达式"。(空序列是一个函数，其定义域是空集，因此不包含 1。) 规则 1 蕴涵，如果 x 等于 $\langle\rangle$，则 TLC 可以对表达式

$$(x \neq \langle\rangle) \land (x[1] = 0)$$

求值，但不能对表达式

$$(x[1] = 0) \land (x \neq \langle\rangle)$$

求值。（根据规则 1，要计算上述表达式，需要先计算 $\langle\rangle[1]=0$，此时 TLC 会报错，因为无法计算。）幸运的是，我们会很自然地写出第一个公式而不是第二个，因为它更符合人类从左到右的“心智习惯”，TLC 也是如此。TLC 在计算 $\exists x \in S : p$ 时，是将集合 S 中的元素 $s_1, \cdots, s_n$（其中 $i=1,\cdots,n$）以一定的顺序在公式 p 中代换变量 x，对 p 求值。TLC 以简单的方式枚举集合 S 的元素，如果集合明显不是有限的，则会终止并报错。举例来说，集合 $\{0, 1, 2, 3\}$ 和 $0\,..\,3$ 显然是可被遍历的有限集。在计算 $\{x \in S : p\}$ 时，会先对 S 中的元素进行遍历，所以 $\{i \in 0\,..\,5 : i < 4\}$ 可被求值而 $\{i \in Nat : i < 4\}$ 不能。

TLC 在计算 $\forall x \in S : p$ 和 CHOOSE $x \in S : p$ 时，都是先遍历 S 中的所有元素，这与计算 $\exists x \in S : p$ 时一样。TLA$^+$ 的语义说明，对 CHOOSE $x \in S : p$，如果 S 中没有一个元素使得 p 为真，则返回一个任意值。不过，这种情况通常是由出错导致的，所以 TLC 会把它当成错误处理。我们注意到表达式

$$\text{IF } n > 5 \text{ THEN CHOOSE } i \in 1\,..\,n : i > 5 \text{ ELSE } 42$$

不会报错，因为当 $n \leqslant 5$ 的时候不会进入 CHOOSE 子句（当 $n \leqslant 5$ 时 TLC 才会在计算 CHOOSE 子句时报错）。

TLC 无法计算“无界”量词或 CHOOSE 表达式，即具有以下形式之一的表达式：

$$\exists x : p \qquad \forall x : p \qquad \text{CHOOSE } x : p$$

如 14.2.1 节所述，TLC 无法计算任何有非 TLC 值的表达式。特别地，仅当集合是一个有限集时，TLC 才可计算该集合表达式，并且仅当函数的定义域是一个有限集时，才可以计算一个函数表达式。TLC 仅在能遍历集合 S 时，才会计算以下形式的表达式：

$$\begin{array}{lll} \exists x \in S : p & \forall x \in S : p & \text{CHOOSE } x \in S : p \\ \{x \in S : p\} & \{e : x \in S\} & [x \in S \mapsto e] \\ \text{SUBSET } S & \text{UNION } S & \end{array}$$

TLC 经常可以在不计算表达式的所有子表达式的情况下，求出表达式的值。举个例子，TLC 可以计算出

$$[n \in Nat \mapsto n * (n+1)][3]$$

的值为 12，但它不能计算

$$[n \in Nat \mapsto n * (n+1)]$$

的值，因为这个表达式的值是一个定义域为 Nat 的函数表达式（一个函数为 TLC 值仅当其定义域是一个有限集）。

TLC 通过简单的递归过程计算由递归定义的函数。如果 f 是由 $f[x \in S] \triangleq e$ 定义的，则 TLC 用 c 代换 x 来代入 e 以得出 $f[c]$ 的值。这意味着它无法处理某些合法的函数定

义。例如，参考如下定义（参见 6.3 节）：

$$
\begin{array}{l}
mr[n \in Nat] \;\triangleq \\
\quad [f \mapsto \text{IF } n = 0 \text{ THEN } 17 \text{ ELSE } mr[n-1].f * mr[n].g\,, \\
\quad\;\; g \mapsto \text{IF } n = 0 \text{ THEN } 42 \text{ ELSE } mr[n-1].f + mr[n-1].g\,]
\end{array}
$$

为了计算 $mr[3]$，我们在表达式中用 3 代替 n 来计算 $\triangleq$ 右边的值，不过因为 $mr[n]$ 也出现在等式右边，所以 TLC 认为它是一个无限循环，从而报错。

导致如上所示的死循环的合法递归定义毕竟是少数，可以换一种符合 TLC 的写法，回顾我们之前的交互递归定义：

$$
\begin{array}{lcl}
f[n] & = & \text{IF } n = 0 \text{ THEN } 17 \text{ ELSE } f[n-1] * g[n] \\
g[n] & = & \text{IF } n = 0 \text{ THEN } 42 \text{ ELSE } f[n-1] + g[n-1]
\end{array}
$$

子表达式 $mr[n]$ 出现在定义 $mr[n]$ 的表达式中，因为 $f[n]$ 取决于 $g[n]$。为了消除它，我们必须重写交互递归，以便 $f[n]$ 仅取决于 $f[n-1]$ 和 $g[n-1]$。我们可以通过展开 $f[n]$ 表达式中 $g[n]$ 的定义来做到这一点。由于 ELSE 子句仅适用于 $n \neq 0$ 的情况，因此我们可以将 $f[n]$ 的表达式重写为：

$$
f[n] \;=\; \text{IF } n = 0 \text{ THEN } 17 \text{ ELSE } f[n-1] * (f[n-1] + g[n-1])
$$

这样可得到 mr 的等价定义：

$$
\begin{array}{l}
mr[n \in Nat] \;\triangleq \\
\quad [f \mapsto \text{IF } n = 0 \text{ THEN } 17 \\
\qquad\qquad\qquad\qquad \text{ELSE } mr[n-1].f * (mr[n-1].f + mr[n-1].g)\,, \\
\quad\;\; g \mapsto \text{IF } n = 0 \text{ THEN } 42 \text{ ELSE } mr[n-1].f + mr[n-1].g\,]
\end{array}
$$

这样，TLC 就可以计算 $mr[3]$ 的值而不报错了。

14.2.6 节将描述如何计算 ENABLED 谓词和组合动作运算符“·”，14.3 节将介绍 TLC 如何计算用于时态检查的时态逻辑公式。

如果不确定 TLC 是否可以对某个表达式求值，可以尝试一下，但是不要等到检查整个规约时才发现需要验证这个表达式。我们只需做一个小例子，让 TLC 仅计算该表达式即可。关于如何将 TLC 用作 TLA$^+$ 计算器，请参见 14.5.3 节的说明。

14.2.3 赋值与代换

正如我们在交换比特协议示例中看到的那样，配置文件必须指定每个常量参数的值。要将TLC 值 v 赋给规约的常量参数 c，我们可以在配置文件的 `CONSTANT` 语句中写入 c `=` v。值 v 可以是原始 TLC 值或形如 $\{v_1, \cdots, v_n\}$ 的由原始 TLC 值组成的有限集，如 `{1, -3, 2}`。在 v 中，将 `a1` 或 `foo` 之类的任意非数字字符序列、带引号的字符串、`TRUE` 或 `FALSE` 的值都视作模型值。

在赋值表达式 $c = v$ 中，符号 c 不必是常数——也可以是已定义的符号。此赋值语句可以使 TLC 忽略 c 的实际定义，并以 v 为它的值。当 TLC 无法由其定义计算出 c 的值时，通常使用这种赋值语句。特别是，如下式所示，TLC 无法由定义计算 $NotAnS$ 的值：

$$NotAnS \triangleq \text{CHOOSE } n : n \notin S$$

因为 TLC 无法计算“无界”的 CHOOSE 表达式。你可以通过在配置文件的 `CONSTANT` 语句中为 $NotAnS$ 赋值来覆盖此定义。例如，赋值语句

```
NotAnS = NS
```

可以让 TLC 为 $NotAnS$ 赋予模型值 `NS` 从而忽略 $NotAnS$ 的实际定义。你可能希望 TLC 在报错的信息中使用名称 `NotAnS` 而不是 `NS`。可以使用赋值语句：

```
NotAnS = NotAnS
```

它将模型值 `NotAnS` 赋给符号 $NotAnS$。请记住，要加入赋值语句 $c = v$，必须在 TLA$^+$ 模块中定义或声明符号 c，并且 v 值必须是原始 TLC 值或此类值的有限集。

配置文件的 `CONSTANT` 语句还可以包含形如 c `<-` d 的代换（replacement），其中 c 和 d 是 TLA$^+$ 中定义的符号，这将使 TLC 在执行计算时将 c 代换为 d。我们还可以用代换为运算符参数赋值。例如，假设我们要使用 TLC 检查 5.6 节中的直写式缓存规约。$WriteThroughCache$ 模块引入了 $MemoryInterface$ 模块，该模块包含声明

$$\text{CONSTANTS } Send(\_, \_, \_, \_),\ Reply(\_, \_, \_, \_),\ \cdots$$

注意，d 是在代换 c `<-` d 中定义的符号，v 是子表达式 $c = v$ 中的一个 TLC 值。

我们必须告诉 TLC 如何计算运算符 $Send$ 和 $Reply$，这里我们先写一个名为 $MCWriteThroughCache$ 的模块，在其中引入模块 $WriteThroughCache$，在其中定义两个运算符

$$MCSend(p, d, old, new) \triangleq \cdots$$
$$MCReply(p, d, old, new) \triangleq \cdots$$

然后，我们将代换内容

```
Send  <- MCSend
Reply <- MCReply
```

添加到配置文件的 `CONSTANT` 语句中。代换也可以是用一个已定义的符号替换另一个。在规约中我们喜欢编写最简单可行的定义，而对于 TLC 而言，最简单的定义并不总是最容易计算的定义。例如，假设我们的规约需要一个 $Sort$ 运算符，使得如果 S 是一个有限数

集，则 $Sort(S)$ 是一个按升序排列的包含所有 S 元素的序列。$SpecMod$ 模块的规约可以使用如下简单定义：

$$\begin{aligned} Sort(S) \triangleq\ & \text{CHOOSE } s \in [1 \,..\, Cardinality(S) \to S] : \\ & \quad \forall i, j \in \text{DOMAIN } s : (i < j) \Rightarrow (s[i] < s[j]) \end{aligned}$$

为了计算包含 n 个元素的集合 S 的 $Sort(S)$，TLC 必须遍历函数集合 $[1 \,..\, n \to S]$ 中的 n^n 个元素，这可能慢得使人无法忍受。我们可以编写一个 $MCSpecMod$ 模块，在其中定义 $FastSort$ 并引入 $SpecMod$，以便在对有限数集排序时，代替 $Sort$ 让 TLC 计算得更快。我们将如下语句放入配置文件，再运行 TLC：

```
Sort <- FastSort
```

14.4 节将给出 $FastSort$ 的一种可行定义。

14.2.4 计算时态公式

14.2.2 节描述了 TLC 可以计算哪些常规表达式。TLC 还可以检查表示为时态公式的规约和属性，本节将描述 TLC 可以处理的时态公式的类别。

TLC 可以计算满足如下条件的 TLA$^+$ 时态公式：该公式是“好”的（参见下一段的术语）；TLC 可以计算组成该公式的所有常规表达式。例如，形如 $P \leadsto Q$ 的公式是好的，所以 TLC 可以计算 $P \leadsto Q$ 当且仅当 TLC 可以分别计算 P 和 Q。（14.3 节将描述 TLC 在计算时态公式的组件表达式时涉及哪些状态和状态对。）

时态公式是好的当且仅当它是以下四类公式的合取式：

1. **状态谓词**。
2. **不变性公式**：形如：$\Box P$ 的公式，其中 P 是状态谓词。
3. **方块–动作公式**：形如 $\Box[A]_v$ 的公式，其中 A 是动作，v 是状态函数。
4. **简单时态公式**：为了方便定义这种类型的公式，先引入如下定义：

此处术语非标准。

- 简单布尔运算符由命题逻辑的运算符以及对有限常量集的量化组成：

$$\land \qquad \lor \qquad \neg \qquad \Rightarrow \qquad \equiv \qquad \text{TRUE} \qquad \text{FALSE}$$

- 时态状态公式是通过在状态谓词上应用简单布尔运算符和时态运算符（$\Box$、$\Diamond$ 和 $\leadsto$）得到的。例如，如果 N 是一个常量，则

$$\forall i \in 1 \,..\, N : \Box((x = i) \Rightarrow \exists j \in 1 \,..\, i : \Diamond(y = j))$$

是一个时态状态公式。

- 简单动作公式：

$$\text{WF}_v(A) \qquad \text{SF}_v(A) \qquad \Box\Diamond\langle A\rangle_v \qquad \Diamond\Box[A]_v$$

其中 A 是动作，v 是状态函数。$\langle A \rangle_v$ 和 ENABLED $\langle A \rangle_v$ 是 $\mathrm{WF}_v(A)$ 和 $\mathrm{SF}_v(A)$ 的组件表达式。（ENABLED 公式的计算方法参见 14.2.6 节末尾。）

我们将简单时态公式定义为：在时态状态公式和简单动作公式上应用简单布尔运算符构成的公式。

为方便起见，我们从上述四类时态公式中剔除不变性公式，则剩下的好的时态公式是不相交的。

这样 TLC 就可以开始计算如下时态公式了：

$$\forall i \in 1 \,..\, N : \Diamond(y = i) \Rightarrow \mathrm{WF}_y((y' = y + 1) \wedge (y \geqslant i))$$

前提是 N 是一个常数，因为它是一个简单时态公式（是好的），并且 TLC 可以对其所有组件表达式求值。TLC 无法计算 $\Diamond\langle x' = 1 \rangle_x$，因为它不是一个好公式。TLC 也无法计算公式 $\mathrm{WF}_x(x'[1] = 0)$，如果对步骤 $s \rightarrow t$，在状态 t 时 $x = \langle\rangle$，那么动作 $\langle x'[1] = 0 \rangle_x$ 也就无法计算。

PROPERTY 语句可以指定任何 TLC 可以求值的公式。SPECIFICATION 语句定义的公式必须恰好只包含一个有 □-动作（后继状态动作）公式的合取式。

14.2.5　模块覆盖

TLC 无法由标准 *Naturals* 模块中定义的“+”（加法运算）来计算 2+2。即使我们能用 TLC 中的“+”定义，也算得不快。像“+”这样的算术运算符可以直接用 Java 来实现（TLC 也是用 Java 实现的），TLC 的通用机制允许模块被 Java 类覆盖，该 Java 类实现该模块中定义的运算符。当 TLC 遇到 EXTENDS *Naturals* 语句时，它将加载覆盖 *Naturals* 模块的 Java 类，而不是读取模块本身。目前以下标准模块可被 Java 类覆盖：*Naturals*、*Integers*、*Sequences*、*FiniteSets* 和 *Bags*。（14.4 节描述的 *TLC* 模块也可被 Java 类覆盖。）有经验的 Java 程序员会发现手动编写 Java 类覆盖某个模块很方便。

有一点需要明确的是，我们写的 Java 类不需要覆盖模块中的所有定义，没有被覆盖的运算符定义仍然沿用模块中的定义。

14.2.6　TLC 如何计算状态

当 TLC 对不变式求值时，会计算不变式，得到 TRUE 或 FALSE；当 TLC 对初始谓词或者后继状态动作求值时，它会计算一组状态——对于初始谓词，会计算所有初始状态的集合，而对于后继状态动作，则是从给定的状态（不加 ′）开始，计算其可能的后继状态（successor state）（加 ′ 状态）的集合。后续我将描述 TLC 是如何针对后继状态动作执行此操作的，初始谓词的计算与之类似。

回想一下，状态是给变量赋值的操作。TLC 是这样计算状态 s 的后继状态的：先给 s 状态中所有不加 ′ 的变量赋值，加 ′ 变量先不赋值，接下来计算后继状态动作。TLC 是按 14.2.2 节所述的方式来计算后继状态动作的，但有两点区别，接下来我会有说明。该方式假定 TLC 已经执行了配置文件的 CONSTANT 语句指定的所有赋值和代换，并且已展开了所有定义，因此，后继状态动作是一个仅包含变量、加 ′ 变量、模型值以及内置 TLA$^+$ 运算符和常量的公式。

第一个区别是 TLC 在计算后继状态动作时，不是按从左至右的顺序计算析取式的。相应地，在计算子公式 $A_1 \lor \cdots \lor A_n$ 时，它将计算过程分成 n 个独立的部分，每一个都是独立的子公式 A_i。类似的，在计算 $\exists x \in S : p$ 时，TLC 会对 S 的每一个元素分别计算。蕴涵操作 $P \Rightarrow Q$ 则是计算与它等价的析取运算 $(\neg P) \lor Q$。举个例子：TLC 会将公式

$$(A \Rightarrow B) \lor (C \land (\exists i \in S : D(i)) \land E)$$

拆成三个独立的子公式 $\neg A$、B 和

$$C \land (\exists i \in S : D(i)) \land E$$

分别计算的。为了计算最后的析取式，首先需要计算 C，如果 C 的值为 TRUE，再对 S 中的每一个元素 i 独立计算 $D(i) \land E$。对每一个 $D(i) \land E$，也是先计算 $D(i)$，如果为 TRUE，再计算 E。

第二个区别是 TLC 在计算后继状态动作时，对任意变量 x，计算形如 $x' = e$ 的表达式（x' 未被赋值时），是先将 x' 置为 TRUE，再计算表达式 e 的值并将其赋给 x'。针对表达式 $x' \in S$，TLC 计算其等价表达式 $\exists v \in S : x' = v$。针对表达式 UNCHANGED x，对任意的变量 x，TLC 计算其等价表达式 $x' = x$，在计算 UNCHANGED $\langle e_1, \cdots, e_n \rangle$ 时，会对每一个 e_i 分别计算

$$(\text{UNCHANGED } e_1) \land \cdots \land (\text{UNCHANGED } e_n)$$

因此，UNCHANGED $\langle x, \langle y, z \rangle \rangle$ 也是被当作

$$(x' = x) \land (y' = y) \land (z' = z)$$

计算的。

除了对形如 $x' = e$ 表达式求值的情况外，如果在其他表达式中遇到尚未赋值的加 ′ 变量，则 TLC 会报错。如果合取式的值为 FALSE，则计算停止，没有发现状态；完成并置为 TRUE 的计算将找到状态，该状态由赋给加 ′ 变量的值确定。在后一种情况下，如果尚未为某些加 ′ 变量赋值，TLC 将报错。

我们通过下面的例子介绍 TLC 如何计算后继状态动作：

$$\begin{aligned}
&\lor \land x' \in 1 \,..\, Len(y) \\
&\quad \land y' = Append(Tail(y), x') \\
&\lor \land x' = x + 1 \\
&\quad \land y' = Append(y, x')
\end{aligned} \tag{14.4}$$

我们先考虑起始状态 $x = 1$ 且 $y = \langle 2,3 \rangle$，TLC 先独立计算这 2 个析取式。首先计算式（14.4） 的第一个析取式的第一个合取式，如上所示，TLC 计算与它等价的 $\exists i \in 1 \mathrel{..} Len(y) : x' = i$。因为 $Len(y) = 2$，所以 TLC 将这个式子拆成两个独立的子公式：

$$\begin{array}{ll} \land\ x' = 1 & \land\ x' = 2 \\ \land\ y' = Append(Tail(y), x') & \land\ y' = Append(Tail(y), x') \end{array} \qquad (14.5)$$

TLC 按如下方式计算上式的第一个动作：先计算第一个合取式，若为 TRUE 则将 x' 赋为 1，接下来计算第二个合取式，为 TRUE 则将值 $Append(Tail(\langle 2,3 \rangle), 1)$ 赋给 y'。因此，计算式（14.5）的第一个动作找到的后继状态是 $x = 1$ 和 $y = \langle 3,1 \rangle$。类似地，计算式（14.5）的第二个动作会找到其后继状态为 $x = 2$ 和 $y = \langle 3,2 \rangle$。TLC 以类似的方式计算式（14.4）的第二个析取式，得到其后继状态是 $x = 2$ 和 $y = \langle 2,3,2 \rangle$。因此，对式（14.4）的计算发现了三个后继状态。

接下来，考虑 TLC 如何在 $x = 1$ 且 y 等于空序列 $\langle \rangle$ 的状态下计算后继状态动作（14.4）。由于 $Len(y) = 0$ 且 $1 \mathrel{..} 0$ 是空集 $\{\}$，所以 TLC 计算第一个析取式：

$$\begin{array}{l} \land\ \exists i \in \{\} : x' = i \\ \land\ y' = Append(Tail(y), x') \end{array}$$

计算第一个合取式会得到 FALSE，因此会停止对式（14.4）的第一个合取式的计算，表明没有发现后继状态。计算第二个析取式会得到其后继状态为 $x = 2$ 和 $y = \langle 2 \rangle$。

由于 TLC 从左到右计算合取式，因此它们的顺序会影响 TLC 是否可以计算后继状态动作。例如，假设式（14.4）的第一个析取式中的两个合取式颠倒了，像这样：

$$\begin{array}{l} \land\ y' = Append(Tail(y), x') \\ \land\ x' \in 1 \mathrel{..} Len(y) \end{array}$$

当 TLC 计算此动作的第一个合取式时，它在将值赋给 x' 之前先遇到表达式 $Append(Tail(y), x')$，因此会报错。此外，即使我们将 x' 赋为 x，TLC 仍无法计算以 $y = \langle \rangle$ 为起始状态的动作，因为在计算第一个合取式时，它将遇到“笨表达式” $Tail(\langle \rangle)$。

上面给出的关于 TLC 如何计算任意后继状态动作的描述足以说明它在几乎所有实际情况下是如何工作的。但是，这并非完全准确。例如，按字面意思解释，这意味着 TLC 可以处理以下两个后继状态动作，它们在逻辑上均等价于 $(x' = \text{TRUE}) \land (y' = 1)$：

$$(x' = (y' = 1)) \land (x' = \text{TRUE}) \qquad \text{IF } x' = \text{TRUE THEN } y' = 1 \text{ ELSE FALSE} \qquad (14.6)$$

实际上，TLC 在处理这些异常的后继状态动作时都将产生错误消息。

请记住，TLC 通过类似计算初始谓词的方式来计算初始状态，但它不是从给定初始值的不加 ′ 变量开始然后为加 ′ 变量赋值，而是直接在第一步就将其值赋给不加 ′ 变量。

TLC 计算 ENABLED 公式的方式基本上与计算后继状态动作的方式相同。更准确地说，要计算 ENABLED A 公式，TLC 会计算其后继状态，就像 A 是后继状态动作一样。该公式为 TRUE 当且仅当其存在后继状态。为了检查步骤 $s \to t$ 是否满足动作 A 和 B 的组合 $A \cdot B$，TLC 首先计算所有状态 u，以使 $s \to u$ 是 A 步骤，然后检查 $u \to t$ 是否是 B 步骤（对于某些此类的 u）。

动作组合参见 7.3 节。

TLC 在检查属性时可能也需要对动作求值，在这种情况下，它会像计算其他表达式一样计算动作的值，并且即使计算类似式（14.6）的奇怪动作也没问题。

14.3 TLC 如何检查属性

14.2 节说明了 TLC 如何计算表达式以及初始状态和后继状态。本节描述 TLC 如何通过求值计算检查属性，我们先介绍模型检查模式（默认），接着介绍仿真模式。

首先，让我们定义一些在配置文件中出现的公式。在这些定义中，**规约合取式**（specification conjunct）是通过 `SPECIFICATION` 语句（如果有）命名的公式的合取式，**属性合取式**（property conjunct）是通过 `PROPERTY` 语句命名的公式的合取式，而空集的合取值被定义为 TRUE。这些定义使用了 14.2.4 节定义的四类“好”时态公式。

- *Init*：规约的初始状态谓词。它由 `INIT` 或 `SPECIFICATION` 语句定义。在后一种情况下，它是所有表示为状态谓词的规约合取式的合取。
- *Next*：规约的后继状态动作。它由 `NEXT` 语句或 `SPECIFICATION` 语句定义。在后一种情况下，规约中需要存在形如 $\Box[N]_v$ 的规约合取式，其中 N 为动作，这样的合取式不得超过一个。
- *Temporal*：既不是状态谓词也不是方块–动作公式的规约合取式的合取，通常是规约的活性条件。
- *Invariant*：所有由 `INVARIANT` 语句命名的，或者有使得属性合取式等于 $\Box I$ 的状态谓词 I 的合取。
- *ImpliedInit*：所有表示为状态谓词的属性合取式的合取。
- *ImpliedAction*：所有使得某些属性合取式等于 $\Box[A]_v$ 的动作 $[A]_v$ 的合取。
- *ImpliedTemporal*：所有表示为简单时态公式的属性合取式的合取，但不具有 $\Box I$ 的形式，其中 I 是状态谓词。
- *Constraint*：所有由 `CONSTRAINT` 语句命名的状态谓词的合取。
- *ActionConstraint*：所有由 `ACTION-CONSTRAINT` 语句命名的动作的合取式。动作约束与上述普通状态约束类似，不同之处在于它消除了可能的转换。普通约束 P 等价于动作约束 P'。

14.3.1 模型检查模式

TLC 有两种数据结构，一种是以状态为节点的有向图 $\mathcal{G}$，另一种是由状态组成的序列 $\mathcal{U}$。$\mathcal{G}$ 的一个状态指的是 $\mathcal{G}$ 的一个节点。图 $\mathcal{G}$ 是 TLC 迄今为止所有可达状态图的一部分，$\mathcal{U}$ 包含 $\mathcal{G}$ 中所有后继状态未被计算的状态。TLC 在计算过程中一直维护如下不变式：

- $\mathcal{G}$ 中满足 $Constraint$ 谓词的状态。
- 对 $\mathcal{G}$ 中的每一个状态 s，从 s 到 s 的边也在 $\mathcal{G}$ 中。
- 如果 $\mathcal{G}$ 中有一条从状态 s 到不同状态 t 的边，那么 t 是 s 的满足动作约束的后继状态。换句话说，步骤 $s \rightarrow t$ 满足 $Next \wedge ActionConstraint$。
- 对 $\mathcal{G}$ 中的每一个状态，$\mathcal{G}$ 内都存在一条从初始状态（满足 $Init$ 谓词）到这个状态的路径。
- $\mathcal{U}$ 是由 $\mathcal{G}$ 中表示不同状态的节点组成的序列。
- 对于每一个在 $\mathcal{G}$ 中而不在 $\mathcal{U}$ 中的状态 s，对每一个满足 $Constraint$ 而使得 $s \rightarrow t$ 满足 $Next \wedge ActionConstraint$ 的状态 t，t 和从 s 到 t 的边也在 $\mathcal{G}$ 中。

TLC 执行如下算法，初始时 $\mathcal{G}$ 和 $\mathcal{U}$ 都为空：

1. 检查赋给常量参数的值是否满足规约中的每个 ASSUME 假设。

2. 如 14.2.6 节所示，通过计算初始谓词 $Init$，得出初始状态集，对每个初始状态 s：

a）计算状态 s 的谓词 $Invariant$ 和 $ImpliedInit$，任一结果为假则报错并终止执行。

b）对状态 s，如果谓词 $Constraint$ 为真，则将 s 加入 $\mathcal{U}$ 的队尾并将节点 s 和边 $s \rightarrow s$ 加入图 $\mathcal{G}$。

3. 当 $\mathcal{U}$ 不为空时，重复执行：

a）移除 $\mathcal{U}$ 的第一个状态，并将这个状态赋给 s。

b）如 14.2.6 节所示，通过计算以 s 为起始状态的所有后继状态动作，找到 s 的所有后继状态，放入集合 T。

c）如果 T 为空且 $deadlock$ 选项未被选中，则报错并终止执行。

d）对 T 中的每个状态 t，执行如下操作：

   i. 如果 对状态 t，$Invariant$ 为假或 $ImpliedAction$ 对步骤 $s \rightarrow t$ 为假，则报错并终止执行。

   ii. 对状态 t，如果谓词 $Constraint$ 为真且步骤 $s \rightarrow t$ 满足 $ActionConstraint$，则：

      A. 如果 t 不在 $\mathcal{G}$ 内，则将 t 放入 $\mathcal{U}$ 的队尾，并将节点 t 和边 $t \rightarrow t$ 放入 $\mathcal{G}$。

      B. 将边 $s \rightarrow t$ 放入 $\mathcal{G}$。

TLC 可以在多线程下运行，对不同的状态 s，步骤 3（b）~3（d）可在不同的线程上并发执行。参见 $workers$ 选项（14.5.1 节）的描述。

如果公式 $ImpliedTemporal$ 不为 TRUE，则只要在上述过程中加入边 $s \rightarrow t$，TLC 都会为步骤 $s \rightarrow t$ 计算出出现在公式 $Temporal$ 和 $ImpliedTemporal$ 中的所有谓词和动作。（在加入任何边的时候，包括步骤 2（b）和步骤 3（d）ii.A 中的自循环 $s \rightarrow s$ 和 $t \rightarrow t$，都执行上述操作。）

在计算 $\mathcal{G}$ 的过程中，TLC 会周期性地按如下方式检查 $ImpliedTemporal$ 属性，结束时也会再算一次：假设 $\mathcal{T}$ 是由每一个满足如下条件的行为 τ 组成的集合，τ 是一个状态序列，该序列从初始状态开始，是 $\mathcal{G}$ 中一条无限的状态路径。（举例来说，对 $\mathcal{G}$ 中每一个初始状态 s，$\mathcal{T}$ 包含路径 $s \to s \to s \to \cdots$。）注意到 $\mathcal{T}$ 中的每个行为都满足公式 $Init \land \Box[Next]_{vars}$。TLC 也检查是否 $\mathcal{T}$ 中的每个行为都满足 $Temporal \Rightarrow ImpliedTemporal$。（这只是在概念上会发生，实际上 TLC 不会分开检查每个行为。）参见 14.3.5 节关于为什么 TLC 不会如你所期望地检查 *ImpliedTemporal* 属性的讨论。

只有在所有可达状态集合有限时，对 $\mathcal{G}$ 的计算才会终止，否则，TLC 会永远运行下去，直到资源耗尽或者手动停止。

参见 14.1 节中的可达状态定义。

TLC 并不总是执行如上所述的三个步骤。只有在检查一个没有常量的模型时才会执行步骤 2，在这种情况下，配置文件必须指定一个 *Init* 公式。只有当配置文件中指定 *Next* 公式时，TLC 才会执行步骤 3。如果它指定了 *Invariant*、*ImpliedAction* 或 *ImpliedTemporal* 公式，则必须执行步骤 3。

14.3.2　仿真模式

在仿真模式下，TLC 重复构造并检查有固定最大长度限制的各个行为。可以使用 *depth* 选项指定最大长度，如 14.5.1 节所述。（其默认长度为 100。）在仿真模式下，TLC 一直运行直到被手动停止。

为了构造和检查一个行为，TLC 使用 14.3.1 节描述的过程来构造图 $\mathcal{G}$，但有以下区别：在计算出初始状态集并计算了状态 s 的后继状态集 T 之后，TLC 会随机选择该集合的元素。如果元素不满足约束条件，则对 $\mathcal{G}$ 的计算停止。否则，TLC 仅将该状态放入 $\mathcal{G}$ 和 $\mathcal{U}$，并检查对应的 *Invariant*、*ImpliedInit* 或 *ImpliedAction* 公式。（实际上我们不维护队列 $\mathcal{U}$，因为它永远不会超过一个元素。）当生成的状态数达到指定的最大长度时，$\mathcal{G}$ 的构造停止，并检查 $Temporal \Rightarrow ImpliedTemporal$ 公式。之后，将 $\mathcal{G}$ 和 $\mathcal{U}$ 清空，TLC 再重复该过程。

TLC 的选择不是严格随机的，而是使用伪随机数生成器从随机选择的“种子”（seed）中生成的。如果 TLC 发现错误，则会打印出种子和另一个称为 *aril* 的值。如 14.5.1 节所述，使用 *seed* 和 *aril* 选项，你可以让 TLC 打印出错的行为。

14.3.3　视图和指纹

在前面关于 TLC 如何检查属性的说明中，我说图 $\mathcal{G}$ 的节点是状态，那不是很正确。$\mathcal{G}$ 的节点是称为视图（view）的状态函数的值。TLC 的默认视图是所有已声明变量的元组，状态由其值确定。但是，你可以通过在配置文件中添加以下语句，将视图指定为其他状态函数 *myview*：

```
VIEW myview
```

其中 *myview* 是已定义或声明为变量的标识符。

请记住我们在非正式使用术语状态时，一般说的是对已声明变量赋值，而不是对所有变量赋值。

在 TLC 计算初始状态时，它将其状态视图而不是状态本身放入 $\mathcal{G}$ 中。（状态 s 的视图是状态 s 中 `VIEW` 状态函数的值。）如果存在多个具有相同视图的初始状态，则仅将其中一个放入队列 $\mathcal{U}$ 中。TLC 不是将边 $s \to t$，而是将从 s 的视图到 t 的视图的边放入图 $\mathcal{G}$。在上述算法的步骤 3（d）ii.A 中，TLC 检查 t 的视图是否在 $\mathcal{G}$ 中。

使用默认视图以外的视图时，TLC 可能会在找到所有可达状态之前停止。对于其找到的状态，它会正确执行安全性检查，即 *Invariant*、*ImpliedInit* 和 *ImpliedAction* 检查。此外，如果在这些属性之一中发现错误，还会打印正确的“反例”（有限状态序列）。不过，它可能会错误地检查 *ImpliedTemporal* 属性。因为 TLC 正在构造的图 $\mathcal{G}$ 不是实际的可达状态图。所以可能出现误报。

指定非标准视图可能导致 TLC 不检查许多状态，当不需要检查具有相同视图的不同状态时，才可执行此操作，我们最有可能使用的替代视图是一个由部分而非全部声明的变量组成的元组。举例来说，为了调试规约，你可能会添加一些调试变量，这样，如果你使用去掉了这些调试变量的元组作为视图，而待检查的属性也未提及这些调试变量，则 TLC 将在不增加 TLC 探索状态总量的情况下查找原始规约的所有可达状态，并正确检查所有属性，同时还可以得到这些调试变量携带的信息。

在实际实现中，图 $\mathcal{G}$ 的节点不是状态的视图，而是这些视图的*指纹*（fingerprint）。在 TLC 中，指纹是由散列函数生成的 64 位数字。理想情况下，两个不同视图具有相同指纹的概率为 2^{-64}，这是一个非常小的数字。但是，还是有可能发生*冲突*（collision），这意味着 TLC 错误地认为两个不同的视图是相同的，因为它们具有相同的指纹。如果发生这种情况，TLC 将不会探索其应检查的所有状态。特别是，使用默认视图时，TLC 将报告它已经检查了所有可达状态，而实际上可能不是。

检查终止时，TLC 会打印出两个指纹发生冲突的估算概率。首先是基于这样的假设：两个不同视图具有相同指纹的概率为 2^{-64}。（在此假设下，如果 TLC 对 n 个视图生成了 m 个不同的指纹，则发生冲突的概率约为 $m * (n - m) * 2^{-64}$。）但是，生成状态的过程是高度非随机的，没有已知的指纹生成方案可以保证 TLC 中两个不同状态生成相同指纹的概率实际上为 2^{-64}。因此，TLC 还打印了发生冲突的可能性的实证估计。由之前的观察经验，如果发生冲突，则很可能还会有“漏网之鱼”。估算概率是 TLC 生成的所有不同指纹对 $\langle f_1, f_2 \rangle$ 的 $1/|f_1 - f_2|$ 的最大值。实际上，除非 TLC 产生数十亿个不同的状态，否则发生冲突的可能性非常小。

视图和指纹仅适用于模型检查模式。在仿真模式下，TLC 忽略任何 `VIEW` 语句。

14.3.4 利用对称性

第 5 章的内存规约对处理器 *Proc* 集是对称的。直观上，这意味着对处理器进行重新排列不会影响行为是否满足规约。为了更准确地定义对称性，我们引入一些新定义。

有限集 S 的排列（permutation）是一个函数，其定义域和值域都等于 S。换句话说，π 是 S 的一个排列当且仅当

$$(S = \text{DOMAIN}\,\pi) \ \wedge \ (\forall w \in S : \exists v \in S : \pi[v] = w)$$

一个排列是一个函数，这个函数的值域是它的定义域（有限）的一个排列。如果 π 是集合 S 的一个排列，s 是一个状态，令 s^π 表示一个将 S 集中的每个元素 v 用 $\pi[v]$ 代换而生成的新状态。为了方便理解，可以看下这个例子：集合 {“a”, “b”, “c”} 的 π 排列使得 π[“a”] = “b”、π[“b”] = “c” 和 π[“c”] = “a”，假设在状态 s，变量 x 和 y 的值如下：

$$x = \langle \text{“b”}, \text{“c”}, \text{“d”} \rangle$$
$$y = [i \in \{\text{“a”}, \text{“b”}\} \mapsto \text{IF } i = \text{“a” THEN } 7 \text{ ELSE } 42]$$

则在状态 s^π，变量 x 和 y 的值如下：

$$x = \langle \text{“c”}, \text{“a”}, \text{“d”} \rangle$$
$$y = [i \in \{\text{“b”}, \text{“c”}\} \mapsto \text{IF } i = \text{“b” THEN } 7 \text{ ELSE } 42]$$

上述例子可以给你一个 s^π 的直观的印象，我不打算给出一个严格的定义：如果 σ 是一个行为 $s_1, s_2, \cdots$，则可令 σ^π 表示行为 $s_1^\pi, s_2^\pi, \cdots$。

现在我们可以在这个基础上定义对称性了，规约 *Spec* 对于某个排列 π 具有对称性当且仅当后述条件成立：对任意行为 σ，σ 满足公式 *Spec* 当且仅当 σ^π 也满足 *Spec*。

第 5 章的内存规约对于 *Proc* 的排列是对称的，这也意味着如果 TLC 对 *Proc* 的一个排列 π 检查过行为 σ^π，那就没有必要再检查行为 σ 了（因为在 σ 上发现的错误也会出现在 σ^π 中）。我们可以将下面的语句加入配置文件，以让 TLC 用到这个对称特性：

```
SYMMETRY Perms
```

这里 *Perms* 是在模块中定义的 *Proc* 的所有排列的集合 *Permutations*(*Proc*)（*Permutations* 操作符在 TLC 模块中的定义，参见 14.4 节）。`SYMMETRY` 语句使得 TLC 修改 14.3.1 节中的算法如下：对某个状态 s，以及 *Proc* 的某个排列 π，如果 s^π 已经在图 $\mathcal{G}$ 中，则不需要再将 s 放入队列 $\mathcal{U}$ 和图 $\mathcal{G}$ 中了。如果有 n 个处理器，则我们可以将待检查的状态数减少为原来的 $n!$ 分之一。

第 5 章的内存规约对于内存地址 *Adr* 的排列也是对称的。我们可以像之前处理器的排列一样利用这个对称性，定义对称集（symmetry set）（由 `SYMMETRY` 语句指定）：

$$Permutations(Proc) \cup Permutations(Adr)$$

一般来说，`SYMMETRY` 语句可以指定任意对称集 Π，Π 内任意元素都是模型值集的一个排列。更精确的表述是，Π 的每个元素 π 都是一个排列，使得 DOMAIN π 的所有元素都是由配置文件 `CONSTANT` 语句定义的模型值（如果配置文件中未含 `SYMMETRY` 语句，则对称集 Π 为空集）。

为了说明对任意给定的的对称集 Π，TLC 会如何执行，我这里先引入一些定义：如果 τ 是一个由 Π 中排列组成的序列 $\langle \pi 1, \cdots, \pi n \rangle$，令 s^τ 等于 $(\cdots((s^{\pi 1})^{\pi 2})\cdots)^{\pi n}$（如果 τ 是空序列，则 $s^\tau = s$）。定义对由 Π 中的排列组成的所有序列 τ，状态 s 的等价类（equivalence class）$\widehat{s}$ 是 s^τ 组成的集合。对任意状态 s，TLC 只在队列 $\mathcal{U}$ 和图 $\mathcal{G}$ 中保留一个 $\widehat{s}$ 中的元素。下面是对 14.3.1 节中步骤 2（b）算法的修改：只在队列 $\mathcal{U}$ 和图 $\mathcal{G}$ 中没有包含任意 $\widehat{s}$ 的元素时，TLC 才将状态 s 加入队列 $\mathcal{U}$ 和图 $\mathcal{G}$ 中。步骤 3（d）ii 也被修改为如下条件：

A. 如果 $\widehat{t}$ 中没有元素在 $\mathcal{G}$ 内，则将 t 加入 $\mathcal{U}$ 的队尾，将节点 t 和边 $t \rightarrow t$ 加入 $\mathcal{G}$。

B. 将边 $s \rightarrow tt$ 加入 $\mathcal{G}$，这里 tt 是当前 $\widehat{t}$ 中唯一在 $\mathcal{G}$ 中的元素。

当 `VIEW` 语句出现在配置文件中时，按照 14.3.3 节中的描述修改这些变更，以便将视图而不是状态放入 $\mathcal{G}$。

如果被检查的规约和属性确实相对于对称集合中的所有排列对称，则 TLC 的 *Invariant*、*ImpliedInit* 和 *ImpliedAction* 检查将发现并正确报告即使没有 `SYMMETRY` 语句也会发现的任何错误。但是，TLC 可能会错误地执行 *ImpiredTemporal* 检查——遗漏错误、报告不存在的错误或报告不正确的“反例”。因此，仅当你完全了解 TLC 在做什么时，才可以在使用 `SYMMETRY` 语句的情况下执行 *ImpliedTemporal* 检查。

如果规约和属性相对于对称集中的所有排列不是对称的，那么 TLC 若确实发现错误，则可能也无法打印错误跟踪。在这种情况下，它将打印错误消息：

```
Failed to recover the state from its fingerprint.
```

对称集仅在模型检查模式下使用，仿真模式下 TLC 会将其忽略。

14.3.5 活性检查的限制

如果某规约违反了安全属性，那么可以找出某个表示这次“违反”的有限行为，这个行为可以由一个有限模型生成，也因此，原则上是可以通过 TLC 发现违反情况的。但任何有限模型都不可能检查出其是否违反了活性属性。要了解原因，我们考虑以下简单规约 *EvenSpec*，该规约中 x 初始化为 0，并每次递增 2：

$$EvenSpec \triangleq (x = 0) \land \Box[x' = x + 2]_x \land \mathrm{WF}_x(x' = x + 2)$$

安全属性在第 8 章开篇定义。

显然，在满足 *EvenSpec* 的任何行为中 x 都不等于 1，因此，*EvenSpec* 不满足活性属性 $\Diamond(x = 1)$。假设我们要求 TLC 检查 *EvenSpec* 是否蕴涵 $\Diamond(x = 1)$。为了使 TLC 终止，我们必须提供一个约束，将其限制为仅生成有限数量的可达状态。然而，TLC 生成的所有满足 $(x = 0) \land \Box[x' = x + 2]_x$ 的无限行为都将以无数个重叠步骤结束。在任何此类行为中，动作 $x' = x + 2$ 总是处于使能状态，但仅发生有限数量的 $x' = x + 2$ 步骤，因此 $\mathrm{WF}_x(x' = x + 2)$ 为假（参见弱公平性定义，必须有无限数量的 $x' = x + 2$ 才能为 TRUE）。因此，TLC 将不会报错，因为公式

$$\mathrm{WF}_x(x' = x + 2) \Rightarrow \Diamond(x = 1)$$

被它产生的所有无限行为所满足。

在进行时态检查时，请确保你的模型将允许生成满足规约活性条件的无限行为。例如，考虑由图 14.3 的配置文件定义的交换比特协议规约的有限模型。你应该保证，它允许满足公式 *ABFairness* 的无限行为。

在执行活性检查前，应确保 TLC 执行你期望的活性检查，也要确保在执行检查时，不满足活性属性的规约都会报错。

14.4 *TLC* 模块

图 14.5 中的标准 *TLC* 模块定义了使用 TLC 时要用到的运算符。TLC 运行的模块通常会 EXTENDS *TLC* 模块，该模块会被其 Java 实现所覆盖。

模块覆盖参见 14.2.5 节。

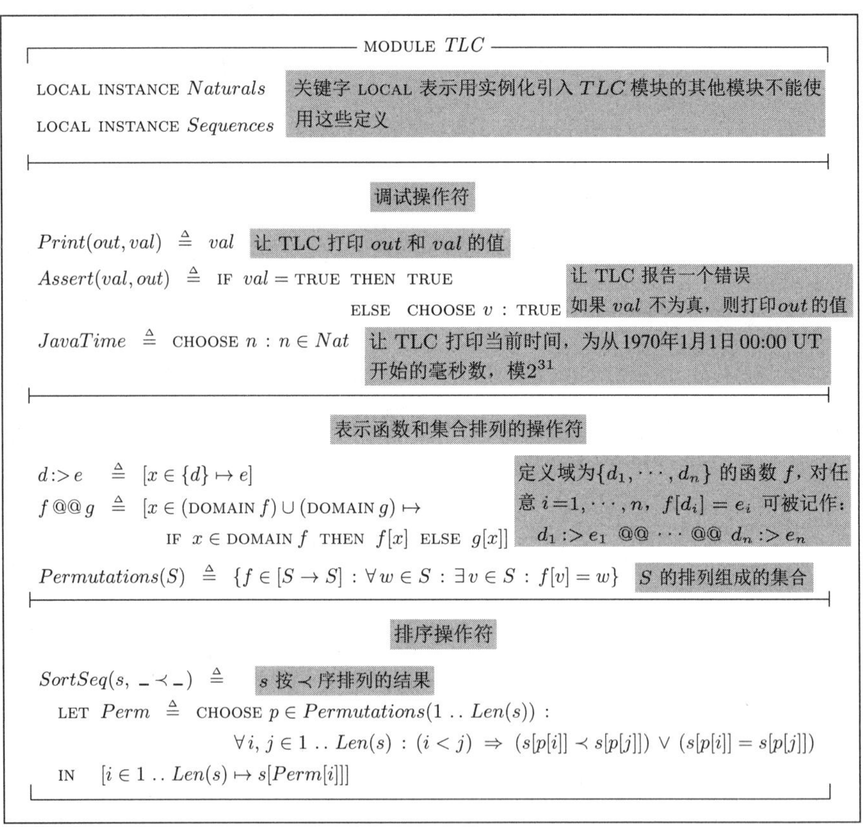

图 14.5 *TLC* 标准模块

TLC 模块以如下语句开始：

LOCAL INSTANCE *Naturals*

如 11.1.1 节所述，这类似于 EXTENDS 语句，不同的是，其他任何引入或实例化 *TLC* 模块的模块都无法获取 *Naturals* 模块中包含的定义。同样，下一条语句局部实例化 *Sequences* 模块。

接下来，*TLC* 模块定义了三个运算符 *Print*、*Assert* 和 *JavaTime*。它们仅在运行 TLC 调试模块时有用，可以帮助你跟踪定位问题。

运算符 *Print* 的定义是用来使 *Print*(*out*, *val*) 打印 *val* 的，但是，当 TLC 遇到此表达式时，它将打印 *out* 和 *val* 的值。你可以将 *Print* 表达式添加到规约中以帮助定位错误。例如，如果你的规约包含

$$\begin{array}{l} \land Print(\text{“a”}, \text{TRUE}) \\ \land P \\ \land Print(\text{“b”}, \text{TRUE}) \end{array}$$

那么 TLC 会先打印 "a"，然后在 TLC 计算 *P* 时发生错误，因而不打印 "b"。如果你知道错误在哪里但不知道为什么会发生，可以添加 *Print* 表达式，以获取更多 TLC 运行时信息。

要了解 TLC 在什么时候会打印什么，你必须知道 TLC 如何计算表达式，这在 14.2 节和 14.3 节中有说明。TLC 通常会对表达式进行多次计算，因此在规约中插入 *Print* 表达式会产生大量输出。限制输出量的一种方法是将 *Print* 表达式放在 IF/THEN 表达式内，以此控制输出你感兴趣的内容。

TLC 模块定义运算符 *Assert*，如果 *val* 为 TRUE，则 *Assert*(*val*, *out*) 为 TRUE。如果 *val* 不为 TRUE，则计算 *Assert*(*val*, *out*) 会使 TLC 打印 *out* 的值并停止。（在这种情况下，*Assert*(*val*, *out*) 的值无关紧要）。

TLC 模块将运算符 *JavaTime* 定义为任意自然数。不过，TLC 在运算时不遵循 *JavaTime* 的定义，在运算到 *JavaTime* 时，会输出当前时间，即从 1970-01-01 00:00:00.000 起至今的毫秒数，再模 2^{31}。如果 TLC 生成状态的速度很慢，则将 *JavaTime* 运算符与 *Print* 表达式结合使用可以帮助你明白为什么会这么慢。如果 TLC 花费太多时间计算一个运算符，则可以换成一个等价的更有效率的运算符。（请参阅 14.2.3 节。）

接下来，*TLC* 模块定义运算符 :> 和 @@，这样表达式

$$d_1 :> e_1 \ @@ \ \cdots \ @@ \ d_n :> e_n$$

是一个定义域为 $\{d_1, \cdots, d_n\}$ 的函数，使得对 $i = 1, \cdots, n$，有 $f[d_i] = e_i$。例如，序列 $\langle$“ab”, “cd”$\rangle$ 是一个定义域为 {1, 2} 的函数，可以写成

```
1 :> "ab"  @@  2 :> "cd"
```

TLC 应用这两个运算符在遇到 *Print* 表达式或报告一个错误时输出原始值对应的函数值，不过，习惯上一般以在规约中出现的方式打印值，因此通常将序列打印为序列，而不是使用 :> 和 @@ 运算符转义输出。

接下来，如果 S 是有限集，则将 $Permutations(S)$ 定义为 S 的所有排列的集合。可以使用 $Permutations$ 运算符为 14.3.4 节中的 SYMMETRY 语句指定一组排列。可以通过定义一个集合 $\{\pi_1, \cdots, \pi_n\}$ 来表示更复杂的对称性，集合中每一个 π_i 都是一个用 :> 和 @@ 运算符编写的显式函数。例如，考虑一个内存系统规约，其中每个地址都以某种方式与处理器相关联。该规约在两种排列下是对称的：一种排列是与同一处理器相关联的地址，另一种排列是与一组地址相关联的处理器。假设我们告诉 TLC 使用 2 个处理器和 4 个地址，其中地址 $a11$ 和 $a12$ 与处理器 $p1$ 相关联，地址 $a21$ 和 $a22$ 与处理器 $p2$ 相关联。通过为 TLC 提供以下排列组合作为对称集，可以使 TLC 充分利用对称性：

$$
\begin{aligned}
Permutations(\{a11, a12\}) \cup \{&p1 :> p2 \text{ @@ } p2 :> p1 \\
&\text{@@ } a11 :> a21 \text{ @@ } a21 :> a11 \\
&\text{@@ } a12 :> a22 \text{ @@ } a22 :> a12\}
\end{aligned}
$$

排列 $p1 :> p2$ @@ $\cdots$ @@ $a22 :> a12$ 交换处理器及其关联的地址。只是互换 $a21$ 和 $a22$ 的排列不需要显式指定，因为交换处理器 $p1$ 和 $p2$ 就完成了 $a21$ 和 $a22$ 的互换，同样，交换 $a11$ 和 $a12$ 以及交换处理器也是如此。

在 TLC 模块的最后，我们定义运算符 $SortSeq$，它可以用于将运算符替换为在 TLC 中更有效率的运算符。如果 s 是有限序列，$\prec$ 是其上的全序关系（排序算子），则 $SortSeq(s, \prec)$ 是 s 经过 $\prec$ 排序得到的新序列，例如，$SortSeq(\langle 3, 1, 3, 8\rangle, >)$ 等于 $\langle 8, 3, 3, 1\rangle$。$SortSeq$ 的 Java 实现可以让 TLC 以比用户自定义排序算子更有效率的方式执行排序运算。下面是一个我们用 $SortSeq$ 定义 $FastSort$ 操作符去替换 $Sort$ 操作符（14.2.3 节）的例子：

$$
\begin{aligned}
&FastSort(S) \triangleq \\
&\quad \text{LET } MakeSeq[SS \in \text{SUBSET } S] \triangleq \\
&\qquad\qquad \text{IF } SS = \{\} \text{ THEN } \langle\rangle \\
&\qquad\qquad\qquad\qquad \text{ELSE LET } ss \triangleq \text{CHOOSE } ss \in SS : \text{TRUE} \\
&\qquad\qquad\qquad\qquad\qquad\quad \text{IN } Append(MakeSeq[SS \setminus \{ss\}], ss) \\
&\quad \text{IN } SortSeq(MakeSeq[S], <)
\end{aligned}
$$

14.5 TLC 的用法

14.5.1 运行 TLC

具体如何运行 TLC 取决于你的操作系统和其配置，你可能只需要键入如下形式的命令：

program_name options spec_file

其中：

- *program_name* 取决于操作系统，可能是 `java tlatk.TLC`。

- *spec_file* 是包含 TLA$^+$ 规约的文件名称。每个 TLA$^+$ 模块对应一个单独的文件，例如模块 M 对应的文件名为 M`.tla`，在 *spec_file* 中也可以省略扩展名`.tla`。
- *options* 是由零个或多个以下选项组成的序列：

`-deadlock`：告诉 TLC 不要检查死锁。不携带此选项，TLC 会在发现死锁（即无后继的可达状态）时停止。

`-simulate`：告诉 TLC 以仿真模式运行，TLC 会随机生成行为，而不是生成所有可达状态。（参见 14.3.2 节）

`-depth` *num*：此选项指定 TLC 在仿真模式下，生成的行为的最大长度为 *num*。不携带此选项，TLC 将默认生成最长 100 个状态的行为序列，只有在附加 *simulate* 选项时，此选项才有意义。

`-seed` *num*：在仿真模式下，TLC 生成的行为序列是由提供给伪随机数生成器的初始 *seed* 确定的。通常 *seed* 是随机生成的。此选项使 TLC 将初始 *seed* 设为 *num*，*num* 必须为 $-2^{63} \sim 2^{63}-1$ 的整数。以相同的 *seed* 和 *aril*（参见后面的 *aril* 选项）为初始值在仿真模式下两次运行 TLC 将产生相同的结果。只有在附加 *simulate* 选项时，此选项才有意义。

`-aril` *num*：此选项使 TLC 在仿真模式下将 *aril* 设为 *num*，*aril* 是初始 *seed* 对应的“子壳”。TLC 在仿真模式下（不携带 *aril* 选项）发现错误时，它会同时打印出初始 *seed* 数字 M 和 *aril* 数字 N。如果想复现该问题，可以再运行一次相同的命令，附加 `-seed` M `-aril` N 选项（如果上次打印没有输出足够的信息，也可以添加 *Print* 表达式，一般来说 *Print* 表达式不会改变 TLC 生成跟踪的顺序）。这样，第二次运行会首先生成上次出错时的行为，因此，第一条错误报告就是上次的错误报告，使用这种方式可以提高问题定位效率。另外，只有在附加 *simulate* 选项时，此选项才有意义。

`-coverage` *num*：此选项使 TLC 每隔 *num* 分钟或在执行结束时打印“coverage”信息，对于每个为变量赋值的动作的合取式，TLC 会打印在构造新状态时实际用到的次数。打印的值可能不准确，但是其增长趋势和数量级可以提供有用的信息。特别是，值为 0 可以表示某个后继状态动作从未被执行。这可能表明规约中存在错误，或者可能意味着 TLC 正在检查的模型太小而无法覆盖那部分动作。

`-recover` *run_id*：该选项使 TLC 从上次终止前最后一个**检查点**（checkpoint）对应的运行标识符 *run_id* 的位置开始执行检查，而不是从头开始执行规约。TLC 执行到某检查点时，会打印运行标识符，在 TLC 执行过程中该标识符是相同的。

`-cleanup`：TLC 在运行时会创建许多文件，完成后，它们将被全部删除。如果 TLC 发生错误，或者被手动停止，则可能会留下一些大文件。*cleanup* 选项使 TLC 删除先前运行创建的所有文件。如果当前正在同一目录中运行另一个 TLC 副本，则不要使用此选项。如果这样做，可能会导致其他副本失败。

`-difftrace`：当 TLC 发现错误时，它将打印**错误跟踪**（error trace）。通常，该跟踪报告会打印一系列完整状态，每个状态都列出了所有已声明变量的值。*difftrace* 选项使 TLC

打印每个状态的简化版本，仅列出其值与先前状态不同的变量。这样可以更轻松地查看每个步骤中发生的变化，只是查看完整状态会比较困难。

`-terse`：通常，TLC 会完全展开出现在错误消息或 *Print* 表达式输出中的值。*terse* 选项使 TLC 改为打印这些值的一部分或简化版本。

`-workers` *num*：可以在多核计算机上使用多个线程，加快执行 14.3.1 节中的检测算法的步骤 3（b）~3（d）。该选项使得 TLC 可以同时用 *num* 个线程查找可达状态，不过线程数 *num* 大于 CPU 内核数也没有意义。如果省略该选项，TLC 将使用单线程运行算法。

`-config` *config_file*：指定配置文件为 *config_file*，其必须是扩展名为 `.cfg` 的文件，扩展名 `.cfg` 在配置文件中可省略。如果省略此选项，则假定配置文件是 *spec_file* 的同名文件，只有扩展名不同。

`-nowarning`：有的 TLA$^+$ 表达式在语法上是合法的，但在实际运行中可能出现错误。例如，如果 v 不是 f 的定义域的元素，则表达式 $[f \text{ EXCEPT } ![v] = e]$ 可能不正确。（在这种情况下，该表达式仅等于 f）TLC 在遇到这种表达式时通常会发出告警。此选项禁止显示这些告警。

14.5.2 调试规约

我们编写的规约经常包含错误，运行 TLC 的目的是尽可能多地找到问题所在。我们希望规约中存在一个错误，TCL 就能报告这个错误。调试的难点在于如何从 TLC 报告的错误中找出规约中出问题的点。在解决这个挑战之前，我们先熟悉一下 TLC 的正常输出。

TLC 的正常输出

运行 TLC 时，第一行打印是版本号和创建日期：

```
TLC Version 2.12 of 26 May 2003
```

TLC 的消息格式可能与此处不同。

在你需要上报任何有关 TLC 的问题的时候，请首先包含这条信息。接下来，TLC 描述它的运行模式：模型检查模式或者仿真模式。模型检查模式输出：

```
Model-checking
```

这种模式会穷尽所有可达状态。仿真模式可能输出：

```
Running Random Simulation with seed 1901803014088851111.
```

`1901803014088851111` 是初始种子，参见 14.5.1 节的说明。假设我们现在的运行模式是模型检查模式，如果我们让 TLC 做活性检查，则会有如下输出：

```
Implied-temporal checking--relative complexity = 8.
```

TLC 执行活性检查的时间大约与其相对复杂度成正比。即使相对复杂度为 1，检查活性也要比检查安全性花费更长的时间。因此，如果相对复杂度不小，除非模型非常小，否则 TLC 可能需要很长时间才能执行完毕。在仿真模式下，很大的复杂度意味着 TLC 可能无法仿真足够多的行为。相对复杂度取决于子项的数量和时态公式中要量化的集合的大小。

TLC 接下来打印一条消息：

```
Finished computing initial states:
4 states generated, with 2 of them distinct.
```

这表示，在计算初始谓词时，TLC 生成了 4 个状态，其中只有 2 个不同。接下来 TLC 会打印几条消息如下：

```
Progress(9): 2846 states generated, 984 distinct states
found. 856 states left on queue.
```

这条消息表明，TLC 到目前为止已构建了一个 状态图 $\mathcal{G}$，其直径㊀为 9，它已生成并检查了 2846 个状态，其中有 984 个不同的状态，并且未探索队列 $\mathcal{U}$ 包含 856 个状态。开始运行后 TLC 大约每 5 分钟生成一次这样的进度报告。对于大多数规约，队列 $\mathcal{U}$ 的状态数在执行开始时单调增加，在快结束时单调减少。因此，进度报告为 TLC 还要运行多长时间提供了有用的参考。

$\mathcal{G}$ 和 $\mathcal{U}$ 参见 14.3.1 节。

当 TLC 成功结束，会打印：

```
Model checking completed. No error has been found.
```

接下来可能会打印：

```
Estimates of the probability that TLC did not check all
reachable states because two distinct states had the same
fingerprint:
  calculated (optimistic): .000003
  based on the actual fingerprints: .00007
```

如 14.3.3 节所述，上述打印是 TLC 对两个指纹 冲突概率的两个可能性概率估计，最后的打印如下：

```
2846 states generated, 984 distinct states found,
0 states left on queue.
The state graph has diameter 15.
```

㊀ $\mathcal{G}$ 的直径是满足如下条件的最小数字 d，即对 $\mathcal{G}$ 中的每个状态，从初始状态出发，都可以找到一条最多经过 d 个状态的路径到达。这是 TLC 对状态集进行广度优先探索时达到的最大深度。当使用多线程（由 *workers* 选项指定）时，这个报出的直径可能不是很准确。

上面打印输出总的状态数和状态图的直径。

TLC 在运行过程中还可能输出：

```
-- Checkpointing run states/99-05-20-15-47-55 completed
```

这表明它已经设置了一个检查点，如果计算机发生故障，你可以使用该检查点来重新启动 TLC。（如 14.5.3 节所述，检查点还具有其他用途。）运行标识符

```
states/99-05-20-15-47-55
```

与 *recover* 选项一起使用，可以从检查点所在的位置重新启动 TLC。如果仅看到此打印消息的一部分，则可能是由于 TLC 执行到检查点时计算机崩溃了——所有检查点都被破坏的可能性很小，如果是这样，那么你必须从头开始重新启动 TLC。

错误报告

一般在规约中发现的第一个问题可能是语法错误，TLC 会提示：

```
ParseException in parseSpec:
```

接下来是语法分析器生成的错误消息。第 12 章描述了如何解析分析器给出的错误消息。边写规约边解析会迅速捕获许多简单的语法错误。如 14.3.1节所述，TLC 运行有 3 个基本阶段：检查假设；计算初始状态；从未探索状态队列 $\mathcal{U}$ 中生成状态的后继状态。当看到“initial states computed”消息时，就知道 TLC 已经进入第 3 阶段。

当 TLC 发现正在检查的属性之一不成立时，就会触发推送错误报告。假设我们在交换比特协议规约（图 14.1）中，将不变式 $ABTypeInv$ 的第一个合取式替换为

$$\land\ msgQ \in Seq(Data)$$

则会引入错误，TLC 会很快找到这个错误并打印：

```
Invariant ABTypeInv is violated
```

接下来会打印一个最小长度[⊖] 的行为序列，其状态不满足不变式 $ABTypeInv$，打印如下：

```
The behavior up to this point is:
STATE 1: <Initial predicate>
/\ rBit = 0
/\ sBit = 0
/\ ackQ = <<  >>
/\ rcvd = d1
/\ sent = d1
```

⊖　使用多线程方式，有可能会打印另一个也违反了不变式的短一点的行为。

```
/\ sAck = 0
/\ msgQ = <<  >>

STATE 2: <Action at line 66 in AlternatingBit>
/\ rBit = 0
/\ sBit = 1
/\ ackQ = <<  >>
/\ rcvd = d1
/\ sent = d1
/\ sAck = 0
/\ msgQ = << << 1, d1 >> >>
```

请注意 TLC 指示允许该步骤的哪部分后继状态动作会打印每个状态。

TLC 将每个状态打印为决定该状态的 TLA+ 谓词。打印状态时，TLC 使用 *TLC* 模块中定义的运算符 :> 和 @@ 描述函数（参见 14.4 节）。

最难定位的错误通常是在 TLC 被迫计算它无法处理的表达式时遇到的，或者是“笨表达式”错误，因为 TLA+ 的语义未明确其值。举个例子，让我们在交换比特协议规约中引入典型的“off-by-one”错误，这里将 *Lose* 定义中的第二个合取式替换为

$$\begin{aligned}&\exists i \in 1 \,..\, Len(q) : \\ &\quad q' = [j \in 1 \,..\, (Len(q) - 1) \mapsto \text{IF } j < i \text{ THEN } q[j-1] \\ &\qquad\qquad\qquad\qquad\qquad\qquad\qquad\quad \text{ELSE } q[j]]\end{aligned}$$

如果 q 的长度大于 1，则上式使得 $Lose(q)[1]$ 等于 $q[0]$；如果 q 是序列，则这是一个无意义的值。（序列 q 的定义域是集合 $1..Len(q)$，其中不包含 0。）运行 TLC 会生成错误消息：

```
Error: Applying tuple
<< << 1, d1 >>, << 1, d1 >> >>
to integer 0 which is out of domain.
```

接着 TLC 会打印出导致错误的行为。TLC 在计算后继状态动作的过程中，在计算某些状态 s 的后继状态而 s 是该行为中的最后一个状态时，也会报出一个错误。如果 TLC 在计算不变式或蕴涵动作时报错的话，则其可能正在计算行为的最后一个状态或步骤。

最后，TLC 会打印错误的位置：

```
The error occurred when TLC was evaluating the nested
expressions at the following positions:
0. Line 57, column 7 to line 59, column 60 in AlternatingBit
1. Line 58, column 55 to line 58, column 60 in AlternatingBit
```

第一个位置标识 *Lose* 定义的第二个合取式，第二个位置标识表达式 $q[j-1]$。它告诉你 TLC 在计算 $q[j-1]$ 时发生了错误，是在对 *Lose* 定义的第二个合取式进行运算的过程中出现的。你可以从打印的跟踪信息中推断出它是在计算 *Lose* 定义的动作 *LoseMsg* 时发生的错误。通常，TLC 打印一棵嵌套表达式的树，最高层在最上面。TLC 很少会像你期待的那样精确地定位错误，通常，它只是将其范围缩小到一个公式的合取或析取部分。你可能需要插入 *Print* 表达式以定位问题。有关定位问题的更多建议，请参见 14.5.3 节的讨论。

14.5.3 如何高效使用 TLC

以小见大

约束和对常量参数的赋值定义了规约模型。TLC 需要多长时间检查规约取决于规约和模型的大小。在 600 MHz 工作站上运行 TLC，每秒可为交换比特协议规约找到大约 700 个不同的可达状态。对于某些规约，TLC 生成状态所需的时间与模型大小和状态复杂度成正比，对于某些较大模型的规约，TLC 每秒发现的可达状态可能少于 1 个。

你应该始终从一个很小的模型开始测试规约，模型越小，TLC 可以检查得越快，比如可令一组处理器和数据集只有一个元素，令队列的长度为 1。未经测试的规约可能隐含很多错误，小型模型将迅速捕获大多数简单错误。当小模型发现不了更多问题时，你可以在更大的模型上运行 TLC，以尝试捕获更多不易察觉的问题。

弄清 TLC 可以处理多大模型的一种方法是由参数估算可达状态的大约数量级，这可能比较困难。如果你做不到，请从小规模开始逐渐增大模型规模。可达状态的数量通常是模型参数的指数函数，随着 b 的增加，a^b 值的增长会非常快。

许多系统都有错误，可能这些错误只会在大到 TLC 无法穷尽检查的模型上出现。与其让 TLC 测试你对模型耗时耗资源的容忍度，不如在仿真模式下运行它。随机模拟不是捕捉那些不易察觉的错误的有效方法，但还是值得一试，没准你就幸运地找到几个 bug 了呢。

即使通过也要再检查

14.3.5 节说明了为什么在 TLC 未发现活性属性被违反的情况下你还应该保持怀疑：有限模型可能掩盖错误。即使 TLC 在检查安全属性时没有发现错误，也应该多加怀疑，因为不做任何动作也可轻松满足安全要求。例如，假设我们忘记了将 *SndNewValue* 动作包含进交换比特协议规约的后继状态动作，因此发送方将永远不会尝试发送任何值，但是这样生成的规约仍将满足协议的正确性条件，即模块 *ABCorrectness* 的公式 *ABCSpec*。（规约不要求必须发送值。）

coverage 选项（14.5.1 节）提供了一种解决此类问题的方法，另一种方法是构造应被违反的属性，查看 TLC 是否发现该错误。例如，如果交换比特协议发送了消息，则 *sent* 的值应被修改，可以通过检查 TLC 是否报告表示属性

$$\forall d \in Data : (sent = d) \Rightarrow \Box(sent = d)$$

被违反的错误来验证系统是否真发送了消息。

一个很好的健壮性检查是让 TLC 验证需要执行许多操作才能到达的状态，考虑 5.6 节中的直写式缓存规约的这种可达状态：某个处理器在 *memQ* 队列中同时有一个读取和两个写入操作，达到这种状态需要处理器执行两次写入操作，之后再读取未缓存的地址。我们可以通过设置不变式来让 TLC 检查这种状态是否可达，该不变式声明 *memQ* 中的同一处理器没有两写一读的操作（当然，这需要一个 *memQ* 足够大的模型）。检查某些状态是否可达的另一种方法是，在不变式的 IF/THEN 表达式中添加 *Print* 运算符，以在到达合适的状态时打印这条消息。

让 TLC 告诉你哪里错了

当 TLC 报告有一个不变式被违反时，该不变式的哪个部分为 FALSE 可能并不明显。如果为变量的合取式分别命名，并在配置文件的 `INVARIANT` 语句中单独列出它们，则 TLC 会告诉你哪个连接词为 FALSE。但是，可能即使只有一个合取式也很难找出问题所在，与其花费大量时间尝试自己解决问题，不如添加 *Print* 表达式，直接让 TLC 告诉你出了什么问题。

如果你从头开始运行 TLC，规约内有大量 *Print* 表达式，则检查的每个状态都会打印输出，你也可以从不变式为 FALSE 的状态开始运行 TLC：先定义描述该状态的谓词（例如 *ErrorState*），并修改配置文件以将 *ErrorState* 用作初始谓词，编写 *ErrorState* 的定义很容易，只需将 TLC 的错误跟踪中最后一个状态复制过来即可[⊖]。

如果违反了任何安全属性，或者在计算后继状态动作时 TLC 报错，也可以使用相同的技巧。对于形如 $\Box[A]_v$ 的属性错误，请使用错误跟踪中的倒数第二个状态作为初始谓词，并将跟踪中的最后一个状态和加 $'$ 变量，作为后继状态动作，重新运行 TLC。若要查找在计算后继状态动作时发生的错误，请使用错误跟踪中的最后一个状态作为初始谓词。（在这种情况下，TLC 可能会在报错之前找到多个后继状态。）

如果要在配置文件中加入模型值，那么毫无疑问，它们也会出现在 TLC 打印的状态中。因此，如果要将这些状态复制到模块中，则必须将模型值声明为常量参数，然后将这些参数置为同名的模型值。例如，我们用于交换比特协议的配置文件引入了模型值 $d1$ 和 $d2$。因此，我们需要将以下声明添加到 *MCAlternatingBit* 模块中：

CONSTANTS $d1$, $d2$

并将赋值语句

```
d1 = d1    d2 = d2
```

添加到配置文件的 `CONSTANT` 语句中，分别将常量参数 `d1` 和 `d2` 置为模型值 $d1$ 和 $d2$。

发现错误之后不要从头来过

消除了容易发现的问题之后，TLC 可能再要运行很长时间才能发现新的问题。通常，要纠正一个错误，需要进行多次尝试，如果你更正后每次都从头开始启动 TLC，可能会运

⊖ 如果你选 *difftrace* 选项，定义 *ErrorState* 就不容易了，这也是不鼓励你用这个选项的原因。

行很长时间，而仅发现更正中犯的一个低级错误。如果错误是在某个正确状态之后出现的，那么最好就从这个正确状态开始启动 TLC 来检查你的更正是否正确。如上所述，你可以通过定义一个新的初始谓词来做到这一点，该谓词为 TLC 出错之前打印的状态。

避免出现错误后从头开始的另一种方法是使用检查点。检查点保存当前状态图 $\mathcal{G}$ 和未探索状态的队列 $\mathcal{U}$，它不会保存有关规约的其他任何信息，即使更改了规约，也可以从检查点重新启动 TLC，只要规约的变量和 ASSUME 语句没有改变即可。更准确地说，你可以从检查点重新启动，当且仅当检查点之前计算的任何状态的视图保持不变且对称集不变。当你纠正了 TLC 长时间运行发现的错误时，你可能想使用 *recover* 选项（14.5.1 节）从最后一个检查点继续运行 TLC，而不是让它重新检查已经检查过的所有状态。

视图的定义在 14.3.3 节，对称集的定义在 14.3.4 节。

检查一切可能的属性

检查你的规约是否满足你认为应该满足的所有属性。例如，你不应该只满足于检查交换比特协议规约是否满足 *ABCorrectness* 模块的高层规约 *ABCSpec*，你还应该检查你希望它满足的低层属性。比如通过研究算法发现的一个属性是，*msgQ* 队列中不应有超过两个不同的消息。因此，我们可以检查以下谓词是否是不变式：

$$Cardinality(\{msgQ[i] : i \in 1 \,..\, Len(msgQ)\}) \leqslant 2$$

（我们必须通过 EXTENDS 语句引入 *FiniteSets* 来将 *Cardinality* 定义添加到 *MCAlternatingBit* 模块中。）

最好检查尽可能多的不变性属性。如果你认为某个状态谓词应该是不变式，请让 TLC 检查一下。如果某个谓词不是不变式，这可能不是个错误，但是可能会告诉你一些有关规约的信息。

要有创造性

即使一个规约似乎超出了 TLC 可以处理的范围，TLC 仍可以辅助对其进行检查。

例如，假设规约的后继状态动作形如 $\exists n \in Nat : A(n)$，因为 TLC 无法在无限集上进行量化计算，所以无法处理此规约。但我们可以在配置文件中用 CONSTANT 语句将 *Nat* 替换为有限集 $0 \,..\, n$（对于某些 n）来量化公式，这样 TLC 就可以处理了。此替换可能彻底改变了规约的含义，不过，它仍然可以让 TLC 发现规约中的问题。永远不要忘记，使用 TLC 的目的不是验证规约是否正确，而是发现问题。

替换（覆盖）概念参见 14.2.3 节。

把 TLC 当成 TLA$^+$ 计算器

对 TLA$^+$ 某些方面的错误理解可能会导致规约出错，可以通过在 TLC 上运行某些小例子来检查你对 TLA$^+$ 的理解是否正确。TLC 可以检查假设，因此你可以用 TLC 检查没有规约只有 ASSUME 语句的模块，从而将 TLC 当成 TLA$^+$ 计算器使用。例如，如果 g 等于

$$[f \text{ EXCEPT } ![d] = e_1,\ ![d] = e_2]$$

那么 $g[d]$ 的值是什么？你可以让 TLC 检查一个模型，其包含如下语句：

$$\begin{aligned}&\text{ASSUME LET } f \triangleq [i \in 1 \,..\, 10 \mapsto 1]\\&\qquad\qquad g \triangleq [f \text{ EXCEPT } ![2] = 3,\ ![2] = 4]\\&\qquad\quad \text{IN } \ Print(g[2], \text{TRUE})\end{aligned}$$

要检查 $(F \Rightarrow G) \equiv (\neg F \vee G)$ 是否是重言式，你可以检查：

$$\text{ASSUME } \forall F, G \in \text{BOOLEAN} : (F \Rightarrow G) \equiv (\neg F \vee G)$$

TLC 甚至可以为你寻找一个猜想的反例。是否每个集合都可以写成两个不同集合的析取形式？TLC 可以为你检查 1 .. 4 的所有子集：

$$\begin{aligned}&\text{ASSUME } \forall S \in \text{SUBSET}\,(1 \,..\, 4) :\\&\qquad \text{IF } \exists T, U \in \text{SUBSET}\,(1 \,..\, 4) : (T \neq U) \wedge (S = T \cup U)\\&\qquad\quad \text{THEN TRUE}\\&\qquad\quad \text{ELSE } \ Print(S, \text{TRUE})\end{aligned}$$

当 TLC 只用来检查假设时，可以不需要从配置文件中读取信息，不过你仍然需要提供一个配置文件，哪怕是空的也行。

14.6 TLC 不能做什么

我们希望 TLC 能生成满足规约的所有行为，但是没有程序可以针对任意规约执行此操作。我之前已经提到了 TLC 的一些局限性，你可能还会遇到其他限制。

其中一个是覆盖 *Naturals* 和 *Integers* 模块的 Java 类仅能处理范围为 $-2^{31} \,..\, (2^{31} - 1)$ 的数字。如果任何计算生成的值超出此范围，则 TLC 会报错。TLC 不能生成满足任意规约的所有行为，但可以实现更容易的目标，即确保它实际生成的每个行为都满足该规约。不过出于效率考虑，TLC 并不总是能够达到这一目标。TLC 有两个实现背离 TLA$^+$ 的语义：

第一个实现是 TLC 没有保留 CHOOSE 的精确语义。如 16.1 节所述，如果 S 等于 T，则 CHOOSE $x \in S : P$ 应该等于 CHOOSE $x \in T : P$，但是，仅当 S 和 T 在语法上相同时，TLC 才能保证这一点。例如，针对下面两个表达式 TLC 可能会得出不同的值：

$$\text{CHOOSE } x \in \{1, 2, 3\} : x < 3 \qquad\qquad \text{CHOOSE } x \in \{3, 2, 1\} : x < 3$$

CASE 表达式存在类似的 TLA$^+$ 语义冲突，其语义根据 CHOOSE 定义（参见 16.1.4 节）。

第二个实现是 TLC 不保留 TLA$^+$ 语义中字符串的表示。在 TLA$^+$ 中，字符串 “abc” 是三元素序列，即具有定义域 {1, 2, 3} 的函数。TLC 将字符串视为原始值，而不是函数。因此，合法的 TLA$^+$ 表达式 “abc”[2] 会报错。

14.7 附加说明

本节会详细说明前面提及的 TLC 的两个方面：配置文件的语法和 TLC 中数值的精确定义。

14.7.1 配置文件语法

在图 14.6 中，TLA⁺ *ConfigFileGrammar* 模块描述了 TLC 配置文件的语法。更准确地说，是定义了 *ConfigFileGrammar* 模块的语句集合 *ConfigGrammar.File*，描述了配置文件（不带注释）的正确语法。*ConfigFileGrammar* 模块引入了 *BNFGrammars* 模块（参见 11.1.4 节）。

```
---------------------------- MODULE ConfigFileGrammar ----------------------------
EXTENDS BNFGrammars
-----------------------------------------------------------------------------------
                                     词素
Letter      ≜ OneOf("abcdefghijklmnopqrstuvwxyz_ABCDEFGHIJKLMNOPQRSTUVWXYZ")
Num         ≜ OneOf("0123456789")
LetterOrNum ≜ Letter ∪ Num
AnyChar     ≜ LetterOrNum ∪ OneOf("~!@#\$%^&*-+=|(){}[],:;`'<>.?/")
SingularKW  ≜ {"SPECIFICATION", "INIT", "NEXT", "VIEW", "SYMMETRY"}
PluralKW    ≜
  {"CONSTRAINT", "CONSTRAINTS", "ACTION-CONSTRAINT", "ACTION-CONSTRAINTS",
   "INVARIANT", "INVARIANTS", "PROPERTY", "PROPERTIES"}
Keyword  ≜ SingularKW ∪ PluralKW ∪ {"CONSTANT", "CONSTANTS"}
AnyIdent ≜ LetterOrNum* & Letter & LetterOrNum*
Ident    ≜ AnyIdent \ Keyword
-----------------------------------------------------------------------------------
ConfigGrammar ≜                      BNF 语法
  LET P(G) ≜
        ∧ G.File ::= G.Statement+
        ∧ G.Statement ::=  Tok(SingularKW) & Tok(Ident)
                         | Tok(PluralKW) & Tok(Ident)*
                         |    Tok({"CONSTANT", "CONSTANTS"})
                           & (G.Replacement | G.Assignment)*
        ∧ G.Replacement ::= Tok(Ident) & tok("<-") & Tok(AnyIdent)
        ∧ G.Assignment  ::= Tok(Ident) & tok("=") & G.IdentValue
        ∧ G.IdentValue  ::=  Tok(AnyIdent) | G.Number | G.String
                           |     tok("{")
                              &  (Nil | G.IdentValue & (tok(",") & G.IdentValue)*)
                              &  tok("}")
        ∧ G.Number ::= (Nil | tok("-")) & Tok(Num+)
        ∧ G.String  ::= tok(""") & Tok(AnyChar*) & tok(""")
  IN  LeastGrammar(P)
===================================================================================
```

图 14.6 配置文件的 BNF 语法

下面是配置文件的其他一些限制，这些限制未在 $ConfigFileGrammar$ 模块中提及：

- 最多只能有一个 `INIT` 和一个 `NEXT` 语句。
- 最多只能有一个 `SPECIFICATION` 语句，但前提是没有 `INIT` 或 `NEXT` 语句。（有关何时必须出现这些语句的条件，请参阅 14.3.1 节）。
- 最多只能有一个 `VIEW` 语句。
- 最多只能有一个 `SYMMETRY` 语句。
- 允许某些语句的多个实例。例如，如下这两个语句：

```
INVARIANT Inv1
INVARIANT Inv2 Inv3
```

指定 TLC 将检查三个不变式 $Inv1$、$Inv2$ 和 $Inv3$，等价于下面的语句。

```
INVARIANT Inv1 Inv2 Inv3
```

14.7.2 TLC 值的可比性

14.2.1节介绍了 TLC 值。该描述不完整，因为它没有确切定义什么值可以进行比较。准确的定义是，两个值是可比的当且仅当以下规则蕴涵它们可以比较：

1. 两个原始值是可以比较的当且仅当它们具有相同的值类型。

此规则蕴涵 “abc” 和 “123” 是可比的，但 “abc” 和 123 不能。

2. 模型值可与任何值比较（它仅等于其自身）。

3. 两个集合是可比的，当且仅当两集合元素数量不同，或者元素数量相同，并且一组中的所有元素与另一组中的所有元素具有可比性。

此规则蕴涵 $\{1\}$ 和 $\{\text{“a”}, \text{“b”}\}$ 是可比的，且 $\{1, 2\}$ 和 $\{2, 3\}$ 也是可比的，但是 $\{1, 2\}$ 和 $\{\text{“a”}, \text{“b”}\}$ 是不可比的。

4. 两个函数 f 和 g 可比，当且仅当 (i) 它们的定义域是可比的；(ii) 如果它们的定义域是相等的，对定义域中的每个元素 x，都有 $f[x]$ 和 $g[x]$ 是可比的。

此规则蕴涵 $\langle 1, 2\rangle$ 和 $\langle \text{“a”}, \text{“b”}, \text{“c”}\rangle$ 是可比的，$\langle 1, \text{“a”}\rangle$ 和 $\langle 2, \text{“bc”}\rangle$ 是可比的，但是 $\langle 1, 2\rangle$ 和 $\langle \text{“a”}, \text{“b”}\rangle$ 是不可比的。

TLA$^+$ 语言

本部分将详细介绍 TLA$^+$。其中，第 15 章解释语法，第 16 章与第 17 章解释语义，第 18 章介绍标准模块。在前面章节中，我们通过具体的案例，已完成了几乎所有的 TLA$^+$ 语言特性的说明。实际上，该语言大部分特性都在第 1~6 章中进行了描述。本部分将给出该语言的完整规约。

TLA$^+$ 语言完整的正式规约包括合法（无语法错误）模块集合的形式化定义，以及用于给每个合法模块 M 赋予其对应数学含义 $[\![M]\!]$ 的含义运算符。这样的规约将会篇幅很长并且意义有限。为此，我将提供一个足够详细的非正式规约，它足以向精通数学的读者展示如何编写一份完整正式的规约。

这些章节内容繁复，很少有人愿意完整地阅读。然而，我希望可将其作为编写 TLA$^+$ 规约时用到的参考手册。如果你对该语言或语法的某些具体细节存在疑问，你应该可以在本部分中找到答案。

接下来将展示的表 1 ~ 表 8 提供了一份简化参考手册。表 1 ~ 表 4 简要描述了 TLA$^+$ 的所有内置运算符。表 5 列出了所有用户可定义的运算符号，并告知其中哪些已经被标准模块引用。当你需要为自己所编写的规约选择表达符号时，可参考此处的信息。表 6 给出了运算符执行的优先级顺序，具体说明可参见 15.2.1 节。表 7 列出了所有在标准模块中定义的运算符。最后，表 8 展示了如何键入任何没有 ASCII 码可直接对应的特殊符号。

表 1　恒定运算符

逻辑

$\land$　$\lor$　$\neg$　$\Rightarrow$　$\equiv$

TRUE　FALSE　BOOLEAN [集合 {TRUE, FALSE}]

$\forall x : p$　$\exists x : p$　$\forall x \in S : p$①　$\exists x \in S : p$①

CHOOSE $x : p$ [一个满足 p 的 x]　CHOOSE $x \in S : p$ [S 中的一个 x，满足 p]

集合

$=$　$\neq$　$\in$　$\notin$　$\cup$　$\cap$　$\subseteq$　$\setminus$ [差集运算]

$\{e_1, \cdots, e_n\}$	[包含元素 e_i 的集合]
$\{x \in S : p\}$②	[S 中满足 p 的元素 x 组成的集合]
$\{e : x \in S\}$①	[元素 e 的集合，使得 x 在 S 中]
SUBSET S	[S 的子集的集合]
UNION S	[S 中所有元素的联合]

函数

$f[e]$	[函数应用]
DOMAIN f	[函数 f 的定义域]
$[x \in S \mapsto e]$①	[函数 f，使得对于 $x \in S$，$f[x] = e$]
$[S \rightarrow T]$	[对于 $x \in S$，满足 $f[x] \in T$ 的函数 f 的集合]
$[f$ EXCEPT $![e_1] = e_2]$③	[除了 $\widehat{f}[e_1] = e_2$ 之外，函数 $\widehat{f}$ 等于函数 f]

记录

$e.h$	[记录 e 的 h 字段]
$[h_1 \mapsto e_1, \cdots, h_n \mapsto e_n]$	[h_i 字段为 e_i 的记录]
$[h_1 : S_1, \cdots, h_n : S_n]$	[h_i 字段属于 S_i 的所有记录]
$[r$ EXCEPT $!.h = e]$③	[除了 $\widehat{r}.h = e$ 之外，记录 $\widehat{r}$ 等于 r]

元组

$e[i]$	[元组 e 的第 i 个元素]
$\langle e_1, \cdots, e_n \rangle$	[第 i 个元素为 e_i 的 n 元组]
$S_1 \times \cdots \times S_n$	[第 i 个元素属于 S_i 的所有 n 元组的集合]

字符串与数值

"$\mathsf{c}_1 \ldots \mathsf{c}_n$"	[由 n 字符组成的合法字符串]
STRING	[所有字符串的集合]
$d_1 \cdots d_n$　$d_1 \cdots d_n d_{n+1} \cdots d_m$	[数值（其中 d_i 是每一位的数字）]

① $x \in S$ 可能被取代为一个以逗号分隔的条目 $v \in S$ 所组成的列表，其中 v 要么是一个以逗号分隔的列表，要么是一个由标识符组成的元组。

② x 可能是一个标识符，或一个由标识符构成的元组。

③ $![e_1]$ 或 $!.h$ 可能被取代为一个以逗号分隔的条目 $!a_1 \cdots a_n$ 所组成的列表，其中每个 a_i 要么是 $[e_i]$，要么是 $.h_i$。

表 2 各种构造

IF p THEN e_1 ELSE e_2	[如果 p 为真，则为 e_1，否则为 e_2]
CASE $p_1 \rightarrow e_1 \;\Box\; \cdots \;\Box\; p_n \rightarrow e_n$	[使得 p_i 为真的某些 e_i]
CASE $p_1 \rightarrow e_1 \;\Box\; \cdots \;\Box\; p_n \rightarrow e_n \;\Box$ OTHER $\rightarrow e$	[使得 p_i 为真的某些 e_i，或者对于所有 p_i 为假的情况下的 e]
LET $d_1 \triangleq e_1 \;\cdots\; d_n \triangleq e_n$ IN e	[在相关定义的上下文中的 e]

$\land\ p_1$ [合取式 $p_1 \land \cdots \land p_n$] $\vdots$ $\land\ p_n$	$\lor\ p_1$ [析取式 $p_1 \lor \cdots \lor p_n$] $\vdots$ $\lor\ p_n$

表 3 动作运算符

e'	[e 在执行步骤最终状态的取值]
$[A]_e$	[$A \lor (e' = e)$]
$\langle A \rangle_e$	[$A \land (e' \neq e)$]
ENABLED A	[A 步骤可能发生]
UNCHANGED e	[$e' = e$]
$A \cdot B$	[动作的组合]

表 4 时态运算符

$\Box F$	[F 总是为真]
$\Diamond F$	[F 最终为真]
$\mathrm{WF}_e(A)$	[动作 A 的弱公平性]
$\mathrm{SF}_e(A)$	[动作 A 的强公平性]
$F \leadsto G$	[F 导向 G]
$F \stackrel{+}{\triangleright} G$	[F 保证 G]
$\exists\!\!\exists\, x : F$	[时态存在量化（隐藏）]
$\forall\!\!\forall\, x : F$	[时态全称量化]

表 5　用户可定义的运算符号

中缀运算符

$+$ ①	$-$ ①	$*$ ①	$/$ ②	$\circ$ ③	$++$
$\div$ ①	$\%$ ①	$\hat{}$ ①④	$..$ ①	$...$	$--$
$\oplus$ ⑤	$\ominus$ ⑤	$\otimes$	$\oslash$	$\odot$	$**$
$<$ ①	$>$ ①	$\leqslant$ ①	$\geqslant$ ①	$\sqcap$	$//$
$\prec$	$\succ$	$\preceq$	$\succeq$	$\sqcup$	$\hat{}\hat{}$
$\ll$	$\gg$	$<:$	$:>$⑥	$\&$	$\&\&$
$\sqsubset$	$\sqsupset$	$\sqsubseteq$ ⑤	$\sqsupseteq$	$\mid$	$\|$
$\subset$	$\supset$		$\supseteq$	$\star$	$\%\%$
$\vdash$	$\dashv$	$\models$	$=\mid$	$\bullet$	$\#\#$
$\sim$	$\simeq$	$\approx$	$\cong$	$\$$	$\$\$$
$:=$	$::=$	$\asymp$	$\doteq$	$??$	$!!$
$\propto$	$\wr$	$\uplus$	$\bigcirc$	$@@$⑥	

后缀运算符⑦

^+　　^*　　^#

前缀运算符

_⑧

① 由 *Naturals*、*Integers* 与 *Reals* 模块定义。

② 由 *Reals* 模块定义。

③ 由 *Sequences* 模块定义。

④ x^y 打印显示为 x^y。

⑤ 由 *Bags* 模块定义。

⑥ 由 *TLC* 模块定义。

⑦ e^+ 打印显示为 e^+，^* 与^# 也类似。

⑧ 由 *Integers* 与 *Reals* 模块定义。

表 6　运算符的优先级范围。如果两个运算符的优先级范围取值存在重叠，则无法给出它们之间的相对优先级。左结合运算符由（a）来指示

前缀运算符

¬	4–4	□	4–15	UNION	8–8
ENABLED	4–15	◇	4–15	DOMAIN	9–9
UNCHANGED	4–15	SUBSET	8–8	−	12–12

中缀运算符

⇒	1–1	≤	5–5	<:	7–7	⊖	11–11(a)
-+->	2–2	≪	5–5	\	8–8	−	11–11(a)
≡	2–2	≺	5–5	∩	8–8 (a)	−−	11–11(a)
⇝	2–2	≼	5–5	∪	8–8 (a)	&	13–13(a)
∧	3–3(a)	∝	5–5	..	9–9	&&	13–13(a)
∨	3–3(a)	∼	5–5	...	9–9	⊙	13–13(a)
≠	5–5	≃	5–5	!!	9–13	⊘	13–13
⊣	5–5	⊏	5–5	##	9–13 (a)	⊗	13–13(a)
::=	5–5	⊑	5–5	$	9–13 (a)	∗	13–13(a)
:=	5–5	⊐	5–5	$$	9–13 (a)	∗∗	13–13(a)
<	5–5	⊒	5–5	??	9–13 (a)	/	13–13
=	5–5	⊂	5–5	⊓	9–13 (a)	//	13–13
=|	5–5	⊆	5–5	⊔	9–13 (a)	◯	13–13(a)
>	5–5	≻	5–5	⊎	9–13 (a)	•	13–13(a)
≈	5–5	≽	5–5	≀	9–14	÷	13–13
≍	5–5	⊃	5–5	⊕	10–10(a)	∘	13–13(a)
≅	5–5	⊇	5–5	+	10–10(a)	⋆	13–13(a)
≐	5–5	⊢	5–5	++	10–10(a)	^	14–14
≥	5–5	⊨	5–5	%	10–11	^^	14–14
≫	5–5	.①	5–14(a)	%%	10–11(a)	.②	17–17(a)
∈	5–5	@@	6–6 (a)	|	10–11(a)		
∉	5–5	:>	7–7	||	10–11(a)		

后缀运算符

^+	15–15	^*	15–15	^#	15–15	′	15–15

① 表示动作组合（\cdot）。

② 表示记录字段。

表 7 标准模块定义的运算符

Naturals、*Integers*、*Reals* 模块

$+$	$-$①	$*$	$/$②	^③	$..$	*Nat*	*Real*②
$\div$	$\%$	$\leqslant$	$\geqslant$	$<$	$>$	*Int*④	*Infinity*②

Sequences 模块

$\circ$	*Head*	*SelectSeq*	*SubSeq*
Append	*Len*	*Seq*	*Tail*

FiniteSets 模块

IsFiniteSet *Cardinality*

Bags 模块

$\oplus$	*BagIn*	*CopiesIn*	*SubBag*
$\ominus$	*BagOfAll*	*EmptyBag*	
$\sqsubseteq$	*BagToSet*	*IsABag*	
BagCardinality	*BagUnion*	*SetToBag*	

RealTime 模块

RTBound *RTnow* *now* (declared to be a variable)

TLC 模块

:> @@ *Print* *Assert* *JavaTime* *Permutations*
SortSeq

① 只有 $-$ 是在 *Naturals* 模块中定义的。
② 仅在 *Reals* 模块中定义。
③ 幂运算。
④ 未在 *Naturals* 模块中定义。

表 8 打印排版符号的 ASCII 表示法

$\land$	/\ 或 \land	$\lor$	\/ 或 \lor	$\Rightarrow$	=>
$\lnot$	~ 或 \lnot 或 \neg	$\equiv$	<=> 或 \equiv	$\triangleq$	==
$\in$	\in	$\notin$	\notin	$\neq$	# 或 /=
$\langle$	<<	$\rangle$	>>	$\Box$	[]
$<$	<	$>$	>	$\Diamond$	<>
$\leq$	\leq 或 =< 或 <=	$\geq$	\geq 或 >=	$\leadsto$	~>
$\ll$	\ll	$\gg$	\gg	$\stackrel{+}{\rhd}$	-+->
$\prec$	\prec	$\succ$	\succ	$\mapsto$	|->
$\preceq$	\preceq	$\succeq$	\succeq	$\div$	\div
$\subseteq$	\subseteq	$\supseteq$	\supseteq	$\cdot$	\cdot
$\subset$	\subset	$\supset$	\supset	$\circ$	\o 或 \circ
$\sqsubset$	\sqsubset	$\sqsupset$	\sqsupset	$\bullet$	\bullet
$\sqsubseteq$	\sqsubseteq	$\sqsupseteq$	\sqsupseteq	$\star$	\star
$\vdash$	|-	$\dashv$	-|	$\bigcirc$	\bigcirc
$\models$	|=	$=\!\mid$	=|	$\sim$	\sim
$\rightarrow$	->	$\leftarrow$	<-	$\simeq$	\simeq
$\cap$	\cap 或 \intersect	$\cup$	\cup 或 \union	$\asymp$	\asymp
$\sqcap$	\sqcap	$\sqcup$	\sqcup	$\approx$	\approx
$\oplus$	(+) 或 \oplus	$\uplus$	\uplus	$\cong$	\cong
$\ominus$	(-) 或 \ominus	$\times$	\X 或 \times	$\doteq$	\doteq
$\odot$	(.) 或 \odot	$\wr$	\wr	x^y	x^y ②
$\otimes$	(\X) 或 \otimes	$\propto$	\propto	x^+	x^+ ②
$\oslash$	(/) 或 \oslash	“s”	"s" ①	x^*	x^* ②
$\exists$	\E	$\forall$	\A	$x^\#$	x^# ②
$\boldsymbol{\exists}$	\EE	$\boldsymbol{\forall}$	\AA	$'$	'
$]_v$	]_v	$\rangle_v$	>>_v		
WF_v	WF_v	SF_v	SF_v		
	-------- ③		-------- ③		
	-------- ③		======== ③		

① s 是字符的序列。可参见 16.1.10 节。

② x 与 y 是任意表达式。

③ 不少于 4 个 - 或 = 字符组成的序列。

第 15 章

Specifying Systems: The TLA$^+$ Language and Tools for Hardware and Software Engineers

TLA$^+$语法

本书使用 ASCII 版本的 TLA$^+$，该版本的表达基于 ASCII 字符集。也可以定义使用不同字符集的其他 TLA$^+$ 版本。一个不同的版本可能允许类似 $\Omega[\mathring{a}] \circ \langle$“ça”$\rangle$ 的表达式。由于在大多数语言中，数学公式看起来几乎是一样的，所以各种不同版本 TLA$^+$ 的基础语法应该是相同的。不同版本的差异在于各自的词素以及它们所允许的字符串和标识符。本章将描述 ASCII 版本的语法，该版本也是迄今为止唯一现存的 TLA$^+$ 版本。

术语“语法”（syntax）有两种不同的用法，我在某种程度上将其归咎于数学家和计算机科学家之间理解与表达方式的差异。计算机科学家会说 $\langle a, a\rangle$ 是一个语法正确的 TLA$^+$ 表达式。数学家会说该表达式在语法上正确，当且仅当它出现在已定义或声明 a 的上下文中。计算机科学家会将此要求称为语义而不是句法条件。数学家则会说如果 a 没有定义或声明，则 $\langle a, a\rangle$ 是无意义的，且无意义表达式的语义也无从谈起。本章描述了 TLA$^+$ 在计算机科学意义上的语法。关于语法的“语义”部分的说明可参见第 16 和 17 章。

TLA$^+$ 被设计为一种易于人类读写的语言。特别要提到的是，其表达式的语法将试图捕获普通数学符号中一些更丰富的细节。这使得精确定义语法的规约变得相当复杂。我们已用 TLA$^+$ 成功编写了这样的规约，但内容复杂难懂。除非你需要开发 TLA$^+$ 语言的解析器，否则将不会愿意去研究它。本章将给出一个 TLA$^+$ 语法的非正式描述，它可以解答实践中遇到的大多数问题。15.1 节将准确地给出一个简化的语法说明，该说明忽略了语法的某些方面，例如运算符的优先级、$\wedge$ 与 $\vee$ 列表的缩进规则与注释等。关于这些忽略信息的非正式说明可参见 15.2 节。15.1 节与 15.2 节将解释一个给定的 TLA$^+$ 模块的语法，它的语法结构可被视为一组词素的序列，其中词素又可视为组成语法原子单位的字符序列，比如 `|->`。15.3 节将描述如何将用户输入的字符串转化为词素的序列，其中也会涵盖对于注释的语法的准确描述。

本章描述 TLA$^+$ 规约的 ASCII 语法。本书也提供了排版版本的规约。例如，排版为 $\prec$ 的中缀运算符可用 ASCII 码 `\prec` 来表示。表 8 给出了所有 TLA$^+$ 符号的 ASCII 版本与排版版本的对应关系，其中也包括对应关系不明显的符号。

15.1 简化语法

TLA$^+$ 的简化语法是使用 BNF 描述的。更准确地说，其具体定义在下面的 TLA$^+$ 模块 *TLAPlusGrammar* 中。该模块使用了在 *BNFGrammars* 模块中所定义的用于表达 BNF 语法的各种运算符，具体可参见 11.1.4 节。*TLAPlusGrammar* 模块也包含了用于描述如何将规约作为普通 BNF 语法阅读的注释信息。因此，如果你已对 BNF 语法很熟悉，仅是为了学习 TLA⁺ 语法，那么你没有必要了解编写语法所用的 TLA⁺ 运算符是如何定义的。否则，你在阅读下面的模块之前应该先学习 11.1.4 节。

MODULE *TLAPlusGrammar*

EXTENDS *Naturals*, *Sequences*, *BNFGrammars*

本模块定义了一个简化的 TLA⁺ 语法，其中忽略了该语言的很多方面，例如运算符优先级与缩进规则等。我使用术语“语句”（sentence）来表示一个由若干词素组成的序列，其中每个词素是一个字符串。*BNFGrammars* 模块定义了用于编写语句集合的如下标准规范：$L \mid M$ 代表 L 和 M 的或运算，L^* 代表零个或多个 L 的串接，L^+ 代表一个或多个 L 的串接。L 与 M 的串接由 $L \ \& \ M$ 表示，而不是习惯性地并列 $L\,M$。*Nil* 代表空语句，所以对于任意 L，$Nil \ \& \ L$ 都等于 L。

标记（token）是由单个词素构成的语句。有两个运算符可用来定义标记集合：如果 s 是一个词素，那么 $tok(s)$ 是包含单个标记 $\langle s \rangle$ 的集合；如果 S 是词素的集合，那么 $Tok(S)$ 是包含所有满足 $s \in S$ 的标记 $\langle s \rangle$ 的集合。在注释中，我将不刻意区分标记 $\langle s \rangle$ 与字符串 s。

让我们从定义两个有用的运算符开始。首先，将 $CommaList(L)$ 定义为 L 或者一个由逗号分隔的 L 序列。

$$CommaList(L) \ \triangleq \ L \ \& \ (tok(\text{“,”}) \ \& \ L)^*$$

接下来，如果 c 是一个字符，那么我们将 $AtLeast4(\text{“c”})$ 定义为由不少于 4 个 c 组成的标记集合。

$$AtLeast4(s) \ \triangleq \ Tok(\{s \circ s \circ s\} \ \& \ \{s\}^+)$$

我们现在定义一些词素的集合。首先是 *ReservedWord*，表示不能作为标识符的字（单词）的集合。（请注意，BOOLEAN、TRUE、FALSE 与 STRING 是预定义的标识符。）

ReservedWord $\triangleq$

```
{"ASSUME",       "ELSE",      "LOCAL",     "UNION",
 "ASSUMPTION",   "ENABLED",   "MODULE",    "VARIABLE",
 "AXIOM",        "EXCEPT",    "OTHER",     "VARIABLES",
 "CASE",         "EXTENDS",   "SF_",       "WF_",
 "CHOOSE",       "IF",        "SUBSET",    "WITH",
 "CONSTANT",     "IN",        "THEN",
 "CONSTANTS",    "INSTANCE",  "THEOREM",
 "DOMAIN",       "LET",       "UNCHANGED"              }
```

接下来是三个关于字符的集合，更准确地说是单字符词素的集合。它们分别是字母的集合、数字的集合，以及可出现在标识符中的字符的集合。

Letter $\triangleq$

OneOf(“abcdefghijklmnopqrstuvwxyzABCDEFGHIJKLMNOPQRSTUVWXYZ”)

$$Numeral \triangleq OneOf(\text{“0123456789”})$$
$$NameChar \triangleq Letter \cup Numeral \cup \{\text{“\_”}\}$$

我们现在定义一些标记的集合。$Name$ 是一个由字母、数字以及至少包含一个字母的 “_” 字符组成的标记，且该标记不能起始于 “WF_” 或 “SF_”（关于该约束的说明可参见 15.3 节）。它可被用于记录字段或模块的名字。$Identifier$ 是一个 $Name$，且不属于保留字。

$$Name \triangleq Tok(\,(NameChar^* \;\&\; Letter \;\&\; NameChar^*) \setminus (\{\text{“WF\_”}, \text{“SF\_”}\} \;\&\; NameChar^+)\,)$$

$$Identifier \triangleq Name \setminus Tok(ReservedWord)$$

$IdentifierOrTuple$ 要么是一个标识符，要么是一个由标识符组成的元组。请注意，⟨ ⟩ 应键入为 << >>（即对应的 ASCII 表示）。

$$IdentifierOrTuple \triangleq Identifier \mid tok(\text{“<<”}) \;\&\; CommaList(Identifier) \;\&\; tok(\text{“>>”})$$

$Number$ 是代表一个数字的标记。你可以通过如下方式编写整数 63：63，63.00，\b111111 或\B111111（二进制），\o77 或\O77（八进制），或者\h3f、\H3f、\h3F 或 \H3F（十六进制）。

$$\begin{aligned} NumberLexeme \triangleq\; & Numeral^+ \\ \mid\; & (Numeral^* \;\&\; \{\text{“.”}\} \;\&\; Numeral^+) \\ \mid\; & \{\text{“\textbackslash b”}, \text{“\textbackslash B”}\} \;\&\; OneOf(\text{“01”})^+ \\ \mid\; & \{\text{“\textbackslash o”}, \text{“\textbackslash O”}\} \;\&\; OneOf(\text{“01234567”})^+ \\ \mid\; & \{\text{“\textbackslash h”}, \text{“\textbackslash H”}\} \;\&\; OneOf(\text{“0123456789abcdefABCDEF”})^+ \end{aligned}$$

$$Number \triangleq Tok(NumberLexeme)$$

$String$ 标记代表一个文本字符串。关于如何将特殊符号键入到字符串中，请参见 16.1.10节。

$$String \triangleq Tok(\,\{\text{“ " ”}\} \;\&\; \textsc{string} \;\&\; \{\text{“ " ”}\}\,)$$

我们接下来定义表示前缀运算符（例如 □）、中缀运算符（例如 +）以及后缀运算符（例如 ′）的标记。关于这些 ASCII 字符串具体代表的符号，可参见表 8。

$$PrefixOp \triangleq Tok(\{\text{“-”}, \text{“\textasciitilde”}, \text{“\textbackslash lnot”}, \text{“\textbackslash neg”}, \text{“[ ]”}, \text{“< >”}, \text{“DOMAIN”}, \text{“ENABLED”}, \text{“SUBSET”}, \text{“UNCHANGED”}, \text{“UNION”}\})$$

```
InfixOp ≜
  Tok({ "!!",   "#",    "##",   "$",    "$$",   "%",     "%%",
        "&",    "&&",   "(+)",  "(-)",  "(.)",  "(/)",   "(\X)",
        "*",    "**",   "+",    "++",   "-",    "-+->",  "--",
        "-|",   "..",   "...",  "/",    "//",   "/=",    "/\",
        "::=",  ":=",   ":>",   "<",    "<:",   "<=>",   "=",
        "=<",   "=>",   "=|",   ">",    ">=",   ".",     "??",
        "@@",   "\",    "\/",   "^",    "^^",   "|",     "|-",
        "|=",   "||",   "~>",   "<=",
        "\approx",    "\geq",        "\oslash",      "\sqsupseteq",
        "\asymp",     "\gg",         "\otimes",      "\star",
        "\bigcirc",   "\in",         "\prec",        "\subset",
        "\bullet",    "\intersect",  "\preceq",      "\subseteq",
        "\cap",       "\land",       "\propto",      "\succ",
        "\cdot",      "\leq",        "\sim",         "\succeq",
        "\circ",      "\ll",         "\simeq",       "\supset",
        "\cong",      "\lor",        "\sqcap",       "\supseteq",
        "\cup",       "\o",          "\sqcup",       "\union",
        "\div",       "\odot",       "\sqsubset",    "\uplus",
        "\doteq",     "\ominus",     "\sqsubseteq",  "\wr",
        "\equiv",     "\oplus",      "\sqsupset",    "\notin", })
```

```
PostfixOp ≜ Tok({"^+", "^*", "^#", "'"})
```

在形式上，TLA⁺ 的语法规约 *TLAPlusGrammar* 是满足下面 BNF 产出的最小语法说明。

```
TLAPlusGrammar ≜
  LET P(G) ≜
```

这里给出 BNF 语法。类似 *G.Module* 中以 "*G.*" 起始的术语表示非终结符（nonterminal）。终结符（terminal）是若干标记的集合，这些标记要么已在上面定义，要么是用 *tok* 与 *Tok* 运算符来定义的。其中 *AtLeast4* 与 *CommaList* 运算符的定义可参见前面的公式。

```
∧ G.Module ::=   AtLeast4("-") & tok("MODULE") & Name & AtLeast4("-")
               & (Nil | (tok("EXTENDS") & CommaList(Name)))
               & (G.Unit)*
               & AtLeast4("=")
```

$$\begin{aligned}
\land\ G.Unit ::= \quad & G.VariableDeclaration \\
\mid\ & G.ConstantDeclaration \\
\mid\ & (Nil \mid tok(\text{“LOCAL”}))\ \&\ G.OperatorDefinition \\
\mid\ & (Nil \mid tok(\text{“LOCAL”}))\ \&\ G.FunctionDefinition \\
\mid\ & (Nil \mid tok(\text{“LOCAL”}))\ \&\ G.Instance \\
\mid\ & (Nil \mid tok(\text{“LOCAL”}))\ \&\ G.ModuleDefinition \\
\mid\ & G.Assumption \\
\mid\ & G.Theorem \\
\mid\ & G.Module \\
\mid\ & AtLeast4(\text{“-”})
\end{aligned}$$

$$\begin{aligned}
&\land\ G.VariableDeclaration ::= \\
&\qquad Tok(\{\text{“VARIABLE”}, \text{“VARIABLES”}\})\ \&\ CommaList(Identifier)
\end{aligned}$$

$$\begin{aligned}
&\land\ G.ConstantDeclaration ::= \\
&\qquad Tok(\{\text{“CONSTANT”}, \text{“CONSTANTS”}\})\ \&\ CommaList(G.OpDecl)
\end{aligned}$$

$$\begin{aligned}
\land\ G.OpDecl ::= \quad & Identifier \\
\mid\ & Identifier\ \&\ tok(\text{“(”})\ \&\ CommaList(\,tok(\text{“_”})\,)\ \&\ tok(\text{“)”}) \\
\mid\ & PrefixOp\ \&\ tok(\text{“_”}) \\
\mid\ & tok(\text{“_”})\ \&\ InfixOp\ \&\ tok(\text{“_”}) \\
\mid\ & tok(\text{“_”})\ \&\ PostfixOp
\end{aligned}$$

$$\begin{aligned}
\land\ G.OperatorDefinition ::= \quad & (\quad G.NonFixLHS \\
& \ \mid\ PrefixOp\ \&\ Identifier \\
& \ \mid\ Identifier\ \&\ InfixOp\ \&\ Identifier \\
& \ \mid\ Identifier\ \&\ PostfixOp\ ) \\
& \&\ tok(\text{“==”}) \\
& \&\ G.Expression
\end{aligned}$$

$$\begin{aligned}
&\land\ G.NonFixLHS ::= \\
&\qquad\quad Identifier \\
&\qquad \&\ (\quad Nil \\
&\qquad\quad \mid\ tok(\text{“(”})\ \&\ CommaList(\,Identifier \mid G.OpDecl\,)\ \&\ tok(\text{“)”})\,)
\end{aligned}$$

$$\begin{aligned}
&\land\ G.FunctionDefinition ::= \\
&\qquad\quad Identifier \\
&\qquad \&\ tok(\text{“[”})\ \&\ CommaList(G.QuantifierBound)\ \&\ tok(\text{“]”}) \\
&\qquad \&\ tok(\text{“==”}) \\
&\qquad \&\ G.Expression
\end{aligned}$$

$\land\ G.QuantifierBound\ ::=\ (\ IdentifierOrTuple\ \mid\ CommaList(Identifier)\ )$
$\quad\&\ tok(\text{“\textbackslash in”})$
$\quad\&\ G.Expression$

$\land\ G.Instance\ ::=\ tok(\text{“INSTANCE”})$
$\quad\&\ Name$
$\quad\&\ (\ Nil\ \mid\ tok(\text{“WITH”})\ \&\ CommaList(G.Substitution)\ )$

$\land\ G.Substitution\ ::=\ (\ Identifier\ \mid\ PrefixOp\ \mid\ InfixOp\ \mid\ PostfixOp\ )$
$\quad\&\ tok(\text{“<-”})$
$\quad\&\ G.Argument$

$\land\ G.Argument\ ::=\ G.Expression$
$\quad\mid\ G.GeneralPrefixOp$
$\quad\mid\ G.GeneralInfixOp$
$\quad\mid\ G.GeneralPostfixOp$

$\land\ G.InstancePrefix\ ::=$
$\quad(\ \ Identifier$
$\quad\ \&\ (\ \ Nil$
$\quad\quad\mid\ tok(\text{“(”})\ \&\ CommaList(G.Expression)\ \&\ tok(\text{“)”})\ )$
$\quad\ \&\ tok(\text{“!”})\ \ )^*$

$\land\ G.GeneralIdentifier\ ::=\ G.InstancePrefix\ \&\ Identifier$
$\land\ G.GeneralPrefixOp\ ::=\ G.InstancePrefix\ \&\ PrefixOp$
$\land\ G.GeneralInfixOp\ ::=\ G.InstancePrefix\ \&\ InfixOp$
$\land\ G.GeneralPostfixOp\ ::=\ G.InstancePrefix\ \&\ PostfixOp$

$\land\ G.ModuleDefinition\ ::=\ G.NonFixLHS\ \&\ tok(\text{“==”})\ \&\ G.Instance$

$\land\ G.Assumption\ ::=$
$\quad Tok(\{\text{“ASSUME”, “ASSUMPTION”, “AXIOM”}\})\ \&\ G.Expression$

$\land\ G.Theorem\ ::=\ tok(\text{“THEOREM”})\ \&\ G.Expression$

注释中给出了每种不同表达的例子。

$\land\ G.Expression\ ::=$
$\quad G.GeneralIdentifier$ $\qquad A(x+7)!B!Id$

$\quad\mid\ G.GeneralIdentifier\ \&\ tok(\text{“(”})$ $\qquad A!Op(x+1,y)$
$\quad\quad\&\ CommaList(G.Argument)\ \&\ tok(\text{“)”})$

$\mid$ $G.GeneralPrefixOp$ & $G.Expression$ SUBSET $S.foo$

$\mid$ $G.Expression$ & $G.GeneralInfixOp$ & $G.Expression$ $a + b$

$\mid$ $G.Expression$ & $G.GeneralPostfixOp$ $x[1]'$

$\mid$ tok("(") & $G.Expression$ & tok(")") $(x + 1)$

$\mid$ $G.Expression$ & tok(".") & $Name$

$\mid$ Tok({"\A", "\E"}) & $CommaList(G.QuantifierBound)$) & tok(":") & $G.Expression$ $\forall x \in S, \langle y, z \rangle \in T : F(x, y, z)$

$\mid$ Tok({"\A", "\E", "\AA", "\EE"}) & $CommaList(Identifier)$ & tok(":") & $G.Expression$ $\exists x, y : x + y > 0$

$\mid$ tok("CHOOSE") CHOOSE $\langle x, y \rangle \in S : F(x, y)$
& $IdentifierOrTuple$
& (Nil | tok("\in") & $G.Expression$)
& tok(":")
& $G.Expression$

$\mid$ tok("{") & (Nil | $CommaList(G.Expression)$) & tok("}") $\{1, 2, 2 + 2\}$

$\mid$ tok("{") $\{x \in Nat : x > 0\}$
& $IdentifierOrTuple$ & tok("\in") & $G.Expression$
& tok(":")
& $G.Expression$
& tok("}")

$\mid$ tok("{") $\{F(x, y, z) : x, y \in S, z \in T\}$
& $G.Expression$
& tok(":")
& $CommaList(G.QuantifierBound)$
& tok("}")

$\mid$ $G.Expression$ & tok("[") & $CommaList(G.Expression)$ & tok("]") $f[i + 1, j]$

$\mid$ tok("[") $[i, j \in S, \langle p, q \rangle \in T \mapsto F(i, j, p, q)]$
& $CommaList(G.QuantifierBound)$
& tok("|->")
& $G.Expression$
& tok("]")

| tok("[") & $G.Expression$& tok("->")& $G.Expression$ & tok("]") $[(S \cup T) \rightarrow U]$

| tok("[") & $CommaList$($Name$ & tok("|->")& $G.Expression$) $[a \mapsto x+1,\ b \mapsto y]$
& tok("]")

| tok("[") & $CommaList$($Name$ & tok(":") & $G.Expression$) $[a : Nat,\ b : S \cup T]$
& tok("]")

| tok("[") $[f \text{ EXCEPT } ![1, x].r = 4,\ ![\langle 2, y\rangle] = e]$
& $G.Expression$
& tok("EXCEPT")
& $CommaList$(tok("!")
& (tok(".") & $Name$
| tok("[") & $CommaList$($G.Expression$) & tok("]"))$^+$
& tok("=") & $G.Expression$)
& tok("]")

| tok("<<") & (Nil | $CommaList$($G.Expression$)) & tok(">>") $\langle 1,\ 2,\ 1+2\rangle$

| $G.Expression$ & (Nil | Tok({"\X", "\times"}) & $G.Expression$)$^+$ $Nat \times (1\,..\,3) \times Real$

| tok("[") & $G.Expression$ & tok("]_") & $G.Expression$ $[A \vee B]_{\langle x,y\rangle}$

| tok("<<") & $G.Expression$ & tok(">>_") & $G.Expression$ $\langle x' = y+1\rangle_{\langle x*y\rangle}$

| Tok({"WF_", "SF_"}) & $G.Expression$ $\mathrm{WF}_{vars}(Next)$
& tok("(") & $G.Expression$ & tok(")")

| tok("IF") & $G.Expression$ & tok("THEN") IF p THEN A ELSE B
& $G.Expression$ & tok("ELSE") & $G.Expression$

| tok("CASE")
& (LET $CaseArm$ $\triangleq$
$G.Expression$ & tok("->") & $G.Expression$
IN $CaseArm$ & (tok("[]") & $CaseArm$)*)
& (Nil
| (tok("[]") & tok("OTHER") & tok("->") & $G.Expression$))

CASE $p1 \rightarrow e1$
$\Box$ $p2 \rightarrow e2$
$\Box$ OTHER $\rightarrow e3$

$$
\begin{array}{ll}
| & tok(\text{"LET"}) \\
& \quad \& \; (\quad G.OperatorDefinition \\
& \qquad\quad | \; G.FunctionDefinition \\
& \qquad\quad | \; G.ModuleDefinition \;)^{+} \\
& \quad \& \; tok(\text{"IN"}) \\
& \quad \& \; G.Expression
\end{array}
$$

LET $x \triangleq y+1$
$\quad f[t \in Nat] \triangleq t^2$
IN $x + f[y]$

$| \; (tok(\text{"/\textbackslash"}) \; \& \; G.Expression)^{+}$ $\quad \land x = 1$, $\land y = 2$

$| \; (tok(\text{"\textbackslash/"}) \; \& \; G.Expression)^{+}$ $\quad \lor x = 1$, $\lor y = 2$

$| \; Number$ 09001

$| \; String$ "foo"

$| \; tok(\text{"@"})$ @ （仅能在 EXCEPT 表达式中使用。）

IN $LeastGrammar(P)$

15.2 完整的语法

在上一节中，我们完成了 TLA+ 语法的说明，但说明的细节不是用 BNF 语法描述的。15.2.1 节将给出优先级规则，15.2.2 节将给出合取与析取运算列表的对齐规则，15.2.3 节将描述注释，15.2.4 节将简单讨论时态公式的语法。最后，为了语法说明的完整性，15.2.5 节还将解释针对两种不常见的异常情况的处理方法。

15.2.1 优先级与关联性

表达式 $a+b*c$ 会被解释为 $a+(b*c)$，而不是 $(a+b)*c$。这个约定规则可被解释为运算符 $*$ 的优先级高于运算符 $+$。通常，高优先级运算符的应用要先于低优先级运算符。这适用于前缀运算符（比如 SUBSET）、后缀运算符（比如 $'$）以及中缀运算符（比如 $+$ 与 $*$）。由此，$a+b'$ 被解释为 $a+(b')$ 而不是 $(a+b)'$，原因是 $'$ 的优先级高于 $+$。应用顺序还取决于关联性。表达式 $a-b-c$ 被解释为 $(a-b)-c$，原因是"$-$"是一个左结合的（left-associative）中缀运算符。

在 TLA+ 中，运算符的优先级可用数字的范围来表示，例如 9–13。运算符 \$ 的优先级为 9–13，而 :> 的优先级为 7–7，由于前者的范围取值整体大于后者，因此运算符 \$ 的优先级高于运算符 :>。如果两个运算符的应用顺序因优先级的问题而无法确定，比如两者的优先级范围存在重叠且它们不是可结合的（满足结合律）中缀运算符，那么对应的表达式就是非法的（语法错误）。例如，$a+b*c' \% d$ 是非法表达式，具体原因可参见下面的论述：

由于 $'$ 的优先级范围高于 $*$，且 $*$ 的优先级范围同时高于 $+$ 和 $\%$，故该表达式可写为 $a+(b*(c'))\ \%\ d$。然而，由于 $+$（10–10）与 $\%$（10–11）的优先级相互重叠，故我们也无法确定应将该表达式解释为 $(a+(b*(c')))\ \%\ d$ 还是 $a+((b*(c'))\ \%\ d)$。基于上述理由，该表达式是非法的。

TLA$^+$ 秉承如下理念：表达优先级时，最好使用括号而不要人为引入歧义和误解。因此，由于 $*$ 和 $/$ 的优先级范围存在重叠，因此将导致类似 $a/b*c$ 等表达式产生语法错误。（这也将导致 $a*b/c$ 非法，即使 $(a*b)/c$ 和 $a*(b/c)$ 的常规含义碰巧相同。）基于安全性考量，类似 \$ 等非常规运算符拥有更广泛的优先级范围。无论如何，即使优先级规则已指明括号是多余的，但为了表达式的可读性与可理解性，我仍然推荐使用括号。

表 6 给出了所有运算符的优先级范围，也说明了哪些中缀运算符是左结合的。（TLA$^+$ 语言中不存在右结合的运算符。）值得注意的是，符号 $\in$、$=$ 与 “.” 既可用作表达式构造中的固有部分，也可用作中缀运算符。在如下两个表达式中，它们不是中缀运算符：

$$\{x \in S : p(x)\} \qquad [f \text{ EXCEPT } !.a = e]$$

因此，上面表达式的解析过程不涉及中缀运算符的优先级。下面是运算符优先级范围之外的一些额外的优先级规则。

函数应用

函数应用被当作优先级范围为 16–16 的运算符处理。除了记录字段运算符（“.”）之外，它的优先级高于其他任何运算符。由此，$a+b.c[d]'$ 被解释为 $a+(((b.c)[d])')$。

笛卡儿积

在笛卡儿积的构造中，$\times$（对应的键盘输入为 `\X` 或 `\times`）的作用类似于一个优先级范围为 $10\sim13$ 的可结合的（满足结合律）中缀运算符。由此，$A\times B\subseteq C$ 被解释为 $(A\times B)\subseteq C$，而不是 $A\times(B\subseteq C)$。然而，$\times$ 是特殊构造的一部分，不是中缀运算符。例如，如下三个集合 $A\times B\times C$、$(A\times B)\times C$ 与 $A\times(B\times C)$ 是互不相同的：

$$\begin{aligned}
A\times B\times C &= \{\langle a,b,c\rangle : a\in A,\, b\in B,\, c\in C\}\\
(A\times B)\times C &= \{\langle\langle a,b\rangle,c\rangle : a\in A,\, b\in B,\, c\in C\}\\
A\times(B\times C) &= \{\langle a,\langle b,c\rangle\rangle : a\in A,\, b\in B,\, c\in C\}
\end{aligned}$$

第一个是三元组的集合，后面两个是对（二元组）的集合。

无界构造

TLA$^+$ 语言拥有若干个用于构建表达式且没有显式的右终结符的构造：CHOOSE、IF/THEN/ELSE、CASE、LET/IN 与量词构造。这些构造被当作最低优先级的前缀运算符处理。因此，通过使用这些构造，可以构建出足够长的表达式。更确切地说，该表达式仅终结于如下场景之一：

- 下一个模块单元的起始处。（模块单元由 11.1.4 节所述的 BNF 语法的 *Unit* 非终结符产生，其中包含了相关定义和声明。）
- 一个右定界符，它所匹配的左定界符位于构造的起始处之前。定界符对包括 ( )、[ ]、{ } 以及 $\langle\ \rangle$。
- 不属于子表达式内组成部分的任意以下词素：THEN、ELSE、IN、逗号（,）、冒号（:）以及 $\rightarrow$。例如，子表达式 $\forall x : P$ 由如下表达式中的 THEN 终结：

  IF $\forall x : P$ THEN 0 ELSE 1
- CASE 分隔符 □（不是与输入字符相同的前缀时态运算符）终结了所有这些构造，除非是一个没有 OTHER 子句的 CASE 声明。也就是说，排除 □ 是 CASE 声明语句一个组成部分的场景，□ 总是一个定界符。
- 对于作为合取运算列表元素前缀的 $\wedge$ 运算符，或者作为析取运算列表元素前缀的 $\vee$ 运算符，不在其右侧且包含给定构造的任何符号。（参见 15.2.2 节。）

下面是一些表达式基于该规则的解释：

```
   IF x > 0 THEN y + 1
            ELSE y - 1       表示     IF x > 0 THEN y + 1
+ 2                                            ELSE (y - 1 + 2)

   ∀x ∈ S : P(x)             表示     ∀x ∈ S : (P(x) ∨ Q)
∨ Q
```

正如这里的例子所示，缩进被忽略了——除非它是在下面所讨论的合取或析取运算列表中。IF/THEN/ELSE 或 CASE 构造中如果缺失终结词素（例如 END），则通常会使表达式更加简洁，但有些场景确实还需要添加双括号。

下标

TLA 在如下构造中标记下标：$[A]_e$、$\langle A\rangle_e$、$\mathrm{WF}_e(A)$ 与 $\mathrm{SF}_e(A)$。在 TLA⁺ 中，编写它们时可使用 "_" 字符（可写为 `<<A>>_e`）。从原则上来讲，这种表示方法是有问题的。对于表达式 `<<A>>_x /\ B`，虽然我们期望将其解释为 $(\langle A\rangle_x) \wedge B$，但也可能被理解为 $\langle A\rangle_{(x\wedge B)}$。解析这些构造的精准规则并不是很重要，但除了以下两种情况，你应该在下标附近添加双括号：

- 下标是 BNF 语法中的通用标识符（*GeneralIdentifier*）。
- 下标是用相匹配的定界符对（包括 ( )、[ ]、$\langle\ \rangle$ 和 { }）括起来的表达式，例如 $\langle x, y\rangle$ 和 $(x + y)$。

尽管 `[A]_f[x]`可被解析器正确转译为 $[A]_{f[x]}$，但将其写为 `[A]_(f[x])`（ASCII 文本格式，可被 TLATeX 正确格式化）不失为一种可读性更强的表达方式。

15.2.2 对齐

TLA+ 语法的最新颖之处在于合取和析取运算列表的对齐。如果你直接编写这样一个列表，那么它的含义当然和你的期望是一致的。然而，你很难避免打字输入的错误，这将导致某些奇怪的后果。因此，了解这些列表的具体语法规则是很有必要的。下面我仅给出合取运算列表的语法规则，析取运算列表的规则与之是类似的。

合取运算列表是一个起始于 $\wedge$（写作 /\）的表达式。令 c 为 / 所在的列。合取运算列表由一系列合取式构成，每个运算式都起始于 $\wedge$。一个合取运算终结于 /\ 之后出现的如下场景之一：

1. 另外一个 /\，它的 /字符在 c 列，且为该行中的第一个非空字符。

2. c 列出现的任何非空字符，或 c 左侧列中出现的任何非空字符。

3. 一个右定界符，且它对应的左定界符出现在合取运算列表起始位置之前。此类定界符对包括 ( )、[ ]、{ } 与 $\langle\ \rangle$。

4. 下一个模块单元的起始处。（模块单元产生于 BNF 语法中的非终结符 $Unit$，其中含有相关定义和声明。）

在场景 1 中，/\ 代表了同一合取运算列表中下一个合取式的开始。在其他三种场景中，合取式的结束即代表了整个合取运算列表的终结。在所有场景中，终结合取式的字符不属于合取运算本身。有了这些规则，利用缩进就可以正确分割合取运算列表中的表达式，例如：

```
/\ IF e THEN P
        ELSE Q
/\ R
```

表示

$$\begin{array}{l} \wedge\ (\text{IF}\ e\ \text{THEN}\ P \\ \qquad\qquad \text{ELSE}\ Q) \\ \wedge\ R \end{array}$$

最好将每个合取式完全缩进至其 $\wedge$ 符号右侧。下面这些示例准确地说明了不这样做的后果：

```
/\ x'
 = y
/\ y'=x
```

表示

$$\begin{array}{l} \wedge\ x' = y \\ \wedge\ y' = x \end{array}$$

```
/\ x'
= y
/\ y'=x
```

表示

$$\begin{array}{l} ((\wedge\ x') \\ = y) \\ \qquad \wedge\ (y' = x) \end{array}$$

在第二个例子中，$\wedge x'$ 被解释为仅含有一个合取运算的合取列表，并且第二个/\ 被错误解释为中缀运算符。

你不能使用括号来规避缩进规则。例如，下面的表达式是非法的：

```
/\ (x'
= y)
/\ y'=x
```

该规则暗示第一个 /\ 开启了一个终结于 = 之前的合取运算列表。那么这个合取列表就是 $\wedge(x'$，其中的左括号没有与之匹配的右括号。

合取/析取运算列表的表述具有很强的鲁棒性。即使因你输入太多或太少的空格而弄乱了对齐方式（这在列表过长时很容易发生），公式的含义仍然可以保持正确。下面的例子展示了如果一个合取式未对齐，将会发生什么。

```
 /\ A                 ((∧ A)   一个合取运算中的列表 ∧A；它等于 A
/\ B       表示         ∧ B)   该 ∧ 被解释为一个中缀运算符
/\ C                  ∧ C      该 ∧ 被解释为一个中缀运算符
```

尽管此公式未按照你的预期进行解释，但结果等同于 $A \wedge B \wedge C$，即公式的含义仍与你最初的设计相同。

大多数键盘都有一个 Tab 键（在有的键盘上用右箭头标记），但它也是很多麻烦的源头。在我的计算机屏幕上，我可以通过在第二行的起始处键入 8 个空格字符、在第三行起始处键入一个制表符来构造如下语句：

```
A ==
        /\ x' = 1
        /\ y' = 2
```

在这个例子中，未说明两个 / 字符是否可出现在同一列。制表符是一个从旧时代遗留至今的历史问题（当时的老式计算机、打印机的内存是以千字节为单位来衡量的），现在该字符已经不合时宜了。我强烈建议你不要使用它。但如果你坚持使用，请遵守如下规则：

- 一个制表符被认为等价于一个或多个空格字符，因此它占据了一个或多个列。
- 在行首出现的空格序列和与之等价的制表符所占据的列数相同。

除此之外，没有其他关于使用制表符的保证规则。

15.2.3　注释

关于注释的说明可参见 3.5 节。一个注释可出现在规约中任意两个词素之间。存在如下两种类型的注释：

- 定界注释是形如 “(*” $\circ s \circ$ “*)” 的字符串。其中 s 是一个字符串，位于它左右且匹配的定界符对 “(*” 和 “*)” 一定要存在。更准确地说，定界注释可被归纳定义为字符串形式 “(*” $\circ s_1 \circ \cdots \circ s_n \circ$ “*)”，其中每个 s_i 要么是一个既不包含子字符串 “(*” 也不包含子字符串 “*)” 的字符串，要么是一个定界注释。（特别要提出的是，“(**)” 也是一个定界注释。）
- 行尾注释是形如 “*” $\circ s \circ$ “$\langle$LF$\rangle$” 的字符串，其中 s 是一个不包含 行尾符 $\langle$LF$\rangle$ 的任意字符串。

我喜欢编写如下风格的注释：

```
BufRcv == /\ InChan!Rcv                 (*********************************)
          /\ q' = Append(q, in.val)     (* 从通道'in'接收消息,              *)
          /\ out                        (* 并追加至q的尾部。                *)
                                        (*********************************)
```

从语法意义上说，这一段规约中含有四块不同的注释，第一块和最后一块由同样的字符串 (*** ··· ***) 组成。但是读者通常将它们视为延伸至四行的同一块注释。这种注释约定虽然不是 TLA⁺ 语言的一部分，但可被 TLATEX 排版程序所支持，具体说明可参见 13.4 节。

15.2.4 时态公式

BNF 语法将 $\Box$ 与 $\Diamond$ 视为前缀运算符。然而，正如 8.1 节所述，时态公式的语法约束了它们的使用。例如，$\Box(x' = x + 1)$ 就不是一个合法的公式。编写一套可定义合法时态公式的 BNF 语法并不困难，这些时态公式可由时态运算符和普通的布尔运算符（类似 $\neg$ 和 $\wedge$）构成。但是，这样的 BNF 语法不会告诉你下面两个表达式中哪一个是合法的：

$$\text{LET } F(P, Q) \triangleq P \wedge \Box Q \quad\quad \text{LET } F(P, Q) \triangleq P \wedge \Box Q$$
$$\text{IN } F(x = 1,\ x = y + 1) \quad\quad \text{IN } F(x = 1,\ x' = y + 1)$$

第一个表达式是合法的，第二个是非法的，原因是它表达了如下非法公式：

$$(x = 1) \wedge \Box(x' = y + 1) \quad \text{该公式不合法}$$

判断一个时态公式是否在语法上正确需要一些精确的规则，这些规则首先涉及将所有已定义的运算符替换为它们的定义内容，具体步骤可参见 17.4 节。在此将不赘述这些规则。

在具体实践中，时态运算符在 TLA⁺ 规约中并不常用，人们很少有机会去编写类似于下面公式的新定义：

$$F(P, Q) \triangleq P \wedge \Box Q$$

对于涉及此类运算符的表达式，其语法规则仅具有学术研究意义。

15.2.5 两种异常

在 TLA⁺ 的语法中，有两种潜在的、可导致歧义的问题根源，虽不常遇到，却有专门的解决方法。第一类问题产生于将“$-$”同时用作中缀运算符（例如 $2 - 2$）和前缀运算符（例如 $2 + -2$）。在普通表达式中使用“$-$”不会导致问题。然而，存在如下两种运算符可单独出现的情况：

- 作为高阶运算符的参数，如 $HOp(+, -)$。
- 在 INSTANCE 声明的代换中，例如

$$\text{INSTANCE } M \text{ WITH } + \leftarrow Plus,\ Minus \leftarrow -$$

在这两种情况中，符号“$-$”都被解释为中缀运算符。你必须输入“$-.$”来表示前缀运算符。如果你想将“$-$”定义为前缀运算符，比如

$$-.\,a \;\triangleq\; UMinus(a)$$

那么你也必须输入“$-.$”。在普通表达式中，对于这两种运算符的表达，你仅需要输入“$-$”即可。

TLA$^+$ 语法中第二类歧义问题的根源为形如 $\{x \in S : y \in T\}$ 的罕见语句，它可被用于表示如下两个公式之一的含义：

$$\text{LET } p(x) \triangleq y \in T \text{ IN } \{x \in S : p(x)\}$$ 这是 S 的一个子集

$$\text{LET } p(y) \triangleq x \in S \text{ IN } \{p(y) : y \in T\}$$ 这是布尔集合 {TRUE, FALSE} 的一个子集

它被解释为第一个公式。

15.3　TLA$^+$的词素

到目前为止，本章已描述了构成合法 TLA$^+$ 模块（满足语法正确性）的各种词素序列。更准确地说，由于对齐规则的存在，语法的正确性不仅依赖于词素的顺序，也取决于每个词素的位置，即词素字符所在的具体行和列。为了完成 TLA$^+$ 语法的定义，本节将解释如何将字符的序列转换为词素的序列。

位于模块起始位置前的所有字符都会被忽略。忽略一个字符并不影响序列中其他字符所在的行列位置。模块起始于不少于 4 个短横线（“-”字符），之后跟随零个或多个空格符，再之后跟随 6 个字符组成的字符串“MODULE”。（该字符序列产生了对应模块的头两个词素。）模块中剩余的字符序列将通过反复迭代的方式转换为词素序列，直至遇到模块的终结标识 ==$\cdots$==。迭代规则如下所示：

> 下一个词素起始于下一个非注释（不是注释的组成部分）的文本字符，由可构成一个合法 TLA$^+$ 词素的最长的连续字符序列组成。（如果不存在这样的词素，则认为出错。）

空格、制表符、和行终结符都不是文本字符。而换页符之类的字符是否是文本字符则没有明确规定。（你不应该在注释外使用这些字符。）

在 BNF 语法中，*Name* 是一种可用于记录字段命名的词素。TLA$^+$ 的语义认为 $r.c$ 是 r["c"] 的缩写，并允许任何字符串作为一个 *Name*。然而，还需要一些约束——例如，如果允许将字符串“a+b”作为 *Name*，则会导致在实践中无法确定 `r.a+b` 表述的是 r["a+b"] 还是 r["a"] $+\, b$。在 15.1 节的 *TLAPlusGrammar* 模块中存在一个关于 *Name* 定义的特殊约束，该约束规定不得将起始于“WF_”和“SF_”的字符串作为 *Name*（不包括字符串“WF_”和“SF_”本身）。基于此约束，拥有上述前缀的字符串将不是合法的 TLA$^+$ 词素。因此，所输入的语句 `WF_x(A)` 将被分割为五个词素：“WF_”、“x”、“(”、“A”和“)”，并被解释为表达式 $\text{WF}_x(A)$。

TLA$^+$的运算符

本章将描述 TLA$^+$ 的内置运算符。其中大多数运算符已在第一部分中描述过了。在这里，你可以找到关于这些运算符的简要说明，以及对于第一部分中详细说明的引用。这些说明涵盖了一些其他地方未提及的微妙之处。对于已完成第一部分阅读的读者以及早已熟知所需说明的数学概念的读者而言，本章可作为参考手册。

本章包含了运算符的形式化语义的说明。通常仅在设计 TLA$^+$ 工具时才需要用形式化语义来严格描述 TLA$^+$。如果你既没有开发 TLA$^+$ 工具的需求，也对形式化技术不感兴趣，那么你很可能希望跳过所有标题涉及*形式化语义*的章节。然而，在未来你依然可能遇到关于 TLA$^+$ 运算符含义不清晰的问题，而此类问题只能通过形式化语义来解答。

针对第 15 章中省略的 TLA$^+$语法,本章也给出了一些“语义”条件的定义。例如,这些定义可以告诉你 $[a: Nat, a: \text{BOOLEAN}]$ 是一个非法的表达式。表达式中其他语义条件来自本章的相关定义与第 17 章所描述条件的结合。例如，本章定义了 $\exists x, x : p$ 等于 $\exists x : (\exists x : p)$，而第 17 章则告诉你后一个表达式为非法。

16.1 恒定运算符

我们首先定义 TLA$^+$ 的恒定运算符。它们是与 TLA 或时态逻辑无关的常规数学运算符。第四部分开篇的表 1 与表 2 列出了 TLA$^+$ 的所有恒定运算符。

可通过运算符将若干个表达式组合成一个“更大”的表达式。例如，可通过并集运算符 $\cup$ 将两个表达式 e_1 和 e_2 组成表达式 $e_1 \cup e_2$。一些表达式没有像$\cup$这样的简单名称，例如，将 n 个表达式 $e_1, \cdots, e_n$ 组合为 $\{e_1, \cdots, e_n\}$的运算符是没有现成名称的。虽然我们可将其命名为 $\{,\cdots,\}$ 或 $\{\_,\cdots,\_\}$，但这样做有些尴尬。因此我并不显式定义该运算符，而是借助于*构造*（construct）$\{e_1, \cdots, e_n\}$。$\cup$等常见运算符与构造 $\{e_1, \cdots, e_n\}$中用到的无名运算符之间的差异仅在于语法，而不在于数学意义。在第 17 章中，我们将通过抽象化描述将此类语法差异去除，并将所有运算符统一处理。但现在，我们仍将聚焦于语法。

形式化语义

语言的形式化语义指的是将语言翻译为某种数学形式。对于某语言中特定的术语 e，我们可为其指定一个数学表达式 $[\![e]\!]$，并称之为 e 的*含义*。既然我们可能已理解了相关数学知识，那么我们就能知道 $[\![e]\!]$ 的含义，它告诉我们 e 表示什么。

含义通常是通过归纳的方式定义的。例如，表达式 $e_1 \cup e_2$ 的含义 $[\![e_1 \cup e_2]\!]$ 可通过它的子表达式的含义 $[\![e_1]\!]$ 和 $[\![e_2]\!]$ 来定义。据说此定义也可用来定义运算符 $\cup$ 的语义。

由于大部分 TLA$^+$ 语言是用来表达普通数学关系的，因此其大量语义都是琐碎、微不足道的。例如，$\cup$ 的语义可定义为：

$$[\![e_1 \cup e_2]\!] \triangleq [\![e_1]\!] \cup [\![e_2]\!]$$

在该定义中，$\triangleq$ 左侧的 $\cup$ 是 TLA$^+$ 符号，而位于其右侧的则为普通数学中的并集运算符。通过如下写法，可使符号 $\cup$ 的两种用途的差异更加明显：

$$[\![e_1 \text{ \textbackslash cup } e_2]\!] \triangleq [\![e_1]\!] \cup [\![e_2]\!]$$

但这并不能降低该定义的琐碎程度。

我们并没有试图维持 TLA$^+$ 运算符 $\cup$ 与同样书写形式的集合论算子之间的差异，而是简单地将 TLA$^+$ 作为一种数学语言，用来定义 TLA$^+$ 语义。也就是说，我们将类似于 $\cup$ 等的特定 TLA$^+$ 运算符作为基元（primitive），与知名的数学运算符对应。我们用这些基元运算符来定义 TLA$^+$ 恒定运算符，并以此来解释 TLA$^+$ 恒定运算符的形式化语义。我们还通过说明一些基元运算符所满足的公理来描述它们的语义。

16.1.1　布尔运算符

在 TLA$^+$ 中，逻辑的真值被写为 TRUE 与 FALSE。其内置常量 BOOLEAN 是由这两个值组成的集合：

$$\text{BOOLEAN} \triangleq \{\text{TRUE}, \text{FALSE}\}$$

TLA$^+$ 提供了命题逻辑中的常用运算符[㊀]，如下所示：

$$\land \qquad \lor \qquad \neg \qquad \Rightarrow \text{（蕴涵）} \qquad \equiv \qquad \text{TRUE} \qquad \text{FALSE}$$

关于它们的说明可参见 1.1 节。合取式与析取式也可写为如下所示的对齐列表：

$$\begin{array}{l} \land\ p_1 \\ \quad\vdots \\ \land\ p_n \end{array} \triangleq p_1 \land \cdots \land p_n \qquad\qquad \begin{array}{l} \lor\ p_1 \\ \quad\vdots \\ \lor\ p_n \end{array} \triangleq p_1 \lor \cdots \lor p_n$$

在 TLA$^+$ 中，谓词逻辑的标准量化公式可写为如下形式：

$$\forall x : p \qquad \exists x : p$$

我称之为无界量词构造（unbounded quantifier construction）。而有界（bounded）版本可写为：

$$\forall x \in S : p \qquad \exists x \in S : p$$

㊀ TRUE 与 FALSE 是不带参数的运算符。

关于这些表达式的含义可参见 1.3 节。TLA$^+$ 允许对表达式进行一些常见的缩略处理，例如$^{\ominus}$：

$$\forall x, y : p \triangleq \forall x : (\forall y : p)$$
$$\exists x, y \in S, z \in T : p \triangleq \exists x \in S : (\exists y \in S : (\exists z \in T : p))$$

TLA$^+$ 也允许对元组进行有界量化，例如：

$$\forall \langle x, y \rangle \in S : p$$

当且仅当对于 S 中的任意一对 $\langle a, b \rangle$，都满足代换后的 p（即通过将 p 中的 x 代换为 a，y 代换为 b，所获得的公式）时，该公式才成立。

形式化语义

命题、谓词逻辑与集合论共同构成了普通数学的基础。在定义 TLA$^+$ 语义的过程中，我们将命题逻辑运算符与简单无界量词构造 $\exists x : p$、$\forall x : p$ 作为基元，在该构造中 x 是一个标识符。在前面所描述的布尔运算符中，当前仅遗留第 15 章中 BNF 语法所给出量词的通用形式尚未解决，而这些形式的含义必须被定义。可通过简单形式来定义此类通用形式。

无界运算符具有如下通用形式：

$$\forall x_1, \cdots, x_n : p \qquad \exists x_1, \cdots, x_n : p$$

其中每个 x_i 为一个标识符。可通过对单个变量的量化来定义它们，如下所示：

$$\forall x_1, \cdots, x_n : p \triangleq \forall x_1 : (\forall x_2 : (\cdots \forall x_n : p) \cdots)$$

对于 $\exists$，也可采用类似的处理原则。有界运算符具有如下通用形式：

$$\forall \mathbf{y}_1 \in S_1, \cdots, \mathbf{y}_n \in S_n : p \qquad \exists \mathbf{y}_1 \in S_1, \cdots, \mathbf{y}_n \in S_n : p$$

其中每个 $\mathbf{y}_i$ 的形式为 $x_1, \cdots, x_k$ 或者 $\langle x_1, \cdots, x_k \rangle$，每个 x_j 为一个标识符。$\forall$ 的通用形式可通过下列公式归纳定义：

$$\begin{aligned}
\forall x_1, \cdots, x_k \in S : p &\triangleq \forall x_1, \cdots, x_k : \\
&\qquad (x_1 \in S) \land \cdots \land (x_k \in S) \Rightarrow p \\
\forall \mathbf{y}_1 \in S_1, \cdots, \mathbf{y}_n \in S_n : p &\triangleq \forall \mathbf{y}_1 \in S_1 : \cdots \forall \mathbf{y}_n \in S_n : p \\
\forall \langle x_1, \cdots, x_k \rangle \in S : p &\triangleq \forall x_1, \cdots, x_k : (\langle x_1, \cdots, x_k \rangle \in S) \Rightarrow p
\end{aligned}$$

其中 $\mathbf{y}_i$ 的形式和前面一样。在这些表达式中，S 与 S_i 都位于量词标识符的约束范围之外。$\exists$ 的定义也是类似的，如下所示：

$$\exists \langle x_1, \cdots, x_k \rangle \in S : p \triangleq \exists x_1, \cdots, x_k : (\langle x_1, \cdots, x_k \rangle \in S) \land p$$

关于元组的更多详细信息，请参考 16.1.9 节。

$\ominus$ 下面第二个公式并不正确。它应该声明当 x、y 或 z 并不在 S 与 T 中出现时，该公式中 $\triangleq$ 左右两侧的语句才等价。

16.1.2 选择运算符

一个简单的无界 CHOOSE 表达式具有如下形式：

$$\text{CHOOSE } x : p$$

正如 6.6 节所述，该表达式的值为满足特定条件的任意取值 v，该条件为：存在一个 v，如果将 x 代换为 v，则 p 的值为真。如果不存在满足该条件的 v，则该表达式的取值完全为任意值。

如下为 CHOOSE 表达式的有界形式：

$$\text{CHOOSE } x \in S : p$$

它是借助无界形式，用如下公式来定义的：

$$\text{CHOOSE } x \in S : p \;\triangleq\; \text{CHOOSE } x : (x \in S) \land p \tag{16.1}$$

它等于 S 中满足如下条件的 v 的任意取值：存在 v，如果将 x 代换为 v，则 p 的值为真。如果不存在满足该条件的 v，则该表达式的取值完全为任意值。

CHOOSE 表达式也可用来选择元组。例如，

$$\text{CHOOSE } \langle x, y \rangle \in S : p$$

等于 S 中满足如下条件的 $\langle v, w \rangle$ 取值对：存在 $\langle v, w \rangle$，如果将 v 代换为 x，w 代换为 y，则 p 的值为真。如果不存在满足该条件的二元组（取值对），则该表达式的取值为任意值，而且不一定具有二元组形式。

对于任意运算符 P 与 Q，无界 CHOOSE 运算符遵循如下两个规则：

$$\begin{aligned} &(\exists x : P(x)) \equiv P(\text{CHOOSE } x : P(x)) \\ &(\forall x : P(x) = Q(x)) \Rightarrow ((\text{CHOOSE } x : P(x)) = (\text{CHOOSE } x : Q(x))) \end{aligned} \tag{16.2}$$

除非能够根据这些规则进行推导，否则我们无法预知 CHOOSE 运算所选取的具体取值。

对于一些特定的表达式，尽管我们期望它们有所不同，但通过第二条规则我们仍可推导出它们是等价的。特别要提到的是，对于任意运算符 P，如果不存在满足 $P(x)$ 的 x，则 CHOOSE $x : P(x)$ 等于 CHOOSE $x :$ FALSE 表达式的唯一取值。例如，*Reals* 模块通过如下公式定义了除法运算：

$$a/b \;\triangleq\; \text{CHOOSE } c \in Real : a = b * c$$

对于任何非零数字 a，不存在满足 $a = 0 * c$ 的数字 c。因此，对于任何非零数字 a，$a/0$ 等于 CHOOSE $c :$ FALSE。因此，我们可推导出 1/0 等于 2/0。

1/0 是一个荒谬的表达式，我们不希望能推导出与之相关的任何信息。证明它等于 2/0 有点令人不安。如果它使你感到困惑，这里有一个更加令人满意的定义除法的方法。首先定

义运算符 $Choice$，使得：如果存在一个 x 满足 $P(x)$，则 $Choice(v, P)$ 等于 CHOOSE $x:P(x)$，否则等于取决于 v 的任意值。有很多方法可用来定义 $Choice$，下面是其中之一：

$$\begin{aligned} Choice(v, P(\_)) \ \triangleq \ & \text{IF } \exists x : P(x) \text{ THEN CHOOSE } x : P(x) \\ & \qquad\qquad\qquad\ \text{ELSE } (\text{CHOOSE } x : x.a = v).b \end{aligned}$$

接下来，可将除法定义为：

$$\begin{aligned} a/b \ \triangleq \ & \text{LET } P(c) \ \triangleq \ (c \in Real) \wedge (a = b * c) \\ & \text{IN } \ \ Choice(a, P) \end{aligned}$$

该定义不支持推断 1/0 与 2/0 之间的关系。每当此类问题出现时（如果你认为 1/0 等于 2/0 是一个问题的话），你可以用 $Choice$ 代替 CHOOSE。但实际上，担心此问题只是杞人忧天。

形式化语义

我们将 CHOOSE $x:p$ 构造作为基元，其中 x 是一个标识符。这种 CHOOSE 运算符的形式被数学家称为“希尔伯特的 ε”（Hilbert's ε）。其含义在数学上可由式（16.2）中的规则来定义。[⊖]

一个关于元组的无界 CHOOSE 运算符可通过简单的无界 CHOOSE 构造来定义，如下所示：

$$\begin{aligned} & \text{CHOOSE } \langle x_1, \cdots, x_n \rangle : p \ \triangleq \\ & \qquad \text{CHOOSE } y : (\exists x_1, \cdots, x_n : (y = \langle x_1, \cdots, x_n \rangle) \wedge p) \end{aligned}$$

其中 y 是一个标识符，该标识符既不同于 x_i，也不会出现在 p 中。有界 CHOOSE 构造可通过无界 CHOOSE 由式（16.1）来定义，其中 x 要么是标识符，要么是元组。

16.1.3 布尔运算符的解释

当用于布尔类型取值时，布尔运算符的含义是传统数学的一个标准部分。所有人都不会对 TRUE $\wedge$ FALSE 等于 FALSE 持有异议。然而，由于 TLA⁺ 是类型无关（untyped）的语言，因此一个类似于 $2 \wedge \langle 5 \rangle$ 的表达式也是合法的。因此，我们必须要确定它的含义。一共有三种方法可达到目的，我分别称之为*保守的*（conservative）、*适中的*（moderate）与*自由的*（liberal）解释方法。

在保守的解释方法中，类似于 $2 \wedge \langle 5 \rangle$的表达式的取值是完全没有指定的。它可以等于 $\sqrt{2}$。它也不需要等于 $\langle 5 \rangle \wedge 2$。因此，诸如 $\wedge$ 运算交换律等普通逻辑法则仅能对布尔值有效。

⊖ 关于希尔伯特的 ε 的详细讨论可参考 *Mathematical Logic and Hilbert's ε-Symbol*，作者为 A. C. Leisenring，由 Gordon and Breach 出版社于 1969 年出版。

在自由的解释方法中，$2 \wedge \langle 5 \rangle$ 的取值被指定为布尔类型。虽然并没有说明它是否等于 TRUE 或 FALSE，然而，类似于 $\wedge$ 运算交换律等所有普通逻辑法则是有效的。因此，$2 \wedge \langle 5 \rangle$ 等于 $\langle 5 \rangle \wedge 2$。更确切地说，任何命题或谓词逻辑的同义替换都是有效的，例如：

$$(\forall x : p) \equiv \neg(\exists x : \neg p)$$

即使对于 x 的所有取值，p 不一定是布尔类型，该结论也成立[⊖]。很容易证明自由的解释方法是正确的[⊜]。例如，定义满足自由的解释方法的运算符的一种途径为：将所有非布尔取值都认为等同于 FALSE。

除了使用布尔取值函数的场景之外，对于大多数规约而言，保守和自由的解释方法是等价的。在实践中，即使 f 已经被定义为布尔取值的函数，保守的解释方法也不允许将 $f[x]$ 用作布尔表达式。例如，假设我们通过如下表达式定义了函数 $tnat$：

$$tnat \triangleq [n \in Nat \mapsto \text{TRUE}]$$

因此，对于 Nat 中所有的 n，$tnat[n]$ 都为 TRUE。对于公式

$$\forall n \in Nat : tnat[n] \tag{16.3}$$

如果采用自由的解释方法，则它等于 TRUE；但此结果并不适用于保守的解释方法。式（16.3）等于

$$\forall n : (n \in Nat) \Rightarrow tnat[n]$$

该公式断定对于所有 n（包括 $n = 1/2$ 等场景），$(n \in Nat) \Rightarrow tnat[n]$ 成立。由于式（16.3）为 TRUE，因此等价于 FALSE $\Rightarrow tnat[1/2]$ 的公式 $(1/2 \in Nat) \Rightarrow tnat[1/2]$ 也必须为 TRUE。但是 $tnat[1/2]$ 的取值尚未指定——它可能等于 $\sqrt{2}$。若采用自由的解释方法，则公式 FALSE $\Rightarrow \sqrt{2}$ 为 TRUE；而它的取值在保守的解释方法中是未指定的。由此可得出，式（16.3）的值在保守的解释方法中是未指定的。如果我们采用保守的解释方法，那么应该用如下公式来代替式（16.3）：

$$\forall n \in Nat : (tnat[n] = \text{TRUE})$$

在这两种解释方法中，该公式都为 TRUE。

从理论上讲，保守的解释方法更加令人满意，原因是它对类似于 $2 \wedge \langle 5 \rangle$ 的"笨表达式"未做假设。然而，正如我们刚才所见，允许"不是那么笨"(not-so-silly) 的公式 FALSE $\Rightarrow \sqrt{2}$ 为 TRUE 也是有好处的。由此，我们引入居于两者之间的适中的解释方法。它假定仅涉及 FALSE 和 TRUE 的表达式才拥有其期望的取值——例如，FALSE $\Rightarrow \sqrt{2}$ 为 TRUE，且 FALSE $\wedge$ 2 为 FALSE。在适中的解释方法中，式（16.3）为 TRUE，而 $\langle 5 \rangle \wedge 2$的取值依然是完全未指定的。

⊖　等号（=）并不是一个命题或谓词逻辑运算符；如果将 ≡ 用 = 代替，则对于非布尔取值，这并不是一个有效的同义替换。

⊜　一个正确逻辑（sound logic）指的是无法通过证明得到 FALSE 的逻辑。

在适中的解释方法中，逻辑法则依然不是无条件成立的。只有当 p 和 q 同为布尔类型时，或者它们两者之一为 FALSE 时，公式 $p \land q$ 与 $q \land p$ 才等价。在使用适中的解释方法的过程中，在运用任何常规逻辑规则进行证明之前，我们依然要检查并确保所有相关的取值都是布尔类型。在具体实践中，这可能是一个负担。

TLA$^+$ 的语义断定了适中的解释方法中规则的有效性。对于自由的解释方法则既没有这样要求也没有禁止。你应该采用适中的解释方法来编写规约。然而，你（包括工具的开发者）如果愿意的话，也可使用自由的解释方法。

16.1.4 条件构造

TLA$^+$ 提供了两个从编程语言引入的条件构造：IF/THEN/ELSE 与 CASE，可用于构建表达式。

2.2 节介绍了 IF/THEN/ELSE 构造。它的通用形式为

$$\text{IF } p \text{ THEN } e_1 \text{ ELSE } e_2$$

如果 p 为真，则它等于 e_1；如果 p 为假，则它等于 e_2。

相比嵌套的 IF/THEN/ELSE 构造，有时使用 CASE 构造来编写表达式将会使语句变得更加简洁。CASE 构造具有如下两种通用形式：

$$\text{CASE } p_1 \rightarrow e_1 \;\Box\; \cdots \;\Box\; p_n \rightarrow e_n \tag{16.4}$$

$$\text{CASE } p_1 \rightarrow e_1 \;\Box\; \cdots \;\Box\; p_n \rightarrow e_n \;\Box\; \text{OTHER} \rightarrow e$$

如果某个 p_i 为真，则这些表达式的值为其对应的 e_i。例如，表达式

$$\text{CASE } n \geqslant 0 \rightarrow e_1 \;\Box\; n \leqslant 0 \rightarrow e_2$$

在 $n > 0$ 时等于 e_1，在 $n < 0$ 时等于 e_2，在 $n = 0$ 时等于 e_1 或 e_2。在最后一种情况中，TLA$^+$ 的语义并不指明该表达式等于 e_1 还是 e_2。CASE 表达式（16.4）常用于 p_i 之间互不相交的场景，故最多只有一个 p_i 为真。

当对于所有的 i，p_i 均不成立时，式（16.4）中的两个子表达式存在差异。在此场景中，第一个表达式的取值未指定，而第二个的取值为 e，对应 OTHER 子表达式。如果你使用了一个没有 OTHER 语句的 CASE 表达式，则仅当 $\exists i \in 1 \,..\, n : p_i$ 为真时，该表达式的取值才有意义。

形式化语义

IF/THEN/ELSE 构造与 CASE 构造可通过 CHOOSE 来定义，具体如下：

$$\begin{aligned}
&\text{IF } p \text{ THEN } e_1 \text{ ELSE } e_2 \;\triangleq\\
&\qquad \text{CHOOSE } v : (p \Rightarrow (v = e_1)) \land (\neg p \Rightarrow (v = e_2))\\
&\text{CASE } p_1 \rightarrow e_1 \;\Box \cdots \Box\; p_n \rightarrow e_n \;\triangleq\\
&\qquad \text{CHOOSE } v : (p_1 \land (v = e_1)) \lor \cdots \lor (p_n \land (v = e_n))
\end{aligned}$$

$$\text{CASE } p_1 \rightarrow e_1 \,\Box\, \cdots \,\Box\, p_n \rightarrow e_n \,\Box\, \text{OTHER} \rightarrow e \;\triangleq$$
$$\quad \text{CASE } p_1 \rightarrow e_1 \,\Box\, \cdots \,\Box\, p_n \rightarrow e_n \,\Box\, \neg(p_1 \vee \cdots \vee p_n) \rightarrow e$$

16.1.5　LET/IN 构造

5.6 节介绍了 LET/IN 构造。在定义 $d \triangleq f$ 的上下文中，表达式

$$\text{LET } d \triangleq f \text{ IN } e$$

等于 e。例如，

$$\text{LET } sq(i) \triangleq i * i \text{ IN } sq(1) + sq(2) + sq(3)$$

等于 $1*1+2*2+3*3$，取值为 14。该构造的通用形式为

$$\text{LET } \Delta_1 \cdots \Delta_n \text{ IN } e$$

其中每个 Δ_i 可以有任意 TLA+ 定义的语法形式。在 Δ_i 的定义的上下文中，它的取值为 e。更准确地说，它等于

$$\text{LET } \Delta_1 \text{ IN } (\text{LET } \Delta_2 \text{ IN } (\cdots \text{ LET } \Delta_n \text{ IN } e) \cdots)$$

由此，Δ_1 中定义的符号可被用在 $\Delta_2, \cdots, \Delta_n$ 的定义中。

形式化语义

LET 构造的形式化语义定义参见 17.4 节。

16.1.6　集合运算符

TLA+ 提供了如下集合相关的运算符：

$$\in \quad \notin \quad \cup \quad \cap \quad \subseteq \quad \setminus \quad \text{UNION} \quad \text{SUBSET}$$

以及如下集合构造器：

$$\{e_1, \cdots, e_n\} \quad \{x \in S : p\} \quad \{e : x \in S\}$$

关于它们的描述可参考 1.2 节与 6.1 节。等号也是集合运算符，因为它的正式含义是集合之间的等同性。为此，TLA+ 提供了常规的运算符 $=$ 和 $\neq$。

在集合构造 $\{x \in S : p\}$ 中，也可将 x 用作标识符元组。例如，

$$\{\langle a, b\rangle \in Nat \times Nat : a > b\}$$

是首元素取值大于次元素的所有的自然数对的集合——类似于 $\langle 3, 1\rangle$ 的数对。在集合构造 $\{e : x \in S\}$ 中，语句 $x \in S$ 可被泛化处理，与有界量词（比如 $\forall x \in S : p$）的泛化方式相同。例如，

$$\{\langle a, b, c\rangle : a, b \in Nat, c \in Real\}$$

是满足前两个元素为自然数，第三个元素为实数的三元组的集合。

形式化语义

TLA$^+$ 基于策梅洛–弗兰克尔集合论（Zermelo-Fränkel set theory），其中每个值都是一个集合。在集合论中，$\in$ 被认为是一个无须定义的基元算子。我们可以将 $\in$ 作为基本手段，并通过使用谓词逻辑和 CHOOSE 运算符来定义集合论中所有其他的算子。例如，并集运算符可通过如下公式定义：

$$S \cup T \;\triangleq\; \text{CHOOSE } U : \forall x : (x \in U) \equiv (x \in S) \lor (x \in T)$$

（为了推理 $\cup$，我们需要一些公理来推导所选集合 U 的存在性。）另外一种备选方案是将某些特定的运算符作为基元，并通过它们来定义剩下的运算符。例如，$\cup$ 可通过 UNION 与构造 $\{e_1, \cdots, e_n\}$ 来定义，如下所示：

$$S \cup T \;\triangleq\; \text{UNION } \{S, T\}$$

我们并不试图区分一小部分基元运算符；相反，我们将 $\cup$ 与 UNION 视为同等的基元。对于我们所认定的基元运算符，在数学上可通过其应满足的规则来定义。例如，$S \cup T$ 可通过如下公式定义：

$$\forall x : (x \in (S \cup T)) \;\equiv\; (x \in S) \lor (x \in T)$$

然而，对于基元运算符 $\in$，不存在这样的定义规则。我们仅将简单的构造形式 $\{x \in S : p\}$ 与 $\{e : x \in S\}$ 视为基元，并通过它们来定义更加通用的形式。

- $S = T \triangleq \forall x : (x \in S) \equiv (x \in T)$。
- $e_1 \neq e_2 \triangleq \neg(e_1 = e_2)$。
- $e \notin S \triangleq \neg(e \in S)$。
- $S \cup T$：由 $\forall x : (x \in (S \cup T)) \equiv (x \in S) \lor (x \in T)$ 定义。
- $S \cap T$：由 $\forall x : (x \in (S \cap T)) \equiv (x \in S) \land (x \in T)$ 定义。
- $S \subseteq T$：$\triangleq \forall x : (x \in S) \Rightarrow (x \in T)$。
- $S \setminus T$：由 $\forall x : (x \in (S \setminus T)) \equiv (x \in S) \land (x \notin T)$ 定义。
- SUBSET S：由 $\forall T : (T \in \text{SUBSET } S) \equiv (T \subseteq S)$ 定义。
- UNION S：由 $\forall x : (x \in \text{UNION } S) \equiv (\exists T \in S : x \in T)$ 定义。
- $\{e_1, \cdots, e_n\} \triangleq \{e_1\} \cup \cdots \cup \{e_n\}$，其中 $\{e\}$ 可由如下公式定义：

  $$\forall x : (x \in \{e\}) \;\equiv\; (x = e)$$

  对于 $n = 0$，该构造为空集 $\{\}$，定义为

  $$\forall x : x \notin \{\}$$

- $\{x \in S : p\}$：其中 x 为一个界标识符或界标识符的元组。表达式 S 位于标识符约束范围之外。对于标识符 x，这是一个基元表达式，数学定义为：

  $$\forall y : (y \in \{x \in S : p\}) \equiv (y \in S) \land \widehat{p}$$

  其中标识符 y 并不在 S 或 p 之中，$\widehat{p}$ 通过将 p 中的 x 代换为 y 得到。对于元组 x，此表达式可定义为：

  $$\begin{aligned}&\{\langle x_1, \cdots, x_n\rangle \in S : p\} \triangleq \\ &\quad \{y \in S : (\exists x_1, \cdots, x_n : (y = \langle x_1, \cdots, x_n\rangle) \land p)\}\end{aligned}$$

  其中 y 是一个不同于 x_i 的标识符，且不在 S 或 p 之中。关于元组的更多细节可参考 16.1.9 节。

- $\{e : \mathbf{y}_1 \in S_1, \cdots, \mathbf{y}_n \in S_n\}$：其中每个 $\mathbf{y}_i$ 的形式为 $x_1, \cdots, x_k$ 或 $\langle x_1, \cdots, x_k\rangle$，每个 x_j 为该表达式的界标识符。表达式 S_i 位于标识符约束范围之外。对于标识符 x，简单形式 $\{e : x \in S\}$ 被视为一个基元，可由如下公式定义：

  $$\forall y : (y \in \{e : x \in S\}) \equiv (\exists x \in S : e = y)$$

  通用形式的定义可通过上述简单形式归纳得出，如下所示：

  $$\begin{aligned}&\{e : \mathbf{y}_1 \in S_1, \cdots, \mathbf{y}_n \in S_n\} \triangleq \\ &\quad \text{UNION } \{\{e : \mathbf{y}_1 \in S_1, \cdots, \mathbf{y}_{n-1} \in S_{n-1}\} : \mathbf{y}_n \in S_n\}\end{aligned}$$

  $$\{e : x_1, \cdots, x_n \in S\} \triangleq \{e : x_1 \in S, \cdots, x_n \in S\}$$

  $$\begin{aligned}&\{e : \langle x_1, \cdots, x_n\rangle \in S\} \triangleq \\ &\quad \{(\text{LET } z \triangleq \text{CHOOSE } \langle x_1, \cdots, x_n\rangle : y = \langle x_1, \cdots, x_n\rangle \\ &\qquad\quad x_1 \triangleq z[1] \\ &\qquad\qquad \vdots \\ &\qquad\quad x_n \triangleq z[n] \quad \text{IN } e) : y \in S\}\end{aligned}$$

  其中 x_i 为标识符，y 和 z 为不等于 x_i 且不出现在 e 或 S 中的标识符。关于元组的更多细节可参考 16.1.9 节。

16.1.7　函数

5.2 节解释了函数，6.4 节讨论了函数与运算符之间的区别。在 TLA⁺ 中，我们将输入 v 对应的函数 f 的取值写为 $f[v]$。函数 f 的定义域为 DOMAIN f，只有当 v 为 DOMAIN f 中的一个元素时，$f[v]$ 才有既定取值。我们让 $[S \to T]$ 表示满足如下条件的所有函数 f 的集合：DOMAIN $f = S$，且对于所有的 $v \in S$，使得 $f[v] \in T$。

函数可通过如下构造显式表达：

$$[x \in S \mapsto e] \tag{16.5}$$

它表示了定义域为 S 的函数 f，且对于任意 $v \in S$，使得 $f[v]$ 等于将 e 中的 x 代换为 v 后所得到的结果。例如，

$$[n \in Nat \mapsto 1/(n+1)]$$

是定义域为 Nat 的函数 f，满足 $f[0] = 1$、$f[1] = 1/2$、$f[2] = 1/3$ 等映射关系。我们也可定义与式（16.5）等价的标识符 fcn：

$$fcn[x \in S] \triangleq e \tag{16.6}$$

标识符 fcn 也可出现在表达式 e 中，在此例子中，这是一个递归函数定义。5.5 节介绍了递归函数定义，6.3 节对递归进行了探讨。

EXCEPT 构造描述了一个“几乎与另一个函数相同”的函数。例如，

$$[f \text{ EXCEPT } ![u] = a, ![v] = b] \tag{16.7}$$

定义了函数 $\widehat{f}$，除了 $\widehat{f}[u] = a$ 与 $\widehat{f}[v] = b$ 之外，该函数与 f 完全相同。更确切地说，式（16.7）等于

$$\begin{aligned}[x \in \text{DOMAIN } f \mapsto \text{IF } x = v \text{ THEN } b \\ \text{ELSE IF } x = u \text{ THEN } a \text{ ELSE } f[x]]\end{aligned}$$

因此，如果 u 与 v 都不在 f 的定义域中，则式（16.7）等于 f；如果 $u = v$，则式（16.7）等于 $[f \text{ EXCEPT } ![v] = b]$。

“例外”（exception）语句具有通用形式 $![v_1] \cdots [v_n] = e$。例如，

$$[f \text{ EXCEPT } ![u][v] = a] \tag{16.8}$$

定义了函数 $\widetilde{f}$，除了 $\widetilde{f}[u][v]$ 等于 a 之外，该函数与 f 完全相同。也就是说，排除 $\widetilde{f}[u]$，则 $\widetilde{f}$ 与 f 相同；排除 $\widetilde{f}[u][v] = a$，则 $\widetilde{f}[u]$ 是一个与 $f[u]$ 相同的函数。当符号 @ 出现在“例外”语句中时，它代表了函数的“原有取值”。例如，式（16.8）的表达式 a 中出现的一个 @ 表示了 $f[u][v]$。

在 TLA⁺中，多参数函数的定义域是一个元组的集合，且 $f[v_1, \cdots, v_n]$ 是 $f[\langle v_1, \cdots, v_n \rangle]$ 的缩写。对于式（16.5）与式（16.6）中的 $x \in S$ 语句，可采取与有界量词中相同的方法进行泛化处理——例如，对于同一个函数，存在两种不同的编写方式：

$$[m, n \in Nat, r \in Real \mapsto e] \qquad [\langle m, n, r \rangle \in Nat \times Nat \times Real \mapsto e]$$

这是一个定义域为三元组集合的函数。它不同于如下函数：

$$[\langle m, n \rangle \in Nat \times Nat, r \in Real \mapsto e]$$

其定义域为 $(Nat \times Nat) \times Real$ 对的集合，例如 $\langle\langle 1, 3 \rangle, 1/3 \rangle$，其中第一个元素为两个自然数组成的对（二元组）。

形式化语义

数学家传统上将函数定义为“对结构”（pair）的集合。在 TLA$^+$ 中，“对结构”（二元组）以及所有的元组都是函数。我们将如下构造视为基元：

$$f[e] \qquad \text{DOMAIN}\, f \qquad [S \to T] \qquad [x \in S \mapsto e]$$

其中 x 是一个标识符。这些构造在数学上由它们应满足的规则定义。其他的构造，以及构造 $[x \in S \mapsto e]$ 的通用形式，可通过这些基元来定义。这些定义使用了运算符 $IsAFcn$，它的定义如下面公式所示，使得当且仅当 f 为函数时，$IsAFcn(f)$ 为真：

$$IsAFcn(f) \triangleq f = [x \in \text{DOMAIN}\, f \mapsto f[x]]$$

第一个规则并没有和任何构造自然关联，其内容为：当且仅当两个函数的定义域相同且定义域中的每个元素对应的函数取值也相同，这两个函数才能相同。其形式化描述如下所示：

$$\begin{aligned}&\forall f, g : IsAFcn(f) \land IsAFcn(g) \Rightarrow\\ &\qquad ((f = g) \equiv \land\ \text{DOMAIN}\, f = \text{DOMAIN}\, g\\ &\qquad\qquad\qquad\quad \land\ \forall x \in \text{DOMAIN}\, f : f[x] = g[x]\,)\end{aligned}$$

下面给出了函数剩余语义的说明。对于 DOMAIN 运算符，并没有单独的定义规则。

- $f[e_1, \cdots, e_n]$：其中 e_i 为表达式。对于 $n = 1$ 的情况，它是一个基元表达式；对于 $n > 1$ 的情况，它可由如下公式定义：

  $$f[e_1, \cdots, e_n] = f[\langle e_1, \cdots, e_n \rangle]$$

  其中 n 元组 $\langle e_1, \cdots, e_n \rangle$ 的定义可参考 16.1.9 节。
- $[\mathbf{y}_1 \in S_1, \cdots, \mathbf{y}_n \in S_n \mapsto e]$：其中每个 $\mathbf{y}_i$ 的形式为 $x_1, \cdots, x_k$ 或 $\langle x_1, \cdots, x_k \rangle$，且每个 x_j 为该表达式中的界标识符。表达式 S_i 位于标识符约束范围之外。对于标识符 x，简单形式 $[x \in S \mapsto e]$ 是一个可由如下三个规则定义的基元：

  $$\begin{aligned}&(\text{DOMAIN}\, [x \in S \mapsto e]) = S\\ &IsAFcn([x \in S \mapsto e]) = \text{TRUE}\\ &\forall y \in S : [x \in S \mapsto e][y] = \text{LET } x \triangleq y \text{ IN } e\end{aligned}$$

  其中 y 是一个不等于 x 且不在 S 或 e 中出现的标识符。此构造的通用形式可借助上述简单形式归纳定义，过程如下[⊖]：

  $$\begin{aligned}&[x_1 \in S_1, \cdots, x_n \in S_n \mapsto e] \triangleq [\langle x_1, \cdots, x_n \rangle \in S_1 \times \cdots \times S_n \mapsto e]\\ &[\cdots,\ x_1, \cdots, x_k \in S_i,\ \cdots \mapsto e] \triangleq [\cdots,\ x_1 \in S_i, \cdots, x_k \in S_i,\ \cdots \mapsto e]\\ &[\cdots,\ \langle x_1, \cdots, x_k \rangle \in S_i, \cdots \mapsto e] \triangleq\\ &\qquad [\cdots,\ y \in S_i,\ \cdots \mapsto \text{LET } z \triangleq \text{CHOOSE } \langle x_1, \cdots, x_k \rangle : y = \langle x_1, \cdots, x_k \rangle\end{aligned}$$

⊖ 下面公式中的 $\triangleq$ 关系仅在 $n > 1$ 时成立。

$$x_1 \triangleq z[1]$$
$$\vdots$$
$$x_k \triangleq z[k] \quad \text{IN } e]$$

其中 y 与 z 是在原始表达式中从未出现的标识符。关于元组的更多细节可参考 16.1.9 节。

- $[S \to T]$ 可由如下公式定义：

$$\forall f : f \in [S \to T] \equiv$$
$$IsAFcn(f) \land (S = \text{DOMAIN } f) \land (\forall x \in S : f[x] \in T)$$

其中 x 与 f 不在 S 或 T 中出现，$IsAFcn$ 的定义可参见前面段落。

- $[f \text{ EXCEPT } !\mathbf{a}_1 = e_1, \cdots, !\mathbf{a}_n = e_n]$， 其中每个 $\mathbf{a}_i$ 的形式都为 $[d_1] \cdots [d_k]$，且每个 d_j 都是一个表达式。对于 $n = 1$ 且 $\mathbf{a}_1$ 为 $[d]$ 的简单情况，可通过如下公式定义[⊖]：

$$[f \text{ EXCEPT } ![d] = e] \triangleq$$
$$[y \in \text{DOMAIN } f \mapsto \text{IF } y = d \text{ THEN LET } @ \triangleq f[d] \text{ IN } e$$
$$\text{ELSE } f[y]]$$

其中 y 不在 f、d 或 e 中出现。其通用形式可通过上述简单情况归纳定义得出，如下所示：

$$[f \text{ EXCEPT } !\mathbf{a}_1 = e_1, \cdots, !\mathbf{a}_n = e_n] \triangleq$$
$$[[f \text{ EXCEPT } !\mathbf{a}_1 = e_1, \cdots, !\mathbf{a}_{n-1} = e_{n-1}] \text{ EXCEPT } !\mathbf{a}_n = e_n]$$

$$[f \text{ EXCEPT } ![d_1] \cdots [d_k] = e] \triangleq$$
$$[f \text{ EXCEPT } ![d_1] = [@ \text{ EXCEPT } ![d_2] \cdots [d_k] = e]]$$

- $f[\mathbf{y}_1 \in S_1, \cdots, \mathbf{y}_n \in S_n] \triangleq e$ 被定义为如下公式的缩写：

$$f \triangleq \text{CHOOSE } f : f = [\mathbf{y}_1 \in S_1, \cdots, \mathbf{y}_n \in S_n \mapsto e]$$

16.1.8 记录

TLA+ 借鉴了编程语言，并引入了记录的概念。3.2 节介绍了记录，5.2 节对记录进行了深入说明。与编程语言类似，在 TLA+ 中 $r.h$ 是记录 r 的 h 字段。记录可显式表达为：

$$[h_1 \mapsto e_1, \cdots, h_n \mapsto e_n]$$

该表达式等价于具有 n 个字段，且对于 $i = 1, \cdots, n$，每个 h_i 字段都等于 e_i 的记录。表达式

$$[h_1 : S_1, \cdots, h_n : S_n]$$

⊖ 由于 @ 实际上不是标识符，故 LET @ $\triangleq \cdots$ 不是合法的 TLA+ 语句。但它所表达的含义是明确的。

是所有这类记录的集合，其中对于 $i=1,\cdots,n$，$e_i \in S_i$。只有当所有的 h_i 都互不相同时，这些表达式才合法。例如，$[a:S,\, a:T]$ 是非法的表达式。

16.1.7 节中所描述的 EXCEPT 构造既可被用于函数，也可被用于记录。例如，

$$[r \text{ EXCEPT } !.a = e]$$

定义了记录 $\widehat{r}$，除了 $\widehat{r}.a = e$ 之外，该记录与 r 完全相同。在“例外”语句中，可将函数应用和记录字段混合使用。例如，

$$[f \text{ EXCEPT } ![v].a = e]$$

定义了函数 $\widehat{f}$，除了 $\widehat{f}[v].a = e$ 之外，该函数与 f 相同。

在 TLA$^+$ 中，记录是一种函数，其定义域为由字符串组成的有限集，对于任意表达式 r 与记录字段 h，$r.h$ 的含义为 $r[\text{“}h\text{”}]$。因此，如下两个表达式描述的是同一个记录：

$$[fo \mapsto 7,\, ba \mapsto 8] \qquad [x \in \{\text{“fo”}, \text{“ba”}\} \mapsto \text{IF } x = \text{“fo” THEN } 7 \text{ ELSE } 8]$$

记录字段的名称在语法上是一个标识符。在 ASCII 版本的 TLA$^+$ 中，它是由字母、数字和下划线字符（_）组成的至少包含一个字母的字符串。关于字符串的描述可参见 16.1.10 节。

形式化语义

记录构造可通过函数构造来定义。

- $e.h \triangleq e[\text{“}h\text{”}]$
- $[h_1 \mapsto e_1, \cdots, h_n \mapsto e_n] \triangleq$
  $[y \in \{\text{“h}_1\text{”}, \cdots, \text{“h}_n\text{”}\} \mapsto$
  $\text{CASE } (y = \text{“h}_1\text{”}) \rightarrow e_1 \,\Box \cdots \Box\, (y = \text{“h}_n\text{”}) \rightarrow e_n]$
  其中 y 不出现在任何 e_i 表达式中。所有的 h_i 必须互不相同。
- $[h_1 : S_1, \cdots, h_n : S_n] \triangleq \{[h_1 \mapsto y_1, \cdots, h_n \mapsto y_n] :$
  $y_1 \in S_1, \cdots, y_n \in S_n\}$
  其中 y_i 不出现在任何 S_j 表达式中。所有的 h_i 必须互不相同。
- $[r \text{ EXCEPT } !\mathbf{a}_1 = e_1, \cdots, !\mathbf{a}_n = e_n]$
  其中 $\mathbf{a}_i$ 的形式为 $b_1 \cdots b_k$，每个 b_j 要么为 $[d]$，其中 d 为一个表达式，要么为 $.h$，其中 h 为一个记录字段。它的定义与对应的函数构造（含有 EXCEPT 语句）等价，在函数构造中每个 $.h$ 会被替换为 $[\text{“}h\text{”}]$。

16.1.9　元组

在 TLA$^+$ 中，一个 n 元组可写为 $\langle e_1, \cdots, e_n \rangle$。如 5.4 节所述，一个 n 元组可被定义为一个定义域为集合 $\{1, \cdots, n\}$ 的函数，使得对于 $1 \leqslant i \leqslant n$，$\langle e_1, \cdots, e_n \rangle[i] = e_i$。笛卡儿积 $S_1 \times \cdots \times S_n$ 是所有 n 元组 $\langle e_1, \cdots, e_n \rangle$ 的集合，使得对于 $1 \leqslant i \leqslant n$，$e_i \in S_i$。

在 TLA⁺ 中，× 不是一个遵循结合律的运算符。例如，给出如下元组：

$$\begin{array}{lcl} \langle 1,2,3 \rangle & \in & Nat \times Nat \times Nat \\ \langle \langle 1,2 \rangle, 3 \rangle & \in & (Nat \times Nat) \times Nat \\ \langle 1, \langle 2,3 \rangle \rangle & \in & Nat \times (Nat \times Nat) \end{array}$$

我们可看出，上述元组 $\langle 1,2,3 \rangle$、$\langle \langle 1,2 \rangle, 3 \rangle$ 与 $\langle 1, \langle 2,3 \rangle \rangle$ 之间互不相等。更确切地说，由于三元组和“对”（即二元组）的定义域不同，所以三元组 $\langle 1,2,3 \rangle$ 既不等于二元组 $\langle \langle 1,2 \rangle, 3 \rangle$，也不等于二元组 $\langle 1, \langle 2,3 \rangle \rangle$。TLA⁺ 的语义既没有指明 $\langle 1,2 \rangle$ 是否等于 1，也没有指明 3 是否等于 $\langle 2,3 \rangle$，故我们无法确定 $\langle \langle 1,2 \rangle, 3 \rangle$ 是否等于 $\langle 1, \langle 2,3 \rangle \rangle$。

零元组 $\langle \, \rangle$ 是一个定义域为空的特殊函数。一元组 $\langle e \rangle$ 与 e 也不同。也就是说，语义中没有指明它们是否相等。TLA⁺ 中并没有用来编写一元组集合的特殊符号。对于所有满足 $e \in S$ 的一元组 $\langle e \rangle$ 的集合，其最简单的表述方式为 $\{\langle e \rangle : e \in S\}$。

在 18.1 节所描述的标准 *Sequences* 模块中，一个 n 元素（n-element）序列 也可表示为一个 n 元组。该模块在序列/元组上定义了几个有用的运算符。

形式化语义

元组与笛卡儿积可通过函数（在 16.1.7 节中定义）与自然数集合 Nat（在 16.1.11 节中定义）来定义。

- $\langle e_1, \cdots, e_n \rangle \triangleq [i \in \{j \in Nat : (1 \leqslant j) \land (j \leqslant n)\} \mapsto e_i]$
  其中 i 不在任何 e_j 表达式中出现。
- $S_1 \times \cdots \times S_n \triangleq \{\langle y_1, \cdots, y_n \rangle : y_1 \in S_1, \cdots, y_n \in S_n\}$
  其中 y_i 不在任何 S_j 表达式中出现。

16.1.10 字符串

TLA⁺ 将字符串定义为由若干个字符组成的元组（元组在 16.1.9 节中定义）。由此，“abc” 等于

$$\langle \text{“abc”}[1], \text{“abc”}[2], \text{“abc”}[3] \rangle$$

TLA⁺ 的语义并没有指明一个字符是什么。然而，它确实指出了不同的字符（对应计算机键盘不同的输入）之间是有差异的，因此 “a”[1]、“b”[1] 与 “A”[1]（字符 a、b 与 A）互不相同。内置运算符 STRING 被定义为所有字符串的集合。

尽管 TLA⁺ 未指明字符是什么，但为字符定义赋值运算符却并不困难。例如，下面给出了运算符 *Ascii* 的定义，该运算符为每个小写字母分配其对应的 ASCII 码取值[⊖]。

$$\begin{array}{l} Ascii(char) \triangleq 96 + \text{CHOOSE } i \in 1 \,..\, 26 : \\ \qquad\qquad\qquad \text{“abcdefghijklmnopqrstuvwxyz”}[i] = char \end{array}$$

⊖ Georges Gonthier 给我指出了这种通过使用 CHOOSE 语句来将字符映射为数字的巧妙方法。

它定义了 $Ascii$(“a”[1]) 等于 97，即字母 a 的 ASCII 码取值；它也定义了 $Ascii$(“z”[1]) 等于 122，即字母 z 的 ASCII 码取值。11.1.4 节解释了在规约中如何利用字符串等价于元组这个性质。

字符串中能出现哪些具体字符取决于所用系统。日文版的 TLA$^+$ 可能不允许使用字符 a。而标准的 ASCII 版本 TLA$^+$ 含有如下字符：

$a\ b\ c\ d\ e\ f\ g\ h\ i\ j\ k\ l\ m\ n\ o\ p\ q\ r\ s\ t\ u\ v\ w\ x\ y\ z$

$A\ B\ C\ D\ E\ F\ G\ H\ I\ J\ K\ L\ M\ N\ O\ P\ Q\ R\ S\ T\ U\ V\ W\ X\ Y\ Z$

0 1 2 3 4 5 6 7 8 9

~ @ # $ % ^ & * _ - + = ( ) { } [ ] < > | / \ , . ? : ; ! ‘ ’ "

⟨HT⟩（制表符） ⟨LF⟩（换行符） ⟨FF⟩（换页符） ⟨CR⟩（回车符）

再加上空格符。由于字符串由双引号 (") 分隔，所以在键入包含双引号的字符串时需要一些约定。对于字符串中包含类似于 ⟨LF⟩ 等特殊字符的场景，也需要专门的约定。在 ASCII 版本的 TLA$^+$ 中，如下起始于 \ 字符的“字符对”，可用来表示这些特殊字符：

`\"`	"	`\t`	⟨HT⟩	`\f`	⟨FF⟩
`\\`	\	`\n`	⟨LF⟩	`\r`	⟨CR⟩

基于此约定，`"a\\\"b\""` 代表了由如下 5 个字符构成的字符串：a \ " b "。在 ASCII 版本的 TLA$^+$ 中，\ 字符在一个字符串中仅能作为上述 6 个“字符对”之一的首字符出现。

形式化语义

我们假设 $Char$ 为一个由若干字符组成的集合，具体字符集取决于所用的 TLA$^+$ 版本。（标识符 $Char$ 并不是 TLA$^+$ 中预定义的符号。）

- STRING $\triangleq$ $Seq(Char)$

  其中 Seq 是在 18.1 节的 $Sequences$ 模块中定义的运算符，$Seq(S)$ 为 S 的元素可组成的所有有限序列的集合。

- “$\mathsf{c}_1 \cdots \mathsf{c}_n$” $\triangleq$ $\langle \mathsf{c}_1, \cdots, \mathsf{c}_n \rangle$

  其中每个 c_i 都是 $Char$ 中对应字符的某种表示形式。

16.1.11 数字

TLA$^+$ 将常用的自然数定义为由十进制数字组成的序列（例如 63）。也就是说，63 等于 $6*10+3$。TLA$^+$ 也允许该数字的二级制表示法 `\b111111`、八进制表示法 `\o77` 以及十六进制表示法 `\h3F`。（在前缀和十六进制表示法中均忽略大小写，所以 `\H3F` 与 `\h3f` 都等于 `\h3F`。）十进制数字已在 TLA$^+$ 中预定义，例如，3.14159 等于 $314159/10^5$。

由于数字已在 TLA$^+$ 中预定义，故即使在一个没有引入或实例化标准数字模块的模块中，63 也是已定义的（即不需要显式重复定义 63）。然而，数字集合（比如 Nat）与算术运算符（比如 +）却并非如此。你可以编写模块来自定义 +，使得 $40+23$ 不等于 63。当然，根据标准数字模块（*Naturals*、*Integers* 与 *Reals*，具体可参见 18.4 节）对 + 的定义，$40 + 23$ 确实等于 63。

形式化语义

自然数集合 *Nat*，以及它的零元素 *Zero* 与后继函数 *Succ*，都在图 18.4 中的 *Peano* 模块内定义。自然数含义的表述可用常规的方式定义如下：

$$0 \triangleq Zero \qquad 1 \triangleq Succ[Zero] \qquad 2 \triangleq Succ[Succ[Zero]] \qquad \cdots$$

图 18.5 中的 *ProtoReals* 模块将实数集合 *Real* 定义为 *Nat* 集合的超集（superset），该模块也定义了实数的常规运算。可以借助这些运算符，用如下公式定义十进制数字的含义：

$$c_1 \cdots c_m . d_1 \cdots d_n \triangleq c_1 \cdots c_m d_1 \cdots d_n / 10^n$$

16.2 非恒定运算符

TLA+ 与普通数学间的区别在于“非恒定运算符”。一共有两类非恒定运算符：第四部分开篇的表 3 中列出的动作运算符，以及表 4 中列出的时态运算符。

16.1 节讨论了 TLA+ 的内置恒定运算符的含义，但没有考虑它们的参数。对于恒定运算符我们可以这样做，原因为：在表达式 $e_1 \subseteq e_2$ 中，$\subseteq$ 的含义与子表达式 e_1 和 e_2 中是否含有变量或“′”无关。为了正确理解非恒定表达式，我们需要考虑它们的参数。因此，我们不能再孤立地讨论此类运算符的含义，我们也必须解释由这些运算符所构成的表达式的含义。

基础表达式指的是包含 TLA+ 内置运算符、已声明常量以及已声明变量的表达式。我们现在要解释所有 TLA+ 基础表达式的含义，包括含有非恒定内置运算符的表达式。我们首先考虑恒定表达式，即仅包含已声明常量与我们已研究过的恒定运算符的表达式。

16.2.1 基础恒定表达式

16.1 节定义了恒定运算符的含义。针对由此类运算符和已声明常量构成的任意表达式，这里也将给出其含义的正式定义。例如，假设 S 和 T 的声明语句为

$$\text{CONSTANTS } S, T(\_)$$

那么，若存在某些取值 v，使得 S 中的每个元素也是 $T(v)$ 的元素，则公式 $\exists x : S \subseteq T(x)$ 等于 TRUE，否则等于 FALSE。$\exists x : S \subseteq T(x)$ 等于 TRUE 还是 FALSE 取决于对于所有 v，我们给 S 和 $T(v)$ 的实际赋值，所以这就是我们为解释表达式含义所能做的工作。

所谓“公式”就是布尔取值的表达式。存在一些基础的恒定公式，无论我们给其中的声明常量赋什么值，它们的取值永远为真。例如：

$$(S \subseteq T) \equiv (S \cap T = S)$$

这种公式也可称为“有效公式”（valid formula）。

形式化语义

16.1 节通过基元运算符定义了所有的内置恒定运算符，其中基元运算符也是内置恒定运算符全集的一个组成部分。这些定义可被公式化为一个可归纳的规则集合，使得对于任意的基础恒定表达式 c，其含义 $[\![c]\!]$ 可被这些规则定义。例如，从定义

$$e \notin S \;\triangleq\; \neg(e \in S)$$

我们可得出规则

$$[\![e \notin S]\!] \;=\; \neg([\![e]\!] \in [\![S]\!])$$

这些规则将基础恒定表达式的含义定义为一个表达式，该表达式仅包含基元恒定运算符与已声明常量。

基础恒定表达式 e 是一个公式，当且仅当无论其中已声明的常量被替换为何种取值，它的含义$[\![e]\!]$ 均为布尔取值。如 16.1.3 节所述，这将取决于我们解释布尔运算符时所采用的方法，即自由、适中、保守三种解释方法之一。

如果 S 与 T 为前面已经声明的常量,那么表达式 $\exists x : S \subseteq T(x)$ 的含义 $[\![\exists x : S \subseteq T(x)]\!]$ 为该表达式本身。逻辑学家通常会更进一步，为已声明的常量 S 与 T 指定含义 $[\![S]\!]$ 与 $[\![T]\!]$，并定义 $[\![\exists x : S \subseteq T(x)]\!]$ 等于 $\exists x : [\![S]\!] \subseteq [\![T]\!](x)$。为简单起见，我将对额外层级的含义进行简化处理。

我们假设表达式的含义仅包含基元恒定运算符与已声明的常量。我们特别将这些表达式的有效性概念作为基元。16.1 节借助这些表达式定义了任意基础恒定表达式的含义，所以它也定义了基础恒定表达式“有效”的具体含义。

16.2.2　状态函数的含义

*状态*是将取值分配给变量（即为变量赋值）。（TLA+ 的语义基于策梅洛–弗兰克尔（ZF）集合论，在 ZF 集合论中，取值是集合的另外一个代称。）关于状态的讨论可参见 2.1 节与 2.3 节。

*状态函数*是由已声明变量、已声明常量以及恒定运算符构造的表达式。（状态函数也可包含 ENABLED 表达式，具体描述如下。）3.1 节讨论了状态函数。状态函数为每个状态分配了一个恒定表达式。如果状态函数 e 为状态 s 分配了恒定表达式 v，则我们可以说 v 是 e 在状态 s 的取值。例如，假定 x 是一个已声明变量，T 是一个已声明常量，s 是一个状态，它将 x 置为 42，那么 $x \in T$ 在状态 s 的取值为恒定表达式 $42 \in T$。布尔取值类型的状态函数也可称为 *状态谓词*（state predicate）。一个状态谓词*有效*当且仅当它在每个状态上的取值都为 TRUE。

形式化语义

状态是将取值分配给变量。在形式化描述中，状态 s 是一个定义域为所有变量名称集合的函数，其中 $s[\text{“x”}]$ 是 s 分配给变量 x 的取值。我们将其写为 $s[\![x]\!]$ 而不是 $s[\text{“x”}]$。

基础状态函数是由已声明变量、已声明常量、恒定运算符以及 ENABLED 表达式构成的表达式。其中 ENABLED 表达式的形式为 ENABLED e。ENABLED-free 基础状态函数是没有 ENABLED 语句的表达式。基础状态函数的含义是从状态到取值的映射。我们将 $s[\![e]\!]$ 视为状态函数 e 分配给状态 s 的取值。由于变量是状态函数，因此我们可同时声称状态 s 为变量 x 分配了取值 $s[\![x]\!]$，以及状态函数 x 为状态 s 分配了取值 $s[\![x]\!]$。

通过使用 16.1 节给出的恒定运算符含义，我们可将任意 ENABLED-free 状态函数 e 对应的 $s[\![e]\!]$ 归纳定义为由 TLA$^+$ 基元恒定运算符、已声明常量以及 s 为每个变量分配的取值所构成的表达式。例如，假设 x 是一个变量，S 是一个常量，则有

$$s[\![x \notin S]\!] \;=\; \neg(s[\![x]\!] \in S)$$

可以很容易看出，对于任意恒定表达式 c，$s[\![c]\!]$ 都等于 $[\![c]\!]$。（这可通过形式化方法表达为：常量在所有状态中都具有相同的值。）

为了定义所有基础状态函数的含义，而不仅是 ENABLED-free 部分，我们必须定义 ENABLED 表达式的含义。这将在下面完成。

形式化语义中谈到了状态函数，而不是状态谓词。由于 TLA$^+$ 是类型无关的语言，所以状态谓词与状态函数之间不存在正式的区别。所谓“状态谓词”，是指状态函数 e，对于规约中的每个可达状态 s，它使得 $s[\![e]\!]$ 的取值都是布尔类型。具体可参见 16.2.3 节中关于动作的讨论。

我将状态函数的含义解释为状态“映射”。由于不存在关于所有状态的集合，故此类映射不是函数。由于对于任何集合 S，都存在一个可将每个变量都置为 S 的状态，所以存在太多状态，以至于无法组成一个集合。（参见 6.1 节中关于罗素悖论的讨论。）为了形式化起见，我们应该定义一个运算符 M，使得：假设 s 是一个状态，e 是一个语法上正确的基础状态函数，则 $M(s,e)$（我们将其写为 $s[\![e]\!]$）是一个基础恒定表达式，且该表达式解释了 e 在状态 s 上的含义。

实际上，这种描述语义的方法也不正确。状态是变量到取值（集合）的一个映射，而不是到恒定表达式的映射。由于存在不可数的集合和可数的字符串有限序列，因此必定存在无法被任何表达式表述的取值。假定 ξ 是一个这样的取值，s 为一个将取值 ξ 赋给变量 x 的状态。那么可得出 $s[\![x = \{\}]\!]$ 等于 $\xi = \{\}$，由于 ξ 不是一个表达式，所以这不是一个恒定表达式。因此，为了得到真正的形式化描述，我们需要定义一个由基元恒定表达式、已声明常量与任意值所构成的语义恒定表达式。基础状态函数的含义为一个从状态集合到语义恒定表达式的映射。

我们不会赘述这些细节。相反，我们将为基础表达式定义一套更易懂的半形式化语义。精通数学的读者在充分理解半形式化描述之后，就应该能够补齐所缺失的形式化细节。

16.2.3 动作运算符

转移函数（transition function）是由状态函数构造的表达式，在构造过程中使用了运算符（$'$）以及表 3 中所列的其他 TLA$^+$ 动作运算符。一个转移函数可为每一个步骤赋值，

其中一个步骤是一对状态。在转移函数中，未加撇号（$'$）的变量 x 的出现代表了 x 在首状态（旧状态）的取值，加撇号（$'$）的变量 x 的出现代表了它在次状态（新状态）的取值。例如，如果状态 s 将变量 x 置为 4，状态 t 将 x 置为 5，那么转移函数 $x'-x$ 将步骤 $s \rightarrow t$ 置为 $5-4$，其结果为 1（假设“$-$”的含义为常规减法运算）。

动作是布尔取值的转移函数，例如 $x' > x$。当且仅当 A 将 $s \rightarrow t$ 置为 TRUE，我们才可声称动作 A 在步骤 $s \rightarrow t$ 为真，或者 $s \rightarrow t$ 是一个 A 步骤。一个动作可被认为有效，当且仅当它在任何步骤的取值都为真。

TLA$^+$ 中除撇号（$'$）之外的其他动作运算符的含义如下所示（其中 A 与 B 是动作，e 是一个状态函数）：

- $[A]_e \triangleq A \vee (e' = e)$
- $\langle A \rangle_e \triangleq A \wedge (e' \neq e)$
- ENABLED A 是在状态 s 上成立的状态函数，其成立的充要条件为：存在状态 t，使得 $s \rightarrow t$ 是一个 A 步骤。
- UNCHANGED $e \triangleq e' = e$
- $A \cdot B$ 是 在步骤 $s \rightarrow t$ 上成立的动作，其成立的充要条件为：存在一个状态 u，使得 $s \rightarrow u$ 是一个 A 步骤，$u \rightarrow t$ 是一个 B 步骤。

2.2 节介绍了 $'$ 运算与构造 $[A]_v$，3.1 节介绍了 UNCHANGED 运算符，8.4 节介绍了 ENABLED 运算符，8.1 节介绍了构造 $\langle A \rangle_v$，7.3 节介绍了动作组合运算符“$\cdot$”。

形式化语义

基础转移函数（basic transition function）是不包含任何时态运算符的基础表达式。基础转移函数 e 的含义是将基础恒定表达式 $\langle s,t \rangle[\![e]\!]$ 赋给任意一对状态 $\langle s,t \rangle$。（在这里，我们使用更常用的符号 $\langle s,t \rangle$，而不是 $s \rightarrow t$。）转移函数 e 有效的充要条件为：对于所有的状态 s 和 t，$\langle s,t \rangle[\![e]\!]$ 均有效。

如果 e 是一个基础状态函数，那么我们可通过定义 $\langle s,t \rangle[\![e]\!]$ 等于 $s[\![e]\!]$，从而将 e 解释为一个基础转移函数。如上面所示，UNCHANGED、构造 $[A]_e$ 与构造 $\langle A \rangle_e$ 都可通过 $'$ 运算来定义。为了定义剩余动作运算符的含义，我们将首先定义状态全集（即所有状态）上的存在量化。假设 $IsAState$ 是一个运算符，当且仅当 s 为一个状态时，$IsAState(s)$ 的取值为真。也就是说，也可将 s 视为一个函数，其定义域为由所有变量名称组成的集合。（使用运算符 $IsAFcn$ 来定义 $IsAState$ 很容易，$IsAFcn$ 的定义可参考 16.1.7 节。）对于任意公式 p，状态全集上的存在量化可由如下公式定义：

$$\exists_{\text{state}}\, s : p \triangleq \exists s : IsAState(s) \wedge p$$

接下来，所有转移函数与所有状态函数（包括 ENABLED 表达式）的含义均可通过已有定义和“剩余动作运算符的定义”来归纳定义。剩余动作运算符的定义如下所示：

- e' 是对于任意状态函数 e，由 $\langle s,t \rangle[\![e']\!] \triangleq t[\![e]\!]$ 定义的转移函数。

- ENABLED A 是对于任意转移函数 A，由

  $$s[\![\text{ENABLED } A]\!] \triangleq \exists_{\text{state}}\, t : \langle s, t\rangle[\![A]\!]$$

  定义的状态函数。

- $A \cdot B$ 是对于任意转移函数 A 与 B，由

  $$\langle s, t\rangle[\![A \cdot B]\!] \triangleq \exists_{\text{state}}\, u : \langle s, u\rangle[\![A]\!] \land \langle u, t\rangle[\![B]\!]$$

  定义的转移函数。

形式化语义中谈到了转移函数，而不是动作。由于 TLA⁺ 是类型无关的语言，所以动作与任意转移函数之间不存在正式的区别。我们可以将动作 A 定义为一个转移函数，使得对于所有的状态 s 与 t，$\langle s, t\rangle[\![A]\!]$ 的取值为布尔类型。然而，我们通常将动作视为一个转移函数 A，使得只要 s 和 t 为规约中的可达状态，$\langle s, t\rangle[\![A]\!]$ 的取值就是布尔类型。例如，一个具有 BOOLEAN 类型变量 b 的规约中可能含有动作 $b \land (y' = y)$。

关于类型的说明可参见 3.1 节。

我们可通过如下过程来推导 ENABLED $(b \land (y' = y))$ 的含义：

$$\begin{aligned}
& s[\![\text{ENABLED } (b \land (y' = y))]\!] \\
& \quad = \exists_{\text{state}}\, t : \langle s, t\rangle[\![b \land (y' = y)]\!] && \text{根据 ENABLED 的定义} \\
& \quad = \exists_{\text{state}}\, t : \langle s, t\rangle[\![b]\!] \land (\langle s, t\rangle[\![y']\!] = \langle s, t\rangle[\![y]\!]) && \text{根据} \land \text{与} = \text{的定义} \\
& \quad = \exists_{\text{state}}\, t : s[\![b]\!] \land (t[\![y]\!] = s[\![y]\!]) && \text{根据}\ '\ \text{的定义，对于任意状态函数 } e\text{，}\langle s, t\rangle[\![e]\!] = s[\![e]\!] \text{ 都成立}
\end{aligned}$$

如果 $s[\![b]\!]$ 是布尔值，则我们可继续推导如下：

$$\begin{aligned}
& \exists_{\text{state}}\, t : s[\![b]\!] \land (t[\![y]\!] = s[\![y]\!]) \\
& \quad = s[\![b]\!] \land \exists_{\text{state}}\, t : (t[\![y]\!] = s[\![y]\!]) && \text{由于 } t \text{ 不出现在 } s[\![b]\!] \text{ 中，故可根据谓词逻辑} \\
& \quad = s[\![b]\!] && \text{显然 } t \text{ 存在——例如，可令它等于 } s
\end{aligned}$$

由此，如果 $s[\![b]\!]$ 是布尔类型，则 $s[\![\text{ENABLED } (b \land (y' = y))]\!]$ 等于 $s[\![b]\!]$。然而，如果 s 是一个状态，且该状态将变量 b 置为 2，将变量 y 置为 -7，则如下表达式成立：

$$s[\![\text{ENABLED } (b \land (y' = y))]\!] = \exists_{\text{state}}\, t : 2 \land (t[\![y]\!] = -7)$$

最后一个表达式可能等于 2，也可能不等于 2。（请参考 16.1.3 节中关于布尔运算符说明的讨论。）如果我们所编写的规约有实际意义，那么它将取决于 ENABLED $(b \land (y' = y))$ 在“b 为布尔类型场景所对应的状态”中的含义。我们并不关心该表达式在“将 b 置为 2”的状态中的取值，正如我们也不关心 $3/x$ 在“将 x 置为“abc””的状态中的取值一样。具体原因可参见 6.2 节中关于“笨表达式”的讨论。

16.2.4 时态运算符

如 8.1 节所述，对于一个特定行为，时态公式 F 的取值可以是真，也可以是假，其中行为是一个状态序列。在语法上，时态公式可被归纳定义为一个状态谓词，或者一个具有表 4 中所列形式的公式，其中 e 是一个状态函数，A 是一个动作，F 与 G 是时态公式。除了 $\stackrel{+}{\triangleright}$ 之外，表 4 中的所有时态运算符的说明都可在第 8 章中找到。而关于 $\stackrel{+}{\triangleright}$ 的说明可参见 10.7 节。

对于行为 σ， 公式 $\Box F$ 成立的充要条件为：对于 σ 及其所有后继行为，时态公式 F 都成立。为了定义构造 $\Box[A]_e$ 与 $\Diamond\langle A\rangle_e$，我们将动作 B 视为一个时态公式，该公式在行为 σ 上成立的充要条件为：B 步骤可由 σ 的前两个状态构成。由此，$\Box[A]_e$ 在行为 σ 上成立的充要条件为 σ 的每一对后继状态都是一个 $[A]_e$ 步骤。TLA$^+$ 中除 $\exists$、$\forall$ 与 $\stackrel{+}{\triangleright}$ 之外的所有其他时态运算符，都可借助 $\Box$ 来定义，如下所示：

$$
\begin{aligned}
\Diamond F \quad & \triangleq \neg\Box\neg F \\
\mathrm{WF}_e(A) & \triangleq \Box\Diamond\neg(\text{ENABLED}\,\langle A\rangle_e) \vee \Box\Diamond\langle A\rangle_e \\
\mathrm{SF}_e(A) & \triangleq \Diamond\Box\neg(\text{ENABLED}\,\langle A\rangle_e) \vee \Box\Diamond\langle A\rangle_e \\
F \leadsto G \quad & \triangleq \Box(F \Rightarrow \Diamond G)
\end{aligned}
$$

时态存在量词 $\exists$ 是一个隐藏运算符，$\exists x : F$ 表示具有隐藏变量 x 的公式 F。为了更准确地定义，我们首先定义 $\natural\sigma$ 为一个状态序列（可能是有限状态序列），该状态序列可通过删除 σ 中的所有重叠步骤来获取，即去掉与先前状态相同的任何状态。接下来，我们定义 $\sigma \sim_x \tau$ 成立的充要条件为：除了其相关状态给变量 x 所赋的取值之外，$\natural\sigma$ 与 $\natural\tau$ 相同。由此，$\sigma \sim_x \tau$ 为真的充要条件也可描述为：σ 由 τ 通过增加或删除重叠步骤并改变相关状态对 x 的赋值来获取（反之亦然）。最后，可定义 $\exists x : F$ 在行为 σ 中成立的充要条件为：F 在行为 τ 中成立，并使得 $\sigma \sim_x \tau$。

时态全称量词 $\forall$ 可借助 $\exists$ 由如下公式定义：

$$\forall x : F \;\triangleq\; \neg(\exists x : \neg F)$$

公式 $F \stackrel{+}{\triangleright} G$ 断定 G 的取值不会在 F 之前变为假。更确切地说，针对行为 σ 的有限前驱（prefix），我们定义 H 成立的充要条件为：对于部分（无限多个）扩展自 ρ 的行为，H 为真。(特别要提到的是，对于空的前驱，H 成立的充要条件是 H 满足某些特定行为。) 接下来，对于行为 σ，$F \stackrel{+}{\triangleright} G$ 成立的充要条件为：对于 σ 与 σ 中的每一个有限前驱 ρ， $F \Rightarrow G$ 都成立。如果对于行为 ρ，F 成立，那么对于 σ 的特定前驱（比 ρ 多一个状态），G 也成立。

形式化语义

可将行为形式化描述为一个从自然数集合 Nat 到状态的函数映射。(我们将行为 σ 视为一个状态序列 $\sigma[0], \sigma[1], \cdots$ 。) 时态公式的含义也是关于行为的谓词，即一个从行为集合到布尔值的映射。我们用 $\sigma \models F$ 来表示 F 给行为 σ 赋值的含义。时态公式 F 有效 的充要条件是：对于所有行为 σ，$\sigma \models F$ 均成立。

在这里，我们采用标准函数表示符 $\sigma[i]$，而不是第 8 章中的 σ_i 来编写公式。

在上面，我已通过使用 □、$\exists$ 和 $\stackrel{+}{\triangleright}$ 定义了所有其他时态运算符。严格来说，由于动作不是时态公式，构造 $\Box[A]_e$ 也不是时态运算符 □ 的实例，因此它的含义应该分开定义。构造 $\Diamond\langle A\rangle_e$ 与之类似，也不是 ◇ 的实例，因此可将它定义为等同于 $\neg\Box[\neg A]_e$。

为了定义 □ 的含义，我们首先把 σ^{+n} 定义为将 σ 中前 n 个状态删除后所得到的行为，如下所示：

$$\sigma^{+n} \triangleq [i \in Nat \mapsto \sigma[i+n]]$$

接下来，对于任意的时态公式 F、转移函数 A 与状态函数 e，我们可将 □ 的含义定义如下：

$$\begin{aligned} \sigma \models \Box F &\triangleq \forall n \in Nat : \sigma^{+n} \models F \\ \sigma \models \Box[A]_e &\triangleq \forall n \in Nat : \langle \sigma[n], \sigma[n+1] \rangle [\![[A]_e]\!] \end{aligned}$$

为了使上面所给出 $\exists$ 的定义更加形式化，我们将首先在下面给出 $\natural$ 的定义（其中 f 为一个对于所有 n，都满足 $\sigma[n] = \natural\sigma[f[n]]$ 的函数）：

$$\begin{aligned} \natural\sigma \triangleq\ & \text{LET } f[n \in Nat] \triangleq \text{IF } n = 0 \text{ THEN } 0 \\ & \qquad\qquad\qquad\qquad\qquad \text{ELSE IF } \sigma[n] = \sigma[n-1] \\ & \qquad\qquad\qquad\qquad\qquad\qquad \text{THEN } f[n-1] \\ & \qquad\qquad\qquad\qquad\qquad\qquad \text{ELSE } f[n-1]+1 \\ & \qquad\quad S \triangleq \{f[n] : n \in Nat\} \\ & \text{IN } [n \in S \mapsto \sigma[\text{CHOOSE } i \in Nat : f[i] = n]] \end{aligned}$$

下一步，令 $s_{x \leftarrow v}$ 为与状态 s 相同的状态，除了它将变量 x 置为 v 之外。然后，我们可通过 如下公式来定义 $\sim_x$：

$$\sigma \sim_x \tau \triangleq \natural(\sigma_{x \leftarrow \{\}}) = \natural(\tau_{x \leftarrow \{\}})$$

其中 $\rho_{x \leftarrow \{\}}$ 是通过将行为 ρ 中的每个状态 s 替换为 $s_{x \leftarrow \{\}}$ 所得到的行为（我们可将 {} 替换为任意常量）。

我们接下来定义行为上的存在量化，其工作量大小和 16.2.3 节中定义状态量化的工作量差不多。我们首先定义 $IsABehavior$，使得当且仅当 σ 是一个行为时，$IsABehavior(\sigma)$ 才成立，接下来我们定义

$$\exists_{\text{behavior}}\, \sigma : F \triangleq \exists \sigma : IsABehavior(\sigma) \land F$$

我们现在可由如下公式定义 $\boldsymbol{\exists}$ 的含义：

$$\sigma \models \boldsymbol{\exists}\, x : F \;\triangleq\; \exists_{\text{behavior}}\, \tau : (\sigma \sim_x \tau) \land (\tau \models F)$$

最终，我们可将 $\stackrel{+}{\rightarrow}$ 的含义定义如下：

$$\begin{array}{l}
\sigma \models F \stackrel{+}{\rightarrow} G \;\triangleq \\
\quad \text{LET } PrefixSat(n, H) \;\triangleq \\
\qquad\qquad \exists_{\text{behavior}}\, \tau : \land\, \forall i \in 0 \,..\, (n-1) : \tau[i] = \sigma[i] \\
\qquad\qquad\qquad\qquad\qquad \land\, \tau \models H \\
\quad \text{IN} \quad \land\, \sigma \models F \Rightarrow G \\
\qquad\quad\;\; \land\, \forall n \in Nat : PrefixSat(n, F) \Rightarrow PrefixSat(n+1, G)
\end{array}$$

模块的含义

第 16 章定义了 TLA+ 内置运算符的含义。在此过程中，首先定义了基础表达式——仅包含内置运算符、已声明常量与已声明变量的表达式的含义。我们现在将通过基础表达式来定义模块的含义。由于一个 TLA+ 规约是由若干个模块的集合组成的，我们也可据此定义 TLA+ 的语义。

针对第 15 章中未给出解释的“上下文相关的语法条件”，我们也会给出正式的说明，并由此来完成 TLA+ 语法的定义。下面列出了一些虽符合第 15 章的语法规则但却非法的表达式，在本章中，你可以找到导致它们非法的具体条件。

- $F(x)$，假设 F 由 $F(x, y) \triangleq x + y$ 定义（17.1节）。
- $(x' + 1)'$（17.2节）。
- $x + 1$，假设 x 未声明或定义（17.3节）。
- $F \triangleq 0$，假设 F 已定义（17.5节）。

我们建议读者完整阅读本章。为了尽量使之易于阅读，我对问题域的表述方式做了一些非正式的通俗化处理。在任何部分，只要有可能，我都会用具体的例子来代替形式化的定义。在示例中，我假定你已大概理解了第一部分描述的 TLA+ 构造的含义。我也希望精通数学的读者可自行补齐缺失的形式化定义。

17.1 运算符与表达式

由于 TLA+ 使用了传统的数学表达符号，所以它具有相当丰富的语法，对于同一个基础数学运算，它可提供若干种不同的表示方法。例如，以下表达式都是通过将不同运算符应用于单个参数 e 而形成的：

$$Len(e) \qquad -e \qquad \{e\} \qquad e'$$

本节提出了一种编写所有此类表达式的统一方法，该方法可推广至更通用的表达式类型。

17.1.1 运算符的元数与顺序

每个运算符都具有一个元数（arity）和一个顺序。运算符的元数描述了其参数的数目和顺序。我们可根据 Len 运算符的元数判断出 $Len(s)$ 是一个合法的表达式，而 $Len(s, t)$ 与 $Len(+)$ 却是非法表达式。所有的 TLA+ 运算符，无论是内置的还是显式定义的，都可归为如下三类：0 阶运算符、1 阶运算符与 2 阶运算符㊀。以下是关于这些分类以及它们的元数是如何被定义的描述。

Len 在 *Sequences* 模块中定义，具体可参见图 18.1。

1. $E \triangleq x' + y$ 定义 E 为 0 阶逻辑运算符 $x' + y$。由于 0 阶运算符没有参数，所以它是普通表达式。我们将此类运算符的元数表示为符号“ _ ”（即下划线）。

2. $F(x, y) \triangleq x \cup \{z, y\}$ 定义 F 为 1 阶运算符。对于任意表达式 e_1 与 e_2，它将 $F(e_1, e_2)$ 定义为一个表达式。我们将 F 的元数表示为 $\langle \_, \_ \rangle$。

一般来说，一个 1 阶运算符将表达式作为其参数。它的元数为元组 $\langle \_, \cdots, \_ \rangle$，其中每个“ _ ”代表一个对应的参数。

3. $G(f(\_, \_), x, y) \triangleq f(x, \{x, y\})$ 定义 G 为 2 阶运算符。运算符 G 有三个参数：首参数是一个拥有两个参数的 1 阶运算符，后两个参数都是表达式。对于元数为 $\langle \_, \_ \rangle$ 的任意运算符 Op 以及任意表达式 e_1 与 e_2，它将 $G(Op, e_1, e_2)$ 定义为一个表达式。我们称之为 G 具有元数 $\langle \langle \_, \_ \rangle, \_, \_ \rangle$。

一般来说，2 阶运算符的参数既可以是表达式，也可以是 1 阶运算符。一个 2 阶运算符所具有的元数形如 $\langle a_1, \cdots, a_n \rangle$，其中每个 a_i 要么是“ _ ”，要么是 $\langle \_, \cdots, \_ \rangle$。（我们可将 1 阶运算符视为 2 阶运算符退化的特例。）

定义 3 阶或更高阶运算符也不是难事。但因为它们用处不大，且会使得级别正确性（level-correctness）检查更加困难（具体讨论可参见 17.2 节），所以 TLA⁺ 不支持它们。

17.1.2 λ 表达式

当我们通过 $E \triangleq exp$ 来定义 0 阶运算符 E 时，我们将运算符 E 编写为等于表达式 exp。我们可将此定义的含义解释为将符号 E 置为 exp。为了解释任意 TLA⁺ 定义的含义，我们需要能够写出一个 1 阶或 2 阶运算符等于什么——例如，运算符 F 可由如下公式定义：

$$F(x, y) \;\triangleq\; x \cup \{z, y\}$$

TLA⁺ 不支持编写等价于运算符 F 的表达式。（TLA⁺ 仅支持等价于 0 阶运算符的表达式。）我们因此将表达式泛化为 λ 表达式，并写出将 F 替换为 λ 表达式后的运算符（即 F 被认为等价于 λ 表达式），如下所示：

$$\lambda\, x, y \,:\, x \cup \{z, y\}$$

该 λ 表达式中的符号 x 与符号 y 被称为 λ 参数。λ 表达式仅能用于解释 TLA⁺ 规约的含义，我们不能直接在 TLA⁺ 中写 λ 表达式。

㊀ 尽管 TLA⁺ 支持 2 阶运算符，但它仍被逻辑学家称为 1 阶逻辑，因为它仅允许对 0 阶运算符进行量化。高阶逻辑允许我们编写类似于 $\exists\, x(\_) : exp$ 的公式。

我们也允许编写 2 阶 λ 表达式，其中运算符 G 可由如下公式定义：

$$G(f(\_,\_), x, y) \triangleq f(y, \{x, z\})$$

它也等同于如下 λ 表达式：

$$\lambda\, f(\_,\_), x, y : f(y, \{x, z\}) \tag{17.1}$$

λ 表达式的通用形式为 $\lambda\, p_1, \cdots, p_n : exp$, 其中 exp 是一个 λ 表达式，每个参数 p_i 要么是标识符 id_i，要么形如 $id_i(\_, \cdots, \_)$，且每一个 id_i 都互不相同。我们把 id_i 称为 λ 参数 p_i 的标识符。对于 $n = 0$ 的情况，λ 表达式 $\lambda : exp$ 没有参数，等于表达式 exp。这使得 λ 表达式成为普通表达式的泛化。

与表达式 $\forall x : F$ 中的标识符 x 类似，λ 参数标识符也是界标识符。与任何界标识符一样，重命名 λ 表达式中的 λ 参数标识符不会改变该表达式的含义。例如，式（17.1）等于

$$\lambda\, abc(\_,\_), qq, m : abc(m, \{qq, z\})$$

基于种种历史原因，此类重命名被称为 α 变换（α conversion）。

假设 Op 为 λ 表达式 $\lambda\, p_1, \cdots, p_n : exp$，那么 $Op(e_1, \cdots, e_n)$ 等同于：针对 $1 \,..\, n$ 中所有的 i，将 exp 中的 λ 参数 p_i 代换为 e_i 之后的结果。又例如，

$$(\lambda\, x, y : x \cup \{z, y\})(TT, w + z) = TT \cup \{z, (w + z)\}$$

这个用于求解 λ 表达式应用的过程被称为 β 归约（β reduction）。

17.1.3 简化运算符应用

为了简化相关说明，我假设每个运算符应用的编写形式都为 $Op(e_1, \cdots, e_n)$。由于 TLA+ 为运算符应用提供了多种不同的语法形式，所以我必须说明如何将它们转换为简化形式。以下是运算符应用的所有不同形式及其转换。

- 具有固定数目参数的简单构造，包括类似于“+”的中缀运算符、类似于 ENABLED 的前缀运算符、类似于 WF 的构造、函数应用以及 IF/THEN/ELSE 构造。这些运算符和构造不会构成问题。在编写规约时可以用 $+(a, b)$ 代替 $a+b$，用 $IfThenElse(p, e_1, e_2)$ 代替

  $$\text{IF } p \text{ THEN } e_1 \text{ ELSE } e_2$$

  以及用 $Apply(f, e)$ 代替 $f[e]$。由于表达式 $a + b + c$ 是 $(a + b) + c$ 的缩写，所以可写为 $+(+(a, b), c)$。

- 具有可变数目参数的简单构造——例如，$\{e_1, \cdots, e_n\}$ 与 $[h_1 \mapsto e_1, \cdots, h_n \mapsto e_n]$。我们可将每个构造视为具有固定数目参数的简单运算符的重复应用。例如，

  $$\{e_1, \cdots, e_n\} = \{e_1\} \cup \cdots \cup \{e_n\}$$
  $$[h_1 \mapsto e_1, \cdots, h_n \mapsto e_n] = [h_1 \mapsto e_1] \,@@ \cdots @@[h_n \mapsto e_n]$$

其中 @@ 在 TLC 模块中定义，具体可参见 14.4 节。当然，$\{e\}$ 可写为 $Singleton(e)$，$[h \mapsto e]$，也可写为 $Record($“ h”, $e)$。请注意，任意一个 CASE 表达式可借助如下形式的表达式

$$\text{CASE } p \rightarrow e \;\square\; q \rightarrow f$$

并使用如下关系来编写：

$$\text{CASE } p_1 \rightarrow e_1 \;\square \cdots \square\; p_n \rightarrow e_n \;=\; \text{CASE } p_1 \rightarrow e_1 \;\square\; (p_2 \lor \cdots \lor p_n) \rightarrow (\text{CASE } p_2 \rightarrow e_2 \;\square \cdots \square\; p_n \rightarrow e_n)$$

- 引入约束变量的构造——例如，

  $$\exists x \in S : x + z > y$$

  我们可将此表达式重写为

  $$ExistsIn(S, \lambda\, x : x + z > y)$$

  其中 $ExistsIn$ 是一个元数为 $\langle \_, \langle \_ \rangle \rangle$ 的 2 阶运算符。∃ 构造的所有变量可被表示为使用 $\exists x \in S : e$ 或 $\exists x : e$ 的表达式。（16.1.1 节展示了如何将这些变量转换为仅使用 $\exists x : e$ 的表达式，但这些转换将不再遵守作用域不变的规则——例如，将 $\exists x \in S : e$ 重写为 $\exists x : (x \in S) \land e$ 将把 S 移入约束变量 x 的作用域之内。）

  引入约束变量的所有其他构造，比如 $\{x \in S : exp\}$，均可借助 λ 表达式与 2 阶运算符 Op 并通过 $Op(e_1, \cdots, e_n)$ 形式来类似地表达。（第 16 章解释了如何借助具有“普通界标识符”的构造来表达类似于 $\{\langle x, y \rangle \in S : exp\}$ 的构造（此类构造具有一组界标识符）。）
- 由实例化所产生的类似于 $M(x)!Op(y, z)$ 的运算符应用。我们将其写为 $M!Op(x, y, z)$。
- LET 表达式。关于 LET 表达式含义的说明可参见 17.4节。现在，我们仅考虑不含 LET 语句的 λ 表达式。

为了统一起见，我会将运算符号统称为标识符，即使对于（根据第 15 章中语法定义）不属于标识符的诸如“+”之类的符号也是如此。

17.1.4　表达式

我们现在可将表达式归纳定义为：一个 0 阶运算符；具有 $Op(e_1, \cdots, e_n)$ 形式，在此形式中，Op 是一个运算符，每个 e_i 要么是一个表达式，要么是一个 1 阶运算符。该表达式必须满足*元数正确*（arity-correct），这意味着 Op 必须具有元数 $\langle a_1, \cdots, a_n \rangle$，其中每一个 a_i 是对应于 e_i 的元数。也就是说，假如 e_i 等于“ _ ”，则 e_i 必须是一个表达式；否则它必须是一个元数为 a_i 的 1 阶运算符。我们要求 Op 不得为 λ 表达式。（如果它是，那我们可以用 β 归约来求解 $Op(e_1, \cdots, e_n)$ 并消除 λ 表达式 Op。）因此，λ 表达式仅能作为 2 阶运算符参数在另一个表达式中出现。这意味着仅 1 阶 λ 表达式可直接出现在另一个表达式中。

我们已在除 λ 表达式之外的所有表达式中消除了界标识符。我们遵循 TLA+ 的如下要求：一个含义已确定的标识符不得再作为界标识符使用。因此，在任意 λ 表达式 $\lambda p_1, \cdots, p_n : exp$ 中，参数 p_i 的标识符不能再成为在 exp 中出现的任意 λ 表达式内的参数标识符。

记住，λ 表达式仅可用于解释 TLA+ 的语义。它不是该语言的一个组成部分，不能在 TLA+ 规约中使用[㊀]。

17.2 级别

TLA+ 语言具有一类来自 TLA 底层逻辑的语法约束，这些约束在普通数学中没有对应的限制规则。其中最简单的约束规则为禁止双重撇运算（double-priming）。例如，$(x' + y)'$ 的语法格式不正确，故没有意义，因为运算符“′”（撇运算）仅能应用于状态函数，而不能用于类似于 $x' + y$ 的转移函数。此类约束可通过术语“级别”（level）来表达。

在 TLA 中，任何表达式都属于编号为 0、1、2、3 的四个基本级别之一。下面将通过示例来描述这些级别，在这些示例中，我们假设 x、y 与 c 的声明语句如下：

VARIABLES x, y CONSTANT c

并且“+”等基本符号的含义为其常规含义。

- 0：恒定级（constant-level）表达式是常量；它仅包含常量和恒定运算符。例如：$c+3$。
- 1：状态级（state-level）表达式是状态函数；它可以包含常量、恒定运算符以及未实施撇运算（′）的变量。例如：$x + 2 * c$。
- 2：转移级（transition-level）表达式是转移函数；它可以包含除时态运算符之外的任何对象。例如：$x' + y > c$。
- 3：时态级（temporal-level）表达式是时态公式；它可以包含任意 TLA 运算符。例如：$\Box[x' > y + c]_{\langle x, y \rangle}$。

第 16 章给出了所有基础表达式的含义。基础表达式为仅包含 TLA+ 内置运算符以及已声明变量与常量的表达式。分配给表达式的含义取决于其对应的级别，如下所示：

- 0：恒定级基础表达式的含义为一个仅包含基元运算符的恒定级表达式。
- 1：状态级基础表达式 e 的含义为给任意状态 s 分配恒定表达式 $s[\![e]\!]$。
- 2：转移级基础表达式 e 的含义为给任意状态转移 $s \rightarrow t$ 分配恒定表达式 $\langle s, t \rangle[\![e]\!]$。
- 3：时态级基础表达式 F 的含义为给任意行为 σ 分配恒定表达式 $\sigma \models F$。

除了转移级表达式不能被视为时态级表达式外，任意级别的表达式都可被视为更高级别的表达式[㊁]。例如，假设 x 是一个已声明变量，那么状态级表达式 $x > 2$ 是一个时态级公式，使得对于任意行为 σ，$\sigma \models x$ 为 $x > 2$ 在 σ 首状态上的取值[㊂]。

㊀ 此处不支持是针对最初的 TLA+ (版本 1) 而言，当前最新的TLA+2 已能支持 λ 表达式，具体可参见第 19 章。——译者注

㊁ 更准确地说，如果一个转移级表达式不是状态级表达式，那么它也不是时态级表达式。

㊂ 表达式 $x + 2$ 可被视为一个与 $\Box(x + 2)$ 类似的时态级“笨表达式”。（具体可参见 6.2 节中关于“笨表达式”的讨论。）

可通过一个简单规则集来归纳定义基本表达式是否满足“级别正确”（level-correct），以及如果满足，那么具体级别是什么。下面给出其中部分规则：

- 已声明常量是 0 级“级别正确”的表达式。
- 已声明变量是 1 级“级别正确”的表达式。
- 假设 Op 是一个已声明的 1 阶恒定运算符，则表达式 $Op(e_1, \cdots, e_n)$ 满足“级别正确”的充要条件为每个 e_i 都满足“级别正确”，且 Op 的级别为所有 e_i 级别中的最大值。
- $e_1 \in e_2$ 满足“级别正确”的充要条件为 e_1 与 e_2 均满足“级别正确”，在此条件下 $e_1 \in e_2$ 的级别为 e_1 与 e_2 两者的级别中的最大值。
- e' 满足“级别正确”且为 2 级的充要条件是 e 满足“级别正确”且级别取值不大于 1[㊀]。
- ENABLED e 满足“级别正确”且级别为 1 的充要条件是 e 满足“级别正确”且级别取值不大于 2。
- $\exists x : e$ 满足“级别正确”且级别为 l 的充要条件是当 x 为已声明的常量时，e 为满足“级别正确”的 l 级表达式。
- $\boldsymbol{\exists} x : e$ 满足“级别正确”且级别为 3 的充要条件是当 x 为已声明的变量时，e 为满足“级别正确”且级别取值不等于 2 的表达式。

其他 TLA$^+$ 运算符也有类似的规则。

从这些规则可得出一个有用的结论，即基础表达式的级别正确性不取决于其中已声明标识符的级别。也就是说，当 c 被声明为常量时表达式 e 满足“级别正确”的充要条件是，当 c 为变量声明时表达式 e 也满足“级别正确”[㊁]。当然，e 的级别取决于 c 的级别。

我们可通过泛化“级别”的概念来抽象这些规则。迄今为止，我们仅定义了表达式的级别。我们可定义 1 阶或 2 阶运算符 Op 的级别，使其成为决定表达式 $Op(e_1, \cdots, e_n)$ 的级别正确性以及级别取值的规则，该表达式是一个关于参数 e_i 的级别的函数。由于 1 阶运算符的级别是一个规则，所以 2 阶运算符 Op 的级别也是一个规则，但该规则部分依赖于其他规则，即作为参数的运算符的级别。这使得关于 2 阶运算符级别的严格通用定义变得非常复杂。幸运的是，这里还有一个可处理所有 TLA$^+$ 运算符的更简单但通用性稍差的定义。更加幸运的是，你也根本不需要理解它，故我将不在此赘述。你只需要知道存在一种为 TLA$^+$ 的每个内置运算符分配级别的方法即可。任何基础表达式的级别正确性与级别可由这些级别以及该表达式中出现的已声明标识符的级别确定。

恒定级别（constant level）是一个重要的运算符等级分类。任何由恒定级运算符与声明常量构成的表达式都拥有恒定级别。表 1 与表 2 中的 TLA$^+$ 内置恒定运算符也都拥有恒定级别。仅由恒定级别运算符与已声明常量构成的任意运算符也拥有恒定级别。

㊀ 假设 e 是恒定表达式，则 e' 等于 e，故我们可认为 e' 为 0 级表达式。简单起见，即使 e 为常量，我们也可认为 e' 为 2 级表达式。

㊁ 经作者澄清，当 c 被声明为常量时，表达式 e 有能力满足“级别正确”，当 c 被声明为变量时，表达式 e 也有能力满足“级别正确”，即 e 是否满足“级别正确”与 c 被声明为变量还是常量无关。——译者注

我们现在将级别正确性的定义由普通表达式扩展到 λ 表达式。让我们定义 λ 表达式 $\lambda p_1, \cdots, p_n : exp$，该表达式满足级别正确性的充要条件为：当 λ 参数标识符被声明为相应的元数中的常量时，exp 满足级别正确性。例如，$\lambda p,\ q(\_) : exp$ 满足级别正确性当且仅当 exp 满足级别正确性且拥有附加声明

CONSTANTS $p,\ q(\_)$

这归纳定义了 λ 表达式的级别正确性。此定义是合理的，因为如前所述，exp 的级别正确性不依赖于我们是否将 λ 参数指定为级别 0 或级别 1。我们也可定义任意 λ 表达式的级别，但这需要先给出运算符级别的通用定义，而这正是我们希望规避的。

17.3 上下文

基础表达式的语法正确性取决于已声明标识符的元数。表达式 $Foo = \{\}$ 语法正确的条件为 Foo 被声明为变量且元数为“$\_$”，而如果它被声明为一个元数为 $\langle \_ \rangle$ 的（1 阶）常量，则不满足语法正确性。基础表达式的含义也取决于已声明标识符的级别。我们无法仅通过查看表达式本身就确定相关的级别和元数，因为它们隐含在该表达式出现的上下文中。非基础表达式包含已定义的和已声明的运算符。它的语法正确性和含义取决于此类运算符的定义，而这些运算符的定义也取决于上下文。本节将给出上下文概念的精确定义。

为了统一起见，我们将对内置运算符与非内置运算符（需要显式声明或定义的运算符）归一化处理。正如上下文可能告诉我们标识符 x 是一个已声明的变量一样，它也可以告诉我们 $\in$ 被声明为一个元数为 $\langle \_, \_ \rangle$ 的恒定级运算符，以及 $\notin$ 被定义为等于 $\lambda a, b : \neg(\in (a, b))$。我们假设一个标准上下文中定义了所有 TLA$^+$ 内置运算符。

为了定义上下文，我们首先要定义声明与定义。*声明*（declaration）为运算符名称分配了元数与级别。*定义*（definition）为运算符名称分配了一个与 LET 语句无关的（LET-free）λ 表达式。*模块定义*（module definition）为模块名称分配了模块含义，其中模块含义的定义可参见 17.5 节[⊖]。*上下文*（context）由一系列声明、定义、模块定义的集合组成，使得：

C1）运算符名称仅能在上下文中定义或声明一次。（这意味着它不可能既被声明也被定义。）

C2）上下文中定义或声明的运算符不得成为任何定义表达式中 λ 参数的标识符。

C3）定义表达式中出现的每一个运算符的名称要么是 λ 参数的标识，要么是在上下文中声明（不是定义）的。

C4）不存在一个模块名称的含义被两个不同模块定义的情况。

模块名称与运算符名称是分开处理的。同样的字符串既可以是由模块定义所给出的模块名称，又可以是由普通定义或普通声明语句指定的运算符名称。

下面给出了一个关于上下文的例子，它既声明了符号 $\cup$、a、b 与 $\in$，又定义了符号 c 与 foo，还定义了模块 $Naturals$：

⊖ 模块的含义是通过上下文来定义的，因此这些定义涉嫌循环论证。实际上，上下文的定义与模块含义一起构成了唯一的归纳定义。

$$\{\cup : \langle \_, \_ \rangle, \quad a : \_, \quad b : \_, \quad \in : \langle \_, \_ \rangle, \quad c \triangleq \cup(a, b), \\ foo \triangleq \lambda p, q(\_) : \in (p, \cup(q(b), a)), \quad Naturals \stackrel{m}{=} \cdots \} \tag{17.2}$$

这里没有给出的是分配给运算符 $\cup$、a、b 与 $\in$ 的级别，以及 $Naturals$ 含义的定义。

假设 $\mathcal{C}$ 是一个上下文，那么 $\mathcal{C}$-basic λ 表达式被定义为一个仅含有 $\mathcal{C}$ 中声明符号（除了 λ 参数）的 λ 表达式。例如，如果 $\mathcal{C}$ 是上下文（17.2），$\lambda x : \in(x, \cup(a, b))$ 就是一个 $\mathcal{C}$-basic λ 表达式。然而，由于 $\cap$ 与 c 都未在 $\mathcal{C}$ 中声明，所以 $\cap(a,b)$ 与 $\lambda x : c(x,b)$ 都不是 $\mathcal{C}$-basic λ 表达式。（符号 c 是在 $\mathcal{C}$ 中定义，而不是在 $\mathcal{C}$ 中声明的。）对于 $\mathcal{C}$-basic λ 表达式，如果 $\mathcal{C}$ 给该表达式中运算符分配的元数和级别是正确的，该表达式就满足**语法正确性**（syntactically correct）。条件 C3 说明了如果 $Op \triangleq exp$ 是上下文 $\mathcal{C}$ 中的定义，exp 就是一个 $\mathcal{C}$-basic λ 表达式。我们给 C3 增加了它必须满足语法正确性的要求。

我们也允许上下文中含有形如 $Op \triangleq ?$ 的特殊定义，它为名称 Op 分配了“非法”的取值 ?，其中 ? 不是一个 λ 表达式。此定义表明，在上下文中使用运算符名称 Op 是非法的。

17.4 λ 表达式的含义

我们现在将上下文 $\mathcal{C}$ 中 λ 表达式 e 的含义 $\mathcal{C}[\![e]\!]$ 定义为一个 $\mathcal{C}$-basic λ 表达式。假设 e 是普通（非基础）表达式，$\mathcal{C}$ 为定义了 TLA$^+$ 内置运算符并且提供了 e 中常量与变量声明的上下文，那么这会使 $\mathcal{C}[\![e]\!]$ 被定义为一个基础表达式。由于第 16 章给出了基础表达式含义的定义，所以这里也给出了任意表达式含义的定义。表达式 e 也可能含有 LET 构造，所以这里也定义了 LET 的含义。（LET 运算符的含义并没有在第 16 章中定义。）基本上，我们可通过 e 来获取 $\mathcal{C}[\![e]\!]$，方法是将所有已定义运算符的名称替换为其定义，然后尽可能实施 β 归约。回想一下，β 归约将

$$(\lambda\, p_1, \cdots, p_n \,:\, exp)\,(e_1, \cdots, e_n)$$

替换为通过 exp 所获取的表达式，方法是对于其中每一个 i，将 p_i 的标识符代换为 e_i。$\mathcal{C}[\![e]\!]$ 的定义不依赖于 $\mathcal{C}$ 声明所分配的级别。因此，我们可忽略定义中的级别。$\mathcal{C}[\![e]\!]$ 的归纳定义可由如下规则组成：

- 假设 e 为运算符号，则 $\mathcal{C}[\![e]\!]$ 等于 e（若 e 在 $\mathcal{C}$ 中声明）或者 $\mathcal{C}$ 中 e 的定义的 λ 表达式（若 e 在 $\mathcal{C}$ 中定义）。
- 假设 e 为 $Op(e_1, \cdots, e_n)$，其中 Op 在 $\mathcal{C}$ 中声明，那么 $\mathcal{C}[\![e]\!]$ 等于表达式 $Op(\mathcal{C}[\![e_1]\!], \cdots, \mathcal{C}[\![e_n]\!])$。
- 假设 e 为 $Op(e_1, \cdots, e_n)$，其中 Op 在$\mathcal{C}$ 中被定义为与 λ 表达式 d 相等，则 $\mathcal{C}[\![e]\!]$ 等于 $\overline{d}(\mathcal{C}[\![e_1]\!], \cdots, \mathcal{C}[\![e_n]\!])$ 的 β 归约，其中 $\overline{d}$ 可通过 α 变换（代换 λ 参数）从 d 获取，使得不存在 λ 参数的标识符同时出现在 $\overline{d}$ 与 $\mathcal{C}[\![e_i]\!]$ 中的情况。
- 假设 e 为 $\lambda p_1, \cdots, p_n : exp$，则 $\mathcal{C}[\![e]\!]$ 等于 $\lambda p_1, \cdots, p_n : \mathcal{D}[\![exp]\!]$，其中 $\mathcal{D}$ 是通过将特定声明添加至 $\mathcal{C}$ 而获得的上下文，该声明为：对于 $1 \,..\, n$ 中的每个 i，为第 i 个 λ 参数的标识符分配由 p_i 决定的元数。

- 假设 e 为

  $$\text{LET } Op \triangleq d \text{ IN } exp$$

  其中 d 是 λ 表达式，exp 是表达式，则 $\mathcal{C}[\![e]\!]$ 等于 $\mathcal{D}[\![exp]\!]$，$\mathcal{D}$ 是通过为 $\mathcal{C}$ 添加特定的定义所获得的上下文，该定义将 $\mathcal{C}[\![d]\!]$ 分配给 Op。

- 假设 e 为

  $$\text{LET } Op(p_1, \cdots, p_n) \triangleq \text{INSTANCE } \cdots \text{ IN } exp$$

  则 $\mathcal{C}[\![e]\!]$ 等于 $\mathcal{D}[\![exp]\!]$，其中 $\mathcal{D}$ 是通过在当前上下文 $\mathcal{C}$ 中"求解"如下声明所获得的更新后的上下文：

  $$Op(p_1, \cdots, p_n) \triangleq \text{INSTANCE } \cdots$$

  具体描述可参见 19.5 节。

最后两个条件定义了任意 LET 构造的含义，因为

- LET 中的运算符定义 $Op(p_1, \cdots, p_n) \triangleq d$ 的含义为

  $$Op \triangleq \lambda p_1, \cdots, p_n : d$$

- LET 中的函数定义 $Op[x \in S] \triangleq d$ 的含义为

  $$Op \triangleq \text{CHOOSE } Op : Op = [x \in S \mapsto d]$$

- 表达式 LET $Op_1 \triangleq d_1 \ \cdots \ Op_n \triangleq d_n$ IN exp 被定义为等于

  $$\text{LET } Op_1 \triangleq d_1 \text{ IN } (\text{LET } \cdots \text{ IN } (\text{LET } Op_n \triangleq d_n \text{ IN } exp) \cdots)$$

λ 表达式在上下文 $\mathcal{C}$ 中的定义为合法（语法格式正确）的充要条件为：这些规则将 $\mathcal{C}[\![e]\!]$ 定义为合法的 $\mathcal{C}$-basic 表达式。

17.5 模块的含义

模块的含义取决于相关上下文。对于一个不是其他模块子模块的外部模块而言，其上下文由 TLA$^+$ 所有内置运算符的声明定义以及一些其他模块的定义组成。17.7 节将讨论这些其他模块定义的来源。

上下文 $\mathcal{C}$ 中一个模块的含义可由如下 6 个集合构成：

- Dcl：声明的集合。它们来自 CONSTANT 与 VARIABLE 声明，以及被引入模块（出现在 EXTENDS 语句中的模块）中的声明。
- $GDef$：全局定义的集合。它们来自普通（non-LOCAL）定义，以及被引入模块、实例化模块中的全局定义。
- $LDef$：局部定义的集合。它们来自 LOCAL 类型定义与模块的 LOCAL 类型实例化。（局部定义不能从引入或实例化本模块的其他模块中获取。）
- $MDef$：模块定义的集合。它们来自模块与被引入模块中的子模块。
- Ass：假设条件的集合。它们来自ASSUME 声明与被引入模块。

- Thm：定理的集合。它们来自 THEOREM 声明、被引入模块的定理，以及实例化模块中的假设与定理，具体说明可参见 17.5.5节。

$GDef$ 与 $LDef$ 中相关定义的 λ 表达式以及 Ass 与 Thm 中的表达式，都是满足 $(\mathcal{C} \cup Dcl)$-basic 的 λ 表达式。换句话说，它们所包含的所有运算符号（除了 λ 参数标识符）都来自 $\mathcal{C}$ 或 Dcl 中的声明。

上下文$\mathcal{C}$ 中模块的含义可通过基于这 6 个集合的特定算法来定义。该算法从头到尾依次处理模块中的各个声明。当处理至模块结尾时，这些集合的取值就是模块的含义。

在模块起始处，所有 6 个集合均为空集。对于每个可能的声明类型，其处理规则将在下面给出。在这些规则中，当前上下文 $\mathcal{CC}$ 被定义为 $\mathcal{C}$、Dcl、$GDef$、$LDef$ 与 $MDef$ 的联合（union）。

当该算法在上下文 $\mathcal{CC}$ 中添加元素时，它使用 α 变换来确保：在 $\mathcal{CC}$ 内的任何 λ 表达式中，已定义或声明的运算符名称不得再作为 λ 参数标识符出现。例如，假设定义语句 $foo \triangleq \lambda x : x + 1$ 位于 $LDef$ 内，那么为 Dcl 添加声明 x 将要求通过对该定义的 α 变换来重命名 λ 参数标识符 x。此处的 α 变换并没有显式提及。

17.5.1 引入

EXTENDS 声明的形式为

EXTENDS $M_1, \cdots, M_n$

其中每个 M_i 是一个模块名称。此声明必须是模块中第一个语句。此声明将 Dcl、$GDef$、$MDef$、Ass 与 Thm 的值设置为等于名为 M_i 的模块（$\mathcal{C}$ 将该模块含义分配给 M_i）内对应取值组成的联合。

此声明合法的充要条件为：模块名称 M_i 都在 $\mathcal{C}$ 中定义，并且生成的当前上下文 $\mathcal{CC}$ 为任何符号所分配的含义数目不超过 1。准确来说，假设同一个符号被两个或多个不同的 M_i 定义或声明，那么这些重复的定义声明必须都能通过若干个（也可能是 0 个）EXTENDS 语句组成的声明链追溯至相同的源头定义。例如，假定 M_1 引入了 $Naturals$ 模块，M_2 引入了 M_1 模块，则 $Naturals$、M_1 与 M_2 这三个模块都定义了运算符 +。如下声明

EXTENDS $Naturals, M_1, M_2$

依然可能合法，因为这三个定义都可通过 EXTENDS 声明链（深度依次为 0、1、2）追溯至 $Naturals$ 模块中“+”的定义。

当将大型规约拆分为多个模块时，我们通常需要一个模块 M 来引入模块 $M_1, \cdots, M_n$，其中 M_i 中有公共常量和变量的声明。在这个例子中，我们可将公共声明放在被所有 M_i 模块引入的模块 P 中。

17.5.2 声明

声明语句具有如下形式之一：

CONSTANT $c_1, \cdots, c_n$ VARIABLE $v_1, \cdots, v_n$

其中 v_i 为标识符，c_i 要么是标识符，要么针对某些标识符 Op 具有形式 $Op(\_,\cdots,\_)$。该语句为集合 Dcl 添加了显式声明。其为合法语句的充要条件为：任何已声明的标识符都不是在 $\mathcal{CC}$ 中声明定义的。

17.5.3 运算符定义

全局运算符定义[⊖] 具有如下两种形式之一：

$$Op \triangleq exp \qquad Op(p_1,\cdots,p_n) \triangleq exp$$

其中 Op 是一个标识符，exp 是一个表达式，每个 p_i 要么是标识符，要么具有形式 $P(\_,\cdots,\_)$（其中 P 是一个标识符）。我们认为第一种形式是第二种形式在 $n=0$ 场景下的一个特例。该声明语句合法的充要条件为：Op 不在 $\mathcal{CC}$ 中定义或声明，且 λ 表达式 $\lambda p_1,\cdots,p_n : exp$ 在上下文 $\mathcal{CC}$ 中合法。特别要提到的是，此 λ 表达式中任何 λ 参数都不得在 $\mathcal{CC}$ 中声明或定义。该语句为 $GDef$ 添加了给 Op 分配 λ 表达式 $\mathcal{CC}[\![\lambda p_1,\cdots,p_n : exp]\!]$ 的定义。

局部运算符定义具有如下两种形式之一：

$$\text{LOCAL } Op \triangleq exp \qquad \text{LOCAL } Op(p_1,\cdots,p_n) \triangleq exp$$

除了将此定义添加至 $LDef$ 而不是 $GDef$ 之外，它与全局定义相同。

17.5.4 函数定义

全局函数定义的形式为：

$$Op[fcnargs] \triangleq exp$$

其中 $fcnargs$ 是以逗号分隔的元素列表，每个元素的形式为 $Id_1,\cdots,Id_n \in S$ 或 $\langle Id_1,\cdots,Id_n\rangle \in S$。它等同于全局运算符定义：

$$Op \triangleq \text{CHOOSE } Op : Op = [fcnargs \mapsto exp]$$

一个具有如下形式的局部函数定义：

$$\text{LOCAL } Op[fcnargs] \triangleq exp$$

等价于类似的局部运算符定义。

17.5.5 实例化

我们首先考虑一个具有如下形式的全局实例化声明：

$$I(p_1,\cdots,p_m) \triangleq \text{INSTANCE } N \text{ WITH } q_1 \leftarrow e_1,\cdots,q_n \leftarrow e_n \tag{17.3}$$

⊖ 运算符定义的声明语句不应与 LET 表达式中的定义语句相混淆。LET 表达式含义的说明可参见 17.4 节。

为了保证该语句的合法性，N 必须是一个在 $\mathcal{CC}$ 中定义的模块名称。令 $NDcl$、$NDef$、$NAss$ 与 $NThm$ 为 $\mathcal{CC}$ 分配给 N 的含义中集合 Dcl、$GDef$、Ass 与 Thm 的取值。q_i 必须是由 $NDcl$ 声明且互不相同的标识符。对于在 $NDcl$ 中声明的非 q_i 的任意标识符 Op，我们为其添加一个形如 $Op \leftarrow Op$ 的 WITH 语句，因此 q_i 构成了所有在 $NDcl$ 中声明的标识符。

I 与定义参数 p_i 中的任何标识符都不得在 $\mathcal{CC}$ 中定义或声明。令 $\mathcal{D}$ 为通过给 $\mathcal{CC}$ 添加每个 p_i 对应的显式恒定级声明所获得的上下文。那么对于每个 $i \in 1 \mathrel{..} n$，e_i 在上下文 $\mathcal{D}$ 中的语法格式都是正确的，并且 $\mathcal{D}[\![e_i]\!]$ 必定拥有与 q_i 相同的元数。

该实例化也必须满足下面的级别正确性条件。可将模块 N 定义为恒定模块的充要条件为：$NDcl$ 中每个声明都具有恒定级别，并且 $NDef$ 中的每个定义中出现的每个运算符都具有恒定级别。如果 N 不是一个恒定模块，那么对于 $1 \mathrel{..} n$ 中的每个 i 而言，都存在如下规则：

- 假设 q_i 在 $NDcl$ 中被声明为恒定运算符，则 $\mathcal{D}[\![e_i]\!]$ 具有恒定级别。
- 假设 q_i 在 $NDcl$ 中被声明为变量（0 阶运算符，级别为 1），则 $\mathcal{D}[\![e_i]\!]$ 的级别为 0 或 1。

关于此条件的原因的说明可参见 17.8 节。

针对 $NDef$ 中的每个定义 $Op \triangleq \lambda r_1, \cdots, r_p : e$，如下定义

$$I!Op \triangleq \lambda\, p_1, \cdots, p_m, r_1, \cdots, r_p \,:\, \overline{e} \tag{17.4}$$

被添加至 $GDef$，其中 $\overline{e}$ 是针对所有的 $i \in 1 \mathrel{..} n$，通过用 e_i 代换 q_i 所获得的表达式。在执行代换之前，为保证将定义 $I!Op$ 添加至 $GDef$ 之后上下文 $\mathcal{CC}$ 的正确性，必须先实施 α 变换。$\overline{e}$ 的精确定义有一点微妙，具体说明将在 17.8 节中给出。我们要求式(17.4)中的 λ 表达式的级别是正确的（如果 N 为非恒定模块，那么该 λ 表达式的级别正确性将隐含在上一段描述的参数实例化的级别条件中。）模块 N 中 Op 定义的合法性以及 WITH 代换的合法性指出了在当前上下文中，λ 表达式的元数是正确的。记住，在 TLA⁺ 中，$I!Op(c_1, \cdots, c_m, d_1, \cdots, d_n)$ 实际上被写为 $I(c_1, \cdots, c_m)!Op(d_1, \cdots, d_n)$。

$GDef$ 中还添加了特殊定义 $I \triangleq ?$。这可防止 I 在后续语句中被重复声明或定义为运算符名称。

假设 $NAss$ 等于集合 $\{A_1, \cdots, A_k\}$，那么对于 $NThm$ 中的每个定理 T，我们可为 Thm 添加如下定理：

$$\overline{A_1} \land \cdots \land \overline{A_k} \;\Rightarrow\; \overline{T}$$

（如前所述，$\overline{T}$ 与 $\overline{A_j}$ 可由 T 和 A_j 获取，方法是针对 $1 \mathrel{..} n$ 中的每个 i，用 e_i 代换 q_i。）

全局 INSTANCE 声明语句也可具有如下两种形式：

$$I \;\triangleq\; \text{INSTANCE } N \text{ WITH } q_1 \leftarrow e_1, \cdots, q_n \leftarrow e_n$$

$$\text{INSTANCE } N \text{ WITH } q_1 \leftarrow e_1, \cdots, q_n \leftarrow e_n$$

第一种形式是式（17.3）在 $m=0$ 场景下的特例；除了添加给 $GDef$ 的运算符名称定义之前没有 $I!$ 之外，第二种形式与第一种完全相同。第二种形式还要遵循一个合法性条件，即 N 中已定义的符号不能在当前上下文中定义或声明，但下面的情况例外。在该情况中，如果运算符是在一个没有声明语句的模块㊀中定义的，则其定义可通过 INSTANCE 和 EXTENDS 语句链被反复引用。例如，假设当前上下文中包含通过引入 $Naturals$ 模块获得的“+”的定义，那么即使 N 也引入了 $Naturals$ 并由此定义了“+”，INSTANCE N 语句也是合法的。因为 $Naturals$ 模块没有声明任何参数，所以实例化不改变“+”的定义。

在所有形式的 INSTANCE 声明中，省略 WITH 语句将得到该声明在 $n=0$ 场景下的特例。（请记住，模块 N 中所有已声明标识符都是显式或隐式实例化的。）

局部 INSTANCE 声明由关键字 LOCAL 及紧随其后的 INSTANCE 声明语句组成，这些语句的形式如前面所述。除了所有定义被添加至 $LDef$ 而不是 $GDef$ 之外，其处理方式与全局 INSTANCE 声明完全相同。

17.5.6　定理与假设

定理具有如下形式之一：㊁

THEOREM exp　　　THEOREM $Op \triangleq exp$

其中 exp 是一个在当前上下文 $\mathcal{CC}$ 中必须合法的表达式。第一种形式将定理 $\mathcal{CC}[\![exp]\!]$ 添加至集合 Thm。第二种形式与如下两个语句等价：

$Op \triangleq exp$

THEOREM Op

“假设条件”具有如下形式之一：

ASSUME exp　　　ASSUME $Op \triangleq exp$

表达式 exp 必须具有恒定级别。除了将 $\mathcal{CC}[\![exp]\!]$ 添加至集合 Ass 外，假设与定理具有相同的形式。

17.5.7　子模块

模块内可含有子模块，子模块也是完整的模块。对于名称为 N 的子模块，它起始于

┌──────── MODULE N ────────┐

终结于

└──────────────────────────┘

㊀ 运算符 J!Op 是在包含 $J \triangleq$ INSTANCE · · · 语句的模块中定义的。

㊁ 最初的 TLA+（版本 1）不支持这两种形式的声明，当前最新的 TLA+2 已能支持，具体可参见第 19 章。——译者注

其合法的充要条件为：模块名称 N 未在 $\mathcal{CC}$ 中定义，且该子模块在上下文 $\mathcal{CC}$ 中合法。在这个例子中，在上下文 $\mathcal{CC}$ 中为 N 分配了子模块含义的定义，该定义会被添加至 $MDef$。

子模块可在 INSTANCE 声明中使用，但要求该声明语句要么出现在当前模块后部，要么出现在引入当前模块的模块中。模块 M 的子模块不会被添加到将 M 实例化的下游模块的 $MDef$ 集合内。

17.6 模块的正确性

17.5 节所给出的模块含义的定义由 Dcl、$GDef$、$LDef$、$MDef$、Ass 与 Thm 这 6 个集合组成。在数学意义上，我们可将模块含义视为一个断言，它断定 Thm 中的所有定理都是 Ass 中相关假设的推导结果。更准确地说，可令 A 为 Ass 中所有假设的合取运算。根据给定模块可断定：对于 Thm 中的每一个定理 T，公式 $A \Rightarrow T$ 均成立[⊖]。

模块中的假设与定理都是 $(\mathcal{C} \cup Dcl)$-basic 表达式。对于最外部的模块（非子模块）而言，$\mathcal{C}$ 仅声明了 TLA$^+$ 的内置运算符，Dcl 声明了该模块中的常量与变量。因此，该模块所断定的每个公式 $A \Rightarrow T$ 都是基础表达式。如果在上下文 Dcl 中，每个公式 $A \Rightarrow T$ 都成立，则我们可声称该模块满足*语义正确性*（semantically correct）。第 16 章定义了基础表达式为有效（数学上成立）公式的具体含义。

通过定义定理的含义，我们已经完成了对 TLA$^+$ 规约含义的定义。我们所能提出的任何关于规约数学含义的问题，都可归结为特定公式是否是有效定理的问题。

17.7 寻找相关模块

对于在上下文 $\mathcal{C}$ 中具有含义的模块 M 而言，每一个由 M 实例化而来的或者被 M 引入的模块 N 必须具有在 $\mathcal{C}$ 中定义的含义——除非 N 是 M 的子模块或被 M 引入的模块。原则上，关于模块 M 含义的解释应在包含以下内容的上下文中实施：TLA$^+$ 内置运算符名称的声明定义，以及解释 M 所需的所有其他模块的定义。在实践中，解析工具（或人）将从仅包含 TLA$^+$ 内置运算符名称声明和定义的初始上下文 $\mathcal{C}_0$ 启动 M 的解释工作。当解析工具遇到一个 EXTENDS 或 INSTANCE 声明语句，且该语句引出了一个未在 M 的当前上下文 $\mathcal{CC}$ 中定义的模块 N 时，解析工具将找寻名为 N 的模块，并在上下文 $\mathcal{C}_0$ 中解释它，然后将模块 N 的定义添加至 $\mathcal{C}_0$ 与 $\mathcal{CC}$ 中（即更新当前上下文）。

TLA$^+$ 语言的定义并不为解析工具指定寻找名为 N 的模块的具体方法。但在实现中，解析工具很可能通过文件名 N`.tla` 来寻找该模块。

一个模块的含义取决于它所引入或实例化的若干模块的含义。而这些模块含义也遵循此原则，可能依赖于其他模块的含义，并可以此类推下去。因此，一个模块的最终含义将取决于特定模块集合中所有模块的含义。如果该模块集合包含了 M 自身，那么模块 M 在语法上是错误的。

⊖ 在类似于 TLA 的时态逻辑中，公式 $F \Rightarrow G$ 通常并不等同于“F 为因，G 为果”的推断。然而，由于 TLA$^+$ 仅支持恒定假设，因此只要 F 为恒定公式，它们两者就是等同的。

17.8 实例化的语义

17.5.5 节通过代换定义了 INSTANCE 声明的含义。现在，我将精确定义代换是如何实施的，并解释实例化非恒定模块所涉及的级别正确性规则。

假设模块 M 含有如下声明语句：

$$I \triangleq \text{INSTANCE } N \text{ WITH } q_1 \leftarrow e_1, \cdots, q_n \leftarrow e_n$$

其中 q_i 是模块 N 中所有已声明的标识符，且 N 中含有如下定义：

$$F \triangleq e$$

其中，e 中不存在已在 M 的当前上下文中定义或声明的 λ 参数。接下来，此 INSTANCE 声明语句给 M 的当前上下文添加如下定义：

$$I!F \triangleq \overline{e} \tag{17.5}$$

其中 $\overline{e}$ 可由 e 获取，方法为：对于 $1 \mathrel{..} n$ 中所有的 i，用 e_i 代换 q_i。

代换可保持有效性是一个基本的数学原理，即针对一个有效的（即数学上成立的）公式实施代换，将得到一个同样有效的公式。因此，我们需要定义 $\overline{e}$，使得：假设 F 为 N 中的有效公式，则 $I!F$ 为 M 中的有效公式。

可通过一个简单例子说明，在实例化非恒定模块的过程中，有必要通过级别规则来保持 F 的有效性。假设 F 被定义为等于 $\Box[c' = c]_c$，其中 c 是 N 中声明的常量，则 F 是一个时态公式，它断定没有任何步骤可改变 c。该公式是有效的，因为在每个行为状态中，常量的取值都不会改变。如果我们允许在一次实例化中将常量 c 替换为变量 x，则 $I!F$ 将成为公式 $\Box[x' = x]_x$。这将不是一个有效的公式，因为对于任何涉及 x 变化的行为，该公式均不成立。既然 x 是一个变量，很明显，这样的行为是存在的。为了保持有效性，在实例化非恒定模块时，我们不能将非恒定对象代换为常量声明。（由于 $\Box$ 与 $'$ 为非恒定运算符，因此 F 的这个定义仅能出现在非恒定模块中。）

在普通数学中，在构造“可保持有效性”的代换的过程中，存在一个棘手的问题。考虑如下公式：

$$(n \in Nat) \Rightarrow (\exists m \in Nat : m \geqslant n) \tag{17.6}$$

该公式有效，因为对于 n 的任何取值，它都成立。现在，假设我们将 n 代换为 $m+1$。那么这个仅用 $m+1$ 取代 n 的单纯代换操作将产生如下公式：

$$(m + 1 \in Nat) \Rightarrow (\exists m \in Nat : m \geqslant m + 1) \tag{17.7}$$

由于公式 $\exists m \in Nat : m \geqslant m+1$ 等于 FALSE，所以式（17.7）明显是无效的。数学家将此问题称为“变量捕获”(variable capture)，即 m 被量词 $\exists m$“捕获”。数学家通过如下规则来规避它：在替换公式中的标识符时，不得替换该标识符的约束出现（bound occurrence）。此规则要求在用 $m+1$ 代换 n 之前，先通过 α 变换将 m 从式（17.6）中删除。

17.5.5节通过使用一个可规避“变量捕获”的方法定义了 INSTANCE 声明语句的含义。实际上，式（17.7）在 TLA$^+$ 中是非法的，因为子表达式 $m+1 \in Nat$ 仅允许在 m 已声明或定义的上下文中存在，在此类场景中 m 也不能用作界标识符，故子表达式 $\exists m \cdots$ 是非法的。可通过必要的 α 变换来生成语法格式正确的表达式，并杜绝此类“变量捕获”问题的出现。

“变量捕获”问题以更微妙的形式出现在 TLA$^+$ 的某些非恒定运算符中，而且无法通过语法规则来阻止其发生。其中最著名的运算符是 ENABLED。假设 x 和 y 是模块 N 中声明的变量，F 由如下公式定义：

$$F \triangleq \text{ENABLED}\,(x' = 0 \land y' = 1)$$

则 F 为真，因此它在模块 N 中是有效的。（对于任意状态 s，存在一个状态 t，满足 $x=0$，$y=1$。）现在假设 z 为模块 M 声明的变量，并指定一个伴随有单纯代换语句的实例化声明，如下所示：

$$I \triangleq \text{INSTANCE } N \text{ WITH } x \leftarrow z, y \leftarrow z$$

则 $I!F$ 将等于

$$\text{ENABLED}\,(z' = 0 \land z' = 1)$$

且取值为 FALSE。（对于任意状态 s，不存在同时满足 $z=0$ 与 $z=1$ 的状态 t。）由此，$I!F$ 将不是一个定理，故该实例化也不能保持公式代换后的有效性。

在形式为 ENABLED A 的公式中实施单纯代换不能保持有效性，因为 A 中已实施 $'$ 运算的变量实际上都是界标识符。公式 ENABLED A 断定存在已实施 $'$ 运算的变量的某些取值, 使得 A 成立。在 ENABLED 公式中用 z' 代换 x' 与 y' 实质上就是代换界标识符。由于其量化是隐含的，因此此类情况无法被 TLA$^+$ 语法规则排除。

为了保持有效性，我们必须在式（17.5）中定义 $\overline{e}$，使之可以避免捕获 ENABLED 表达式中隐含约束的标识符。在实施代换之前，我们首先将 ENABLED 表达式中的加 $'$ 变量替换为新的变量符号。也就是说，对于每个与 e 相关且形式为 ENABLED A 的子表达式以及模块 N 中声明的每个变量 q，我们将 A 中出现的每个 q' 替换为新符号 $\$q$（$\$q$ 不得在 A 中出现）。这个新符号可认为被 ENABLED 运算符所约束。例如，下面模块

MODULE N

VARIABLE u

$$G(v, A) \triangleq \text{ENABLED}\,(A \lor (\{u, v\}' = \{u, v\}))$$

$$H \triangleq (u' = u) \land G(u, u' \neq u)$$

所拥有的全局定义可归并至如下集合：

$$\{G \triangleq \lambda v, A : \text{ENABLED}\,(A \lor (\{u, v\}' = \{u, v\})),$$
$$H \triangleq (u' = u) \land \text{ENABLED}\,((u' \neq u) \lor (\{u, u\}' = \{u, u\}))\}$$

声明语句

$$I \triangleq \text{INSTANCE } N \text{ WITH } u \leftarrow x$$

将如下定义添加至当前模块：

$$\begin{aligned} I!G &\triangleq \lambda v, A : \text{ENABLED}\,(A \vee (\{\$u, v\}' = \{x, v\})) \\ I!H &\triangleq (x' = x) \wedge \text{ENABLED}\,((\$u' \neq x) \vee (\{\$u, \$u\}' = \{x, x\})) \end{aligned}$$

即使在模块 N 中 H 等于 $(u' = u) \wedge G(u, u' \neq u)$ 并且该实例化用 x 代换了 u，通过观察仍可发现 $I!H$ 不等于 $(x' = x) \wedge I!G(x, x' \neq x)$。

现在给出另外一个例子。考虑下面模块

```
──────────────────── MODULE N ────────────────────
VARIABLES u, v
A    ≜ (u' = u) ∧ (v' ≠ v)
B(d) ≜ ENABLED d
C    ≜ B(A)
──────────────────────────────────────────────────
```

实例化声明

$$I \triangleq \text{INSTANCE } N \text{ WITH } u \leftarrow x, v \leftarrow x$$

将为当前模块添加如下定义：

$$\begin{aligned} I!A &\triangleq (x' = x) \wedge (x' \neq x) \\ I!B &\triangleq \lambda d : \text{ENABLED}\, d \\ I!C &\triangleq \text{ENABLED}\,((\$u' = x) \wedge (\$v' \neq x)) \end{aligned}$$

可通过观察发现 $I!C$ 不等于 $I!B(I!A)$。实际上，$I!C \equiv \text{TRUE}$ 并且 $I!B(I!A) \equiv \text{FALSE}$。

如果对于任意表达式 e_i，公式

$$\overline{Op(e_1, \cdots, e_n)} = Op(\overline{e_1}, \cdots, \overline{e_n})$$

均成立，则我们称实例化在运算符 Op 上“分散”(distribute)，其中上划线运算符（$^{-}$）可表述任意实例化操作。在所有的恒定运算符上，实例化都是“可分散”的——例如，+、$\subseteq$ 与 $\exists$[⊖]。对于 TLA^{+} 中大多数非恒定运算符，实例化也是“分散”的，例如 $'$ 与 $\Box$。

假设运算符 Op 在其参数中隐式约束了某些标识符，且实例化在 Op 上是“分散”的，则实例化将无法保持公式的有效性。对于 ENABLED 表达式的实例化，我们的规则指出 ENABLED 上的实例化不具备“分散”性。对于由 ENABLED 语句定义而来的任何其他运算符，实例化也不具备“分散”性 ——特别是 TLA^{+} 内置运算符 WF 与 SF。

⊖ 请记住 17.1.3 节中关于我们如何将 $\exists$ 视为 2 阶运算符的说明。由于在 λ 表达式中实施代换的过程中，TLA^{+} 不允许“变量捕获”，所以实例化在 $\exists$ 上是“分散”的。

还有两个 TLA$^+$ 运算符可以对标识符实施隐式约束：16.2.3 节定义的动作组合运算符"·"，以及 10.7 节引入的时态运算符 $\overset{+}{\triangleright}$。实例化表达式 $A \cdot B$ 的规则与实例化 ENABLED A 的相关规则类似，即变量的约束出现被新的符号替换。在表达式 $A \cdot B$ 中，A 中加 $'$ 变量与 B 中未加 $'$ 变量的出现都是"约束出现"。我们处理形式为 $F \overset{+}{\triangleright} G$ 的公式的方法为：将其代换为等效公式，并在其中明确给出量化值[⊖]。虽然大部分读者都不关心，但我们仍在此说明等价公式是如何构建的。令 $\mathbf{x}$ 为所有声明变量的元组 $\langle x_1, \cdots, x_n \rangle$；令 b、$\widehat{x_1}$, $\cdots$, $\widehat{x_n}$ 为特定符号，且这些符号与 x_i 以及 F 或 G 中任意界标识符都不相同；令 $\widehat{e}$ 为特定表达式，该表达式可由表达式 e 获取，方法为用变量 $\widehat{x_i}$ 代换其中的对应变量 x_i。接下来，可得出 $F \overset{+}{\triangleright} G$ 等价于：

$$
\begin{aligned}
\forall b : (\ & \wedge (b \in \text{BOOLEAN}) \wedge \Box[b' = \text{FALSE}]_b \\
& \wedge \exists \widehat{x_1}, \cdots, \widehat{x_n} : \widehat{F} \wedge \Box(b \Rightarrow (\mathbf{x} = \widehat{\mathbf{x}}))\ ) \\
& \Rightarrow \exists \widehat{x_1}, \cdots, \widehat{x_n} : \widehat{G} \wedge (\mathbf{x} = \widehat{\mathbf{x}}) \wedge \Box[b \Rightarrow (\mathbf{x}' = \widehat{\mathbf{x}}')]_{\langle b, \mathbf{x}, \widehat{\mathbf{x}} \rangle}
\end{aligned} \tag{17.8}
$$

下面给出了对于任意表达式 e，关于计算 $\overline{e}$ 所需规则的完整说明。

1. 删除所有的 $\overset{+}{\triangleright}$ 运算符，方法为将其中每个形式为 $F \overset{+}{\triangleright} G$ 的子公式替换为等价公式（17.8）。

2. 从 e 中最内层子表达式开始，针对 N 中的每个声明变量 x，递归执行下列代换：

- 对于形式为 ENABLED A 的每个子表达式，将 A 中的每个 x'（即 x 的 $'$ 运算）代换为新符号 $\$x$（$\$x$ 不同于 A 中出现的任何标识符与其他符号）。注意，在 A 中执行上述代换之前，应首先在 A 的子表达式中针对任意的 e 与 v 执行如下代换：

  $\text{UNCHANGED } v \rightarrow v' = v$
  $[e]_v \rightarrow e \vee (v' = v)$
  $< e >_v \rightarrow e \wedge (v' \neq v)$

- 对于形式为 $B \cdot C$ 的每个子表达式，将 B 中的每个 x'（即 x 的 $'$ 运算）与 C 中的每个 x 代换为新符号 $\$x$（$\$x$ 不同于 B 与 C 中出现的任何标识符与其他符号）。注意，在 B 与 C 中执行上述代换之前，应首先在它们的子表达式中针对任意的 e 与 v 执行如下代换：

  $\text{UNCHANGED } v \rightarrow v' = v$
  $[e]_v \rightarrow e \vee (v' = v)$
  $< e >_v \rightarrow e \wedge (v' \neq v)$

例如，将这些规则应用于 ENABLED 内部的表达式与"·"表达式，如下语句

$$\text{ENABLED}\ ((\text{ENABLED}\ (x' = x))' \wedge ((y' = x) \cdot (x' = y)))$$

⊖ 在实施代换之前，先将 ENABLED 与"·"表达式替换为具有确定量词的等价公式，会导致一些令人惊讶的实例化结果。例如，如果 N 中含有定义 $E(A) \triangleq$ ENABLED A，则通过 $I \triangleq$ INSTANCE N 将实际得到定义 $I!E(A) \triangleq A$。

将被转换为

$$\text{ENABLED}\,((\text{ENABLED}\,(\$x' = x))' \wedge ((\$y' = x) \cdot (x' = \$y)))$$

接下来，将这些规则应用于外层的 ENABLED 表达式，将产生如下语句：

$$\text{ENABLED}\,((\text{ENABLED}\,(\$x' = \$xx))' \wedge ((\$y' = x) \cdot (\$xx' = \$y)))$$

其中 $\$xx$ 是不同于 x、$\$x$ 与 $\$y$ 的新符号。

3. 针对 $1 \mathrel{..} n$ 中所有的 i，将每个 q_i 都代换为 e_i。

标准模块

本章提供了几个可被 TLA+ 规约使用的标准模块。它们包含了一些微妙的定义——例如，实数集合及其运算符的定义。而其他定义（例如 $1 \,..\, n$ 的定义）则是显而易见的。使用标准模块的原因有两个。第一，当使用我们已经熟悉的基础运算符时，规约的可读性更好。第二，标准运算符中内置的知识可固化到解析工具中。例如，TLC 模型检查器（第 14 章）有效地实现了一些标准模块，定理证明器（theorem-prover）也可能会针对某些标准运算符执行特殊的决策程序。除 *RealTime* 模块（可参见第 9 章）外，所有 TLA+ 标准模块都会在这里描述。

18.1 *Sequences* 模块

关于 *Sequences* 模块的介绍可参见 4.1 节。它所定义的大多数运算符已解释过了，下面介绍其他运算符：

- $SubSeq(s, m, n)$：由 s 中第 $m \sim n$ 个元素组成的子序列 $\langle s[m], s[m+1], \cdots, s[n]\rangle$。除了当 $m > n$ 时它等于空序列之外，当 $m < 1$ 或 $n > Len(s)$ 时，它的取值是未定义的。
- $SelectSeq(s, Test)$：由 s 中满足 $Test(s[i])$ 为真的元素 $s[i]$ 组成的子序列。例如，

$$PosSubSeq(s) \triangleq \text{LET } IsPos(n) \triangleq n > 0 \text{ IN } SelectSeq(s, IsPos)$$

  将 $PosSubSeq(\langle 0, 3, -2, 5\rangle)$ 定义为等于 $\langle 3, 5\rangle$。

Sequences 模块使用自然数相关的运算符，因此我们可能希望由它来引入 *Naturals* 模块。然而，这将意味着任何引入 *Sequences* 的模块也将引入 *Naturals* 模块。为了确保在使用序列运算时不自动引入 *Naturals* 模块，*Sequences* 模块含有如下声明语句:

LOCAL INSTANCE *Naturals*

此声明从 *Naturals* 模块引入相关定义，与普通的 INSTANCE 声明的作用类似，只是它并不将这些定义输出到引入或实例化 *Sequences* 模块的其他模块中。LOCAL 修饰符也可用于普通定义之前，它的作用是使相应定义的生效范围仅局限于当前模块，而不是引入或实例化当前的模块的其他模块。（LOCAL 修饰符不能和参数声明一起使用。）

对于 *Sequence* 模块的所有其他功能，大家都应该是熟知的。该模块的具体内容可参见图 18.1。

```
──────────────────── MODULE Sequences ────────────────────
定义了有限序列相关的运算符，其中一个长度为n的序列可表示为定义域是集合 1 .. n（即
集合 {1, 2, ···, n}）的函数。这也是TLA⁺中n元组的定义方式，故元组也是序列

LOCAL INSTANCE Naturals    引入Naturals中相关定义，但并不输出这些定义
Seq(S) ≜ UNION {[1 .. n → S] : n ∈ Nat}          S中元素的所有有限序列的集合
Len(s) ≜ CHOOSE n ∈ Nat : DOMAIN s = 1 .. n      序列s的长度
s ∘ t ≜    将序列s与t串联所得到的集合
  [i ∈ 1 .. (Len(s) + Len(t)) ↦ IF i ≤ Len(s) THEN s[i]
                                           ELSE t[i − Len(s)]]
Append(s, e) ≜ s ∘ ⟨e⟩    将元素e追加至序列s的尾部所得到的序列
Head(s) ≜ s[1]    常规的 head（首元素）与 tail(剩余序列) 运算符。在这里，空序列的Tail运算
Tail(s) ≜ [i ∈ 1 .. (Len(s) − 1) ↦ s[i + 1]]    结果也被定义为一个空序列，实际上，当前的实现
                                               不尽合理，空序列的Tail运算结果应该是未指定的
SubSeq(s, m, n) ≜ [i ∈ 1 .. (1 + n − m) ↦ s[i + m − 1]]    序列 ⟨s[m], s[m + 1], ···, s[n]⟩
SelectSeq(s, Test(_)) ≜    由s中所有满足Test(s[i])为真的元素s[i]组成的子序列
  LET F[i ∈ 0 .. Len(s)] ≜    F[i] 等于 SelectSeq(SubSeq(s, 1, i), Test)
        IF i = 0 THEN ⟨⟩
             ELSE IF Test(s[i]) THEN Append(F[i − 1], s[i])
                                ELSE F[i − 1]
  IN F[Len(s)]
──────────────────────────────────────────────────────────
```

图 18.1　标准 *Sequences* 模块

18.2 *FiniteSets* 模块

如 6.1 节所述，*FiniteSets* 模块定义了 *IsFiniteSet* 与 *Cardinality* 这两个运算符。关于 *Cardinality* 定义的讨论可参见 6.4 节。该模块的具体内容可参见图 18.2。

```
──────────────────── MODULE FiniteSets ────────────────────
LOCAL INSTANCE Naturals      引入Naturals与Sequences中相关定义，但并不
LOCAL INSTANCE Sequences     输出这些定义
IsFiniteSet(S) ≜    集合有限的充要条件为：存在一个可包含该集合所有元素的有限序列
  ∃ seq ∈ Seq(S) : ∀ s ∈ S : ∃ n ∈ 1 .. Len(seq) : seq[n] = s
Cardinality(S) ≜    基数运算的定义仅对有限集有效
  LET CS[T ∈ SUBSET S] ≜ IF T = {} THEN 0
                                   ELSE 1 + CS[T \ {CHOOSE x : x ∈ T}]
  IN CS[S]
───────────────────────────────────────────────────────────
```

图 18.2　标准 *FiniteSets* 模块

18.3 *Bags* 模块

包（bag），也称作多重集（multiset），是允许同一个元素多次出现的集合。包中可拥有无限多个元素，但每个元素出现的次数是有限的。在某些特定的场景中，包对于描述数据结构很有用。例如，在网络传输过程中，消息可以以任意顺序传递，这种状态可以用传

输中消息的多重集（包）来表示。包中同一个元素的多份拷贝表述了传输过程中同一个消息的多个拷贝。

Bags 模块将包定义为函数，此函数的值域为所有正整数的子集。元素 e 属于包 B 的充要条件为：e 在 B 的定义域中，且 B 含有 $B[e]$ 份 e。该模块定义了下面的运算符。按照我们的习惯，对于将基于包的运算符应用于包以外其他对象的场景，运算结果的取值将为视为未定义。

- $IsABag(B)$：当且仅当 B 为包时成立。
- $BagToSet(B)$：在包 B 中至少含有其一份拷贝的元素组成的集合。
- $SetToBag(S)$：由集合 S 中的元素构成且对于其中每个元素仅包含一份拷贝的包。
- $BagIn(e, B)$：当且仅当包 B 中含有 e 的至少一份拷贝时成立。$BagIn$ 是针对包的 $\in$ 运算符。
- $EmptyBag$：不包含任何元素的包。
- $CopiesIn(e, B)$：包 B 中元素 e 的拷贝数目。它等于 0 的充要条件为 $BagIn(e, B)$ 取值为假。
- $B1 \oplus B2$：包 $B1$ 与包 $B2$ 的联合运算。对于任意 e 与任意包 $B1$、$B2$，$\oplus$ 满足

  $$\begin{aligned}&CopiesIn(e, B1 \oplus B2) = \\ &\quad CopiesIn(e, B1) + CopiesIn(e, B2)\end{aligned}$$

- $B1 \ominus B2$：从包 $B1$ 中去除包 $B2$ 中所有元素，也就是说，对于同一个元素在 $B2$ 中的每一个拷贝，将在 $B1$ 中删除一个对应的拷贝。如果元素 e 在 $B2$ 中的拷贝数目大于等于在 $B1$ 中的拷贝数目，那么 $B1 \ominus B2$ 的结果中将没有 e 的拷贝。
- $BagUnion(S)$：包集合 S 中所有元素的联合运算。例如，$BagUnion(\{B1, B2, B3\})$ 等同于 $B1 \oplus B2 \oplus B3$。$BagUnion$ 与 UNION 类似，特指基于包的联合运算。
- $B1 \sqsubseteq B2$：成立的充要条件为，对于所有的 e，其在 $B2$ 中的拷贝数目大于等于其在 $B1$ 中的拷贝数目。因此，$\sqsubseteq$ 类似于基于包的 $\subseteq$ 运算。
- $SubBag(B)$：包 B 的所有子包的集合。$SubBag$ 类似于基于包的 SUBSET 运算。
- $BagOfAll(F, B)$：与 $\{F(x) : x \in B\}$ 类似的基于包的构造。它也是一个包，且对于包 B 中的每个元素 e 的每一份拷贝，在该包中也有一份对应的 $F(e)$ 的拷贝。该定义为包的充要条件为：对于任意值 v，B 中满足 $F(e) = v$ 的元素 e 的集合为有限集。
- $BagCardinality(B)$：假设B 为有限包（即满足 $BagToSet(B)$ 为有限集的包），则本公式的取值代表它的基数，即 B 中所有元素的拷贝数目之和。如果 B 不是有限包，则该取值无效（未定义）。

本模块的内容可参见图 18.3。请注意其中 Sum 的局部定义，它使得 Sum 的相关定义仅在 *Bags* 模块内有效，而不会将其对外扩展或实例化。

MODULE *Bags*

LOCAL INSTANCE *Naturals*　从 *Naturals* 输入相关定义，而并不输出这些定义

$IsABag(B) \triangleq B \in [\text{DOMAIN } B \rightarrow \{n \in Nat : n > 0\}]$　当且仅当 B 为包时成立

$BagToSet(B) \triangleq \text{DOMAIN } B$　至少有一份拷贝在 B 中的元素的集合

$SetToBag(S) \triangleq [e \in S \mapsto 1]$　对于集合 S 中的每个元素，仅包含其一份拷贝的包

$BagIn(e, B) \triangleq e \in BagToSet(B)$　基于包对象的 $\in$ 运算符

$EmptyBag \triangleq SetToBag(\{\})$

$CopiesIn(e, B) \triangleq \text{IF } BagIn(e, B) \text{ THEN } B[e] \text{ ELSE } 0$　包 B 中元素 e 的拷贝数目

$B1 \oplus B2 \triangleq$　包 $B1$ 与包 $B2$ 的联合

$\quad [e \in (\text{DOMAIN } B1) \cup (\text{DOMAIN } B2) \mapsto CopiesIn(e, B1) + CopiesIn(e, B2)]$

$B1 \ominus B2 \triangleq$　从包 $B1$ 中删除包 $B2$ 中所有元素

$\quad \text{LET } B \triangleq [e \in \text{DOMAIN } B1 \mapsto CopiesIn(e, B1) - CopiesIn(e, B2)]$

$\quad \text{IN } [e \in \{d \in \text{DOMAIN } B : B[d] > 0\} \mapsto B[e]]$

LOCAL $Sum(f) \triangleq$　DOMAIN f 中所有 x 的 $f[x]$ 取值的总和

$\quad \text{LET } DSum[S \in \text{SUBSET DOMAIN } f] \triangleq \text{LET } elt \triangleq \text{CHOOSE } e \in S : \text{TRUE}$

$\qquad \text{IN IF } S = \{\} \text{ THEN } 0$

$\qquad \text{ELSE } f[elt] + DSum[S \setminus \{elt\}]$

$\quad \text{IN } DSum[\text{DOMAIN } f]$

$BagUnion(S) \triangleq$　由包组成的集合 S 中所有元素的包联合运算

$\quad [e \in \text{UNION } \{BagToSet(B) : B \in S\} \mapsto Sum([B \in S \mapsto CopiesIn(e, B)])]$

$B1 \sqsubseteq B2 \triangleq \land (\text{DOMAIN } B1) \subseteq (\text{DOMAIN } B2)$　基于包对象的子集运算符

$\qquad \land \forall e \in \text{DOMAIN } B1 : B1[e] \leqslant B2[e]$

$SubBag(B) \triangleq$　包 B 的所有子包组成的集合

$\quad \text{LET } AllBagsOfSubset \triangleq$　由包组成的集合 SB，满足 $BagToSet(SB) \subseteq BagToSet(B)$

$\qquad \text{UNION } \{[SB \rightarrow \{n \in Nat : n > 0\}] : SB \in \text{SUBSET } BagToSet(B)\}$

$\quad \text{IN } \{SB \in AllBagsOfSubset : \forall e \in \text{DOMAIN } SB : SB[e] \leqslant B[e]\}$

$BagOfAll(F(\_), B) \triangleq$　基于包的运算符，可类比由集合 B 得出集合 $\{F(x) : x \in B\}$ 的运算

$\quad [e \in \{F(d) : d \in BagToSet(B)\} \mapsto$

$\qquad Sum([d \in BagToSet(B) \mapsto \text{IF } F(d) = e \text{ THEN } B[d] \text{ ELSE } 0])]$

$BagCardinality(B) \triangleq Sum(B)$　包 B 中所有元素的总拷贝数目

图 18.3　标准 *Bags* 模块

18.4　关于数字的模块

常用的数字集合及其运算符在 *Naturals*、*Integers* 与 *Reals* 这三个模块中定义。这些模块比较棘手，因为它们的定义必须保持一致。例如，模块 M 可能同时引入了 *Naturals* 模块与另外一个引入了 *Reals* 模块的模块。模块 M 由此将获得同一个运算符（例如 +）的两份定义，分别来自 *Naturals* 和 *Reals* 模块。而“+”的两份定义必须相同。为了确保它们相同，我们令其都源于 *ProtoReals* 模块中的同一定义，并在 *Naturals* 与 *Reals* 模块中将该定义实例化。

Naturals 模块定义了如下运算符：

$+$	$*$	$<$	$\leqslant$	Nat	$\div$ 整数除法
$-$ 二进制减法	$\hat{}$ 幂运算	$>$	$\geqslant$	$..$	% 模运算

除了 ÷，这些运算符要么是标准的，要么是已在第 2 章中说明过了。整数除法（÷）与模运算（%）被定义为对于任意整数 a 与正整数 b，都要满足如下两个条件[⊖]：

$$a \,\%\, b \in 0\,..\,(b-1) \qquad a = b*(a \div b) + (a \,\%\, b)$$

Integers 模块既引入了 *Naturals* 模块，也定义了所有整数的集合与一元减法运算（−）。*Reals* 模块引入了 *Integers* 模块，并引入了所有实数的集合 *Real*，以及普通的除法运算符（/）。不同于编程语言，在数学上整数属于实数。因此，*Nat* 是 *Int* 的子集，而 *Int* 又是 *Real* 的子集。

Reals 模块中也定义了特殊值 *Infinity*。它代表数学上的无穷大（∞），要满足如下两个属性：

$$\forall r \in Real : -Infinity < r < Infinity \qquad -(-Infinity) = Infinity$$

数字模块的具体细节在实际应用中并不重要。在编写规约时，你只要认为相关运算符的定义为其应有的常规含义即可。如果你想证明规约的某些方面，你可以根据需要来实施数字相关的推理。模型检查器与定理证明器等与这些运算符相关的工具对此都有自己的处理方法与实现。在这里给出这些模块主要是出于完整性的考虑。尽管在编写规约的过程中几乎不需要此类定义，但如果你希望自定义一些其他的基础数学结构，它们也可作为供参考的模板范例。

全体自然数的集合 *Nat* 及其零元素与后继函数在 *Peano* 模块中定义，具体可参见图 18.4。它简单地将所有自然数定义为满足皮亚诺公理（Peano's axioms）的集合。由于下面的原因，此定义被分到了自己的模块中。如 16.1.9 节与 16.1.10 节所述，元组与字符串的含义是通过自然数来定义的。而 *Peano* 模块在定义自然数的过程中并没有用到元组和字符串，因此，不存在循环定义。

许多有关数学基础的书中都讨论了皮亚诺公理。

正如 16.1.11 节所述，TLA⁺ 中定义了类似于 42 等数字，满足 *Zero* 等于 0 以及 *Succ*[*Zero*] 等于 1，其中 *Zero* 与 *Succ* 在 *Peano* 模块中定义。我们由此可在 *ProtoReals* 模块中将 *Zero* 替换为 0，将 *Succ*[*Zero*] 替换为 1。但是，这样做将会掩盖实数定义是如何取决于 *Peano* 模块中的自然数定义的。

Naturals、*Integers* 与 *Reals* 模块中大部分定义都来自图 18.5 中的 *ProtoReals* 模块。*ProtoReals* 模块中的实数定义使用了众所周知的数学结论，即实数是唯一定义的同构有序域，其中每个在该域中有上界的集合都有最小上界。部分精通数学的读者可能会对普

⊖ 此处应还增加条件：$a \div b$ 应为整数。

通数学的形式化描述感到好奇，对他们而言，这些细节是相当有趣的。我希望这些读者能和我一样对这些形式化描述的简洁性留下深刻印象——只要读者能真正理解数学。

```
MODULE Peano
```

本模块将 Nat 定义为满足零元素为 $Zero$、后继函数为 $Succ$ 的皮亚诺公理的任意集合。它并不使用字符串或元组，因为在 TLA⁺中字符串和元组已经用自然数定义了

$PeanoAxioms(N, Z, Sc) \triangleq$ 断定 N 满足零元素为 Z、后继函数为 Sc 的皮亚诺公理条件

$\land\ Z \in N$

$\land\ Sc \in [N \rightarrow N]$

$\land\ \forall n \in N : (\exists m \in N : n = Sc[m]) \equiv (n \neq Z)$

$\land\ \forall S \in \text{SUBSET}\ N : (Z \in S) \land (\forall n \in S : Sc[n] \in S) \Rightarrow (S = N)$

$\land\ \forall m, n \in N : (Sc[m] = Sc[n]) \Rightarrow (m = n)$

$\text{ASSUME}\ \exists N, Z, Sc : PeanoAxioms(N, Z, Sc)$ 断定存在一个满足皮亚诺公理的集合

$Succ \triangleq \text{CHOOSE}\ Sc : \exists N, Z : PeanoAxioms(N, Z, Sc)$

$Nat \triangleq \text{DOMAIN}\ Succ$

$Zero \triangleq \text{CHOOSE}\ Z : PeanoAxioms(Nat, Z, Succ)$

图 18.4 *Peano* 模块

```
MODULE ProtoReals
```

本模块为 $Naturals$、$Integers$ 与 $Reals$ 模块提供了基本定义。它通过将实数定义为包含自然数的完全有序域来实现上述定义

$\text{EXTENDS}\ Peano$

$IsModelOfReals(R, Plus, Times, Leq) \triangleq$

断定 R 满足实数的如下属性：$a + b = Plus[a, b]$、$a * b = Times[a, b]$，以及$(a \leqslant b) = (\langle a, b\rangle \in Leq)$（我们必须对参数进行量化，所以它们必须是取值，而不是运算符）

$\text{LET}\ IsAbelianGroup(G, Id, \_ + \_) \triangleq$ 断定 G 是具有标识符 Id 与群运算 $+$ 的阿贝尔群（Abelian group）

$\land\ Id \in G$

$\land\ \forall a, b \in G : a + b \in G$

$\land\ \forall a \in G : Id + a = a$

$\land\ \forall a, b, c \in G : (a + b) + c = a + (b + c)$

$\land\ \forall a \in G : \exists minusa \in G : a + minusa = Id$

$\land\ \forall a, b \in G : a + b = b + a$

$a + b \triangleq Plus[a, b]$

$a * b \triangleq Times[a, b]$

$a \leqslant b \triangleq \langle a, b\rangle \in Leq$

$\text{IN}\ \land\ Nat \subseteq R$ 前两个语句断定 Nat 内嵌在 R 内

$\land\ \forall n \in Nat : Succ[n] = n + Succ[Zero]$

$\land\ IsAbelianGroup(R, Zero, +)$ 下面三条语句断定 R 是一个域

$\land\ IsAbelianGroup(R \setminus \{Zero\}, Succ[Zero], *)$

$\land\ \forall a, b, c \in R : a * (b + c) = (a * b) + (a * c)$

$\land\ \forall a, b \in R : \land\ (a \leqslant b) \lor (b \leqslant a)$ 接下来两个语句断定 R 是一个有序域

$\qquad \land\ (a \leqslant b) \land (b \leqslant a) \equiv (a = b)$

$\land\ \forall a, b, c \in R : \land\ (a \leqslant b) \land (b \leqslant c) \Rightarrow (a \leqslant c)$

$\qquad \land\ (a \leqslant b) \Rightarrow \land\ (a + c) \leqslant (b + c)$

$\qquad\qquad \land\ (Zero \leqslant c) \Rightarrow (a * c) \leqslant (b * c)$

图 18.5 *ProtoReals* 模块

```
      ∧ ∀S ∈ SUBSET R :                               最后一个语句断定 R 中每一个有上界的子集 S
          LET SBound(a) ≜ ∀s ∈ S : s ≤ a               必有一个最小上界 sup
          IN  (∃a ∈ R : SBound(a)) ⇒
                (∃sup ∈ R : ∧ SBound(sup)
                            ∧ ∀a ∈ R : SBound(a) ⇒ (sup ≤ a))
THEOREM ∃R, Plus, Times, Leq : IsModelOfReals(R, Plus, Times, Leq)
------------------------------------------------------------------------
RM ≜ CHOOSE RM : IsModelOfReals(RM.R, RM.Plus, RM.Times, RM.Leq)

Real ≜ RM.R
------------------------------------------------------------------------
我们定义了 Infinity（无穷大）、≤ 与 −，所以对于任意 r ∈ Real，−Infinity ≤ r ≤
Infinity 成立，并且 −(−Infinity) = Infinity

Infinity ≜ CHOOSE x : x ∉ Real                      Infinity 与 MinusInfinity
MinusInfinity ≜ CHOOSE x : x ∉ Real ∪ {Infinity}     （等于 −Infinity，即负无穷大）
a + b ≜ RM.Plus[a, b]                                被选择为非 Real（实数）的任意
a * b ≜ RM.Times[a, b]                               取值
a ≤ b ≜ CASE (a ∈ Real) ∧ (b ∈ Real)                               → ⟨a, b⟩ ∈ RM.Leq
           □ (a = Infinity) ∧ (b ∈ Real ∪ {MinusInfinity})         → FALSE
           □ (a ∈ Real ∪ {MinusInfinity}) ∧ (b = Infinity)         → TRUE
           □ a = b                                                 → TRUE
a − b ≜ CASE (a ∈ Real) ∧ (b ∈ Real)               → CHOOSE c ∈ Real : c + b = a
           □ (a ∈ Real) ∧ (b = Infinity)           → MinusInfinity
           □ (a ∈ Real) ∧ (b = MinusInfinity)      → Infinity
a/b ≜ CHOOSE c ∈ Real : a = b * c
Int ≜ Nat ∪ {Zero − n : n ∈ Nat}
------------------------------------------------------------------------
对于 a > 0，或 b > 0，或 a ≠ 0 且 b ∈ Int，我们通过下面四条公理
  a^1 = a   a^(m+n) = a^m * a^n 设 a ≠ 0 且 m, n ∈ Int   0^b = 0 设 b > 0   a^(b*c) = (a^b)^c 设 a > 0
再加上“0 < a 且 0 < b ≤ c 蕴涵 a^b ≤ a^c”的单调性条件一起来定义 a^b（幂运算）
a^b ≜ LET RPos ≜ {r ∈ Real \ {Zero} : Zero ≤ r}
          exp ≜ CHOOSE f ∈ [(RPos × Real) ∪ (Real × RPos)
                              ∪ ((Real \ {Zero}) × Int) → Real] :
                   ∧ ∀r ∈ Real : ∧ f[r, Succ[Zero]] = r
                                 ∧ ∀m, n ∈ Int : (r ≠ Zero) ⇒
                                        (f[r, m + n] = f[r, m] * f[r, n])
                   ∧ ∀r ∈ RPos : ∧ f[Zero, r] = Zero
                                 ∧ ∀s, t ∈ Real : f[r, s * t] = f[f[r, s], t]
                                 ∧ ∀s, t ∈ RPos : (s ≤ t) ⇒ (f[r, s] ≤ f[r, t])
      IN exp[a, b]
------------------------------------------------------------------------
```

图 18.5 （续）

给出 *ProtoReals* 模块之后，剩余的模块都很简单。*Naturals*、*Integers* 与 *Reals* 模块的内容可参见图 18.6 ~ 图 18.8。或许其中最令人吃惊的事情是类似 *R*!+ 的运算符的丑陋之处，它是另外一个版本的“+”运算，可通过用名称 *R* 将 *ProtoReals* 模块实例化来获取。该例子说明你不应该在实例化命名中定义中缀运算符。

```
────────────── MODULE Naturals ──────────────
LOCAL R ≜ INSTANCE ProtoReals
Nat ≜ R!Nat
a + b ≜ a R!+ b      R!+ 即为ProtoReals模块中定义的运算符+
a − b ≜ a R!− b
a ∗ b ≜ a R!∗ b
a^b   ≜ a R!^ b      a^b 用 ASCII 码可写为 a^b
a ≤ b ≜ a R!≤ b
a ≥ b ≜ b ≤ a
a < b ≜ (a ≤ b) ∧ (a ≠ b)
a > b ≜ b < a
a .. b ≜ {i ∈ R!Int : (a ≤ i) ∧ (i ≤ b)}
a ÷ b ≜ CHOOSE n ∈ R!Int : ∃r ∈ 0 .. (b − 1) : a = b ∗ n + r
a % b ≜ a − b ∗ (a ÷ b)
      对于所有的整数a 与满足
      b > 0 的整数b，我们可定
      义 ÷ 与%，使得
      a = b ∗ (a ÷ b) + (a % b)
─────────────────────────────────────────────
```

图 18.6 标准 *Naturals* 模块

```
────────────── MODULE Integers ──────────────
EXTENDS Naturals     Naturals 模块已经定义了类似于+这样的运算符，可对所有的实数进行运算
LOCAL R ≜ INSTANCE ProtoReals
Int ≜ R!Int
−. a ≜ 0 − a         当被定义或用作运算符参数时，一元的 − 可被写为 −.
─────────────────────────────────────────────
```

图 18.7 标准 *Integers* 模块

```
────────────── MODULE Reals ──────────────
EXTENDS Integers     Integers 模块已经定义了类似于+这样的运算符，可对所有的实数进行运算
LOCAL R ≜ INSTANCE ProtoReals
Real     ≜ R!Real
a/b      ≜ a R!/ b   R!/ 即为ProtoReals模块中定义的运算符/
Infinity ≜ R!Infinity
──────────────────────────────────────────
```

图 18.8 标准 *Reals* 模块

第五部分

TLA⁺ 版本 2 基础

第 19 章

Specifying Systems: The TLA⁺ Language and Tools for Hardware and Software Engineers

TLA⁺版本 2

19.1 简介

TLA⁺ 语言的最初版本形成于新千年之初，本书之前的章节介绍的就是此版本。本章所述版本，即版本 2，发布于 2006 年左右，是目前 TLA⁺ 工具支持的最新版本，也是 2006 年以后包括视频课程和超文本电子书[㊀]在内的文档主要描述的版本。术语 TLA⁺ 现在即表示 TLA⁺ 版本 2，简记为 TLA^{+2}，最初版本记为 TLA^{+1}。本章主要介绍 TLA^{+2} 和 TLA^{+1} 的区别。

TLA^{+2} 语言中加入的大部分新特性都与定理有关，这些定理可以由 TLA⁺ 定理系统 TLAPS 验证。规约相关的首要变化是当前版本可支持编写递归运算符定义，具体可参见 19.2 节，此外还引入了 LAMBDA 表达式，具体可参见 19.3 节。

几乎所有的 TLA^{+1} 规约在 TLA^{+2} 中也是合法的。TLA^{+2} 在实例化中引入了两个比较隐晦的修改，具体可参见 19.5 节。此外，对 TLA^{+1} 规约的影响还包括 TLA^{+2} 所引入的如下新关键字，这些关键字在 TLA^{+1} 规约中不再支持作为标识符使用[㊁]：

ACTION	HAVE	PICK	SUFFICES
ASSUMPTION	HIDE	PROOF	TAKE
AXIOM	LAMBDA	PROPOSITION	TEMPORAL
BY	LEMMA	PROVE	USE
COROLLARY	NEW	QED	WITNESS
DEF	OBVIOUS	RECURSIVE	
DEFINE	OMITTED	STATE	
DEFS	ONLY		

19.2 递归运算符定义

TLA^{+1} 中唯一允许的递归定义是递归函数定义，这种限制在实际应用中存在如下不便之处：在有些场景中指定函数定义域比较困难；检查函数对定义域中的某个元素是否有意义，常常会极大地降低 TLC 的运行效率；没有提供相互递归（mutual recursion）。之前

㊀ 视频教程和电子书的链接可参见作者的个人主页（http://lamport.azurewebsites.net/tla/tla.html）。——译者注

㊁ 对于原先基于 TLA^{+1} 编写的规约，要迁移到 TLA^{+2} 的话，需要检查在 TLA^{+2} 中引入的新关键字是否在其中用作标识符了。——译者注

在 TLA^{+1} 中没有引入递归运算符定义，是因为我不知道如何为其赋予合理的含义——例如，如下“笨定义”是什么意思？

$$F \triangleq \text{CHOOSE } v : v \neq F$$

不过目前我和 Georges Gonthier 已经厘清了如何给出递归运算符的定义，以便当你期望它们有意义时，可以通过有限次展开定义最终求得表达式的值。精准的递归定义很复杂，我希望最终能够在其他地方给出。

在 TLA^{+2} 中，只有在用 RECURSIVE 语句定义或声明运算符之后，才可以使用该运算符。考虑如下定义：

$$\text{RECURSIVE } fact(\_)$$
$$fact(n) \triangleq \text{IF } n = 0 \text{ THEN } 1 \text{ ELSE } n * fact(n-1)$$

对任意自然数 n，有 $fact(n)$ 等于 $n!$，我不确定 $fact(-2)$ 或 $fact(\text{“abc”})$ 等于什么。（如果没有 RECURSIVE 声明，*fact* 只能在定义之后使用，所以将其用于定义公式的右侧是非法的。）

RECURSIVE 语句的语法与 CONSTANT 语句的语法相同，允许使用逗号分隔多个声明。运算符的 RECURSIVE 声明语句可以出现在其首次使用之前的任何位置，因此可以轻松编写相互递归定义。不过，最好让 RECURSIVE 运算符声明语句与其定义语句尽可能接近，因为工具可能会将 RECURSIVE 声明与其定义之间的任何定义视为递归。

可以在 LET 表达式中使用 RECURSIVE 语句，以允许在 LET 中使用局部递归定义。用 RECURSIVE 语句声明的符号必须在之后定义为具有相同数量参数的运算符。因此，递归实例化是不允许的，你不能编写如下语句：

$$\text{RECURSIVE } Ins(\_)$$
$$Ins(n) \triangleq \text{INSTANCE } M \text{ WITH } \cdots$$

TLA^{+1} 具有一个很好的特性，即其运算符定义与宏定义相似。如果 F 定义为：

$$F(x) \triangleq \cdots$$

则只要简单地将 $F(x)$ 右侧表达式中的 x 代换为 exp 就可以得到 $F(exp)$。不过在 TLA^{+2} 中，此方法对递归定义的运算符不成立。我们不知道 $fact(-2)$ 是否等于：

$$\text{IF } n = 0 \text{ THEN } 1 \text{ ELSE } n * fact(-3)$$

不过可以证得：

$$fact(42) \triangleq \text{IF } n = 0 \text{ THEN } 1 \text{ ELSE } n * fact(41)$$

尽管如此，因为 *fact* 是递归定义的，则其必须是可证明的，证明的方法也符合一般标准证明流程，这里我就不再赘述。

19.3　LAMBDA 表达式

TLA+ 允许你定义高阶运算符，即参数为运算符的运算符，例如：

$$F(Op(\_,\ \_)) \ \triangleq\ Op(1,2)$$

F 的参数为有两个参数的运算符。在 TLA+1 中，这样的参数必须为运算符的名字。例如，我们必须先定义

$$Id(a,\ b) \ \triangleq\ a + 2 * b$$

在此基础上再定义 $F(Id)$。TLA+2 引入 LAMBDA 关键字，允许你不必定义新的运算符，也能使用 F：

$$F(\text{LAMBDA } a, b : a + 2 * b)$$

上述 LAMBDA 表达式等于 Id 定义的运算符。

LAMBDA 表达式也可以在 INSTANCE 语句中用于实例化一个运算符参数。例如，由上式给出的 Id 的定义，下述两个语句是等价的：

$$\text{INSTANCE } M \text{ WITH } Op \leftarrow Id$$

$$\text{INSTANCE } M \text{ WITH } Op \leftarrow \text{LAMBDA } a, b : a + 2 * b$$

从语法上讲，一个 LAMBDA 表达式以关键字 LAMBDA 开始，依次跟随由逗号分隔的标识符列表、一个“:”号与一个表达式。LAMBDA 表达式只能用作高阶运算符的参数或出现在 INSTANCE 语句中“←”的右侧。

19.4　定理与假设

19.4.1　命名

在规约中没必要为定理或假设命名，因为其最终都等价于 TRUE。不过，在编写证明的时候，需要用到定理或假设的名字。在 TLA+2 中，可以通过在 THEOREM 或 ASSUME 关键字之后插入可选的“$identifier\ \triangleq$ ”为定理或假设命名，例如：

$$\text{THEOREM } Fermat \ \triangleq\ \neg\exists\, n \in Nat \setminus (0\,..\,2) : \cdots$$

等价于：

$$Fermat \ \triangleq\ \neg\exists\, n \in Nat \setminus (0\,..\,2) : \cdots$$
$$\text{THEOREM } Fermat$$

定理不得带有参数。

TLA+2 允许 LEMMA 和 PROPOSITION 作为 THEOREM 的同义词，允许 ASSUMPTION 作为 ASSUME 的同义词。TLA+2 还允许 AXIOM 作为与 ASSUME 和 ASSUMPTION 近似的同义词，区别只在于，（在版本 1.1.2 之后的 Toolbox 版本中）TLC 不检查标记为 AXIOM 的假设。这在编写只用于证明而无须经 TLC 检查的假设时非常有用。

19.4.2 ASSUME/PROVE

在 TLA^{+2} 中，定理可以断言公式或 ASSUME/PROVE 语句为真。公式是取值为布尔值的表达式。不过，因为 TLA$^+$ 是类型无关的，所以笨语句“THEOREM 42”是合法（但不可证）的定理（参见 16.1.3 节）。

ASSUME/PROVE 语句可以断言一条证明规则为真，接下来的例子是我们如何用其断言一条广为人知的一阶逻辑规则。即我们可以通过假设 P 并由之得出 Q 来证明 $P \Rightarrow Q$：

$$
\begin{array}{l}
\text{THEOREM } \mathit{DeductionRule} \triangleq \text{ ASSUME } \text{NEW } P, \text{ NEW } Q, \\
\qquad\qquad\qquad\qquad\qquad\qquad\qquad \text{ASSUME } P \\
\qquad\qquad\qquad\qquad\qquad\qquad\qquad \text{PROVE } Q \\
\qquad\qquad\qquad\qquad\qquad\quad \text{PROVE } P \Rightarrow Q
\end{array}
$$

逻辑学家通常使用“$\vdash$”来表示这样一条规则，记作 $(P \vdash Q) \vdash (P \Rightarrow Q)$。在 TLA$^+$ 中，我们需要在使用之前声明像 P 和 Q 这样的标识符。下面是一条关于谓词逻辑的标准证明规则，它断言我们可以通过选择一个全新的标识符 x，假设 $x \in S$，并得出 $P(x)$ 来证明 $\forall\, x \in S : P(x)$：

$$
\begin{array}{l}
\text{THEOREM ASSUME } \text{NEW } P(\_), \text{ NEW } S, \\
\qquad\qquad\qquad\qquad \text{ASSUME } \text{NEW } x \in S \\
\qquad\qquad\qquad\qquad \text{PROVE } P(x) \\
\qquad\qquad\quad \text{PROVE } \forall x \in S : P(x)
\end{array}
$$

这条规则的第三个假设

$$\text{ASSUME NEW } x \in S \;\; \text{PROVE } P(x)$$

是下式的缩写形式：

$$
\begin{array}{l}
\text{ASSUME } \text{NEW } x, \; x \in S \\
\text{PROVE } P(x)
\end{array}
$$

下面是一组 TLA 的证明规则，第一条规则断言常量加 $'$ 后仍等于自身：

$$
\begin{array}{l}
\text{THEOREM } \mathit{Constancy} \triangleq \text{ ASSUME } \text{CONSTANT } C \\
\qquad\qquad\qquad\qquad\qquad\quad \text{PROVE } C' = C
\end{array}
$$

这里还有一条标准的时态逻辑规则：

$$
\begin{array}{l}
\text{THEOREM ASSUME } \text{TEMPORAL } F, \text{ TEMPORAL } G \\
\qquad\qquad\quad \text{PROVE } \Box(F \land G) \equiv \Box F \land \Box G
\end{array}
$$

这些定理断言了一条规则，当指定（或更低）级别的表达式或运算符被替换为声明的标识符时，该规则是有效的。例如，如果 N 被声明为模块的常量参数，则定理 $\mathit{Constancy}$ 蕴涵 $(2+N)' = (2+N)$。有关级别的说明，请参见 17.2 节。（在那里动作级被称为转移级。）

声明 NEW 等价于 CONSTANT。如果一个定理中出现的所有表达式和标识符都属于恒定级，则将其任何级别的表达式替换为所声明的标识符，该定理均是有效的。

也可以在 ASSUME 中使用 VARIABLE 声明来说明某个标识符是 TLA^+ 变量。为了说明变量和状态声明之间的区别，请考虑以下有效的 TLA^+ 规则：

THEOREM　ASSUME　VARIABLE x,　VARIABLE y
　　　　　PROVE　　ENABLED $x' \neq y'$

如果将"VARIABLE"替换为"STATE"，则该定理无效，因为生成的定理将允许任何状态级表达式被代换为 x 和 y。将变量 z 代换为 x 和 y 都将得出错误的结论 ENABLED $z' \neq z'$。

你可能已经推断出 ASSUME/PROVE 断言的大部分语法，如下所示：

- ASSUME/PROVE 语句由标记 ASSUME 开始，后跟一个逗号分隔的假设列表，接着是标记 PROVE，最后是一个表达式。
- 假设是表达式、声明或 ASSUME/PROVE。
- 声明可为如下三种情况之一：
  - 除了关键字 CONSTANT 可以选择性地替换为 NEW、STATE、ACTION 或 TEMPORAL 之外，与模块主体中声明单个常量参数的 CONSTANT 语句相同。
  - 标记 NEW 或 CONSTANT，后跟标识符、标记 $\in$ 和表达式。
  - 标记 VARIABLE 后跟标识符。

  可选的 NEW 标记可以位于这些声明之前，但以 NEW 标记开头的声明除外。（不必要的"NEW"可能有助于一些人理解声明的含义。）

语句中的缩进并不重要。（在 TLA^{+2} 和 TLA^{+1} 中，缩进只在合取和析取的各子式列表中起作用。）

当 ASSUME/PROVE 断言包含时态或动作级的公式时，它们的含义很微妙，具体的解释参见 19.8.3 节。

19.5　实例化

TLA^{+2} 对实例化做了两处小的更改：实例化语句中的前缀、中缀和后缀运算符具有不同的语法；运算符实例化被限制为只允许使用 Leibniz 运算符来实施。下面将介绍这些运算符的定义。

19.5.1　实例化词缀运算符

如果模块 M 定义了一个类似 && 的中缀运算符，则在 TLA^{+1} 中，语句

$Foo \triangleq$ INSTANCE M WITH $\cdots$

定义了中缀运算符 Foo!&&，其可被应用于如下奇怪的表达式中：

1 Foo!&& 2

TLA^{+2} 消除了这种尴尬的语法，取而代之的运算符 $Foo!\&\&$ 是一个“正常”的“非固定词缀”(nonfix) 运算符，而不是中缀运算符，因此我们可以将此表达式写成 $Foo!\&\&(1,2)$。如果这是一个参数化的实例化，那么 Foo 会带参数，我们可以编写形如 $Foo(42)!\&\&(1,2)$ 的表达式。

对“$-$”这样的一元后缀运算符和前缀运算符我们也做了类似的更改，即在“`-.`”之前必须加“`!`”。

为了统一起见，TLA^{+2} 允许任何中缀或后缀运算符用作非固定词缀运算符。例如，`+(1,2)` 是另一种编写 `1+2` 的方法。（前缀运算符始终可以这样写。）此替代语法不适用于定义的左侧。例如，定义中缀运算符 && 的唯一方法形如：

$$a \;\&\&\; b \;\triangleq\; \cdots$$

由于一个不太可能被修复的 bug，当前 SANY 解析器不支持中缀运算符“$-$”的这种替代语法：它只能接受 `2-1` 而不能接受 `-(2,1)`。

19.5.2 Leibniz 运算符和实例化

考虑以下模块：

```
──────────────────── MODULE M ────────────────────
CONSTANTS C, D, F(_)
THEOREM (C = D) ⇒ (F(C) = F(D))
──────────────────────────────────────────────────
```

模块 M 中看起来完全合理的定理在 TLA^{+1} 中却无效，原因如下：TLA$^+$ 的语义要求有效定理的任何实例都是有效的。现在考虑：

VARIABLES x, y

$Prime(p) \;\triangleq\; p'$

INSTANCE M WITH $C \leftarrow x, D \leftarrow y, F \leftarrow Prime$

这将从模块 M 中导入定理

THEOREM $(x = y) \Rightarrow (x' = y')$

而这也是无效的。（当前状态中 x 和 y 的值相等并不意味着它们在后继状态中也是相等的。）

在 TLA^{+2} 中，模块 M 的定理是有效的，这意味着 INSTANCE M 语句是非法的。此结论并不正确，因为 TLA^{+2} 只允许由 Leibniz 运算符实例化运算符参数，而 F 并不是 Leibniz 运算符。对于任意表达式 e 和 f，单参数的运算符 F 是 Leibniz 运算符当且仅当 $e = f$ 蕴涵 $F(e) = F(f)$。（逻辑学家通常使用术语 *代换* 而不是 Leibniz。）对于具有 k 个参数的运算符 F，F 为 Leibniz 运算符当且仅当任意表达式 e_i 被其等价的表达式替换时，

$F(e_1, \cdots, e_k)$ 的值保持不变。由于常量参数已被假定为 Leibniz 运算符，因此一个常量参数可以被另一个常量参数实例化。

在 TLA$^+$ 中，所有内置和可定义的常量运算符都是 Leibniz 运算符。唯一不是 Leibniz 运算符的内置 TLA$^+$ 运算符是第四部分的表 3 和表 4 所列举的动作运算符和时态运算符。在非恒定模块中，常量参数只能由恒定运算符实例化。因此，除非在恒定模块中代换非恒定运算符，否则将自动满足在 TLA^{+2} 中添加的限制。不过，非恒定运算符也可以是 Leibniz 运算符，例如，由下式定义的 Leibniz 运算符 G 是 Leibniz 运算符：

$$G(a) \triangleq x' = [x \text{ EXCEPT } ![a] = y']$$

对于非 Leibniz 运算符，其参数之一必须出现在非 Leibniz 运算符（比如 $'$ 运算符）的参数的定义中。

19.6　命名子表达式

在编写证明的时候，我们常常需要引用某个公式的子表达式。理论上，可以用定义的方式来命名所有这些子表达式。如我们已有如下定义：

$$Foo(y) \triangleq (x + y) + z$$

并且需要用到 $Foo(13)$ 的子表达式 $(x + 13)$，可以修改如下：

$$Newname(y) \triangleq (x + y)$$
$$Foo(y) \triangleq NewName(y) + z$$

这在实践中非常不方便，因为其会产生大量全局定义的名称，而且在一开始定义公式时我们也不知道会用到哪些子公式。

TLA^{+2} 提出了一种命名在定义中出现的子表达式的方法：如果 F 由 $F(a, b) \triangleq \cdots$ 定义，则通过在定义的右侧用表达式 A 代换 a，用 B 代换 b，得到的公式的任何子表达式的名字都可以用“$F(A, B)\,!$”开始。（这是符号“!”的新用法，是从模块实例化的用法中自然扩展而来的。）

现在可以在任意表达式中使用子表达式名称了，在编写规约时，我们可以用其他运算符定义中的子表达式来定义新的运算符。但是不要这样做！我们通常只在证明中使用子表达式名字，而在规约中，应该使用定义的方式为需要重用的子表达式命名。

19.6.1　标签和带标签的子表达式名称

可以对定义中的任意子表达式打标签（label）。带有标签的表达式的语法是：

$$label :: expression$$

（符号“::”的键入为“: :”）。标签应用于紧随其后最有可能的表达式。换句话说，带标签的表达式的尾部与将“$label$ ::”替换为“$\forall\, x$:”得到的表达式的尾部相同。不过，如果移除标签会导致解析之后表达式的含义改变，则该表达式是非法的。例如，

$$a + lab :: b * c$$

是合法的，因为其将被解析为 $a + (lab :: (b * c))$，如果不带标签 lab，则解析为 $a + (b * c)$，并不改变其含义。下面的表达式

$$a * lab :: b + c$$

是非法的，因为在 TLA^{+2} 中，其被解析为 $a * (lab :: (b + c))$，而移除标签的话，会被解析为 $(a * b) + c$，两者含义不同。

如果标签出现在界标识符的作用域内，则需要带参数，举例如下：

$$\begin{array}{lll} F(a) & \triangleq & \forall\, b : l1(b) :: (a > 0) \Rightarrow \\ & & \qquad\qquad\quad \land \cdots \\ & & \qquad\qquad\quad \land\, l2 :: \exists\, c : \land \cdots \\ & & \qquad\qquad\qquad\qquad\quad\;\; \land\, \exists\, d : l3(c, d) :: a - b > c - d \end{array}$$

在本例中，表达式 $A - B > C - D$ 的标签名为 $F(A)!l1(B)!l2!l3(C, D)$。请注意，每个标签的参数是在其与下一个最外层标签之间引入的界标识符。这些标识符可以以任何顺序出现。例如，如果用标签 $l3(d, c)$ 替换 $l3(c, d)$，则表达式 $A - B > D - C$ 的标签名为 $F(A)!l1(B)!l2!l3(C, D)$。

在本例中，在 F 的定义外对标签为 $l3(c, d)$ 的子表达式的引用，必须指定所有界标识符 a、b、c 和 d 的值，这也是标签必须携带界标识符作为参数的原因。还要注意，要命名某个带标签的子表达式，我们必须给其所在的子表达式链上的所有带标签的子表达式命名，本例中甚至不允许省略标签 $l2$，尽管看起来有些多余。

标签名不可与运算符名冲突。在本例中，标签名 $l1$、$l2$ 或 $l3$ 中的任何一个都可以被替换为 F。命名冲突规则是确保子表达式名称中不存在歧义（也不允许用不同数量的入参来消除歧义）的明显规则。因此，我们不能用 $l3(c)$ 给 $\exists\, c$ 表达式的第一个合取式打标签，但可以用 $l1(c)$ 或 $l2(c)$。

对于由中缀、后缀或前缀运算符定义的子表达式，我们使用非固定词缀形式。例如，&& 定义的子表达式形如 $\&\&(A, B)\,!\cdots$。

我们还可以命名某个实例化模块定义中的子表达式。例如，如果我们有

$$Ins(x) \;\triangleq\; \text{INSTANCE } M \text{ WITH } \cdots$$

且 ν 是模块 M 的某个定义中的任意子表达式的名称，则 $Ins(exp)!\nu$ 是用 exp 代换 x 获得的实例化定义中的子表达式的名称。

我们称具有如上所述形式之一的子表达式名称为**带标签的子表达式名称**，上面演示的是一个小例子，其中没有标签名，只有一个可能是某个实例化模块定义的运算符名称。准确的定义参见下面的“细则”，不感兴趣的话可以略过。

细则

接下来给出前面举例说明的子表达式标签的通用定义。我们说标签 $lab1$ 是 $lab2$ 的**包含标签**（containing label）当且仅当 $lab2$ 位于带 $lab1$ 标签的表达式中，且如果 $lab2$ 位于其他带标签的表达式中，那么 $lab1$ 也位于该表达式中。

当 $k = 0$ 时，$f(e_1, \cdots, e_k)$ 表示为 f，标签 lab 形如 $id(p_1, \cdots, p_k)$，其中 id 与 p_i 都是标识符，且 p_i 彼此不同，$\{p_1, \cdots, p_k\}$ 是所有界标识符 p_i 的集合，使得：

- 标签 lab 在 p_i 的作用域内。
- 如果 lab 有一个包含标签 $labc$，则引入 p_i 的表达式在带 $labc$ 标签的表达式内。

我们将 id 称为标签的**名称**（name）。两个标签要么没有包含标签，要么有相同的包含标签且其名称必须不同。

模块 M 的**带简单标签的子表达式名称**形如 $prefix!labexp_1! \cdots !labexp_n$，其中 $prefix$ 形如 $Op(e_1, \cdots, e_{k[0]})$，任一 $labexp_i$ 形如 $id_i(e_1, \cdots, e_{k[i]})$，$Op$ 和 id_i 为标识符，e_j 为表达式。必须满足：

- 定义

  $$Op(p_1, \cdots, p_{k[0]}) \triangleq \cdots$$

  必须出现在模块 M 的顶层（不能出现在 LET 子句或子模块内）。
- id_1 必须为 Op 定义中标签 lab_1 的名称，Op 没有包含标签。
- 如果 $i > 1$，则 id_i 必须是标签 lab_i 的标识符，lab_i 的包含标签为 lab_{i-1}。
- 对任意 $i > 0$，$k[i]$ 必须等于 lab_i 的入参个数。

这个带标签的子表达式名称表示对标签为 lab_n 的表达式进行代换所得到的表达式，该表达式是用 Op 的每个参数及每个 lab_i 对应的 $prefix$ 和 $labexpi$ 中的参数，对 lab_n 的变量进行代换得到的。

模块 M 的**带标签的子表达式名称**要么是 M 的带简单标签的子表达式名称，要么形如 $Id(e_1, \cdots, e_k)\,!\,\lambda$，其中语句

$$Id(e_1, \cdots, e_k) \triangleq \text{INSTANCE } N \cdots$$

出现在 M 的最外层，且 λ 是模块 N 的带标签的子表达式名称。

19.6.2　位置相关的子表达式名称

如果不使用标签，我们可以用一组**位置选择器**（positional selector）来命名定义中的子表达式，序列中的元素表示子表达式在解析树中的位置，考虑如下示例：

$$\begin{aligned} F(a) \triangleq\ & \land \cdots \\ & \land \cdots \\ & \land Len(x[a]) > 0 \\ & \land \cdots \end{aligned}$$

上述定义中某些子表达式的命名方式如下所述，其中 A 是任意表达式：

- 用 A 代换 a 得到的 $F(A)$ 的第三个合取式 $Len(x[A]) > 0$，命名为 $F(A)!3$。我们将合取式列表当作携带 4 个参数的合取运算符的应用，其第三个参数为 $Len(x[A]) > 0$。
- $Len(x[A])$ 的名称是 $F(A)!3!1$，它是表达式 $F(A)!3$ 的顶层运算符 $>$ 的第一个参数。
- $x[A]$ 的名称是 $F(A)!3!1!1$，它是表达式 $F(A)!3!1$ 的顶层运算符的第一个也是唯一一个参数。
- 对 $x[A]$ 子表达式的命名基于可以将这个表达式表示为函数式运算符对两个参数 x 和 A 的应用。x 的名称是 $F(A)!3!1!1!1$，A 的名称是 $F(A)!3!1!1!2$。

位置选择器“$!\langle$”永远与 $!1$ 同义，在选择有 2 个参数的运算符的第 2 个参数时，“$!\rangle$”与 $!2$ 同义。因此，我们可以用 $F(A)!3!\langle!\langle!\rangle$ 、$F(A)!3!\langle!1!\rangle$、$F(A)!3!1!\langle!2$ 或 $\cdots$ 代替 $F(A)!3!1!1!2$ 这样的名称。如之前一样，“$\langle$”键入为“<<”，“$\rangle$”键入为“>>”。

对于大多数不引入界标识符的运算符，使用位置选择器选择运算符的参数是比较容易的，以下是一些特殊的示例：

- 对 $[f \text{ EXCEPT } ![a] = g, ![b].c = h]$，$f$ 的名称是 $!1$，g 的名称是 $!2$，h 的名称是 $!3$。EXCEPT 语句的其他子表达式不被命名。
- $r.fld$ 是一个记录字段选择器对两个参数 r 和“fld”的应用，因此可用 $!1$ 选择 r。(也可以用 $!2$ 选择“fld”，不过给一个简单的字符串常量取一个子表达式名称没有什么道理。)
- 对 $[fld_1 \mapsto val_1, \cdots, fld_n \mapsto val_n]$ 和 $[fld_1 : val_1, \cdots, fld_n : val_n]$ 以及 $i \in 1 \,..\, n$，子表达式 val_i 的名称是选择器 $!i$，fld_i 的字段名无法被选择（对 fld_i 命名没有意义，它只是一个字符串常量。）
- 对 IF p THEN e ELSE f，p 的名称是选择器 $!1$，e 的名称是选择器 $!2$，f 的名称是选择器 $!3$。
- 对 CASE $p_1 \to e_1 \,\square\, \cdots \,\square\, p_n \to e_n$，$p_i$ 的名称是选择器 $!i!1$，e_i 的名称是 $!i!2$。如果 p_n 是标记 OTHER，则没有名称。
- 对 $\text{WF}_e(A)$ 和 $\text{SF}_e(A)$，e 的名称是选择器 $!1$，A 的名称是 $!2$。
- 对 $[A]_e$ 和 $\langle A \rangle_e$，A 的名称是选择器 $!1$，e 的名称是 $!2$。
- 对 LET $\cdots$ IN e，e 的名称是选择器 $!1$。这不是很好理解，因为我们命名的表达式包含在 LET 子句中定义的运算符，而这些运算符不是在用到子表达式名称的上下文中定义的。考虑以下示例：

$$F \triangleq \text{LET } G \triangleq 1 \text{ IN } G + 1$$

$$G \triangleq 22$$

$$H \triangleq F!1$$

H 定义中的 $F!1$ 是表达式 $G+1$ 的名称，而表达式中的 G 的含义是在 LET 子句中定义的。因此，H 等于 2，而不是 23。

接下来我们将看到如何命名 LET 定义中的子表达式，正如上面所述 G 的第一个（局部）定义。

现在我将描述引入界标识符构造的子表达式的选择器，考虑如下示例：

$$R \triangleq \exists x \in S, y \in T : x + y > 2$$

- 对任意表达式 X 和 Y，$X+Y>2$ 的名称是 $R!(X,Y)$。
- S 的名称是 $R!1$。
- T 的名称是 $R!2$。

一般来说，对于引入界标识符的任何构造：

- $!(e_1,\cdots,e_n)$ 选择用表达式 e_i 代换每个第 i 个界标识符之后的主体（界标识符可能出现在其中的表达式）。
- 如果形如"$\in S$"的表达式给界标识符限定了一个范围，则 $!i$ 选择这个范围 S 中的第 i 个元素。

例如，在如下表达式

$$[x, y \in S,\ z \in T \mapsto x + y + z]$$

中，S 的名称是选择器 $!1$，T 的名称是选择器 $!2$，$X+Y+Z$ 的名称是选择器 $!(X,Y,Z)$。

括号对命名是"不可见的"。例如，用 ν 命名 $a+b$ 还是 $((a+b))$ 都没有关系，在两种情况下，a 的名称都是 $\nu!\langle$ 。

我们通常不需要命名"$\triangleq$"右边的整个表达式，因为这是一个定义，表达式的名称就是定义的名称。不过，正如 19.2 节所述，这个说明对于递归定义的运算符不成立。例如，用下式递归定义 Op：

$$Op(p_1,\cdots,p_k) \triangleq exp$$

则对任意 $i \in 1 \mathrel{..} k$，通过用 P_i 代换 p_i，可用"$Op(P_1,\cdots,P_k)!:$"命名 exp。

位置相关的子表达式名称由一个带标签的子表达式名称（参见 19.6.1节中的定义）后接一组位置选择器组成。举例如下：

$$F(c) \triangleq a * lab :: (b + c * d)$$

中用 $F(7)!lab!\rangle$ 命名 $7*d$，请记住带标签的子表达式可以不包含标签，例如，$F(7)$ 就是一个带标签的子表达式名称。

19.6.3 LET 定义中的子表达式

如果用一个位置相关的子表达式名称 ν 命名 LET/IN 表达式，且 Op 是定义在 LET 子句中的运算符，则 $\nu!Op(e_1,\cdots,e_n)$ 是在由 ν 确定的上下文中解释的表达式 $Op(e_1,\cdots,e_n)$ 的名称。例如，下式

$$
\begin{aligned}
F(a) \triangleq\ & \land \cdots \\
& \land \text{LET } G(b) \triangleq a+b \\
& \quad \text{IN } \cdots
\end{aligned}
$$

用 $F(A)!2!G(B)$ 命名表达式 $G(B)$，其中 G 的定义在由 A 代换 a 的上下文中解释，这个表达式当然等于 $A+B$。（但是，如果 G 是递归定义的，那么 $F(A)!2!G(B)$ 与 G 的定义中“$\triangleq$”右侧的表达式的关系可能没这么简单。）我们也可以命名 G 的定义中的子表达式。例如，可用 $F(A)!2!G(B)!\rangle$ 命名 B。命名过程可以一直进行下去，先命名 LET 定义中的子表达式，再命名这个子表达式中包含的 LET 子句的子表达式……

如果 LET/IN 带标签，则其可用带标签的子表达式名称 λ 命名。在这种情况下，$\lambda!Op(e_1,\cdots,e_n)$ 是一个带标签的子表达式名称，它命名带有标签 $Op(p_1,\cdots,p_n)$ 的 *in* 子句的子表达式。要引用在 LET 子句中定义的运算符 Op，只需在 λ 的后面添加一个“!:”，记作 $\lambda!:!Op(e_1,\cdots,e_n)$。特别地，如果 H 被定义为等于 LET/IN 表达式，那么我们可以将其记作 $H!:!Op(e_1,\cdots,e_n)$，即使 H 没有被递归定义。

19.6.4 ASSUME/PROVE 的子表达式

如果我们有

$$\text{THEOREM } Id \triangleq \text{ ASSUME } A_1,\cdots,A_n \text{ PROVE } G$$

则 Id 不是表达式，也不能作为表达式使用。ASSUME/PROVE 的子表达式可用标签或位置相关的方式命名，其中如果 $1 \leqslant i \leqslant n$，则可以用 $Id!i$ 命名 A_i，用 $Id!n{+}1$ 命名 G。不过，由于假设中可以包含如 NEW C 这样的声明，因此在 ASSUME/PROVE 的子表达式的命名中，可能含有在 ASSUME/PROVE 中声明的标识符。因此，这个名称只能用于这些声明的作用域内，考虑下式：

$$
\begin{aligned}
& \text{THEOREM } T \triangleq \text{ ASSUME } \ x>0,\ \text{NEW } C \in Nat,\ y>C \\
& \qquad\qquad\qquad \text{PROVE } \ x+y>C \\
& \quad \vdots \\
& Foo \triangleq \cdots
\end{aligned}
$$

表达式 $x>0$ 的名称为 $T!1$，可被用于 Foo 的定义中。但是，名称为 $T!3$ 的表达式 $y>C$ 中包含常量 C，而 Foo 的定义不在 C 的声明范围内，因此 $T!3$ 不能用于 Foo 的定义中。事实上，$T!3$ 只能用于 T 的证明内。（证明的讨论参见 19.7 节。）

19.6.5 将子表达式名称用作运算符

通过用 $!id$ 代换形如 $!id(e_1, \cdots, e_n)$ 的各个部分，用 !@ 代换每个形如 $!(e_1, \cdots, e_n)$ 的选择器，我们可以将子表达式名称用作运算符的名称。考虑下式：

$$F(Op(\_, \_, \_)) \triangleq Op(1, 2, 3)$$
$$G \triangleq \forall x : P \subseteq \{\langle x, y+z \rangle : y \in S, z \in T\}$$

则 $G!(X)!\rangle!(Y, Z)$ 为表达式 $\langle X, Y+Z \rangle$，因此 $G!@!\rangle!@$ 表示运算符

$$\text{LAMBDA } x, y, z : \langle x, y+z \rangle$$

且 $F(G!@!\rangle!@)$ 等于 $\langle 1, 2+3 \rangle$。

19.7 证明的语法

本节将介绍证明的语法以及如何用 TLA+ 定理检查器 TLAPS 来检查证明。

19.7.1 证明的结构

定理可选择性地跟随有证明。一个证明要么是最终证明（terminal proof），要么是一系列证明步骤。图 19.1 展示了一个可能存在的证明结构，其中省略了相关步骤或最终证明中的实际断言。该示例中证明的层级数为 1，由三个步骤构成，分别名为 ⟨1⟩1、⟨1⟩2 与 ⟨1⟩3。其中，步骤 ⟨1⟩1 具有一个 2 级证明，该证明也由三个步骤构成：一个名为 ⟨2⟩4*a* 的步骤、一个由“⟨2⟩”标记的未命名步骤、一个名为 ⟨2⟩11 的 QED 步骤。步骤 ⟨2⟩4*a* 具有一个最终证明。而未命名的 2 级证明步骤拥有一个层级数为 17 的四步证明，且其中只有第一个步骤具有证明，该首步骤证明是一个最终证明，它断言实际的证明过程已被忽略。

```
⟨1⟩1. ···
      PROOF
        ⟨2⟩4a. ···
               OBVIOUS
        ⟨2⟩    ···
               ⟨17⟩   ···
                      PROOF OMITTED
               ⟨17⟩1. ···
               ⟨17⟩   ···
               ⟨17⟩ab QED
        ⟨2⟩11  QED
               BY ···
⟨1⟩2. ···
      BY ···
⟨1⟩3. QED
```

图 19.1　一个简单证明的结构

证明可选择性地起始于标记 PROOF。因此，位于步骤 ⟨1⟩1 开头的 PROOF 标记与 OMITTED 标记之前的 PROOF 标记可被移除，并且可在步骤 ⟨1⟩1 之前、“OBVIOUS”最终证明之前、第一个 ⟨17⟩ 级步骤之前与任何一个 BY 证明之前添加 PROOF 标记。相关语句的显示格式仅出于可读性考虑，其中的缩进并没有特别意义。

一般来说，证明可由可选的关键字 PROOF 以及随后的最终证明或者起始于 QED 的一系列步骤所组成。一个步骤或 QED 步骤也可具有一个证明，被称为包含该步骤证明的子证明。最终证明由关键字 OBVIOUS、OMITTED 或起始于关键字 BY 的其他证明语句构成。

每个步骤都起始于一个*步骤起始标记*（step-starting token），该标记由*步骤名称*和跟随其后的一系列点号（period）组成。一个步骤名称的组成如下所示：

- < （打印显示为“⟨”）。
- 用于表示步骤层级的数字（*层级数*），或者一个字符 + 或 ∗。（关于“+”与“∗”的含义可参见下面的描述。）
- > （打印显示为“⟩”）。
- 由若干字母或数字组成的可选字符串。如果该字符串存在，那么该步骤可称为*已命名的*，且其*步骤名称*由包含了该字符串内容的整个标记组成。

因为步骤起始标记只是单独的标记，所以它不得含有空格。（请注意，步骤起始标记中的“⟨”和“⟩”应键入为“<”与“>”，而不是“<<”与“>>”。）一个证明中的所有步骤都具有相同的层级数，且比它任何子证明的层级数都要小。一个步骤的层级数要大于起始于对应证明的前一步骤的层级，无论该证明前是否有 PROOF 标记。

已命名步骤可通过其步骤名来引用参考。一个层级数为 k 的步骤名称的作用域（即证明中它可被引用的地方）由该步骤的证明（如果它具有证明的话）以及该证明后跟随的若干 k 级步骤与这些步骤证明中的 k 级步骤构成。一个步骤名称在其作用域内不能再用来标识其他步骤。然而，同一证明中不同的子证明可具有相同的步骤名称。例如，在步骤 ⟨1⟩3 的证明中可使用步骤名 ⟨2⟩4a 与 ⟨17⟩1。

步骤的层级数可被隐式写为“∗”或“+”。为了解释此类层级数的含义，让我们定义证明步骤的*当前层级数*。对于整个证明中的首步骤，其当前层级数取值应设置为 −1，而对于其他步骤，其取值应该等于既非 QED 步骤也非位于 QED 步骤之后且与之级别数相同的最邻近的前置步骤的层级数。在上面的例子中，步骤 ⟨1⟩1 的当前层级数为 −1，步骤 ⟨2⟩4a 的当前层级数为 1，步骤 ⟨2⟩11 的当前层级数为 2。可令起始标记开始于“⟨∗⟩”或“⟨+⟩”的步骤的当前层级数为 L，则

- “+”等价于数字 $L+1$，并且
- 如果“∗”紧随着 PROOF 标记，或位于整个证明的起始之处，则它等价于 $L+1$，否则等价于 L。

在上面的例子中，⟨1⟩1 可被替换为 ⟨+⟩1 或 ⟨∗⟩1，⟨2⟩4a 可被替换为 ⟨+⟩4a 或 ⟨∗⟩4a，另外两个“⟨2⟩ ···”标记中的任何一个都可被替换为“⟨∗⟩ ···”。如果前面缺失 PROOF 标记，

则 $\langle 2\rangle 4a$ 只能被替换为 $\langle +\rangle 4a$，而不是 $\langle *\rangle 4a$。在所有的情况中，使用“$*$”、“$+$”或显式的层级数将不会有所不同。

在证明步骤的引用中也可用“$*$”来替换层级数，在此场景中“$*$”代表当前层级。例如，你可以在描述步骤 $\langle 2\rangle 11$ 的证明的 *by* 语句中用 $\langle *\rangle 4a$ 来代替 $\langle 2\rangle 4a$。同样，无论你是用“$*$”还是用显式写入的等价层级数，效果都没有区别。

TLAPS（TLA$^+$ 证明器）不支持针对用“$*$”表示层级数的证明步骤的引用。

19.7.2 USE、HIDE 与 BY

USE 与 HIDE

针对模块中的任何一处，都存在对应的当前声明集合、当前定义集合与已知事实集合（可参考 17.5 节关于模块含义的定义）。在证明之外，当前声明来自该模块以及其引入模块中声明的常量与变量，当前定义来自该模块与被其引入和被其实例化的模块中的相关定义，事实来自截至此处，该模块与被引入模块中的假设与定理以及通过实例化导入的相关断言。被实例化的模块中的每个定理都会产生一条断言，该断言断定实例化的定理是在该模块的假设条件实例化之后给出的。例如，假设模块 M 中含有唯一的假设条件

ASSUME A

与定理

THEOREM $Thm \triangleq T$

则声明

$Mod \triangleq$ INSTANCE M WITH $\cdots$

导入了名为 $Mod!Thm$ 的定理，该定理断定

ASSUME $\overline{A}$
PROVE $\overline{T}$

其中 $\overline{A}$ 与 $\overline{T}$ 是通过 INSTANCE 声明中 WITH 语句所定义的代换过程由 A 和 T 获取的。

也存在当前定义集合与已知事实集合的子集，分别被称为可用定义与可用事实。其内容包括 TLAPS 扩展的定义与在证明过程中用到的事实。（这里所提到的定义都是“外层”（outer-level）定义，并不总是可扩展的 LET 定义。）现在给出在模块内位于一个证明之外的某处，这些子集的默认取值：

- 只有定理名称的定义是可用的。（19.4.1 节说明了定理是如何被命名的。）
- 不存在可用的定理与假设条件。

上述默认值可被使用与隐藏声明覆盖。这些声明语句可出现在模块主体内任何地方——在模块“顶层”（top level）的语句内容中，而不是在其他声明内部。使用与隐藏声明由关键字 USE 或 HIDE 组成，并跟随有可选的事实列表、可选的关键字 DEF 或 DEFS 以及相应的定义声明符列表。（它必须包含至少一个事实或定义声明符。）

事实可由下面的内容之一构成：

- 定理、假设条件或证明步骤的名称。
- 仅能在 USE 声明中出现的任意公式（不得在 HIDE 声明中出现）。该公式必须可以很容易地从当前可用事实与 USE 声明中所描述的先前的事实来证明得到。“容易证明”意味着证明工具应该能够在没有用户帮助的情况下自动找到证明。

解析器也允许在 USE 或 HIDE 声明中出现下面两种“事实”。但是，TLAPS 并不支持它们，它们很可能会从 TLA+ 语言中移除。

- MODULE *Name*，指示了所有从模块 *Name* 所获取的已知事实将从可用事实集合中添加或移除。该模块名称必须出现在 EXTENDS 或 INSTANCE 声明语句中，或者就是当前模块的名称。
- 出现在如下形式的声明语句中的标识符 *Id*：

  $Id \triangleq$ INSTANCE $M \cdots$

  它将从可用事实集合中添加或移除从模块 M 导入的所有事实。由于 INSTANCE 声明不带参数，所以该语句的形式不得为 $Id(x) \triangleq \cdots$。

某些特殊标准模块中的定理会令 TLAPS 使用一些证明策略或决策程序。例如，存在名为 *SimpleArithmetic* 的定理，在某些证明过程中，它会促使 TLAPS 运用特定的算术决策程序。

定义声明符就是对应运算符的名称定义，例如：

- F，假设模块中含有定义 $F(x, y) \triangleq \cdots$。
- $Ins!F$，假设当前模块含有 $Ins(a) \triangleq$ INSTANCE $M \cdots$ 且 F 是在 M 中定义的。

SANY 解析器也可接受如下两种定义声明符。然而，TLAPS 不支持它们，它们很可能会从TLA+ 语言中移除。

- MODULE *Name*，指示了模块 *Name* 中所有的定义将从可用定义集合中添加或移除。该模块名称必须出现在 EXTENDS 或 INSTANCE 声明语句中，或者就是当前模块的名称。
- 如下声明中出现的标识符 *Id*：

  $Id(p_1, \cdots, p_k) \triangleq$ INSTANCE $M \cdots$

  （k 可能为 0。）它表明通过实例化导入的所有定义都会被添加或移除。

BY

除了起始于关键字 BY 之外，BY 最终证明的语法与 USE 声明完全相同。如下面所述，针对证明中的任意一处，都存在已知事实与可用事实的集合以及当前定义与可用定义的集合。此处也存在一个当前目标。BY 证明断定，该目标可以很容易地由可用事实集合以及 BY 声明中定义的事实集合获取，在获取过程中仅使用可用定义集合或该声明中所含的定义即可。“很容易”意味着证明工具应该能够在没有用户帮助的情况下自动找到证明。

除了定理、假设条件与步骤的名称之外，BY 声明中的事实可以是任意公式。该事实必须可以很容易地由可用事实集合以及 BY 声明中的既有事实获得。例如，假定当前可用事实集合中含有事实 $e \in S$，你可以写出如下语句：

$\langle 3 \rangle 1.\ \forall x \in S : P(x)$

$\langle 3 \rangle 2.\ P(e+1)$

　　BY $\langle 3 \rangle 1,\ P(e)$

其中，由 $e \in S$ 与 $\langle 3 \rangle 1$ 得到的事实 $P(e)$ 可提示读者为了从可用事实集合与事实 $\langle 3 \rangle 1$ 证得 $P(e+1)$，应首先注意到 $P(e)$ 可由这些事实得出。任意表达式也都可以在 USE 声明中用作事实，但不能用于 HIDE 声明。

BY ONLY 证明起始于关键字 BY ONLY。与普通的 BY 证明不同，当前目标必须可以很容易地从已定义事实以及当前已知领域内的公式得到，而不再需要使用其他可用事实。TLAPS 使用的定义由当前可用定义与 DEF 语句中的相关定义组成。

TLAPS 还允许在 BY 或 BY ONLY 证明中或者在 USE 声明语句中使用等价于已知事实（但并不一定可用）的事实。例如，假设一个模块中含有如下定理：

THEOREM $Elementary \triangleq 1 + 1 = 2$

则 $Elementary$ 与 $1 + 1 = 2$ 这两个事实在定义 $Elementary$ 作用域之内的任何地方都可以互换使用。

OBVIOUS 与 OMITTED

最终证明 OBVIOUS 断言当前目标可以很容易地从已知事实集合与可用定义集合中的相关定义获得。

最终证明 OMITTED 表示用户在没有提供证明的情况下断言了对应步骤的有效性。它表示用户有意不选择提供证明，但是在编写其他部分证明时，没有意外或暂时地忽略它。

如果一个证明中包含无证明的语句，则该证明不完整。在用户开发证明的过程中，存在不完整的证明会成为常态。只有当一个步骤具有一个不是“最终证明 OMITTED”的证明时，TLAPS 才会试图检查该步骤。

19.7.3　当前状态

针对证明中的每一处，都存在一个对应的当前状态，它的构成要素如下所示：

- 当前声明的集合。
- 当前定义的集合以及由可用定义组成的子集。
- 当前已知事实集合以及由可用事实组成的子集。
- 描述当前目标的公式。

回想一下，在定理的起始之处，存在前面所述的当前声明集合、当前定义与可用定义集合、当前事实与可用事实集合。关于在定理证明起始之处的状态，可通过将如下信息添加至上述集合来获取：

- 如果定理的断言是一个公式，则该公式将成为当前目标。
- 如果定理中存在一个关于 ASSUME/PROVE 语句的断言，则在对应假设条件中的声明会被添加至当前声明集合。公式与假设条件中所断定的 ASSUME/PROVE 语句所组成的集合会被添加至已知事实集合，该集合也会被添加至可用事实集合中当且仅当此定理是未命名的。PROVE 公式会成为当前目标。（如果假设条件形式为 ASSUME/PROVE，则其内部 ASSUME 语句中的声明将不会被添加至当前声明集合中。）

  请记住，假设条件 NEW $C \in S$ 是声明 NEW C 与断言 $C \in S$ 的缩写。从声明中获取的形如 $C \in S$ 的断言也可称为“域公式”(domain formula)。即使对应定理是未命名的，域公式也总是会被同时添加至可用事实集合与已知事实集合中。

在定理证明之后（如果此处还存在语句的话），当前状态将恢复至定理之前的状态，其中已知事实集合内将添加该定理当且仅当该定理已命名。而未命名的定理绝不能用于证明过程。

为了解释步骤的含义，我们需要描述位于步骤起始之处的证明状态与如下对象之间的关系：

- 位于声明语句证明的起始之处的状态（如果存在的话）。
- 紧随声明语句与其证明之后的状态（如果此处存在语句的话）。

19.7.4 具有证明的步骤

在下面的描述中，σ 将用于表示任意步骤的起始标记。

公式与 ASSUME/PROVE

一个断言了公式或 ASSUME/PROVE 语句的步骤影响状态的方式与定理完全相同。它使公式或者 PROVE 断言成为步骤证明的当前目标。公式与 ASSUME 语句中的 ASSUME/PROVE 断言会被添加至可用事实集合中当且仅当该步骤未命名。但是，从 NEW 语句中获取的域公式总是会被添加至可用事实集合中。

在步骤与其证明之后，该步骤的断言将会被添加至可用事实集合中当且仅当该步骤未命名。（由于在 BY 或 USE 中永远无法引用未命名步骤，因此步骤的断言必须被放到可用事实集合中才能够使用。）

CASE

CASE 步骤由跟随有关键字 CASE 的步骤起始标记与一个公式组成。“σ CASE F”步骤等价于

σ ASSUME F PROVE G

其中 G 为当前目标。（由于 G 已经是当前目标，这意味着当前目标保持不变。）

@ 步骤

证明不等式的常见手段是通过证明一系列不等式来得出结论。例如，为了证明 $A \leqslant D$，我们可能需要证明 $A \leqslant B \leqslant C \leqslant D$。此类证明可能出现在如下证明中（其中省略了各个步骤的证明）：

$\langle 2\rangle 3.\ A \leqslant D$
　　$\langle 3\rangle 1.\ A \leqslant B$
　　$\langle 3\rangle 2.\ B \leqslant C$
　　$\langle 3\rangle 3.\ C \leqslant D$
　　$\langle 3\rangle 4.$ QED
　　　　BY $\langle 3\rangle 1, \langle 3\rangle 2, \langle 3\rangle 3$

如果它们是冗长的大公式，则必须将 B 和 C 写两次就显得非常麻烦。TLA^{+2} 提供了如下可简化编写此类公式的方法：

$\langle 2\rangle 3.\ A \leqslant D$
　　$\langle 3\rangle 1.\ A \leqslant B$
　　$\langle 3\rangle 2.\ @ \leqslant C$
　　$\langle 3\rangle 3.\ @ \leqslant D$
　　$\langle 3\rangle 4.$ QED
　　　　BY $\langle 3\rangle 1, \langle 3\rangle 2, \langle 3\rangle 3$

这种推理方式可用于任何可递（transitive）运算符或运算符组合，例如

$$\begin{array}{ccccccc} A & = & B & = & C & = & D \\ A & \Rightarrow & B & \Rightarrow & C & \Rightarrow & D \\ A & \subseteq & B & \subseteq & C & \subseteq & D \\ A & \leqslant & B & < & C & \leqslant & D \end{array}$$

然而，依次跟随有中缀运算符与表达式的标记 @，可用于继任意 @ 步骤之后的步骤，也可用于其公式的顶层运算符为一个中缀运算符的任意公式步骤。“@”就代表了前面步骤公式中的右半部分内容。尽管这并不是好的表述风格，你应该尽量减少使用，但如果有必要，你依然可以按如下方式编写：

$\langle 3\rangle 4.\ A \leqslant B$

$\langle 3\rangle 5.\ @ > C$

其中 @ 代表了 B。

SUFFICES

步骤 σ SUFFICES A 断定了 A 的证明也证明了当前目标，其中 A 要么是一个公式，要么是一个 ASSUME/PROVE 语句。在该步骤的证明的起始之处，A 会被同时添加至已知事实集合与可用事实集合中。（相关证据必须能够证明当前目标。）在该步骤与其证明之后：

- 如果 A 是一个公式，它就成了当前目标。
- 如果 A 是一个 ASSUME/PROVE 语句，则：
  - 其假设条件中的声明会被添加至当前声明集合中，且这些声明中的域公式会被添加至已知事实集合与可用事实集合中。
  - 其假设条件中的断言（即相关公式与 ASSUME/PROVE 语句）会被添加至已知事实集合中。这些断言也会被添加至可用事实集合中当且仅当该步骤是未命名的。
  - 此证明公式会成为当前目标。

PICK

除了将 $\exists$ 替换为标记 PICK 之外，PICK 步骤与断定 $\exists$ 公式的语法完全一样。例如，如下步骤

σ PICK $x \in S, y \in T : P(x, y)$

断定 S 中存在取值 x，T 中存在取值 y，满足 $P(x,y)$，并声明了 x 与 y 可等于任意符合上述规则的取值对。步骤证明起始处的状态与用 $\exists$ 代替 PICK 所得到的公式相同。在该证明之后：

- 该步骤所导入的标识符中的 CONSTANT 声明会被添加至声明集合中，并且这些声明中的域公式也会被添加至已知事实集合与可用事实集合中。（在该示例中，域公式为 $x \in S$ 与 $y \in T$。）
- PICK 语句的内容（在该示例中，就是公式 $P(x,y)$）会被添加至已知事实集合中。它也会被添加至可用事实集合中当且仅当该步骤未命名。

一个 PICK 步骤可被有效转化为两个步骤。例如，如下步骤与其证明

σ PICK $x \in S, y \in T : P(x, y)$
  PROOF Π

可被转化为

ρ $\exists\, x \in S, y \in T : P(x,y)$
    PROOF Π

σ SUFFICES ASSUME NEW $x \in S$, NEW $y \in T$
    $P(x,y)$
  PROVE G

并且 σ 含有一个断定它来自 ρ 的证明，其中 ρ 是一个新步骤的名称，G 是当前目标。这个转化与步骤名称 σ 的含义有关。（参见 19.7.6 节中的“命名事实”。）

QED

QED 步骤证明起始处的状态不变。在该步骤与其证明之后，状态由特定步骤中的规则决定，且该特定步骤的证明由此 QED 步骤终结。

19.7.5 无证明的步骤

定义

在定义步骤中，步骤起始标记后依次跟随有可选的标记 DEFINE 与一系列运算符定义、函数定义以及模块定义等，其中模块定义的形式为：

$Ins(x) \triangleq$ INSTANCE M WITH $\cdots$

对于状态而言，它与对应的顶层声明语句拥有同样的效果。由该步骤（它们是由模块定义而导入或重命名的运算符定义）导入的定义会被同时添加至定义集合与可用定义集合中。

INSTANCE

INSTANCE 步骤由一个步骤起始标记与紧随其后的普通 INSTANCE 声明语句（以关键字 INSTANCE 开头）所组成。对于状态而言，它与对应的顶层声明语句拥有同样的效果。

USE 与 HIDE

除了位于步骤起始标记后之外，USE 与 HIDE 步骤与对应的顶层声明语句具有相同的语法。它对于可用事实集合与可用定义集合的影响方式与对应的 USE 或 HIDE 语句完全相同。正如 19.7.6 节所述，USE 与 HIDE 步骤可对先前步骤中所生成的事实与定义进行命名。

也存在 USE ONLY 步骤，其中关键字 USE 后紧跟关键字 ONLY。它将可用事实集合设置为仅包含已知域事实与该步骤所定义的事实。它对于可用定义集合的影响方式与普通 USE 步骤完全相同。

HAVE

HAVE 步骤由步骤起始标记与紧跟其后的关键字 HAVE 以及一个公式组成。为了保证声明语句

σ HAVE F

的正确性，对于公式 H 与 G，当前目标的语法形式必须为 $H \Rightarrow G$，并且公式 $H \Rightarrow F$ 必须是已知事实与可用定义的明显推论。在这种情况下，该步骤等同于

$$\begin{array}{l} \sigma \ \text{SUFFICES ASSUME } F \\ \qquad\qquad \text{PROVE } G \end{array}$$

加上一个仅允许使用事实 ASSUME F PROVE B（一个不需要假设就可以轻易证明的事实）的 BY ONLY 证明。因此，该步骤意味着我们将通过假设 F 与证明 G 来证明当前目标。

TAKE

TAKE 步骤由一个步骤起始标记与依次跟随的关键字 TAKE 以及位于“$\forall$”与相匹配的“:”之间的任何内容组成，比如

$$\sigma \ \text{TAKE } x, y \in S, \ z \in T$$

对于某些公式 G，该步骤是当前目标为如下语句时的典型用法：

$$\forall \, x, y \in S, \ z \in T \, : \, G$$

这意味着我们将通过把 x、y 与 z 声明为常量，假设 $x \in S$、$y \in S$ 与 $z \in T$ 以及证明 G 来证明该目标。更准确地讲，这个 TAKE 声明语句等价于

$$\begin{array}{lll} \sigma \ \text{SUFFICES ASSUME} & \text{NEW CONSTANT } x \in S, \\ & \text{NEW CONSTANT } y \in S, \\ & \text{NEW CONSTANT } z \in T \\ \qquad\qquad \text{PROVE} & G \end{array}$$

上述语句跟随有一个仅允许使用域公式 $x \in S$、$y \in S$ 与 $z \in T$ 的证明。

通常，为了保证步骤 σ TAKE τ 的正确性，对于某些公式 G，当前目标必须显然等价于 $\forall \, \tau : G$。（同样，“显然等价”的含义尚未指定。）在这种情况下，G 成为当前目标，τ 中界标识符的常量声明会被添加至当前声明集合中，τ 中形如 $id \in e$ 的任何公式也会被添加至已知事实集合与可用事实集合中。

WITNESS

WITNESS 步骤由一个步骤起始标记与依次跟随的关键字 WITNESS 以及由逗号分隔的表达式列表组成。WITNESS 步骤可通过指定其界标识符的实例化来证明存在量化公式。存在如下两种情况，其中声明语句 σ WITNESS $e_1, \cdots, e_k$ 是正确的：

- 当前目标显然等价于公式 $\exists \, id_1, \cdots, id_k \, : \, G$。在该情况中，WITNESS 步骤等价于

  $$\begin{array}{l} \sigma \ \text{SUFFICES } \overline{G} \\ \quad \text{PROOF OBVIOUS} \end{array}$$

  其中公式 $\overline{G}$ 是对于 $j \in 1 \, .. \, k$，将每个 id_j 代换为 e_j 所获得的。

- 当前目标显然等价于公式 $\exists\, \iota_1 \in S_1, \cdots, \iota_k \in S_k : G$ ，其中每个 ι_j 都是一个标识符。针对这些表达式，存在针对这些标识符的某种代换处理，在其中将每个 $\iota_j \in S_j$ 代换为 e_j，且每个 e_j 都可以很容易地由当前可用事实集合证明得出。在这种情况下，通过对表达式内 ι_j 中的标识符实施上述代换而由 G 所获取的公式将成为当前目标，且域公式 e_j 会被添加至已知事实集合与可用事实集合中。（将一个很容易证明的事实加入可用事实集合能会导致一些额外的事实很容易地由该集合得到证实。）例如，假设当前目标是

  $$\exists\, x, y \in S,\ z \in T \ : G(x, y, z)$$

  则下面步骤

  $\langle 3\rangle 4.$ WITNESS $expX \in S,\ expY \in S,\ expZ \in T$

  将等价于

  $\langle 3\rangle 4.$ SUFFICES $G(expX, expY, expZ)$
  $\langle 4\rangle 1.$ $expX \in S$
  PROOF OBVIOUS
  $\langle 4\rangle 2.$ $expY \in S$
  PROOF OBVIOUS
  $\langle 4\rangle 3.$ $expZ \in T$
  PROOF OBVIOUS
  $\langle 4\rangle 4.$ QED
  BY ONLY $\langle 4\rangle 1, \langle 4\rangle 2, \langle 4\rangle 3$

19.7.6 对步骤与其组成部分的引用

在一个证明之内，步骤与其组成部分可在三种上下文中命名，即作为普通表达式、作为 BY、USE 或 HIDE 语句中的事实以及作为这些声明中的 DEF 语句中的定义。我们现在将分别考虑这三种可能性。

命名子表达式

公式 步骤名称声明了一个对该公式进行命名的公式。例如，如下步骤

$\langle 2\rangle 3.\ x + y = z$

定义 $\langle 2\rangle 3$ 等于 $x + y = z$。该步骤的名称 $\langle 2\rangle 3$ 的使用方式与其他符号定义完全一样，比如：

$$\langle 2\rangle 3 \land (z \in Nat) \ \Rightarrow\ (x + y - z = 0)$$

我们也可使用标签与位置选择器来命名 $\langle 2\rangle 3$ 的子表达式，与我们命名其他已定义符号的子表达式的方式完全相同，例如，$\langle 2\rangle 3!\langle$ 命名了子表达式 $x + y$。（具体可参见 19.6 节。）

ASSUME/PROVE 步骤 关于 ASSUME/PROVE 步骤组成部分命名的说明可参考 19.6.4 节，其中步骤的数字编号命名了 ASSUME/PROVE 语句。因此，在语句

$$\begin{array}{llll} \langle 3\rangle 4.\ \text{ASSUME} & P, & \text{ASSUME} & Q \\ & & \text{PROVE} & R \\ \quad\text{PROVE} & S & & \end{array}$$

中，$\langle 3\rangle 4!1$ 命名了 P，$\langle 3\rangle 4!2!\langle$ 命名了 Q，$\langle 3\rangle 4!3$ 命名了 S。

如 19.6.4 节所述，ASSUME/PROVE 语句的子表达式仅可在该子表达式内可能出现的标识符的作用域内使用（即使这个标识符实际上并没有出现在它里面）。

在对 CASE、HAVE、SUFFICES 与 WITNESS 步骤内的表达式的命名中，上述关键字将被视为前缀运算符，即 CASE、HAVE 与 SUFFICES（带有单个参数）以及 WITNESS （可带有任意数目的参数）。因此，在语句

$$\langle 2\rangle 3.\ \text{CASE}\ x+y>0$$
$$\langle 2\rangle 4.\ \text{WITNESS}\ y, x+1$$

中，$\langle 2\rangle 3!1$ 等于 $x+y>0$，$\langle 2\rangle 3!1!\langle$ 等于 $x+y$，$\langle 2\rangle 4!2$ 等于 $x+1$。SUFFICES 的“参数”可以是一个 ASSUME/PROVE 语句，该语句的子表达式的命名如上面 ASSUME/PROVE 步骤所述。

PICK 与 TAKE PICK 步骤的命名过程就如同将关键字 PICK 替换为 $\forall$。例如，在语句

$$\langle 3\rangle 4.\ \text{PICK}\ x\in S, y\in T : x+y>0$$

中，$\langle 3\rangle 4!2$ 命名了 T，$\langle 3\rangle 4!(e,f)$ 命名了 $e+f>0$。关于 TAKE 步骤的命名也是类似的，除了没有要命名的正文，而只有“$\in$”后跟随的集合之外。

请注意，PICK 步骤中引入的符号并不是在该步骤的证明中声明的，而是在该证明之后声明的。然而，在上述两处地方，对 PICK 语句正文的引用方式是相同的。

命名事实

在语法上，任何表达式都可作为事实使用。（一个证明工具可能仅接受一组严格受限的表达式作为事实。）任何做出断言的已命名步骤也可作为事实使用。只有 USE、HIDE、定义、INSTANCE 与 QED 类型的步骤不能用作事实。

步骤名称的作用域包括了该步骤的证明。因此，对于一个名为 σ 的步骤，在其步骤证明之内使用该步骤的子表达式是完全合法的——例如，如果 σ 是一个 ASSUME/PROVE 步骤，则可命名一个假设。

当被步骤自身使用（而不是以它的一个表达式的名义）时，步骤名称表示了该步骤添加至当前已知事实集合的若干事实。我们现在解释一下这意味着什么。

在上面，我们已经解释了每个做出断言的步骤是如何等价于 A 或 SUFFICES A 两种形式之一的，其中 A 要么是一个公式，要么是一个 ASSUME/PROVE 语句。假设我们认为公

式 G 等价于 ASSUME TRUE PROVE G，则对于一个 ASSUME/PROVE A，任意步骤 σ 都等价于一个形如 σ A 或者 σ SUFFICES A 的步骤。

- 对于步骤 σ A，在证明步骤的内部，步骤名 σ 表示 A 的假设条件集合；在证明外部，它表示 A。
- 对于步骤 σ SUFFICES A，在证明步骤的内部，步骤名 σ 表示 A；在证明外部，它表示 A 的假设条件集合。

令步骤名称 σ 引用由该步骤引入至当前上下文的已知事实是很有用的，因为这些事实并不会被自动添加至可用事实集合中。但是，当 σ 在名为 σ 的步骤证明内被用作事实，就会不幸地出现所谓的循环论证的问题。TLA$^+$ 的用户应该尽快适应此类现象。

有人可能希望在步骤 σ G 内引用长公式 G。例如，我们可通过在步骤中引入矛盾来假设 $\neg G$ 存在于对应证明中。然而，通过这些规则可得出，在 σ 的证明中，σ 被命名为 TRUE，因此我们不能将 $\neg G$ 写为 $\neg\sigma$。相反，我们可以将 $\neg G$ 写为 $\neg\sigma!:$。

命名定义

只有已定义运算符的名称才可出现在 BY 证明、USE 步骤与 HIDE 步骤的 DEF 语句中。上述名称包括了在 LET 语句中定义的运算符名称。DEFINE 步骤的名称也可能被用于 DEF 语句。如果一个步骤定义了多个运算符，则步骤名称将应用于所有这些运算符——但不包括在这些定义内的 LET 语句中所定义的任何运算符。

请记住，运算符名称中不得含有任何参数以及任何括号。例如，表达式 $Ins(42)!Foo(x,y)$ 是名为 $Ins!Foo$ 的运算符对于 42、x 与 y 这三个参数的应用实例。19.6.5 节解释了如何命名 LET 语句中定义的运算符。

19.7.7　对实例化的定理的引用

假定模块 M 含有如下定理：

THEOREM T

且另一个模块 MI 通过如下声明语句导入了 M：

$I \triangleq$ INSTANCE M WITH $\cdots$

如 17.5.5节所述，它所导入的定理在 TLA^{+2} 中可写为

ASSUME $\overline{A_1}, \cdots, \overline{A_k}$
PROVE $\overline{T}$

其中 $A_1, \cdots, A_k$ 是 M 中 ASSUME 语句所断定的假设条件，$\overline{A_i}$ 与 $\overline{T}$ 是通过在 A_i 与 T 中实施 WITH 语句中所指示的代换过程而获得的公式。

假设定理已命名，比如

$$\text{THEOREM } Thm \triangleq T$$

则 $I!Thm$ 命名了所导入的事实，即上述 ASSUME / PROVE 语句。然而，19.6.4 节中关于 ASSUME / PROVE 组成部分的命名规则不适用于该事实。$I!Thm!:$ 指的是公式 $\overline{T}$ 的名称。只有当在模块 M 中为公式 $\overline{A_i}$ 赋予了名称时，该公式才能在模块 MI 中被引用，在这种情况下，它通常被命名为 $I!\cdots$。由于 TLC 不能用 ASSUME / PROVE 做任何事情，所以它会把 $I!Thm$（也包括 $I!Thm!:$）作为 $\overline{T}$ 的名称来处理。

模块 MI 的证明使用了导入的定理 Thm，它通常也需要使用 $\overline{T}$。为了满足这一点，它必须要证明所有的假设 $\overline{A_i}$。公式 $\overline{A_i}$ 通常是由模块 MI 的假设条件所得出的简单结果。在这种情况下，在 MI 的假设条件都属于可用事实的上下文中，一个证明可很容易地使用 $I!Thm$。

19.7.8 时态证明

时态逻辑推理尚未在 TLAPS 中完全实现。当前 TLAPS 只能执行命题时态逻辑推理，这意味着它无法证明涉及时态量化的公式。我们希望完整的实现无须对本文档中所描述的任何内容进行任何更改。然而，由于时态逻辑有别于普通逻辑，所以时态证明所涉及的推理也与数学家的常规推理方法有所不同。具体可参考 19.8.3 节。

19.8 证明的语义

19.8.1 布尔运算符的含义

如 16.1.3 节所讨论的，对于使用非布尔类型参数进行布尔运算的情况，存在很多种定义运算符含义的方法。例如，我们都知道对于任意的布尔类型参数 x 与 y，$x \land y$ 都等于 $y \land x$。但是，$5 \land 7$ 是否等于 $7 \land 5$？对此，TLAPS 使用所谓的“自由解释”（liberal interpretation）方法，在这种解释中 $(5 \land 7) = (7 \land 5)$ 是成立的，而且 TLAPS 也会证明这个结论。

关于布尔类型运算符的精确解释是借助运算符 $ToBoolean$ 来表述的，其中，如果 x 是布尔类型，则 $ToBoolean(x)$ 是等于 x 的布尔值。更准确地说，应假设 $ToBoolean$ 满足如下条件：

$$\begin{aligned}&\land \forall x : ToBoolean(x) \in \text{BOOLEAN}\\&\land \forall x \in \text{BOOLEAN} : ToBoolean(x) = x\end{aligned}$$

例如，我们可通过如下公式定义合取运算符 $\land$：

$$x \land y \triangleq ToBoolean(x) \,\underline{\land}\, ToBoolean(y)$$

其中 $\triangle$ 是基于布尔类型的普通合取运算。运算符 $ToBoolean$ 并没有在 TLA$^+$ 中正式定义，仅存在于上面语句的语义中。然而，根据 $ToBoolean$ 的相关假设可得出该运算符在 TLA$^+$ 中可由如下公式定义：

$$ToBoolean(x) \triangleq (x \equiv \text{TRUE})$$

19.8.2 ASSUME/PROVE 的含义

ASSUME/PROVE 语句本质上断言了其假设蕴涵其 PROVE 公式。例如，

$$\text{ASSUME} \quad A_1, \quad \text{NEW } x \in S, \quad A_2$$
$$\text{PROVE} \quad B$$

断定如下公式成立：

$$\forall x : A_1 \wedge (x \in S) \wedge A_2 \Rightarrow B$$

除了 x 不能是 ASSUME/PROVE 语句内 A_1 中的一个自由标识符之外。

如果一个假设声明了一个运算符，如 NEW $op(\_,\_)$，则将 ASSUME/PROVE 语句转化为公式需要对运算符 op 进行量化，这无法用一阶逻辑做到。然而，ASSUME/PROVE 语句（甚至是带有由一个 ASSUME/PROVE 语句所组成的假设）也可被转化为这样一个公式，其中运算符的量化仅出现在最外面的 $\forall$ 量词中。由于 ASSUME/PROVE 结构仅能出现在定理或证明步骤（它是在特定上下文中断言的一个定理）的声明语句中，因此 TLA$^+$ 技术仍可实质上止步于一阶时态逻辑领域。它不会涉及任何与完整二阶逻辑相关的问题。

19.8.3 时态证明

关于 TLA$^+$ 时态公式含义的描述可参见第 8 章。时态公式是基于行为的谓词，它由状态序列组成。对于时态公式 F，声明 THEOREM F 断言了 F 在所有行为上都成立。如 8.3 节所述，TLA$^+$ 遵循如下规则：

必然化规则（Necessitation Rule） *对于任意公式 F：如果 THEOREM F 成立，则 THEOREM $\Box F$ 成立。*

（本书原本将之称为*泛化规则*（Generalization Rule），但逻辑学家常称其为*必然化规则*。）必然化规则与下面的规则截然不同：

$$\text{THEOREM ASSUME} \quad F$$
$$\text{PROVE} \quad \Box F$$

这个声明语句等价于：

$$\text{THEOREM } F \Rightarrow \Box F$$

它并不是对于所有的公式 F 都成立。

由于很多时态证明规则中都有形如 $\Box F$ 的假设，因此必然化规则很重要。例如，一个如下所示的常用规则：

$$
\begin{array}{l}
\textsc{theorem } BoxImplies \triangleq \\
\quad \textsc{assume } \textsc{temporal } F,\ \textsc{temporal } G,\ \Box F,\ \Box(F \Rightarrow G) \\
\quad \textsc{prove } \Box G
\end{array}
$$

我们可使用它来证明如下声明：如果 P 是规约 $Spec$ 的不变式且 P 蕴涵 Q，则 Q 也是 $Spec$ 的不变式。换句话说，我们可由

$$
\begin{array}{l}
\textsc{theorem } PInvar \triangleq Spec \Rightarrow \Box P \\
\textsc{theorem } PimpliesQ \triangleq P \Rightarrow Q
\end{array}
$$

推断

$$\textsc{theorem } QInvar \triangleq Spec \Rightarrow \Box Q$$

这个推论可由 $BoxImplies$ 得出，因为根据必然化规则，由定理 $PImpliesQ$ 可推出 THEOREM $\Box(P \Rightarrow Q)$ 成立。

我们希望在证明内使用必然化规则，由断言 F 的证明步骤来推断 $\Box F$。然而，这并不是一个好主意。例如，假设我们需要证明 Inv 是规约 $Init \land \Box[Next]_v$ 的不变式。我们的证明可起始于

$$
\begin{array}{l}
\langle 1 \rangle 1.\ \textsc{suffices assume } Init,\ \Box[Next]_v \\
\qquad\qquad\qquad\quad \textsc{prove } \Box Inv \\
\langle 1 \rangle 2.\ Inv
\end{array}
$$

我们在由步骤 $\langle 1 \rangle 2$ 推断 $\Box Inv$ 的过程中无法使用必然化规则。由于 $\langle 1 \rangle 2$ 的证明中可以使用假设 $Init$，故我们只知道 Inv 在初始状态成立。我们无法得出它在此规约合法行为的所有状态上都成立的结论。

我们需要一种广义的必然性规则，使其可以在必要时用于证明步骤。为此，我们将公式 F 定义为 $\Box$ 公式当且仅当 THEOREM $F \equiv \Box F$ 成立，即当且仅当 $\Box F$ 满足对于任意行为 β，F 都成立。由于对于任意公式 F，$\Box F \Rightarrow F$ 都成立，所以我们也可将 F 定义为 $\Box$ 公式当且仅当 THEOREM $F \Rightarrow \Box F$ 成立。对于任意公式 F 与 G，如下公式都是 $\Box$ 公式：

$$\Box F \qquad \Diamond\Box F \qquad \Box F \lor \Box G \qquad 1+1=3$$

由此可得出弱公平性（WF）与强公平性（SF）公式都是 $\Box$ 公式。我们现在可总结出：

广义必然性规则（Generalized Necessitation Rule） 公式 F 的一个证明可证得 $\Box F$，该证明仅使用是 $\Box$ 公式的假设。

可由此得出必然性规则，因为模块中的一个定理必定可仅由 ASSUME 声明语句与之前已获得证明的定理证得。而且由于 ASSUME 声明语句中的公式必定是常量，所以该定理也是一个 $\Box$ 公式。

TLAPS 目前仅支持命题时态推理，它无法推理量化时态公式。我们可通过在 BY 语句中使用关键字 PTL 来命令 TLAPS 调用命题时态逻辑证明器。（PTL 使用了广义必然性规则。）我们最终计划增加一个后端证明器，并使它可处理固定量化的时态公式，即具有 $\forall$ 与 $\exists$ 运算符的公式。我们也将为 TLAPS 引入一种方法，使其可运用如下规则

$$\begin{array}{l} \text{THEOREM ASSUME} \quad \text{NEW TEMPORAL } F(\_), \text{ NEW STATE } e \\ \qquad\qquad\quad \text{PROVE} \quad F(e) \Rightarrow \exists x : F(x) \end{array}$$

通过精细化映射来增强证明。除此之外，几乎没有动机去实现关于时态量化的更一般性的推理。